公共事業の品質確保のための

監督・検査・成績評定の手引き

－実務者のための参考書－

令和５年１２月

〈編著〉国土交通省大臣官房技術調査課

はじめに

近年、建設業を取り巻く環境は大きく変化し、特に頻発・激甚化する災害対応の強化、長時間労働の是正などによる働き方改革の推進、情報通信技術の活用による生産性向上が急務となっています。また、公共工事の品質確保を図るためには、工事の前段階に当たる調査・設計においても公共工事と同様の品質確保を図ることも重要な課題となっています。

平成26年に、品確法と建設業法･入契法を一体として改正し、適正な利潤を確保できるよう予定価格を適正に設定することや、ダンピング対策を徹底することなど、建設業の担い手の中長期的な育成・確保のための基本理念や具体的措置を規定しました（｢担い手３法｣)。この「担い手３法」の施行により、予定価格の適正な設定、歩切りの根絶、ダンピング対策の強化など、５年間で様々な成果が見られました。

一方で、相次ぐ災害を受け「地域の守り手」としての建設業への期待、働き方改革促進による建設業の長時間労働の是正、i-Constructionの推進等による生産性の向上など、新たな課題や引き続き取り組むべき課題も存在します。

新たな課題に対応し、５年間の成果をさらに充実するため、「新・担い手３法」として、令和元年に再び品確法と建設業法･入契法が改正されました。

働き方改革促進による建設業の長時間労働の是正として適正な工期の確保や週休2日制の導入などの取り組みが進み、i-Constructionの推進等による生産性の向上ではBIM/CIMをはじめとしたインフラ分野のDXの推進や遠隔臨場の採用などの取り組みが進んでおり、監督・検査・成績評定に関する業務は多岐にわたる知見を有することが必要となっています。

一方では限定書類による検査やICT技術による検査などが進められており、生産性向上に資する省力化の観点も必要となっています。

成績評点においての工事評点は入札契約制度の根幹をなす重要な要素で有り、成績評定評価をするに当たってはよりきめ細かい技術の評価が必要となります。

今回の発刊（令和５年12月改訂）は平成25年（平成22年７月改訂）以来となっており、それまでの間に建設業を取り巻く状況も大きく変化し、２回の品確法の改正がなされており、その理念により改定された基準類を反映したものとなっております。発注者におかれては本手引きが業務効率化の一助となれば幸いです。

目　次

第１編

監督・検査及び成績評定の体系

1－1　制度の概要

これまで公共工事における監督・検査・成績評定については、会計法に基づくものと地方整備局の定める工事技術検査要領・基準等に基づくものにより行われてきた。

公共工事の検査は、会計法に基づく給付の完了の確認に必要な検査（以下「給付の検査」という。）と地方整備局工事技術検査要領に基づく技術検査を同時に実施してきた。

給付の検査は会計法によって規定されているが、会計法は工事の契約だけでなく物品やサービスの購入等を含めた包括的な給付の確認を規定しているため、工事の適正かつ能率的な施工と技術水準の向上に必要な成績評定や技術検査は規定していない。

また、平成１３年４月に施行された「公共工事の入札及び契約の適正化に関する法律」（以下「適正化法」という。）においては、施工体制の適正化を図るため一括下請の禁止、施工体制台帳の提出、現場施工体制の点検、成績評価等が盛り込まれ、より一層の適正化が求められ、成績評定要領の一部改正が行なわれた。

さらに、平成１７年４月に施行された「公共工事の品質確保の促進に関する法律」（以下「品確法」という。）において、監督・検査・成績評定に関する事項が盛り込まれ、これまで整備局が制定していた要領等が法律上位置づけられることとなった。

これにより、公共工事においては会計法に基づく給付の検査と品確法に基づく技術検査を実施することになった。

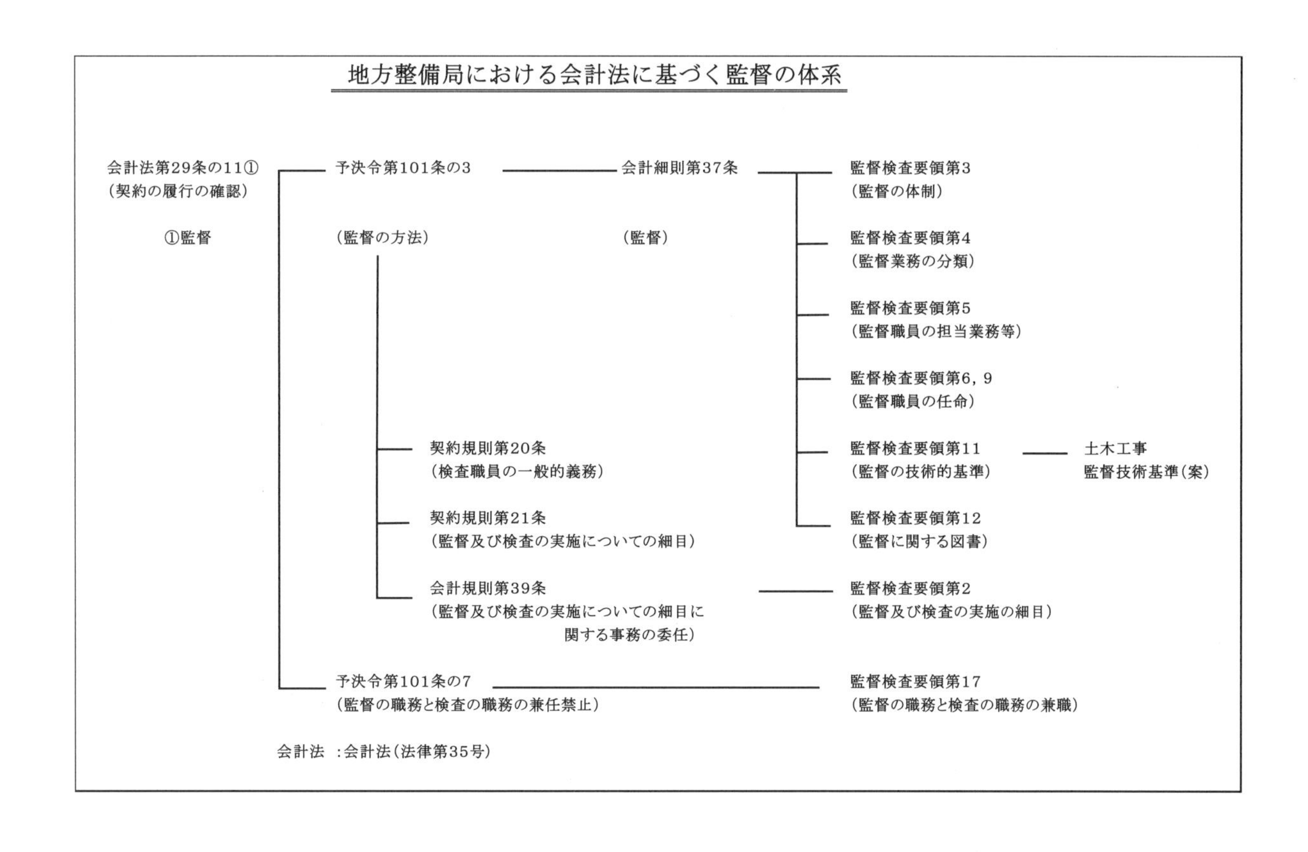

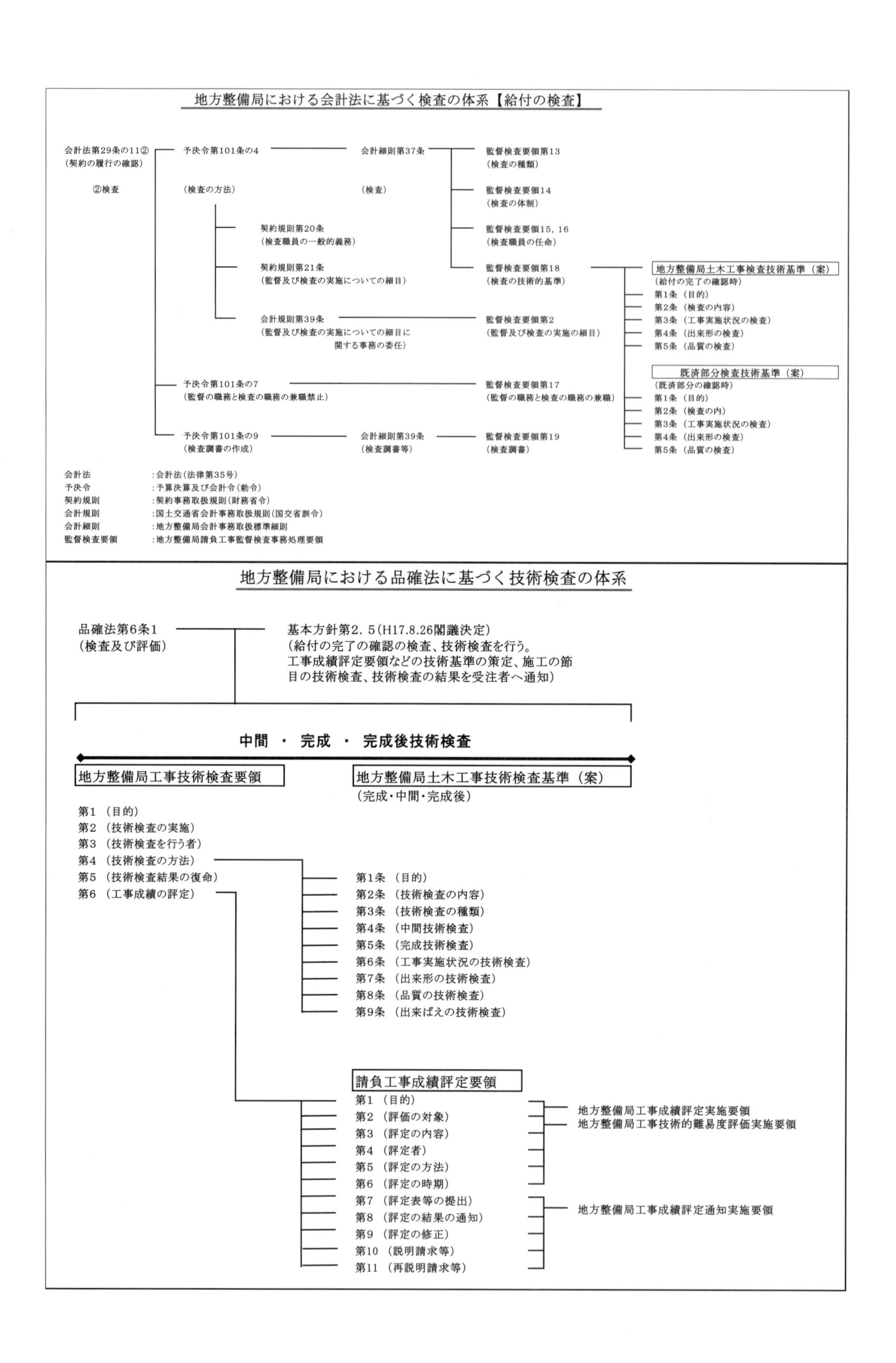
地方整備局における会計法に基づく検査の体系【給付の検査】
会計法第29条の11②
(契約の履行の確認)
②検査
予決令第101条の4
(検査の方法)
会計細則第37条
(検査)
監督検査要領第13
(検査の種類)
監督検査要領14
(検査の体制)
監督検査要領15, 16
(検査職員の任命)
監督検査要領第18
(検査の技術的基準)
契約規則第20条
(検査職員の一般的義務)
契約規則第21条
(監督及び検査の実施についての細目)
会計規則第39条
(監督及び検査の実施についての細目に
関する事務の委任)
監督検査要領第2
(監督及び検査の実施の細目)
地方整備局土木工事検査技術基準（案）
(給付の完了の確認時)
第1条（目的)
第2条（検査の内容)
第3条（工事実施状況の検査)
第4条（出来形の検査)
第5条（品質の検査)
既済部分検査技術基準（案）
(既済部分の確認時)
第1条（目的)
第2条（検査の内)
第3条（工事実施状況の検査)
第4条（出来形の検査)
第5条（品質の検査)
予決令第101条の7
(監督の職務と検査の職務の兼職禁止)
監督検査要領第17
(監督の職務と検査の職務の兼職)
予決令第101条の9
(検査調書の作成)
会計細則第39条
(検査調書等)
監督検査要領第19
(検査調書)
会計法 :会計法(法律第35号)
予決令 :予算決算及び会計令(勅令)
契約規則 :契約事務取扱規則(財務省令)
会計規則 :国土交通省会計事務取扱規則(国交省訓令)
会計細則 :地方整備局会計事務取扱標準細則
監督検査要領 :地方整備局請負工事監督検査事務処理要領
地方整備局における品確法に基づく技術検査の体系
品確法第6条1
(検査及び評価)
基本方針第2. 5(H17.8.26閣議決定)
(給付の完了の確認の検査、技術検査を行う。
工事成績評定要領などの技術基準の策定、施工の節
目の技術検査、技術検査の結果を受注者へ通知)
中間 ・ 完成 ・ 完成後技術検査
地方整備局工事技術検査要領
第1（目的)
第2（技術検査の実施)
第3（技術検査を行う者)
第4（技術検査の方法)
第5（技術検査結果の復命)
第6（工事成績の評定)
地方整備局土木工事技術検査基準（案）
(完成･中間･完成後)
第1条（目的)
第2条（技術検査の内容)
第3条（技術検査の種類)
第4条（中間技術検査)
第5条（完成技術検査)
第6条（工事実施状況の技術検査)
第7条（出来形の技術検査)
第8条（品質の技術検査)
第9条（出来ばえの技術検査)
請負工事成績評定要領
第1（目的)
第2（評価の対象)
第3（評定の内容)
第4（評定者)
第5（評定の方法)
第6（評定の時期)
第7（評定表等の提出)
第8（評定の結果の通知)
第9（評定の修正)
第10（説明請求等)
第11（再説明請求等)
地方整備局工事成績評定実施要領
地方整備局工事技術的難易度評価実施要領
地方整備局工事成績評定通知実施要領

（1）適正化法の概要

「公共工事の入札及び契約の適正化の促進に関する法律」における関係条文を抜粋する。

（目的）

第１条　この法律は、国、特殊法人等及び地方公共団体が行う公共工事の入札及び契約について、その適正化の基本となるべき事項を定めるとともに情報の公表、不正行為等に対する措置及び施工体制の適正化の措置を講じ、併せて適正化指針の策定等の制度を整備すること等により、公共工事に対する国民の信頼の確保とこれを請け負う建設業の健全な発達を図ることを目的とする。

（公共工事の入札及び契約の適正化の基本となるべき事項）

第３条　公共工事の入札及び契約については、次に掲げるところにより、その適正化が図られなければならない。（一～三略）

五　契約された公共工事の適正な施工が確保されること。

（施工体制台帳の作成及び提出等）

第１５条　公共工事についての建設業法第二十四条の八第一項、第二項及び第四項の規定の適用については、これらの規定中「特定建設業者」とあるのは「建設業者」と、同条第一項中「締結した下請契約の請負代金の額（当該下請契約が二以上あるときは、それらの請負代金の額の総額）が政令で定める金額以上になる」とあるのは「下請契約を締結した」と、同条第四項中「見やすい場所」とあるのは「工事関係者が見やすい場所及び公衆が見やすい場所」とする。

２　公共工事の受注者（前項の規定により読み替えて適用される建設業法第２４条の８第１項の規定により同項に規定する施工体制台帳（以下単に「施工体制台帳」という。）を作成しなければならないこととされているものに限る。）は、作成した施工体制台帳（同項の規定により記載すべきものとされた事項に変更が生じたことに伴い新たに作成されたものを含む。）の写しを発注者に提出しなければならない。この場合においては、同条第３項の規定は、適用しない。

（各省各庁の長等の責務）

第１６条　公共工事を発注した国等に係る各省各庁の長等は、施工技術者の設置の状況その他の工事現場の施工体制を適切なものとするため、当該工事現場の施工体制が施工体制台帳の記載に合致しているかどうかの点検その他の必要な措置を講じなければならない。

（適正化指針の策定等）

第１７条　国は、各省各庁の長等による公共工事の入札及び契約の適正化を図るための措置（第２章及び第３章、第十三条及び前条に規定するものを除く。）に関する指針（以下「適正化指針」という。）を定めなければならない。

２　適正化指針には、第３条各号に掲げるところに従って、次に掲げる事項を定めるものとする。（一～四、六略））

六　将来におけるより適切な入札及び契約のための公共工事の施工状況の評価の方策に関すること。

適正化法に基づき「公共工事の入札及び契約の適正化を図るための措置に関する指針」で定められている関連部分を抜粋する。

第２ 入札及び契約の適正化を図るための措置（２～３、５略））
１（主として入札及び契約の過程並びに契約の内容の透明性の確保に関する事項）では、（イ～チ、ヲ略））
リ 工事の監督・検査に関する基準
ヌ 工事の技術検査に関する要領
ル 工事の成績の評定要領
ワ 施工体制の把握のための要領
４（主として契約された公共工事の適正な施工の確保に関する事項）（（１）、（２）、（４）略）
（３）将来におけるより適切な入札及び契約のための公共工事の施工状況の評価の方策に関すること
では、
各省各庁の長等は、契約の適正な履行の確保、給付の完了の確認に加えて、受注者の適正な選定の確保を図るため、その発注に係る公共工事について、原則として技術検査や工事の施工状況の評価（工事成績評定）を行うものとする。技術検査に当たっては、工事の施工状況の確認を充実させ、施工の節目において適切に実施し、技術検査の結果を工事成績評定に反映させるものとする。
中略
工事成績評定に対して苦情の申出があったときは、各省各庁の長等は、苦情の申出を行った者に対して適切な説明をするとともに、さらに不服のあるものについては、第三者機関に対してさらに苦情申出ができることとする等他の入札及び契約の過程に関するものと同様の苦情処理の仕組みを整備することとする。
（５）施工体制の把握の徹底等に関すること
では
・・監督及び検査についての基準を策定し、公表するとともに、現場の施工体制の把握を徹底するため、次に掲げる事項等を内容とする要領の策定等により統一的な監督の実施に努めるものとする。（イ～ハ内容抜粋）
イ　監理技術者資格者証の確認、本人確認、監理技術者の専任状況
ロ　施工体制台帳及び施工体系図に基づく点検
ハ　工事カルテ登録の確認、建設業許可標識・労災保険関係成立票・建退共制度の適用標識の掲示等の確認

これに基づき、新たに工事現場における施工体制の点検要領、施工プロセスのチェックリスト、請負工事成績評定要領等が制定された。工事成績評定については、工事成績評定実施要領、工事技術難易度評価実施要領、工事成績評定通知実施要領が定められ実施されている。

（2）品確法の概要

品確法の制定の背景には、公共工事を取り巻く最近の情勢として、国及び地方公共団体の厳しい財政状況の逼迫、一括下請等の不良・不適格業者の参入、低入札価格での受注増加、受注者間の談合、手抜き工事や粗悪工事に見られる品質低下、技術者不足による公共工事発注者間の能力差等が見られることから、より一層の透明性、公平性の確保と公共工事の品質の確保が重要となってきている。

「公共工事の品質確保の促進に関する法律」において、定められている部分については**1―3法的位置づけ**で述べることとする。

1−2 検査の種類

（1）検査の種類

公共工事は、現地単品生産であり、かつ自然対峙型で生産するという特徴を持っている。このため、施工の各段階において工事目的物の品質、出来形、機能等を確認し、次の段階に進むという段階的施工が必要である。受注者は工事の施工管理を行い、設計書に適合した工事目的物を造ると同時に、そのことを証明できる施工管理資料を整備しなければならない。特に、検査時に検測や確認ができない不可視部分の出来形や品質は、施工の各段階での施工管理資料が不可欠であり、工事によっては検査を重要な施工の変化点や区切りとなる段階で行う必要がある。

発注者が行う検査には、このような公共工事の特徴に即した種々の検査がある。検査は、工事の完成に伴って行う検査、工事施工の途中段階で行う検査、性能規定等契約に基づき工事完成後一定期間経過後に行う検査に大別できる。さらに、工事施工中には契約の適正な履行の確保を図るために監督職員が行う検査（確認を含む）がある。

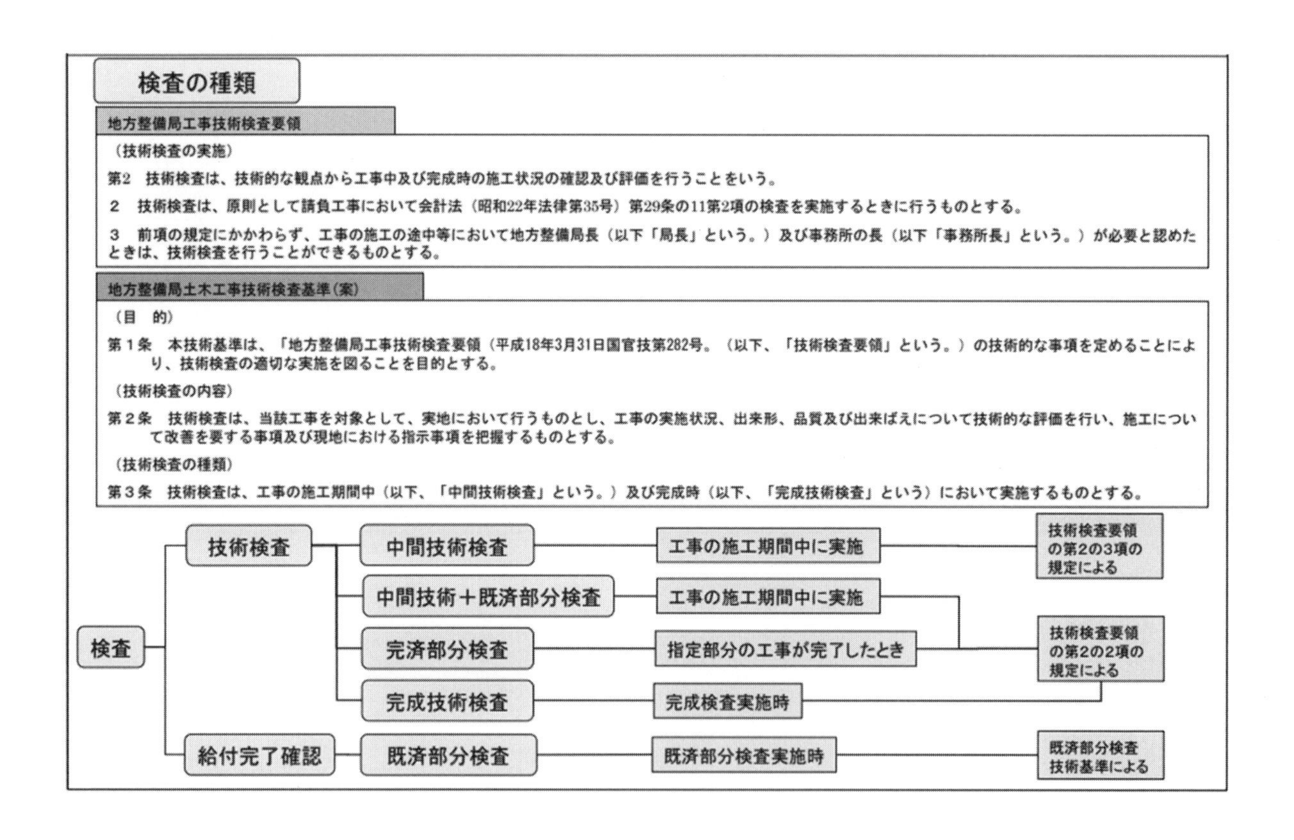
検査の種類

地方整備局工事技術検査要領

（技術検査の実施）

第2　技術検査は、技術的な観点から工事中及び完成時の施工状況の確認及び評価を行うことをいう。

2　技術検査は、原則として請負工事において会計法（昭和22年法律第35号）第29条の11第2項の検査を実施するときに行うものとする。

3　前項の規定にかかわらず、工事の施工の途中等において地方整備局長（以下「局長」という。）及び事務所の長（以下「事務所長」という。）が必要と認めたときは、技術検査を行うことができるものとする。

地方整備局土木工事技術検査基準（案）

（目　的）

第1条　本技術基準は、「地方整備局工事技術検査要領（平成18年3月31日国官技第282号。（以下、「技術検査要領」という。）の技術的な事項を定めることにより、技術検査の適切な実施を図ることを目的とする。

（技術検査の内容）

第2条　技術検査は、当該工事を対象として、実地において行うものとし、工事の実施状況、出来形、品質及び出来ばえについて技術的な評価を行い、施工について改善を要する事項及び現地における指示事項を把握するものとする。

（技術検査の種類）

第3条　技術検査は、工事の施工期間中（以下、「中間技術検査」という。）及び完成時（以下、「完成技術検査」という）において実施するものとする。

【検査の種類】

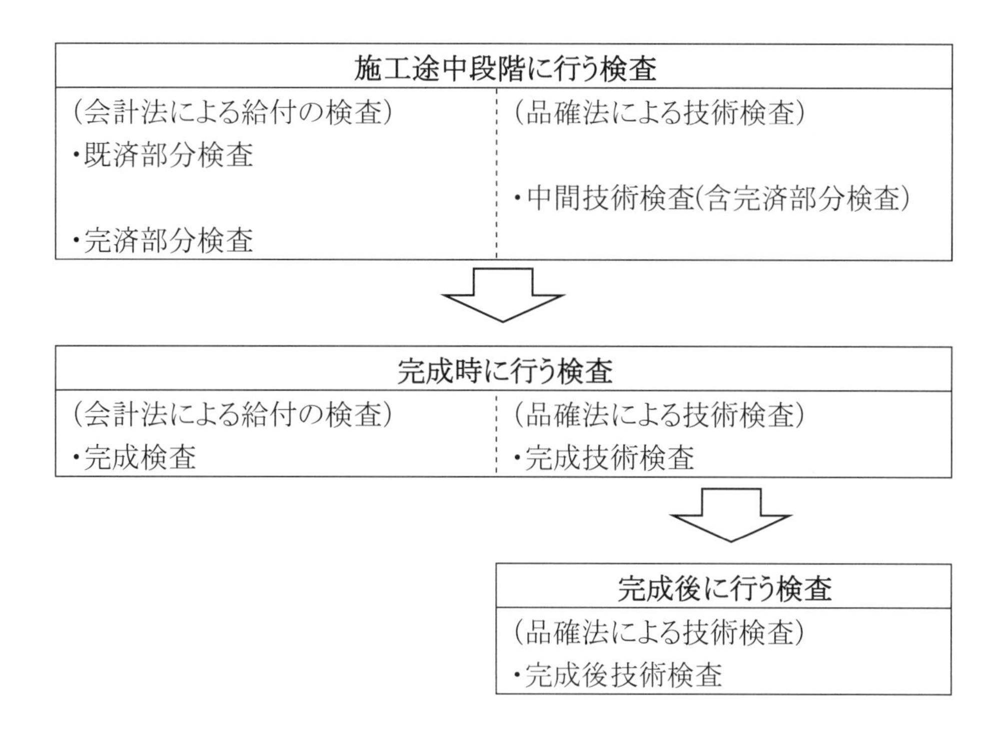

【給付の検査】

1）既済部分検査

契約工期内の定められた時点における契約で定められた出来高があるかどうかを確認して、出来高に応じた代価を支払うために行う施工途中段階での検査である。

検査の結果、契約で定められた出来高が確認されれば出来高に応じた代価が支払われる。出来高と認められた工事の完了部分は、発注者側へ引き渡されることはなく受注者において引き続き管理することになる。

2）完済部分検査

工事の完成前に、契約図書においてあらかじめ指定された部分（指定部分）の工事目的物が完成した場合に行う検査である。

検査の結果が適合であれば、指定部分の引き渡しが行われ、代価が支払われる。ただし、全ての工事が完成したわけではないので契約は継続されることになる。従って、指定部分に限ってみれば完成検査と同じ検査ということになる。

3）完成検査

工事の完成に伴い、受注者から発注者へ工事目的物の引き渡しを行う最終段階の検査である。この検査では、完成した工事目的物が設計書に示された品質、出来形等に適合して完成しているかどうか、契約履行の完了の確認を行う。検査の結果が適合であれば工事目的物の引き渡しが行われ、代価の支払いがあって契約は完了となる。

【技術検査】

4）中間技術検査

契約図書において、あらかじめこの検査を実施する旨を明記しておき、発注者が必要と判断したときに行う施工途中段階の検査である。

検査は、主たる工種が不可視となる工事の埋め戻し前など、施工上重要な変化点などや部分使用する場合において設計図書との適合を確認しておき、できるだけ手戻りを少なくするなどの目的で行う。

検査結果が適合であっても代価の支払いや引き渡しはない。検査は発注者が必要と認めたときや既済部分検査（含完済部分検査）時に行う。特に発注者が必要と認めたときの検査日については工事工程等との調整もあることから受注者の意見を聞いて決めなければならない。また、完成検査の補完となるものであり、検査の対象となる部分を明確にした図面等を作成する必要がある。

5）完成技術検査

完成検査時に行う技術検査は、工事の実施状況、出来形、品質及び出来ばえについて技術的な評価を行う検査である。

6）完成後技術検査

総合評価方式やＶＥ提案方式など性能規定発注方式等による提案事項について、工事完成後一定期間経過後に、契約に基づく性能規定、機能が確保されているかどうかを確認する検査である。

性能規定等による契約では、完成検査時にその性能・機能等を確認することはできないため、工事完成後一定期間経過後の時点で契約に基づき性能規定の検査（履行の確認）を行うことになる。

ただし、工事目的物そのものは工事完成後に通常の完成検査（性能規定部分を除く）を行い、引き渡し、代価の支払いは行われる。検査結果が適合しない場合には、性能規定部分に関し契約違反としてペナルティが課せられる。

○監督職員による検査（確認を含む）

7）部分使用検査

工事目的物の全部または一部の完成前において、発注者がこれを使用する必要が生じた場合に行う検査である。

検査の結果、適合が確認されれば、発注者は受注者の承諾を得て部分使用することになる。この場合、使用部分は引き渡しを行わないので、代価の支払いはないが使用部分に関して双方で文書による確認をしておく必要がある。

（２）政府契約の支払い遅延防止等に関する法律

この法律は、政府契約の支払い遅延防止等その公正化を図るとともに、国の会計経理事務処理の能率化を促進し、もって国民経済の健全な運行に資することを目的としている。検査に関連する第５条（給付の完了の確認又は検査の時期）には、国が契約した工事では相手方から通知を受けて１４日以内に検査すること、第６条（支払いの時期）には、検査完了後適法な支払い請求書を受理した日から４０日以内に工事代金の支払いをすることと規定されている。

第５条（給付の完了の確認又は検査の時期）には、

前条第１号の時期は、国の相手方から給付を終了した旨の通知を受けた日から工事については１４日、その他の給付については１０日以内の日としなければならない。

２　国が相手方のなした給付を検査しその給付の内容の全部又は一部が契約に違反し又は不当であることを発見したときは、国は、その是正又は改善を求めることができる。この場合においては、前項の時期は、国が相手方から是正又は改善した給付を終了した旨の通知を受けた日から前項の規定により約定した期間以内の日とする。

＊「前条第１号の時期」とは、第４条１号の、

『一　　契約の目的たる給付の完了の確認又は検査の時期』をいう。

と定められている。

第６条（支払いの時期）には、

第４条第２号の時期は、国が給付の完了の確認又は検査を終了した後相手方から適法な支払請求書を受けた日から工事代金については４０日、その他の給付に対する対価については３０日（以下この規定又は第７条の規定により約定した期間を「約定期間」という。）以内の日としなければならない。

２　国が相手方の支払い請求書を受理した後、その請求の内容の全部又は一部が不当であることを発見したときは、国は、その事由を明示してその請求を拒否する旨を相手方に通知するものとする。この場合において、その請求の内容の不当が軽微な過失によるときにあっては、当該請求の拒否を通知した日から国が相手方の不当な内容を改めた支払請求を受けた日までの期間は、約定期間に参入しないものとし、その請求の内容の不当が相手方の故意又は重大な過失によるときにあっては、適法な支払請求があったものとしないものとする。

＊「第４条第２号の時期」とは、第４条２号の、

『二　　対価の支払の時期』をいう。

と定められている。

（３）予算執行職員等の責任に関する法律

国が発注した公共工事の監督職員または検査職員に任命された職員は、国の予算の執行に携わる重要な職務を行うため、財政法、会計法、その他の法令に準拠し、それぞれの職分に応じてその事務を執行する。予算執行職員等の責任に関する法律（以下「予責法」という。）では監督または検査を行うことを命ぜられた職員は「予算執行職員」の１人であり、万一故意又は重大な過失により国に損害を与えたときは同法の規定により弁償の責務を負うこともある。

第１条（目的）には、

> この法律は、予算執行職員の責任を明確にして、法令又は予算に違反した支出等の行為をすることを防止し、もって国の予算の執行の適正化を図ることを目的とする。

と定められている。

第２条（定義）には、

> この法律において「予算執行職員」とは、次に掲げる職員をいう。
> （一～九、十一、十二略）
> 十　会計法第２９条の１１第４項の規定に基づき契約に係る監督又は検査を行なうことを命ぜられた職員

と定められている。

第３条（予算執行職員の義務及び責任）には、

> 予算執行職員は、法令に準拠し、且つ、予算で定めるところに従い、それぞれの職分に応じ、支出等の行為をしなければならない。
> ２　予算執行職員は、故意又は重大な過失に因り前項の規定に違反して支出等の行為をしたことにより国に損害を与えたときは、弁償の責に任じなければならない。
> ３　前項の場合において、その損害が二人以上の予算執行職員が前項の支出等の行為をしたことにより生じたものであるときは、当該予算執行職員は、それぞれの職分に応じ、且つ、当該行為が当該損害の発生に寄与した程度に応じて弁償の責に任ずるものとする。
> ＊「故意又は重大な過失」に関して
> 検査の技術的基準として「地方整備局土木工事検査技術基準（案）」が定められており、検査はこの基準に基づき適正に実施されることが基本である。

と定められている。

（4）地方自治体における監督・検査

1）監督検査に関する法令等の体系とあらまし

地方自治体における監督検査は、地方自治法、地方自治法施行令、政令に基づき、地方自治体が定めることとなっているが、基本的には地方整備局と同様に要綱、要領等が定められている。自治体によって名称、内容等はそれぞれ異なっているが、財務規則、建設工事事務処理規定（以下「規定」という。）、建設工事検査要綱（以下「要綱」という。）、建設工事検査技術基準（以下「技術基準」という。）、土木工事監督要綱、土木工事成績評定要領等を定めて実施されている。

ア）地方自治法

地方自治法第234条の2（契約の履行の確保）には、

> 普通地方公共団体が工事若しくは製造その他についての請負契約又は物件の買入れその他の契約を締結した場合においては、当該普通地方公共団体の職員は、政令の定めるところにより、契約の適正な履行を確保するため又はその受ける給付の完了の確認（給付の完了前に代価の一部を支払う必要がある場合において行なう工事若しくは製造の既済部分又は物件の既納部分の確認を含む。）をするため必要な監督又は検査をしなければならない。

と定められている。

イ）地方自治法施行令は、予決令と同じ政令であり地方自治法の細部を定めている。

第167条の15（監督又は検査の方法）には、

> 地方自治法第２３４条の２第１項の規定による監督は、立会い、指示その他の方法によって行なわなければならない。
>
> 2　地方自治法第２３４条の２第１項の規定による検査は、契約書、仕様書及び設計書その他の関係書類（当該関係書類に記載すべき事項を記録した電磁的記録を含む。）に基づいて行なわなければならない。
>
> 3　普通地方公共団体の長は、地方自治法第２３４条の２第１項に規定する契約について、契約の目的たる物件の給付の完了後相当の期間内に当該物件につき破損、変質、性能の低下その他の事故が生じたときは、取替え、補修その他必要な措置を講ずる旨の特約があり、当該給付の内容が担保されると認められるときは、同項の規定による検査の一部を省略することができる。
>
> 4　普通地方公共団体の長は、地方自治法第２３４条の２第１項に規定する契約について、特に専門的な知識又は技能を必要とすることその他の理由により当該普通地方公共団体の職員によって監督又は検査を行なうことが困難であり、又は適当でないと認められるときは、当該普通地方公共団体の職員以外の者に委託して当該監督又は検査を行なわせることができる。

と定められている。

ウ)財務規則、建設工事等検査要綱は、地方自治法、地方自治法施行令に基づき地方自治体の長が、その事務について定めたものである。

(A県の例)

財務規則第150条では、

(給付の検査)

第150条　知事又は予算執行者は、次の一に掲げる理由が生じたときは、自ら又は職員に命じ、若しくは職員以外の者に委託して、当該契約に基づく給付の完了の確認をするために必要な検査をしなければならない。

(1)契約人が給付を完了したとき

(2)給付の完了前に出来高に応じ対価の一部を支払う必要があるとき

(3)物件の一部の納入があったとき又は契約による給付の一部を使用しようとするとき

2　前項の規定による検査を行う者(以下「検査職員」という。)は、契約書、設計図書その他の関係書類に基づき、又は必要に応じて当該契約に係る監督職員の立ち会いを求めて、当該給付の内容、数量等について検査をしなければならない。

3　前項の場合において、検査職員は、特に必要があるときは、一部破壊若しくは分解又は試験をして検査を行うことができる。

4　検査職員は、前3項の規定による検査の結果、契約の履行に不備があると認めるときは、契約人に必要な処置をすることを求めなければならない。

建設工事事務処理規程では、

(検査員の指定)

第35条　発注機関の長は、第37条に規定する検査を行うときは、自ら又は職員の内から検査員を指定するものとする。

(検査の指示等)

第36条　発注機関の長は、検査をする場合において破壊検査その他の検査について留意すべき事項があるときは、あらかじめ検査員に指示するものとする。

(発注機関が行う検査)

第37条　次に掲げる検査は、発注機関の長が指定する職員が行う者とする。

(中間検査、出来形検査、しゅん工検査、完了検査、抜き打ち検査について契約額の規定)

2　省略

3　検査員は、検査要綱等に基づき検査を実施し、その結果を次の表の区分に従い当該左欄に定める復命書により発注機関の長に復命するとともに、当該右欄に定める調書を作成しなければならない。(表省略)

(検査の委託等)

第38条　省略

(会計局長が行う検査)

第39条　次に掲げる検査及び監査(以下「検査等」という。)は、会計局長が指定する職員が行う者とする。

第４０条
（会計局長が行う検査の種類や検査報告について規定）

と定められている。

検査要綱第1条（趣旨）では、

この要綱は、Ａ県財務規則第１５０条及びＡ県建設工事事務処理規定第３５条から第４０条に規定する工事等の検査に関し必要な事項を定め、Ａ県が発注する建設工事等の適正且つ効率的な施工の確保を図るものとする。

と定められて、ほかに（定義）（検査の内容）（検査の実施区分）（検査の実施依頼）（検査員の指定）（検査の方法）（検査結果の報告）（工事等の補修）（工事等の成績評定）が定められている。

要綱を受けて、建設工事検査技術基準、修補処理規程、建設工事指導監査要領、建設工事成績評定要領等が定められている。

技術検査基準では、（検査の内容）（実地検査の原則）（工事の出来形、品質及び出来ばえの検査）（工事の実施状況の検査）が定められ検査が実施されている。

（B県の例）

B県でも、A県と同様に各種の基準が定められている。

工事検査要綱第1条（趣旨）では、

この要綱は、Ｂ県の発注する建設工事で農林部及び県土整備部の所管に関わるもの（以下「工事」という。）の検査に関し、法令その他別に定めるもののほか、必要な事項を定めるものとする。

と定められて、ほかに（用語の定義）（工事概要の通知）（工事検査員の検査手続き）（検査員の検査手続き）（検査の通知）（契約に違反する場合の措置）（検査結果の報告及び検査調書の発行）が定められている。

要綱を受け、土木工事検査技術基準、材料検査実施要領、土木工事成績評定要領、土木工事成績評定結果通知公表要領等が定められている。

技術検査基準では、（趣旨）（検査の方法）（検査の基準）が定められ、検査の基準として出来形寸法及び品質の合否判定、規格値、測定基準、出来形管理基準等が定められ検査が実施されている。

自治体における検査体制

法律	財務規則	Ａ県の例 事務処理要領	検査要綱		Ｂ県の例 要綱等
地方自治法 第２３４条の２ （契約の履行の確保）	第１５０条 （給付の検査）	第３５条 （検査員の指定）			建設工事検査要綱 土木工事検査技術基準
		第３６条 （検査の指示等）			材料検査実施要領
地方自治法施工令 第１６７条の１５ （監督又は検査）		第３７条 （発注機関が行う検査）	第７条 （検査の方法）	検査基準	土木工事成績評定要領
		第３８条 （検査の委託等）	第９条 （工事等の修補）	修補規程	土木工事成績評定結果公表要領
		第３９条 （会計局長が行う検査）	第１０条 （工事等の成績評定）	評定要領	
		第４０条 （検査結果の報告）			

事務処理要領　：建設工事事務処理要領
検査要綱　　　：建設工事等検査要綱
技術基準　　　：建設工事検査技術基準
修補規程　　　：修補処理規程
評定要領　　　：建設工事成績評定要領

1－3 法的位置づけ

以下にそれぞれの法令等に基づく監督、検査に関する部分を抜粋して記述する。

（1）会計法に基づく監督・検査

ア)会計法

第２９条の１１（契約の履行の確保）には、

> 契約担当官等は、工事又は製造その他についての請負契約を締結した場合においては、政令の定めるところにより、自ら又は補助者に命じて、契約の適正な履行を確保するため必要な監督をしなければならない。
>
> ② 契約担当官等は、前項に規定する請負契約又は物件の買入れその他の契約については、政令の定めるところにより、自ら又は補助者に命じて、その受ける給付の完了の確認（給付の完了前に代価の一部を支払う必要がある場合において行なう工事若しくは製造の既済部分又は物件の既納部分の確認を含む。）をするため必要な検査をしなければならない。
>
> ③～⑤略

と定められている。

イ)予算決算及び会計令

第１０１条の３（監督の方法）には、

> 会計法第２９条の１１第１項に規定する工事又は製造その他についての請負契約の適正な履行を確保するため必要な監督（以下本節において「監督」という。）は、契約担当官等が、自ら又は補助者に命じて、立会い、指示その他の適切な方法によって行なうものとする。

第１０１条の４（検査の方法）には、

> 会計法第２９条の１１第２項に規定する工事若しくは製造その他についての請負契約又は物件の買入れその他の契約についての給付の完了の確認（給付の完了前に代価の一部を支払う必要がある場合において行なう工事若しくは製造の既済部分又は物件の既納部分の確認を含む。）をするため必要な検査（以下本節において「検査」という。）は、契約担当官等が、自ら又は補助者に命じて、契約書、仕様書及び設計書その他の関係書類に基づいて行なうものとする。

と定められている。

さらに、（検査の一部省略）（監督の職務と検査の職務の兼職禁止）（監督及び検査の委託）（検査調書の作成）等が定められている。

ウ）契約事務取扱規則

第１８条（監督職員の一般的職務）には、

> 契約担当官等、契約担当官等から監督を命ぜられた補助者又は各省各庁の長若しくはその委任を受けた職員から監督を命ぜられた職員（以下「監督職員」という。）は、必要があるときは、工事製造その他についての請負契約（以下「請負契約」という。）に係る仕様書及び設計書に基づき当該契約の履行に必要な細部設計図、原寸図等を作成し、又は契約の相手方が作成したこれらの書類を審査して承認をしなければならない。
> 2　監督職員は、必要があるときは、請負契約の履行について、立会い、工程の管理、履行途中における工事製造等に使用する材料の試験若しくは検査等の方法により監督をし、契約の相手方に必要な指示をするものとする。
> 3　監督職員は、監督の実施に当たっては、契約の相手方の業務を不当に妨げることのないようにするとともに、監督において特に知ることができたその者の業務上の秘密に属する事項は、これを他に漏らしてはならない。

第２０条（検査職員の一般的職務）には、

> 契約担当官等、契約担当官等から検査を命ぜられた補助者又は各省各庁の長若しくはその委任を受けた職員から検査を命ぜられた職員（以下「検査職員」という。）は、請負契約についての給付の完了の確認につき、契約書、仕様書及び設計書その他の関係書類に基づき、かつ、必要に応じ当該契約に係る監督職員の立会いを求め、当該給付の内容について検査を行わなければならない。
> 2　検査職員は、請負契約以外の契約についての給付の完了の確認につき、契約書その他の関係書類に基づき、当該給付の内容及び数量について検査を行わなければならない。
> 3　前２項の場合において必要があるときは、破壊若しくは分解又は試験して検査を行うものとする。
> 4　検査職員は、前３項の検査を行なった結果、その給付が当該契約の内容に適合しないものであるときは、その旨及びその措置についての意見を検査調書に記載して関係の契約担当官等に提出するものとする。

第２１条（監督及び検査の実施についての細目）には、

> 各省各庁の長又はその委任を受けた職員は、必要があるときは、この省令に定めるもののほか、監督及び検査の実施についての細目を定めるものとする。

と定められている。

さらに、（検査の一部を省略することができるもの）（監督又は検査を委託して行なった場合の確認）（検査調書の作成を省略することができる場合）等が定められている。

エ)国土交通省所管会計事務取扱規則

第３９条（監督及び検査の実施についての細目に関する事務の委任）には、

> 各長及び指定部局長は、必要があるときは、この訓令に定めるもののほか、契約事務取扱規則第２１条の規定により、それぞれの所管する部局に係る監督及び検査の実施についての細目を定めるものとする。
> ２ 各長及び指定部局長は、前項に規定する細目を定め、又は変更したときは、国土交通大臣に報告するものとする。

と定めている。

さらに、（監督及び検査を行う者の任命に関する事務の委任）等が定められている。

オ)地方整備局会計事務取扱標準細則

第３６条（監督）には、

> 契約担当官等は、令第１０１条の３の規定により補助者に命じて監督を行わせようとするときは、監督命令書（別記様式第３９）により、又は支出負担行為の決議書の写しに監督を命ずる旨を記載して行うものとする。ただし、第３２条第１項の規定により契約締結通知書を受ける者に命じて監督を行わせようとするときは、契約締結通知書に監督を命ずる旨を記載して行うことができる。

第３７条（検査）には、

> 契約担当官等は、令第１０１条の４の規定により補助者に命じて検査を行わせようとするときは、検査命令書（別記様式第４０）により、又は支出負担行為の決議書の写しに検査を命ずる旨を記載して行うものとする。ただし、第３２条第１項の規定により契約締結通知書を受ける者に命じて検査を行わせようとするときは、契約締結通知書に検査を命ずる旨を記載して行うことができる。

と定められている。

さらに、（監督又は検査を契約担当官等の補助者以外の職員に行わせる場合）（検査調書等）等が定められている。

（２）品確法に基づく監督・検査

ア)品確法

第１条（目的）には、

> この法律は・・・・・・公共工事の品質確保に関し、基本理念を定め、国等の責務を明らかにするとともに、公共工事の品質確保の促進に関する基本的事項を定めることにより、公共工事の品質確保の促進を図り、もって国民の福祉の向上及び国民経済の健全な発展に寄与することを目的とする。
> ２、３略

第７条（発注者の責務）には、

公共工事の発注者（以下「発注者」という。）は、基本理念にのっとり、その発注に係る公共工事の品質が確保されるよう、仕様書及び設計書の作成、予定価格の作成、入札及び契約の方法の選択、契約の相手方の決定、工事の監督及び検査並びに工事中及び完成時の施工状況の確認及び評価その他の事務（以下「発注関係事務」という。）を適切に実施しなければならない。

２、３略

また、法律に基づき、定められた「公共工事の品質確保の促進に関する施策を総合的に推進するための基本的な方針について」の第２．６において、以下のように記述されている。

６　工事の監督・検査及び施工状況の確認・評価に関する事項

公共工事の品質が確保されるよう、発注者は、監督及び給付の完了の確認を行うための検査並びに適正かつ能率的な施工を確保するとともに工事に関する技術水準の向上に資するために必要な技術的な検査（以下「技術検査」という。）を行うとともに、工事成績評定を適切に行うために必要な要領や技術基準を策定するものとする。

特に、工事成績評定については、公正な評価を行うとともに、評定結果の発注者間での相互利用を促進するため、国と地方公共団体との連携により、事業の目的や工事特性を考慮した評定項目の標準化に努めるものとする。

監督についても適切に実施するとともに、契約の内容に適合した履行がなされない可能性があると認められる場合には、適切な施工がなされるよう、通常より頻度を増やすことにより重点的な監督体制を整備するなどの対策を実施するものとする。

技術検査については、工事の施工状況の確認を充実させ、施工の節目において適切に実施し、施工について改善を要すると認めた事項や現地における指示事項を書面により受注者に通知するとともに、技術検査の結果を工事成績評定に反映させるものとする。

これにより、①給付の完了の確認を行うための「給付の検査」と②適正かつ能率的な施工を確保するとともに工事に関する技術水準の向上に資するために必要な技術的な「技術検査」の２つの検査が存在することになった。（会計法及び品確法に基づく検査）

1－4 基準類

（1）地方建設局請負工事監督検査事務処理要領

ア)監督及び検査

地方建設局が所掌する工事の請負契約の履行の監督及び検査の実施に関する事務の取扱を定めている。

第２（監督及び検査の実施の細目）には、

部局長（地方整備局の長をいう。以下同じ。）は、国土交通規則第３９条第１項の規定により法第２９条の１１第１項に規定する工事の請負契約の適正な履行を確保するため必要な監督（以下「監督」という。）及び同条第２項に規定する工事の請負契約についての給付の完了の確認（給付の完了前に代価の一部を支払う必要のある場合において行なう工事の既済部分の確認を含む。）をするため必要な検査（以下「検査」という。）の実施についての細目を定めるときは、次章及び第３章によるものとする。

と定められており、第２章で監督について、第３章で検査について定められている。

第２章には、（監督の体制）（監督業務の分類）（監督職員の担当業務等）（監督職員の任命基準等）（監督職員の任命）（監督の技術的基準）（監督に関する図書）等が、

第３章には、（検査の種類）（検査の体制）（検査職員の任命基準）（検査職員の任命）（監督の職務と検査の職務の兼職）（検査の技術的基準）（検査調書）が定められている。

第３章（検査の種類）には、

第１３検査の種類は、次に掲げるとおりとするものとする。 一　完成検査　　工事の完成を確認するための検査 二　既済部分検査　工事の完成前に代価の一部を支払う必要がある場合において、工事の既済部分（性質上可分の工事の完済部分を含む。以下同じ。）を確認するための検査

と位置づけられ、第１６で検査職員を任命することとし、会計法でいう給付の完了の確認（金額の支払いを伴う検査）となっている。

事務処理要領の中で、監督の技術的基準及び検査の技術的基準については、「別に定めるところによる」とされている。

イ)監督及び検査の技術的基準

監督については、土木工事監督技術基準（案）（以下「監督技術基準（案）」という。）が定められ、給付の検査については地方整備局土木工事検査技術基準（案）（以下「検査技術基準（案）」という。）、技術検査については、地方整備局工事技術検査要領（以下「技術検査要領」という。）及び地方整備局土木工事技術検査基準（案）（以下「技術検査基準（案）」という。）が定められている。なお、工事成績評定については、請負工事成績評定要

領及び地方整備局請負工事成績評定実施要領（以下「成績評定要領」という。）が規定され、それぞれに基づき実施されている。

ウ）監督技術基準（案）

監督技術基準（案）は、監督検査事務処理要領第１１（監督の技術的基準）で別に定めることとしている技術的基準として通知されているものである。

第１（目的）には、

この技術基準は、地方建設局請負工事監督検査事務処理要領第１１に基づき、地方整備局の所掌する土木工事（港湾空港部所掌を除く）の請負契約に係る監督の技術的基準を定めることにより監督業務の適切な実施を図ることを目的とする。

と定められている。さらに（用語の定義）（監督の実施）が定められ、（監督の実施）の監督項目として、（契約の履行の確保）（施工状況の確認等）（円滑な施工の確保）（その他）が列挙されている。

また、監督に関わる標準的な考え方や留意事項等について「監督技術マニュアル（案）」が作成され、これに基づき実施されている。

エ）検査技術基準（案）

会計法による給付の検査の技術的基準として、検査技術基準（案）が定められている。

検査技術基準（案）は、監督検査事務処理要領第１８（検査の技術的基準）を受けた基準として位置づけられており、会計法に基づく給付の検査においてこの基準に基づき給付検査が実施されている。

第１条（目的）には、

この技術基準は、地方整備局の所掌する土木工事の検査に必要な技術的事項を定めることにより、検査の適切な実施を図ることを目的とする

と定められている。このほか（検査の内容）（工事実施状況の検査）（出来形の検査）（品質の検査）が定められている。

オ）技術検査要領

工事技術検査要領は、品確法基本方針のなかで策定することが義務づけられ、地方整備局の所掌する工事について行なう技術的検査に関して定めたものとして平成１８年３月に改定し、通知されているものである。

第１（目的）には、

この要領は、地方整備局の所掌する工事について行う技術的検査（以下「技術検査」という。）に関し必要な事項を定め、もって工事の適正かつ能率的な施工を確保するとともに、工事に関する技術水準の向上に資することを目的とする。

と定められている。

第２（技術検査の実施）には、

技術検査は、技術的な観点から工事中及び完成時の施工状況の確認及び評価を行うことをいう。 ２　技術検査は、原則として請負工事において会計法（昭和２２年法律第３５号）第２９条の１１第２項の検査を実施するときに行うものとする。 ３　前項の規定にかかわらず、工事の施工の途中等において地方整備局長（以下「局長」という。）及び事務所の長（以下「事務所長」という。）が必要と認めたときは、技術検査を行うことができるものとする。

と明記し、会計法の給付の検査と同時に品確法の技術検査を実施することが定められている。

第３（技術検査を行う者）には、

技術検査は、次の各号に掲げる者が行うものとする。 一　支出負担行為担当官若しくは契約担当官又はこれらの代理官が契約した工事にあっては、工事検査官、技術・評価課長その他当該技術検査を厳正かつ的確に行うことができると認められる者（以下「技術検査適任者」という。）のうちから、その都度、局長が命ずる者。 二　分任支出負担行為担当官又は分任契約担当官が契約した工事にあっては、当該工事を所掌する地方整備局の事務所長又は事務所長が技術検査適任者のうちから、その都度、命ずる者。

と定められている。

第４（技術検査の方法）には、

第３の規定により技術検査を行う者（以下「技術検査官」という。）が技術検査を行うに当たって必要な技術的基準は、別に定めるところによるものとする。

と定められている。

第５（技術検査の結果の復命）には、

技術検査官は、技術検査を完了した場合は、遅滞なく、当該技術検査の結果について別記様式の技術検査復命書により、第３第一号に該当する者にあっては局長に、第３第二号に該当する者にあっては事務所長等にそれぞれ復命するものとする。局長または事務所長は、復命書のうち必要な事項について、別に定めるところにより、請負者に通知するものとする。

と技術検査の結果を請負者へ通知することが定められている。

第６（工事成績の評定）には、

> 技術検査官は、請負工事について技術検査を完了した場合に、並びに、工事中の施行状況等を把握する者（以下、「技術評価官」という。）は、工事が完成したときに、別に定めるところにより、工事成績を評定しなければならないものとする。
> ２　技術評価官は、総括的な技術評価を行うもの（以下、「総括技術評価官」という。）及びその他評価を行うもの（以下、「主任技術評価官」という。）とする。
> ３　技術評価官は、次の各号に掲げる者をあてるものとする。
> 一　支出負担行為担当官若しくは契約担当官又はこれらの代理官が契約した工事にあっては、総括技術評価官は、事務所長が自らこれにあたるものとし、主任技術評価官は、当該工事を所掌する地方整備局の事務所の出張所の長（以下「出張所長」という。）又は工事を担当する建設監督官その他当該技術評価を厳正かつ的確に行うことができると認められる者のうちから、その都度、局長が命ずる者とする。
> 二　分任支出負担行為担当官又は分任契約担当官が契約した工事にあっては、総括技術評価官は、事務所長が自ら、もしくはその他当該技術評価を厳正かつ的確に行うことができると認められる者のうちから、その都度、事務所長が命ずる者とし、主任技術評価官は、出張所長、又は工事を担当する建設監督官その他当該技術評価を厳正かつ的確に行うことができると認められる者のうちから、その都度、所長が命ずる者とする。

と新たに「技術評価官」が定められ、工事中の施行状況を把握し、工事が完成したときに、工事成績を評定することが位置づけられた。

カ)技術検査基準(案)

品確法の制定を受けて、前記「技術検査要領第４（技術検査の方法)」で別に定めることとしている技術的基準として、平成１８年３月に新たに技術検査基準（案）が定められた。

第１条（目的）には、

> 本技術基準は、「地方整備局土木工事技術検査要領（平成１８年３月３１日国官技第２８２号)」(以下、「技術検査要領」という。）の技術的な事項を定めることにより、技術検査の適切な実施を図ることを目的とする。

と定められている。さらに（技術検査の内容）（技術検査の種類）（中間技術検査）（完成技術検査）（工事実施状況の技術検査）（出来形の技術検査）（品質の技術検査）（出来ばえの技術検査）が定められている。

（2）請負工事成績評定要領

成績評定要領で定められている関連部分を抜粋する。

（目的）

第１　この要領は、地方整備局の所掌する直轄事業（国土交通省組織令（平成１２年政令第２５５号）第３条第１８号に規定する「直轄事業」をいう。）に係る請負工事の成績評定（以下「評定」という。）に必要な事項を定め、厳正かつ的確な評定の実施を図り、もって請負業者の適正な選定及び指導育成に資することを目的とする。

（評定の対象）

第２　評定の対象は、原則として１件の請負金額が５００万円を超える請負工事について行うものとする。

　ただし、電気、ガス、水道又は電話の引込工事等で地方整備局長が必要がないと認めたものについて、評定を省略することができる。

（評定の内容）

第３　評定は、次の各号に掲げる事項について行うものとする。

一　工事成績：工事の施工状況、目的物の品質等を評価

二　工事の技術的難易度：構造物条件、技術特性等工事内容の難しさを評価

（評定者）

第４　第３の評定を行う者（以下「評定者」という。）は、次の各号に掲げる者とする。

一　工事成績の評定者は、「地方整備局工事技術検査要領」（平成 18 年 3 月 31 日国官技第 282 号）で定める「技術検査官」及び「技術評価官」とする。

二　工事の技術的難易度の評定者は、技術評価官とする。

２　前項各号に掲げる評定者については、別に定めるものとする。

（評定の方法）

第５　評定は、監督、検査等その他必要な事項について、工事ごと、評定者ごとに独立して的確かつ公正に行うものとする。

２　評定の結果は、別に定める工事成績評定表及び工事の技術的難易度評価表（以下「評定表等」という。）に記録するものとする。

（評定の時期）

第６　技術検査官は技術検査を実施したとき、技術評価官は工事が完成したとき、それぞれ評定を行うものとする。

２　工事の技術的難易度の評定は、工事が完成したときに行うものとする。

さらに（評定表等の提出）（評定の結果の通知）（評定の修正）（説明請求等）（再説明請求等）が定められている。

また、これに関して、「請負工事成績評定要領の運用について」が通知されている。

（評定者）要領第４第二号に規定する「技術評価官」は総括技術評価官を指定している。

（評定の方法）一号～二号の評定に際しては地方整備局工事成績評定実施要領、地方整備局工事技術的難易度評価実施要領が定められている。要領の（評定の結果の通知）（評定の修正）（説明請求等）（再説明請求等）に関しては、地方整備局工事成績評定通知実施要領が定められている。

さらに、「工事における創意工夫等実施状況の請負者からの提出について」（平成２１年５月１日付け国官技第２４－２号）において、創意工夫及び社会性等に関する書式が通知されている。

ア）地方整備局工事成績評定実施要領

第１（目的）には、

> 本要領は、「請負工事成績評定要領」（平成１３年３月３０日国官技第９２号。以下「評定要領」という。）第３第一号の工事成績の評定に関する事項を定めることにより、地方整備局が所掌する請負工事の適正かつ効率的な施工を確保し工事に関する技術水準の向上に資するとともに、請負業者の適正な選定及び指導育成を図ることを目的とする。

と定められている。さらに、（対象工事）（成績評定の時期）（評定者）（成績評定の方法）（成績評定結果の報告）（成績評定結果の通知）が定められている。

（成績評定の方法）の中で、工事成績採点表、細目別評定点採点表、工事成績評定表、工事成績採点の考査項目の考査項目別運用表、施工プロセスのチェックリスト（案）等が定められている。

イ）地方整備局工事技術的難易度評価実施要領

第１（目的）には、

> 本要領は、「請負工事成績評定要領」（平成１３年３月３０日国官技第９２号。以下「評定要領」という。）第３第二号の工事の技術的難易度の評価に関する事項を定めることにより、地方整備局が所掌する請負工事の適正かつ効率的な施工を確保し工事に関する技術水準の向上に資するとともに、請負業者の適正な選定及び指導育成を図ることを目的とする。

と定められている。さらに、（対象工事）（評価の時期）（評価者）（評価の方法）（評価結果の報告）（評価結果の通知）が定められている。

（評価の方法）の中で、工事技術的難易度評価表及び工事技術的難易度評価手順が定められている。

（３）出来高部分払方式による監督及び検査

公共工事における工事代金の支払いや設計変更協議に関する課題等を踏まえ、平成１３年から試行を開始し、１８年度から全工事を対象に出来高部分払方式を実施することとなった。

ア）出来高部分払方式実施要領

監督及び検査に関連するところを抜粋する。

1（目的）
　部分払における出来高部分払方式（以下「本方式」という。）は、支払の回数が少なく間隔が長く、工期末にまとめて設計変更案件の精算を行う現行方式から、受発注者が相互にコスト意識を持ち、短い間隔で出来高に応じた部分払や設計変更協議を実施し、円滑かつ速やかな工事代金の流通を確保することによって、より双務性及び質の高い施工体制の確保を目指すものである。
8（監督）
監督業務は、従来どおり実施するものとする。
9（検査）
1）検査職員
2）検査の実施
①既済部分検査・・・既済部分検査技術基準（案）による
②完成検査・・・・・従来どおり
③中間技術検査・・・土木工事技術検査基準（案）による

イ）既済部分検査技術基準（案）

監督及び検査に関連するところを抜粋する。

第1条（目的）
　この技術基準は、既済部分検査に必要な技術的事項を定めることにより、検査の効率的な実施を図ることを目的とする。
第2条（検査の内容）
　検査は、原則として当該工事の既済部分のうち、既に既済部分検査を実施した部分を除いた部分を対象として行うものとし、契約図書に基づき、工事の実施状況、出来形、品質及び出来ばえについて、検査対象部分を出来高と認めるのに必要な確認を行うものとする。
　なお、検査は実地において行うのを原則とし、机上において行うこともできる。

さらに、（工事実施状況の検査）（出来形の検査）（品質の検査）が定められている。

（４）工事請負契約書

工事請負契約書で定められている監督職員の検査（確認を含む）の関連部分を抜粋する。

> （工事材料の品質及び検査等）
>
> 第１３条　工事材料の品質については、設計図書に定めるところによる。設計図書にその品質が明示されていない場合にあっては、中等の品質(営繕工事にあっては、均衡を得た品質)を有するものとする。
>
> ２　受注者は、設計図書において監督職員の検査(確認を含む。以下本条において同じ。)を受けて使用すべきものと指定された工事材料については、当該検査に合格したものを使用しなければならない。この場合において、当該検査に直接要する費用は、受注者の負担とする。
>
> ３～５略
>
> （監督職員の立会い及び工事記録の整備等）
>
> 第１４条　受注者は、設計図書において監督職員の立会いの上調合し、又は調合について見本検査を受けるものと指定された工事材料については、当該立会いを受けて調合し、又は当該見本検査に合格したものを使用しなければならない。
>
> ２　受注者は、設計図書において監督職員の立会いの上施工するものと指定された工事については、当該立会いを受けて施工しなければならない。
>
> ３　受注者は、前 2 項に規定するほか、発注者が特に必要があると認めて設計図書において見本又は工事写真等の記録を整備すべきものと指定した工事材料の調合又は工事の施工をするときは、設計図書に定めるところにより、当該記録を整備し、監督職員の請求があったときは、当該請求を受けた日から○日以内に提出しなければならない。
>
> ４～６略
>
> （設計図書不適合の場合の改造義務及び破壊検査等）
>
> 第１７条　受注者は、工事の施工部分が設計図書に適合しない場合において、監督職員がその改造を請求したときは、当該請求に従わなければならない。この場合において、当該不適合が監督職員の指示によるときその他発注者の責に帰すべき事由によるときは、発注者は、必要があると認められるときは工期若しくは請負代金額を変更し、又は受注者に損害を及ぼしたときは必要な費用を負担しなければならない。
>
> ２　監督職員は、受注者が第 13 条第 2 項又は第 14 条第 1 項から第 3 項までの規定に違反した場合において、必要があると認められるときは、工事の施工部分を破壊して検査することができる。
>
> ３　前項に規定するほか、監督職員は、工事の施工部分が設計図書に適合しないと認められる相当の理由がある場合において、必要があると認められるときは、当該相当の理由を受注者に通知して、工事の施工部分を最小限度破壊して検査することができる。
>
> ４　前 2 項の場合において、検査及び復旧に直接要する費用は受注者の負担とする。

と定められ、第１３条で受注者は設計図書で指定された工事材料は、監督職員の検査を受け、検査に合格したものを使用しなければならないとされている。

また、第１４条で受注者は設計図書で指定された工事材料は、監督職員の立会いの上調合し、又は見本検査に合格したものを使用しなければならないとされているほか、記録を整備し、監督職員の請求があったときは提出しなければならないとされている。

さらに第１７条で監督職員は、受注者が規定に違反した場合又は設計図書に適合しないと認められる場合で、必要があると認められるときは、工事の施工部分を破壊して検査することができると定められている。

1－5　工事関係書類

（１）土木工事電子書類作成の基本事項

１）全ての工事書類は電子データで管理

・全ての工事において、工事書類はＡＳＰ（情報共有システム）を活用し、電子データで管理するものとする。

２）作成書類の役割分担を明確化

・工事着手前に受注者が作成すべき書類と発注者が作成すべき書類を確認し、作成書類の役割分担を明確化した上で工事着手するものとする。
また確認した作成書類の役割分担は「別紙-6　工事関係書類一覧表」に反映するものとする。

・現場技術員、施工体制調査員が監督職員に説明する資料は、現場技術員、施工体制調査員が自ら作成するものとする。

別紙－6

工事関係書類一覧表

工事関係書類					工事関係書類の標準様式(案)(様式No)	書類作成者		受注者書類作成の位置付け						電子納品の対象	備考
								提出			提示	その他			
作成時期	種別	No.	書類名称	書類作成の根拠		発注者	受注者	監督職員	契約担当課	発注担当課	受注者保管	監督職員へ連絡	監督職員へ納品		
工事着手前	契約図書 契約書	1	工事請負契約書	—	—	○	○								
	契約図書 設計図書	2	共通仕様書	—	—	○									
		3	特記仕様書	—	—	○									
		4	契約図面	—	—	○									
		5	現場説明書	—	—	○									
		6	質問回答書	—	—	○									
		7	工事数量総括表	—	—	○									
	契約関係書類	8	現場代理人等通知書	工事請負契約書第10条1項	様式－1		○		○						
		9	請負代金内訳書	工事請負契約書第3条1項 共通仕様書3-1-1-1	様式－2		○		○						契約書を作成する全ての工事
		10	工事工程表	工事請負契約書第3条1項 共通仕様書3-1-1-2	様式－3		○		○						
		11	掛金収納書(電子申請方式)	建設業退職金共済制度の適正履行の確保について(R3.3.30付建設業課発第41号) 共通仕様書1-1-1-41-6	様式－4		○		○						電子申請を使用しない場合は、「掛金収納書提出用台紙」に掛金収納書を張り付けたうえ、提出する。なお、スキャン、撮影によるデータ化も可とする。
		12	建退共証紙受払簿	建設業退職金共済制度の適正履行の確保について(R3.3.30付建設業課発第41号)	—		○				○				
		13	掛金充当書	建設業退職金共済制度の適正履行の確保について(R3.3.30付建設業課発第41号)	—		○				○				
		14	請求書(前払金)	工事請負契約書第35条1項	様式－5		○		○						
		15	VE提案書(契約後VE時)	工事請負契約書第19条2項 特記仕様書	様式－6		○			○					契約締結後にVE提案を行う場合に提出する。
	その他	16	品質証明員通知書	共通仕様書3-1-1-6-(5)	様式－7		○	○						○	契約図書で規定された場合に提出する。 打合せ簿で提出した場合は電子納品の対象
		17	再生資源利用計画書 -建設資材搬入工事用-	共通仕様書1-1-1-19-4	—		○	○						○	該当する建設資材を搬入する予定がある場合、建設副産物情報交換システムにより作成し、施工計画書へ含めて提出する。
		18	再生資源利用促進計画書 －建設副産物搬出工事用－	共通仕様書1-1-1-19-5	—		○	○						○	該当する建設副産物を搬出する予定がある場合、建設副産物情報交換システムにより作成し、施工計画書へ含めて提出する。
	工事書類 1施工計画 ①施工計画	19	施工計画書	共通仕様書1-1-1-4	—		○	○						○	重要な変更が生じた場合(工期や数量等の軽微な変更以外)には、その都度当該工事に着手する前に、変更施工計画書を監督職員に提出する。
		20	ISO9001品質計画書	H16.9.1付国官技第117号	—		○	○						○	
		21	設計図書の照査確認資料 (契約書18条に該当する事実があった場合)	共通仕様書1-1-1-3-2	—		○	○						○	
		22	工事測量成果表(仮BM及び多角点の設置)	共通仕様書1-1-1-38	—		○	○						○	
		23	工事測量結果(設計図書との照合) (設計図書と差異有り)		—		○	○						○	設計図書と差異があった場合にのみ監督職員に提出する。
	2施工体制 ②施工体制	24	施工体制台帳	共通仕様書1-1-1-10-1	-		○	○						○	・「『施工体制台帳に係る書類の提出について』の一部改正について」(令和3年3月5日付け国官技第319号、国営整第16号)に基づき作成する。 ・建設業及び一次下請人の警備業以外は不要 ・打合せ簿で提出した場合は電子納品の対象
		25	施工体系図	共通仕様書1-1-1-10-2	-		○	○						○	
		26	作業員名簿	「『施工体制台帳に係る書類の提出について』の一部改正について」(令和3年3月5日付け国官技第319号、国営整第16号) 共通仕様書1-1-1-10-1	-		○	○						○	
施工中	3施工状況 ③施工管理	27	工事打合せ簿(指示)	共通仕様書1-1-1-2-15	様式－9	○								○	
		28	工事打合せ簿(協議)	共通仕様書1-1-1-2-17	様式－9		○	○						○	協議の根拠となる諸基準類のコピーは添付不要。
		29	工事打合せ簿(承諾)	共通仕様書1-1-1-2-16	様式－9		○	○						○	
		30	工事打合せ簿(提出)	共通仕様書1-1-1-2-18	様式－9		○	○						○	
		31	工事打合せ簿(報告)	共通仕様書1-1-1-2-20	様式－9		○	○						○	
		32	工事打合せ簿(通知)	共通仕様書1-1-1-2-21	様式－9		○	○						○	
		33	関係機関協議資料 (許可後の資料)	共通仕様書1-1-1-36-2	—		○				○			○	許可後の資料については、提示とする。 ただし、監督職員から提出の請求があった場合は提出する。打合せ簿で提出した場合は電子納品の対象
		34	近隣協議資料	共通仕様書1-1-1-36	—		○				○			○	監督職員から提出の請求があった場合は提出する。 打合せ簿で提出した場合は電子納品の対象
		35	材料確認書	共通仕様書2-1-2-4	様式－10		○	○						○	設計図書に記載しているもの以外は材料確認願の提出は不要
		36	材料納入伝票	共通仕様書2-1-2-1	—		○				○			○	設計図書で指定した材料や監督職員から請求があった場合は提出する。打合せ簿で提出した場合は電子納品の対象
		37	段階確認書	共通仕様書3-1-1-4-6-(3)	様式－11		○	○						○	・契約図書で規定された場合のみ対象 ・段階確認書に添付する資料は、受注者が作成する出来形管理資料に、確認した実測値を手書きで記入することとし、新たに作成する必要はない。 ・監督職員又は現場技術員が臨場した場合の状況写真等 は不要。 ・監督職員又は現場技術員が臨場して段階確認した箇所は、出来形管理写真の撮影を省略できる。
		38	確認・立会依頼書	共通仕様書3-1-1-4-1	様式－12		○	○						○	・確認・立会依頼書添付する資料を新たに作成する必要はない。(受注者が作成する出来形管理資料に、確認した実測値を手書きで記入する) ・監督職員又は現場技術員が臨場した場合の状況写真等は不要。 ・監督職員又は現場技術員が臨場して段階確認した箇所は、出来形管理写真の撮影を省略できる。
		39	休日・夜間作業届	共通仕様書1-1-1-37-2	—		○					○			口頭、ファクシミリ、週間工程会議や電子メールなどにより連絡する。 ただし、現道上の工事については「提出」とする。
	3施工状況 ④安全管理	40	安全教育訓練実施資料	共通仕様書1-1-1-27-13	—		○				○				監督職員へ実施内容の提示のみで提出不要。
		41	工事事故速報	共通仕様書1-1-1-30	様式－13		○	○				○		○	事故が発生した場合、直ちに連絡するとともに、事故の概要を書面により速やかに報告する。 打合せ簿で提出した場合は電子納品の対象
		42	工事事故報告書	共通仕様書1-1-1-30	—		○	○						○	事故報告書はSAS(建設工事事故データベースシステム)により作成して提出するほか、監督職員から請求があった資料を提出する。 打合せ簿で提出した場合は電子納品の対象
	3施工状況 ⑤工程管理	43	工事履行報告書	工事請負契約書第11条 共通仕様書1-1-1-25	様式－14		○	○						○	工程の進捗状況を把握するため、実施工程表の提示を求めることがある。根拠資料の添付不要。
	3施工状況 ⑥品質管理	44	品質規格証明資料	共通仕様書2-1-2-1	—		○	○						○	指定材料のみ提出(設計図書で指定した材料を含む)。

工事関係書類一覧表

作成時期	種別		No.	書類名称	書類作成の根拠	工事関係書類の標準様式(案)(様式No)	書類作成者: 発注者	書類作成者: 受注者	提出: 監督職員	提出: 契約担当課	提出: 発注担当課	提示: 受注者保管	その他: 監督職員へ連絡	その他: 監督職員へ納品	電子納品の対象	備考
施工中	契約関係書類	中間前払金	45	認定請求書	工事請負契約書第35条4項	様式－15		○		○						
			46	請求書(中間前払金)	工事請負契約書第35条3項	様式－5		○		○						
		完済部分検査	47	指定部分完成通知書	工事請負契約書第39条1項	様式－16		○		○						
			48	指定部分引渡書	工事請負契約書第39条1項	様式－17		○		○						
			49	請求書(指定部分完済払金)	工事請負契約書第39条1項	様式－5		○		○						
			50	出来高内訳書	工事請負契約書第38条2項 共通仕様書1-1-1-22-2	様式－18		○	○						○	打合せ簿で提出した場合は電子納品の対象
		既済部分検査	51	請負工事既済部分検査請求書	工事請負契約書第38条2項	様式－19		○		○						
			52	出来形報告書 (数量内訳書、出来形図)	共通仕様書3-1-1-5-2	－		○	○						○	中間技術検査時にも提出する。 打合せ簿で提出した場合は電子納品の対象
			52	出来高内訳書	工事請負契約書第38条2項 共通仕様書1-1-1-22-2	様式－18		○	○						○	打合せ簿で提出した場合は電子納品の対象
			53	請求書(部分払金)	工事請負契約書第38条5項	様式－5		○		○						
		修補	54	修補完了届	工事請負契約書第32条1項 工事請負契約書第32条6項	様式－21		○		○						
		部分使用	55	部分使用承諾書	工事請負契約書第34条1項	様式－22		○		○						部分使用がある場合に提出する。
		工期延期	56	工期延期願	工事請負契約書第18条～24条	様式－23		○		○						工期延期が発生する場合に提出する。
		支給品 支給品	57	支給品受領書	工事請負契約書第15条3項	様式－24		○		○						支給品を受領した場合に提出する。
		支給品 支給品	58	支給品精算書	共通仕様書1-1-1-17-3	様式－25		○		○						支給品がある場合に提出する。
		支給品 建設機械	59	建設機械使用実績報告書	共通仕様書3-1-1-5-2	様式－26		○		○						建設機械の貸与がある場合に提出する。
		支給品 建設機械	60	建設機械借用・返納書	工事請負契約書第15条3項	様式－27		○		○						建設機械の貸与がある場合に提出する。
		現場発生品	61	現場発生品調書	共通仕様書1-1-1-18	様式－28		○		○						現場発生品がある場合に提出する。
	その他		62	出来形報告書 (数量内訳書、出来形図)	共通仕様書3-1-1-5	－		○	○						○	既済部分検査等の際に提出する。 打合せ簿で提出した場合は電子納品の対象
			63	産業廃棄物管理表(マニフェスト)	共通仕様書1-1-1-19-2	－		○				○				・産業廃棄物がある場合に監督職員へ提示すればよく、コピーの提出不要。
			64	新技術活用関係資料	特記仕様書	－		○			○					新技術情報提供システム(NETIS)に登録されている技術を活用して工事施工する場合に提出する。
工事完成時	契約関係書類		65	完成通知書	工事請負契約書第32条1項 共通仕様書1-1-1-21-1	様式－29		○		○						
			66	引渡書	工事請負契約書第32条4項	様式－30		○		○						
			67	請求書(完成代金)	工事請負契約書第33条1項	様式－5		○		○						
	工事書類		68	出来形管理図表	共通仕様書1-1-1-24-8	様式－31		○	○						○	・施工中は提示とし、工事完成時に提出とする。 ・出来形の測定位置が分かるように略図を記載する。 ・測定結果総括表、測定結果一覧表、出来形管理図(工程能力図)、度数表(ヒストグラム)については、出来形管理図表にて代用可能なため提出不要。
			69	品質管理図表	共通仕様書1-1-1-24-8	様式－32		○	○						○	・施工中は提示とし、工事完成時に提出とする。 ・品質の測定位置が分かるように略図を記載する。 ・測定結果総括表、測定結果一覧表、品質管理図(工程能力図)、度数表(ヒストグラム)については、品質管理図表にて代用可能なため提出不要。
			70	品質証明書	共通仕様書3-1-1-6-(1)	様式－33		○	○						○	・契約図書で規定された場合に提出する。 ・品質証明に関する添付書類は提出不要
			71	工事写真	共通仕様書1-1-1-24-8	－		○	~~○~~					○	○	・工事写真の撮影にあたっては、写真管理基準(案)を適用する。 ・電子納品等運用ガイドライン(案)【土木工事編】に基づき提出する。 ・紙の工事写真帳の提出不要 ・不可視部分を含め、監督職員又は現場技術員が臨場して確認した箇所は、出来形管理写真等の撮影は省略 ・監督職員等が確認や立会っている状況写真等も不要。
			72	総合評価実施報告書	総合評価落札方式の実施について (H12.9.20付建設省厚契発第30号)	－		○	○						○	
			73	創意工夫・社会性等に関する実施状況	~~特記仕様書~~ 共通仕様書3-1-1-10	様式－34		○	○						○	自ら立案実施した創意工夫や地域社会への貢献として、特に評価できる項目を実施すれば提出できる。 打合せ簿で提出した場合は電子納品の対象
	工事完成図書		74	工事完成図	共通仕様書1-1-1-20 共通仕様書3-1-1-7	－		○	○					○	○	・電子納品等運用ガイドライン(案)【土木工事編】に基づき、原則、電子成果品で納品する。
			75	工事管理台帳	共通仕様書3-1-1-7 特記仕様書	－		○	○					○	○	・電子納品等運用ガイドライン(案)【土木工事編】に基づき、原則、電子成果品で納品する。
	その他		76	再生資源利用実施書 -建設資材搬入工事用-	共通仕様書1-1-1-19-6	－		○			○				○	該当する建設資材を搬入した場合、建設副産物情報交換システムにより作成して提出する。
			77	再生資源利用促進実施書 －建設副産物搬出工事用－	共通仕様書1-1-1-19-6	－		○			○				○	該当する建設副産物を搬出した場合、建設副産物情報交換システムにより作成して提出する。
工事完成後	契約関係書類		78	掛金充当実績総括表	建設業退職金共済制度の適正履行の確保について (R3.3.30付建設業課発第41号) 共通仕様書1-1-1-41-6	－		○				○				監督職員は、収納状況を施工プロセスチェックシートにより確認し、完成検査時に検査職員へ報告する。
			79	被共済者就労状況報告書	建設業退職金共済制度の適正履行の確保について (R3.3.30付建設業課発第41号)	－		○				○				
			80	掛金充当書	建設業退職金共済制度の適正履行の確保について (R3.3.30付建設業課発第41号)	－		○				○				
	その他		81	低入札価格調査 (間接工事費等諸経費動向調査票)	共通仕様書1-1-1-13-5-(3)	－	○	○			○					「低入札価格調査制度」の調査対象工事の場合に完成日から30日以内に提出する。

第２編

監督について

2－1　工事監督について

監督とは

契約担当官等は、工事又は製造その他について請負契約を締結した場合においては、政令の定めるところにより、自ら又は補助者に命じて、契約の適正な履行を確保するため必要な監督をしなければならない。（会計法第２９条の１１第１項）

監督は、工事、製造等の契約について、相手方の履行途中において、その履行に立ち会い、指示、調整等を必要とするものについて契約内容に適合させるために必要な干渉を行うことをいう。

工事監督の主たる目的は、“契約の適正な履行の確保”にあるが、「公共工事の品質確保等のための行動指針」では、次のように監督の必要性が謳われている。

> **公共工事の品質確保等のための行動指針　平成１０年２月　　建設省**
> Ⅲ　発注者の役割・立場の明確化
> １．発注者・設計者・施工者の役割分担
> （抜粋）
> 建設工事は屋外一物生産であり、かつ自然対峙型の生産が一般的であるため、現場における発注者と受注者の権利義務関係をあらかじめ明確に規定し得ない事態を惹起しやすく、また請負施工に伴う射倖性（偶然の利潤の獲得が隠されやすいこと）、公共の場における不適格成果物の修復等に伴う地域又は国家的損失などから、施工過程における発注者の介在の必要がある。

監督は、検査だけでは契約の給付内容の履行確認ができないものについて、その履行の過程において、当該履行の場所において施工状況の確認等を行い、工程及び工事に使用する材料の試験又は品質、確認等によって良質な工事目的物を確保するものである。

「工事請負契約書第９条（監督職員）」に、監督職員の位置付けがなされており、受注者側の現場代理人に対する指示、承諾又は協議や設計図書に基づく立ち会い、工事の施工状況の検査又は工事材料の試験若しくは検査等の業務を行うことが明記されている。

なお、「公共工事の品質確保等のための行動指針」では、「工事の監督行為は、施工プロセスにおいて契約の履行状況を確認するために、必要な範囲内で段階確認行為を行う程度にとどめることを基本とし、受・発注者間の責任分担を曖昧にするような無用の指示や、コスト増につながるような不要な確認等を行うべきでない。」と明記されている。

工事監督の流れ

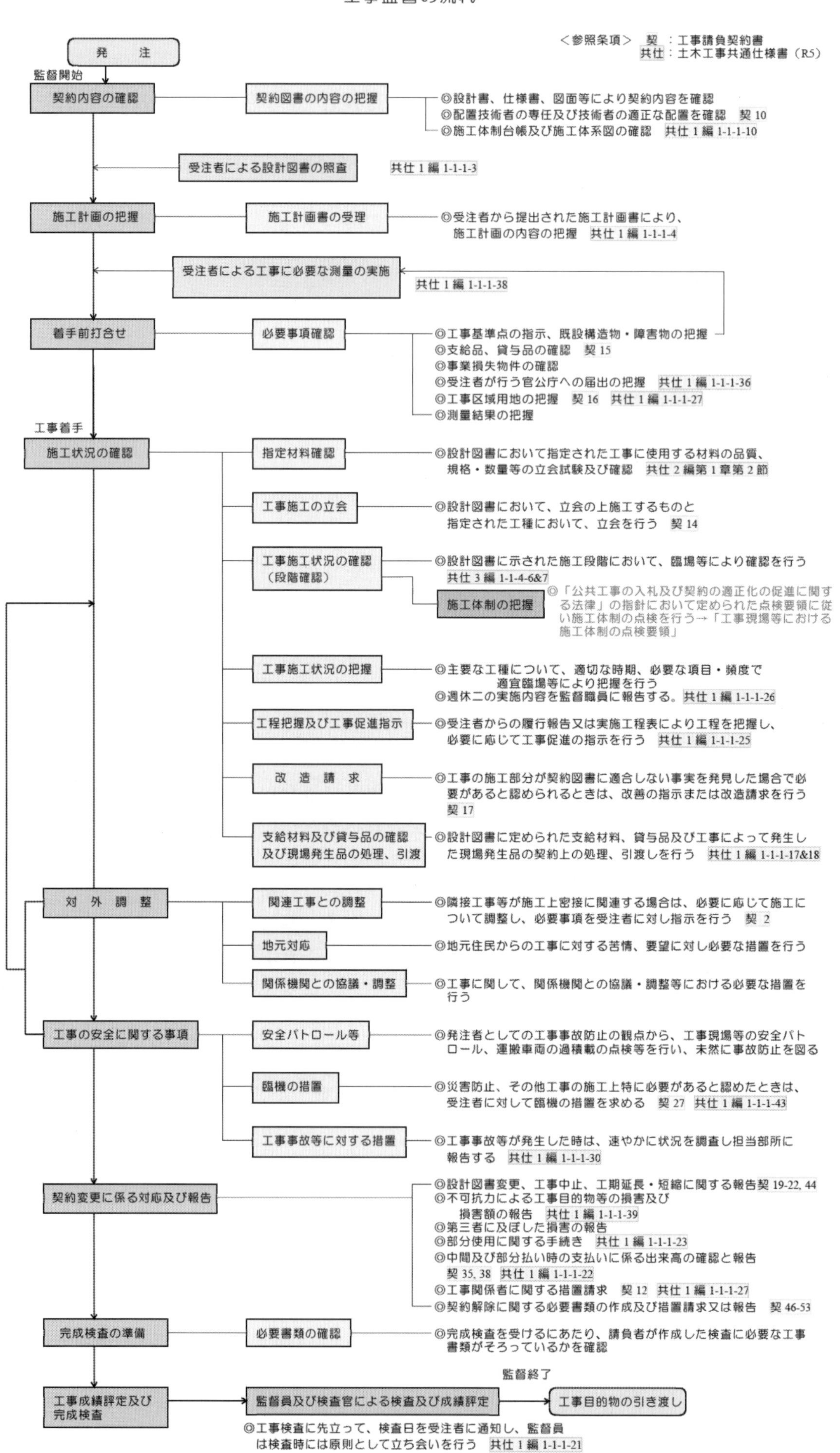

＜参照条項＞ 契 ：工事請負契約書
共仕：土木工事共通仕様書（R5）
発 注
監督開始
契約内容の確認
契約図書の内容の把握
◎設計書、仕様書、図面等により契約内容を確認
◎配置技術者の専任及び技術者の適正な配置を確認 契 10
◎施工体制台帳及び施工体系図の確認 共仕 1 編 1-1-1-10
受注者による設計図書の照査
共仕 1 編 1-1-1-3
施工計画の把握
施工計画書の受理
◎受注者から提出された施工計画書により、施工計画の内容の把握 共仕 1 編 1-1-1-4
受注者による工事に必要な測量の実施
共仕 1 編 1-1-1-38
着手前打合せ
必要事項確認
◎工事基準点の指示、既設構造物・障害物の把握
◎支給品、貸与品の確認 契 15
◎事業損失物件の確認
◎受注者が行う官公庁への届出の把握 共仕 1 編 1-1-1-36
◎工事区域用地の把握 契 16 共仕 1 編 1-1-1-27
◎測量結果の把握
工事着手
施工状況の確認
指定材料確認
◎設計図書において指定された工事に使用する材料の品質、規格・数量等の立会試験及び確認 共仕 2 編第 1 章第 2 節
工事施工の立会
◎設計図書において、立会の上施工するものと指定された工種において、立会を行う 契 14
工事施工状況の確認（段階確認）
◎設計図書に示された施工段階において、臨場等により確認を行う 共仕 3 編 1-1-4-6&7
施工体制の把握
◎「公共工事の入札及び契約の適正化の促進に関する法律」の指針において定められた点検要領に従い施工体制の点検を行う→「工事現場等における施工体制の点検要領」
工事施工状況の把握
◎主要な工種について、適切な時期、必要な項目・頻度で適宜臨場等により把握を行う
◎週休二の実施内容を監督職員に報告する。共仕 1 編 1-1-1-26
工程把握及び工事促進指示
◎受注者からの履行報告又は実施工程表により工程を把握し、必要に応じて工事促進の指示を行う 共仕 1 編 1-1-1-25
改 造 請 求
◎工事の施工部分が契約図書に適合しない事実を発見した場合で必要があると認められるときは、改善の指示または改造請求を行う 契 17
支給材料及び貸与品の確認及び現場発生品の処理、引渡
◎設計図書に定められた支給材料、貸与品及び工事によって発生した現場発生品の契約上の処理、引渡しを行う 共仕 1 編 1-1-1-17&18
対 外 調 整
関連工事との調整
◎隣接工事等が施工上密接に関連する場合は、必要に応じて施工について調整し、必要事項を受注者に対し指示を行う 契 2
地元対応
◎地元住民からの工事に対する苦情、要望に対し必要な措置を行う
関係機関との協議・調整
◎工事に関して、関係機関との協議・調整等における必要な措置を行う
工事の安全に関する事項
安全パトロール等
◎発注者としての工事事故防止の観点から、工事現場等の安全パトロール、運搬車両の過積載の点検等を行い、未然に事故防止を図る
臨機の措置
◎災害防止、その他工事の施工上特に必要があると認めたときは、受注者に対して臨機の措置を求める 契 27 共仕 1 編 1-1-1-43
工事事故等に対する措置
◎工事事故等が発生した時は、速やかに状況を調査し担当部所に報告する 共仕 1 編 1-1-1-30
契約変更に係る対応及び報告
◎設計図書変更、工事中止、工期延長・短縮に関する報告契 19-22, 44
◎不可抗力による工事目的物等の損害及び損害額の報告 共仕 1 編 1-1-1-39
◎第三者に及ぼした損害の報告
◎部分使用に関する手続き 共仕 1 編 1-1-1-23
◎中間及び部分払い時の支払いに係る出来高の確認と報告 契 35, 38 共仕 1 編 1-1-1-22
◎工事関係者に関する措置請求 契 12 共仕 1 編 1-1-1-27
◎契約解除に関する必要書類の作成及び措置請求又は報告 契 46-53
完成検査の準備
必要書類の確認
◎完成検査を受けるにあたり、請負者が作成した検査に必要な工事書類がそろっているかを確認
工事成績評定及び完成検査
監督員及び検査官による検査及び成績評定
監督終了
工事目的物の引き渡し
◎工事検査に先立って、検査日を受注者に通知し、監督員は検査時には原則として立ち会いを行う 共仕 1 編 1-1-1-21

2－2 監督の方法

地方整備局請負工事監督検査事務処理要領

建設省厚契発第21号
昭和42年3月30日

最終改正　令和3年3月31日国会公契第67号

第1章　総則

（通則）

第1　地方整備局の所掌する工事の請負契約の履行の監督及び検査の実施に関する事務の取扱いについては、会計法（昭和22年法律第35号。以下「法」という。）、予算決算及び会計令（昭和22年勅令第165号。以下「令」という。）、契約事務取扱（昭和37年大蔵省令第52号。以下「規則」という。）、国土交通省所管会計事務取扱規則（平成13年1月6日国土交通省訓令第60号。以下「国交省規則」という。）その他の法令に定めるもののほか、この要領の定めるところによるものとする。

（監督及び検査の実施の細目）

第2　部局長（地方整備局の長をいう。以下同じ。）は、国交省規則第39条第1項の規定により法第29条の11第1項に規定する工事の請負契約の適正な履行を確保するため必要な監督（以下「監督」という。）及び同条第2項に規定する工事の請負契約についての給付の完了の確認（給付の完了前に代価の一部を支払う必要がある場合において行う工事の既済部分の確認を含む。）をするため必要な検査（以下「検査」という。）の実施についての細目を定めるときは、次章及び第3章によるものとする。

第2章　監督

（監督の体制）

第3　監督は、支出負担行為担当官若しくは契約担当官又はこれらの代理官（以下「本官」という。）が締結した工事の請負契約（以下「本官契約」という。）にあっては当該本官以外の監督職員（規則第18条第1項に規定する監督職員をいう。以下同じ。）が、分任支出負担行為担当官又は分任契約担当官（以下「分任官」という。）が締結した工事の請負契約（以下「分任官契約」という。）にあっては監督職員が行うものとする。

2　分任官契約の監督を行なう場合において、監督に係る工事の規模、監督に必要な技術の程度その他技術的な理由（以下「技術的条件」という。）を勘案し分任官が自ら監督を行なう必要がないと認めるときは、当該分任官以外の監督職員のみにより監督を行なうことができるものとする。

（監督業務の分類）

第4　監督業務は、監督総括業務、現場監督総括業務及び一般監督業務に分類するものとし、これらの業務の内容は、それぞれ次の各号に掲げるとおりとするものとする。

一　監督総括業務

イ　工事請負契約書（平成７年６月 30 日付け建設省厚契発第 25 号）に基づく契約担当官等の権限とされる事項のうち契約担当官等が必要と認めて委任したものの処理

ロ　契約の履行についての契約の相手方に対する必要な指示、承諾又は協議で重要なものの処理

ハ　関連する２以上の工事の監督を行なう場合における工事の工程等の調整で重要なものの処理

ニ　工事の内容の変更、一時中止又は打切りの必要があると認めた場合における当該措置を必要とする理由その他必要と認める事項の契約担当官等（法第 29 条の３第１項に規定する契約担当官等をいう。以下同じ。）に対する報告

ホ　現場監督総括業務及び一般監督業務を担当する監督職員の指揮監督並びに監督業務の掌理

二　現場監督総括業務

イ　契約の履行についての契約の相手方に対する必要な指示、承諾又は協議（重要なもの及び軽易なものを除く。）の処理

ロ　設計図、仕様書その他の契約関係図書（以下「契約図書」という。）に基づく工事の実施のための詳細図等（軽易なものを除く。）作成及び交付又は契約の相手方が作成したこれらの図書（軽易なものを除く。）の承諾

ハ　契約図書に基づく工程の管理、立会い、工事の実施状況の検査及び工事材料の試験又は検査の実施（他の者に実施させ、当該実施を確認することを含む。以下同じ。）で重要なものの処理

ニ　関連する２以上の工事の監督を行なう場合における工事の工程等の調整（重要なものを除く。）の処理

ホ　工事の内容の変更、一時中止又は打切りの必要があると認めた場合における当該措置を必要とする理由その他必要と認める事項の監督総括業務を担当する監督職員に対する報告

へ　一般監督業務を担当する監督職員の指揮監督並びに現場監督総括業務及び一般監督業務の掌理

三　一般監督業務

イ　契約の履行についての契約の相手方に対する必要な指示、承諾又は協議で軽易なものの処理

ロ　契約図書に基づく工事の実施のための詳細図等で軽易なものの作成及び交付又は契約の相手方が作成したこれらの図書で軽易なものの承諾

ハ　契約図書に基づく工程の管理、立会い、工事の実施状況の検査及び工事材料の試験又は検査の実施（重要なものを除く。）

ニ　工事の内容の変更、一時中止又は打切りの必要があると認めた場合における当該措置を必要とする理由その他必要と認める事項の現場監督総括業務を担当する監督職員に対する報告

ホ　第６第４項の規定により任命された監督員にあっては、第６第６項の規定により任命された監督員の指揮監督及び一般監督業務の掌理

(監督職員の担当業務等)

第5　本官契約又は分任官契約の監督を行なう監督職員は、総括監督員、主任監督員及び監督員とし、それぞれ監督総括業務、現場監督総括業務及び一般監督業務を担当するものとする。

2　技術的条件を勘案し必要がないと認めるときは、前項の規定にかかわらず、総括監督員、総括監督員及び主任監督員又は監督員（主任監督員が置かれている場合に限る。）をそれぞれ置かないことができるものとし、総括監督員を置かない場合における主任監督員は監督総括業務を、総括監督員及び主任監督員を置かない場合における監督員は監督総括業務及び現場監督総括業務を、監督員を置かない場合における主任監督員は一般監督業務を、それぞれあわせて担当するものとする。

(監督職員の任命基準等)

第6　本官契約の総括監督員は、当該工事を所掌する地方整備局の事務所又は地方整備局の本局（以下「本局」という。）の出張所（以下「所掌事務所」という。）の長（営繕工事（事業費をもつてする営繕工事を除く。以下同じ。）である場合において、所掌事務所が置かれていないときは、本局の営繕監督室長）を任命するものとする。

2　分任官契約の総括監督員は、当該分任官が自らこれにあたるものとする。ただし、第3第2項の規定に基づき、分任官以外の監督職員のみにより監督を行なう場合においては、所掌事務所の工事を担当する副所長を任命するものとする。

3　主任監督員は、営繕工事以外の工事にあっては当該工事を所掌する地方整備局の事務所の出張所（以下「所掌出張所」という）の長又は工事を担当する建設監督官（所掌出張所及び工事を担当する建設監督官が置かれていないときは、所掌事務所の工事を担当する課長）を、営繕工事にあっては所掌事務所の営繕監督官（所掌事務所に営繕監督官が置かれていないときは、所掌事務所の工事を担当する課長。所掌事務所も置かれていないときは、本局の営繕監督官）を任命するものとする。

4　監督員は、営繕工事以外の工事にあっては所掌出張所の工事を担当する係長又は主任（所掌出張所が置かれている場合は、主任監督員が建設監督官であるときを除き、所掌事務所の工事を担当する係長）、営繕工事にあっては主任監督員が営繕監督官である場合を除き、所掌事務所の工事を担当する係長を任命するものとする。

5　技術的条件及び工事を所掌する組織における職員の配置状況により第3項又は前項の規定によることが困難であると認められるときは、これらの規定にかかわらず、当該技術的条件を勘案し、監督を厳正かつ的確に行なうことができると認められる者（以下「監督適任者」という。）を任命することができるものとする。

6　技術的条件を勘案し特に必要があると認められるときは、当該技術的条件応じ、第4項又は前項の規定によるほか、第4項の規定にかかわらず、さらに、監督適任者を監督員に任命することができるものとする。

7　主任監督員が建設監督官又は営繕監督官である場合において、技術的条件を勘案し必要があると認めるときは、当該技術的条件に応じ、監督適任者を監督員に任命することができるものとする。

(分任官が監督を委託する場合の承認)

第7　分任官は、令第101条の8の規定により国の職員以外の者に委託して監督を行なわせようとする場合は、あらかじめ、部局長の承認を受けなければならないものとする。

（監督委託契約書の作成）
第８　令第 101 条の８の規定による国の職員以外の者への監督の委託は、工事の内容、第 11 に規定する監督の技術的基準及び第 12 の規定を勘案し、監督の方法、契約担当官等に連絡し、又は報告すべき事項その他必要な事項を記載した契約書を作成して行なわなければならないものとする。

（監督職員の任命）
第９　監督職員の任命は、工事の請負契約ごとに行なうものとする。

（契約の相手方への通知）
第 10　契約担当官等は、監督職員又は令第 101 条の８の規定により監督を委託した国の職員以外の者の官職又は氏名を、工事の請負契約ごとに、遅滞なく、別記様式第１による監督職員通知書により、契約の相手方に通知するものとする。これらの者に変更があつた場合も同様とする。

（監督の技術的基準）
第 11　監督職員が監督を行なうにあたって必要な技術的基準は、別に定めるところによるものとする。

（監督に関する図書）
第 12　監督職員は、次の各号に掲げる図書（契約の相手方から提出された図書を含む。）をそれぞれの担当事務に応じて作成し、及び整理して監督の経緯を明らかにするものとする。
一　工事の実施状況を記載した図書
二　契約の履行に関する協議事項（軽易なものを除く。）を記載した書類
三　工事の実施状況の検査又は工事材料の試験若しくは検査の事実を記載した図書
四　その他監督に関する図書

第３章　検査
省略

土木工事監督技術基準　（案）

昭和54年２月26日建設省技調発第94号
平成12年４月17日建設省技調発第74号
平成15年３月31日国官技第３４５号
令和２年３月 26 日国官技第４３５号
最終改正　令和４年３月３１日国官技第３５５号

（目的）

第１条　この技術基準は、地方整備局請負工事監督検査事務処理要領第11に基づき、地方整備局の所掌する土木工事（港湾空港部所掌を除く）の請負契約に係る監督の技術的基準を定めることにより監督業務の適切な実施を図ることを目的とする。

（用語の定義）

第２条

(1)「監督」･････････契約図書における発注者の責務を適切に遂行するために、工事施工状況の確認及び把握等を行い、契約の適正な履行を確保する業務をいう。

(2)「監督職員等」･･･監督職員とは、総括監督員、主任監督員、監督員を総称していい、監督職員等とは、監督職員及び現場監督員（現場技術員を含む）を総称していう。

(3)「監督の方法」･･･監督行為　（指示、承諾、協議、通知、受理、確認、立会い、把握）を総称していう。

①指　示････････監督職員が受注者に対し、工事の施工上必要な事項について書面をもって示し、実施させることをいう。

②承　諾････････契約図書で明示した事項で、受注者が監督職員に対し書面で申し出た工事の施工上必要な事項について、監督職員が書面により同意することをいう。

③協　議････････書面により契約図書の協議事項について、発注者と受注者が対等の立場で合議し結論を得ることをいう。

④通　知････････監督職員が受注者に対し、工事の施工に関する事項について、書面をもって知らせることをいう。

⑤受　理････････契約図書に基づき受注者の責任において監督職員に提出された書面を監督職員が受け取り、内容を把握することをいう。

⑥確　認････････契約図書に示された事項について、監督職員等が臨場（遠隔臨場を含む。なお、「遠隔臨場」とは、動画撮影用のカメラによって取得した映像及び音声を利用し、遠隔地からWeb会議システム等を介して段階確認及び材料確認並びに立会を行うことをいう。）又は受注者が提出した資料により、監督職員が契約図書との適合を確かめ、受注者に対して認めることをいう。

⑦把　握‥‥‥‥監督職員等が臨場若しくは受注者が提出又は提示した資料により施工状況、使用材料、提出資料の内容等について、監督職員が契約図書との適合を自ら認識しておくことをいい、受注者に対して認めるものではない。

⑧立　会‥‥‥‥契約図書に示された項目について、監督職員等が臨場し、内容を確かめることをいう。

（監督の実施）

第３条　監督職員等は、以下の表の各項目について技術的に十分検討のうえ監督を実施するものとする。

なお、関連図書及び条項の欄は下記のとおりとする。

契‥‥‥‥‥‥契約書

共仕‥‥‥‥土木工事共通仕様書

適正化法‥‥公共工事の入札及び契約の適正化の促進に関する法律

適正化指針‥公共工事の入札及び契約の適正化を図るための措置に関する指針

項　目	業務内容	関連図書及び条項
1.契約の履行の確保		
(1)契約図書の内容の把握	契約書、設計書、仕様書、図面、現場説明書及び現場説明に対する質問回答書等及びその他契約の履行上必要な事項について把握する。	契　第1条 共仕第1編 1-1-6
(2)施工計画書の受理	受注者から提出された施工計画書により、施工計画の概要を把握する。	共仕第1編 1-1-4
(3)施工体制の把握	「工事現場における適正な施工体制の確保等について」(平成13年3月30日付け、国官地第22号、国官技第68号、国営計第79号)「工事現場等における施工体制の点検要領の運用について」(平成13年3月30日付け、国官地第23号、国官技第69号、国営計第80号)「施工体制台帳に係る書類の提出について」(平成13年3月30日付け、国官技第70号、国営技第30号)により現場における施工体制の把握を行う。	適正化法 第16条 適正化指針5(5)

(4)契約書及び設計図書に基づく指示、承諾、協議、受理等	契約書及び設計図書に示された指示、承諾、協議(詳細図の作成を含む)及び受理等について、必要により現場状況を把握し、適切に行う。	契 第9条 共仕第1編 1-1-6
(5)条件変更に関する確認、調査、検討、通知	① 契約書第18条第1項の第1号から第5号までの事実を発見したとき、又は請負者から事実の確認を請求されたときは、直ちに調査を行い、その内容を確認し検討のうえ、必要により工事内容の変更、設計図面の訂正内容を定める。 ただし、特に重要な変更等が伴う場合は、あらかじめ契約担当官等の承認を受ける。なお必要に応じて、設計担当者等の立会を求めることができる。	契 第18条
	② 前項の調査結果を受注者に通知(指示する必要があるときは、当該指示を含む)する。	契 第18条
(6)変更設計図面及び数量等の作成	一般的な変更設計図面及び数量について、受注者からの確認資料等をもとに作成する。	契 第18条 共仕第1編 1-1-15
(7)関連工事との調整	関連する2以上の工事が施工上密接に関連する場合は、必要に応じて施工について調整し、必要事項を受注者に対し指示を行う。	契 第2条
(8)工程把握及び工事促進指示	受注者からの履行報告又は実施工程表に基づき工程を把握し、必要に応じて工事促進の指示を行う。	契 第11条 共仕第1編 1-1-25
(9)工期変更の事前協議及びその結果の通知	契約書第15条第7項、第17条第1項、第18条第5項、第19条、第20条第3項、第22条及び第43条第2項の規定に基づく工期変更について、事前協議及びその結果の通知を行う。	共仕第1編 1-1-16

(10) 契約担当官等への報告		
1)　工事の中止及び工期の延長の検討及び報告	①　工事の全部若しくは一部の施工を一時中止する必要があると認められるときは、中止期間を検討し、契約担当官等へ報告する。	契　第20条 共仕第1編 1-1-14
	②　受注者から工期延長の申し出があった場合は、その理由を検討し契約担当官等へ報告する。	契第17～22条 契　第44条
2)　一般的な工事目的物等の損害の調査及び報告	工事目的物等の損害について、受注者から通知を受けた場合は、その原因、損害の状況等を調査し、発注者の責に帰する理由及び損害額の請求内容を審査し、契約担当官等へ報告する。	契　第28条
3)　不可抗力による損害の調査及び報告	①　天災等の不可抗力により、工事目的物等の損害について、受注者から通知を受けた場合は、その原因、損害の状況等を調査し確認結果を契約担当官等へ報告する。	契　第30条 共仕第1編 1-1-40
	②　損害額の負担請求内容を審査し、契約担当官等へ報告する。	契　第30条
4)　第三者に及ぼした損害の調査及び報告	工事の施工に伴い第三者に損害を及ぼしたときは、その原因、損害の状況等を調査し、発注者が損害を賠償しなければならないと認められる場合は、契約担当官等へ報告する。	契　第29条
5)　部分使用の確認及び報告	部分使用を行う場合の品質及び出来形の確認を行い、契約担当官等へ報告する。	契　第34条 共仕第1編 1-1-23

6) 中間前金払請求時の出来高確認及び報告	中間前金払の請求があった場合は、工事出来高報告書に基づき出来高を確認し契約担当官等へ報告する。	契　第35条 共仕第1編 1-1-22
7) 部分払請求時の出来形の審査及び報告	部分払の請求があった場合は、工事出来形内訳書の審査及び既済部分出来高対照表の作成を行い、契約担当官等へ報告する。	契　第38条 共仕第1編 1-1-22
8) 工事関係者に関する措置請求	現場代理人がその職務の執行につき著しく不適当と認められる場合及び監理技術者、主任技術者、専門技術者、下請負人等が工事の施工又は管理につき著しく不適当と認められる場合は、契約担当官等への措置請求を行う。	契　第12条 共仕第1編 1-1-27
9) 契約解除に関する必要書類の作成及び措置請求又は報告	①　契約書第46条第1項、第47条又は第48条に基づき契約を解除する必要があると認められる場合は、契約担当官等に対して措置請求を行う。	契　第46条 契　第47条 契　第48条
	②　受注者から契約の解除の通知をうけたときは、契約解除要件を確認し、契約担当官等へ報告する。	契　第50条 契　第51条
	③　契約が工事の完成前に解除された場合は、既済部分出来形の調査及び出来高対照表の作成を行い、契約担当官等へ報告する。	契　第53条
2. 施工状況の確認等		
(1) 事前調査等	下記の事前調査業務を必要に応じて行う。	
	①工事基準点の指示	
	②既設構造物の把握	

	③支給(貸与)品の確認	共仕第1編 1-1-17
	④事業損失防止家屋調査の立会い	
	⑤受注者が行う官公庁等への届出の把握	共仕第1編 1-1-37
	⑥工事区域用地の把握	契　第16条 共仕第1編 1-1-7
	⑦その他必要な事項	
(2) 指定材料の確認	設計図書において、監督職員の試験若しくは確認を受けて使用すべきものと指定された工事材料、又は監督職員の立会のうえ調合し、又は調合について見本の確認を受けるものと指定された材料の品質・規格等の試験、立会、又は確認を行う。	契　第13～14条
(3) 工事施工の立会	設計図書において、監督職員の立会のうえ施工するものと指定された工種において、設計図書の規定に基づき立会を行う。	契　第14条
(4) 工事施工状況の確認（段階確認）	設計図書に示された施工段階において別表1に基づき、臨場等により確認を行う。	共仕第3編 1-1-4
(5) 工事施工状況の把握	主要な工種について別表2に基づき、適宜臨場等により把握を行い(別紙)に記録する。 週休二の実施内容を監督職員に報告する。	 共仕第1編 1-1-26

(6) 建設副産物の適正処理状況等の把握	建設副産物を搬出する工事にあっては、産業廃棄物管理票(マニフェスト)等により、適正に処理されているか把握する。 また、建設資材を搬入又は建設副産物を搬出する工事にあっては、受注者が作成する再生資源利用計画及び再生資源利用促進計画書により、リサイクルの実施状況を把握する。	共仕第1編 1-1-19
(7) 改造請求及び破壊による確認	① 工事の施工部分が契約図書に適合しない事実を発見した場合で、必要があると認められるときは、改善の指示又は改造請求を行う。	契 第9条
	② 契約書第13条第2項若しくは第14条第1項から第3項までの規定に違反した場合、又は工事の施工部分が設計図書に適合しないと認められる相当の理由がある場合において、必要があると認められる場合は、工事の施工部分を破壊して確認する。	契 第17条
(8) 支給材料及び貸与品の確認、引渡	① 設計図書に定められた支給材料及び貸与品については、契約担当官等が立会う場合を除き、その品名、数量、品質、規格又は性能を設計図書に基づき確認し、引渡しを行う。	契 第15条
	② 前項の確認の結果、品質又は規格若しくは性能が設計図書の定めと異なる場合、又は使用に適当でないと認められる場合は、これに代わる支給材料若しくは貸与品を契約担当官等と打ち合わせのうえ引渡し等の措置をとる。	契 第15条

3. 円滑な施工の確保		
(1) 地元対応	地元住民等からの工事に関する苦情、要望等に対し必要な措置を行う。	
(2) 関係機関との協議・調整	工事に関して、関係機関との協議・調整等における必要な措置を行う。	
4. その他		
(1) 現場発生品の処理	工事現場における発生品について、規格、数量等を確認しその処理方法について指示する。	共仕第1編 1-1-18
(2) 臨機の措置	災害防止、その他工事の施工上特に必要があると認めるときは、受注者に対し臨機の措置を求める。	契 第27条 共仕第1編 1-1-43
(3) 事故等に対する措置	事故等が発生した時は、速やかに状況を調査し、事務所担当課に報告する。	共仕第1編 1-1-31
(5) 工事完成検査等の立会	原則として監督職員は工事の完成、既済、完済、中間技術の各段階における工事検査の立会を行う。	共仕第1編 1-1-21 1-1-22
(6) 検査日の通知	工事検査に先立って、契約担当官等の指定する検査日を受注者に対して通知する。	共仕第1編 1-1-21 1-1-22

<参 考>

―重点監督―

主たる工種に新工法・新材料を採用した工事、施工条件が厳しい工事、第三者に対する影響のある工事、低入札工事、その他上記に類する工事については、確認の頻度を増やすこととし、工事の重要度に応じた監督とする。(重点監督という。)

なお、対象工事は下記のイ～ニのとおりとし、契約後すみやかに監督職員が適用工種を定めるものとする。

イ) 主たる工種に新工法・新材料を採用した工事

・技術活用パイロット工事

ロ) 施工条件が厳しい工事

・鉄道又は現道上及び、最大支間長100m以上の橋梁工事
・掘削深さ 7m以上の土留工及び締切工を有する工事
・鉄道 ・道路等の重要構造物の近接工事
・砂防堰堤 (堤体高30m以上)
・軟弱地盤上での構造物
・場所打ちPC橋
・共同溝工事
・ハイピア (躯体高30m以上)

ハ) 第三者に対する影響のある工事

・周辺地域等へ地盤変動等の影響が予想される掘削を伴う工事
・一般交通に供する路面覆工 ・仮橋等を有する工事
・河川堤防と同等の機能の仮締切を有する工事

ニ) その他

・低入札価格調査制度調査対象工事

但し、以下のうち、作業等が軽易なものや主たる工種が規格品、 二次製品等で容易にその品質が確認できるものは除く。

・植栽工事
・除草作業
・区画線設置工事
・伐採作業
・堤防天端補修
・コンクリート舗装目地補修
・局長又は事務所長が必要と認めた工事
・照明灯工事
・遮音壁工事
・防護柵工事
・標識工事
・その他これに類するもの

別表1

段 階 確 認 一 覧

一般：一般監督
重点：重点監督

種　別	細　別	確 認 時 期	確 認 項 目	確認の程度
指定仮設工		設置完了時	使用材料、高さ、幅、 長さ、深さ等	1回／1工事
河川土工 （掘削工） 海岸土工 （掘削工） 砂防土工 （掘削工） 道路土工 （掘削工）		土（岩）質の変化した時	土（岩）質、変化位置	1回／土（岩）質の変化毎
道路土工 （路床盛土工） 舗装工 （下層路盤）		ﾌﾟﾙｰﾌﾛｰﾘﾝｸﾞ実施時	ﾌﾟﾙｰﾌﾛｰﾘﾝｸﾞ実施状況	1回／1工事
表層安定処理工	表層混合処理 路床安定処理	処理完了時	使用材料、基準高、幅、 延長、施工厚さ	一般：1回／1工事 重点：1回／100m
	置換	掘削完了時	使用材料、幅、延長、 置換厚さ	一般：1回／1工事 重点：1回／100m
	サンドマット	処理完了時	使用材料、幅、延長、 施工厚さ	一般：1回／1工事 重点：1回／100m
ﾊﾞｰﾁｶﾙﾄﾞﾚｰﾝ工	サンドドレーン 袋詰式ｻﾝﾄﾞﾄﾞﾚｰﾝ ﾍﾟｰﾊﾟｰﾄﾞﾚｰﾝ	施工時	使用材料、打込長さ	一般：1回／200本 重点：1回／100本
		施工完了時	施工位置、杭径	一般：1回／200本 重点：1回／100本
締固め改良工	ｻﾝﾄﾞｺﾝﾊﾟｸｼｮﾝﾊﾟｲﾙ	施工時	使用材料、打込長さ	一般：1回／200本 重点：1回／100本
		施工完了時	基準高、施工位置、 杭径	一般：1回／200本 重点：1回／100本
固結工	粉体噴射撹拌 高圧噴射撹拌 ｾﾒﾝﾄﾐﾙｸ撹拌 生石灰パイル	施工時	使用材料、深度	一般：1回／200本 重点：1回／100本
		施工完了時	基準高、位置・間隔、 杭径	一般：1回／200本 重点：1回／100本
	薬液注入	施工時	使用材料、深度、 注入量	一般：1回／20本 重点：1回／10本
矢板工 （任意仮設を除く）	鋼矢板	打込時	使用材料、長さ、 溶接部の適否	試験矢板＋ 一般：1回／150枚 重点：1回／100枚
		打込完了時	基準高、変位	
	鋼管矢板	打込時	使用材料、長さ、 溶接部の適否	試験矢板＋ 一般：1回／75本 重点：1回／50本
		打込完了時	基準高、変位	
既製杭工	既製ｺﾝｸﾘｰﾄ杭 鋼管杭 H鋼杭	打込時	使用材料、長さ、 溶接部の適否、 杭の支持力	試験杭＋ 一般：1回／10本 重点：1回／ 5本

種　別	細　別	確 認 時 期	確 認 項 目	確認の程度
既製杭工	既製ｺﾝｸﾘｰﾄ杭 鋼管杭 H鋼杭	打込完了時 （打込杭）	基準高、偏心量	試験杭＋ 一般：１回／１０本 重点：１回／ ５本
		掘削完了時 （中堀杭）	掘削長さ、杭の先端土質	
		施工完了時 （中堀杭）	基準高、偏心量	
		杭頭処理完了時	杭頭処理状況	一般：１回／１０本 重点：１回／ ５本
場所打杭工	ﾘﾊﾞｰｽ杭 ｵｰﾙｹｰｼﾝｸﾞ杭 ｱｰｽﾄﾞﾘﾙ杭 大口径杭	掘削完了時	掘削長さ、支持地盤	試験杭＋ 一般：１回／１０本 重点：１回／ ５本
		鉄筋組立て完了時	使用材料、 設計図書との対比	一般:30%程度/１構造物 重点:60%程度/１構造物
		施工完了時	基準高、偏心量、杭径	試験杭＋ 一般：１回／１０本 重点：１回／ ５本
		杭頭処理完了時	杭頭処理状況	一般：１回／１０本 重点：１回／５本
深礎工		土(岩)質の変化した時	土(岩)質、変化位置	１回／土(岩)質の変化毎
		掘削完了時	長さ、 支持地盤	一般：１回／３本 重点：全数
		鉄筋組立て完了時	使用材料、 設計図書との対比	１回／１本
		施工完了時	基準高、偏心量、径	一般：１回／３本 重点：全数
		グラウト注入時	使用材料、使用量	一般：１回／３本 重点：全数
ｵｰﾌﾟﾝｹｰｿﾝ基礎工 ﾆｭｰﾏﾁｯｸｹｰｿﾝ 基礎工		鉄沓据え付け完了時	使用材料、施工位置	１回／１構造物
		本体設置前 (ｵｰﾌﾟﾝｹｰｿﾝ)	支持層	
		掘削完了時 （ニューマチック ケーソン）		
		土(岩)質の変化した時	土(岩)質、変化位置	１回／土(岩)質の変化毎
		鉄筋組立て完了時	使用材料、 設計図書との対比	１回／１ロット
鋼管矢板基礎工		打込時	使用材料、長さ、 溶接部の適否、支持力	試験杭＋ 一般：１回／１０本 重点：１回／ ５本
		打込完了時	基準高、偏心量	
		杭頭処理完了時	杭頭処理状況	一般：１回／１０本 重点：１回／ ５本
置換工 （重要構造物）		掘削完了時	使用材料、幅、延長、 置換厚さ、支持地盤	１回／１構造物
築堤・護岸工		法線設置完了時	法線設置状況	１回／１法線
砂防堰堤		法線設置完了時	法線設置状況	１回／１法線

種　別	細　別	確　認　時　期	確　認　項　目	確認の程度
護岸工	法覆工（覆土施工がある場合）	覆土前	設計図書との対比（不可視部分の出来形）	１回／１工事
	基礎工、根固工	設置完了時	設計図書との対比（不可視部分の出来形）	１回／１工事
重要構造物 函渠工 (樋門・樋管を含む) 躯体工（橋台） ＲＣ躯体工 （橋脚） 橋脚ﾌｰﾁﾝｸﾞ工 ＲＣ擁壁 砂防堰堤 堰本体工 排水機場本体工 水門工		土(岩)質の変化した時	土(岩)質、変化位置	１回／土(岩)質の変化毎
		床堀掘削完了時	支持地盤　(直接基礎)	１回／１構造物
		鉄筋組立て完了時	使用材料、 設計図書との対比	一般:30%程度/１構造物 重点:60%程度/１構造物
		埋戻し前	設計図書との対比（不可視部分の出来形）	１回／１構造物
躯体工 ＲＣ躯体工		沓座の位置決定時	沓座の位置	１回／１構造物
床版工		鉄筋組立て完了時	使用材料、 設計図書との対比	一般:30%程度/１構造物 重点:60%程度/１構造物
鋼　橋		仮組立て完了時（仮組立てが省略となる場合を除く）	キャンバー、寸法等	一般：　— 重点：１回／１構造物
地覆工 橋梁用高欄工		鉄筋組立て完了時	使用材料、 設計図書との対比	一般：30%程度/１構造物 重点：60%程度/１構造物
ﾎﾟｽﾄﾃﾝｼｮﾝT(I) 製作工 ﾌﾟﾚｷｬｽﾄﾌﾞﾛｯｸ桁 組立工 ﾌﾟﾚﾋﾞｰﾑ桁製作工 PCﾎﾛｰｽﾗﾌﾞ製作工 PC版桁製作工 PC箱桁製作工 PC片持箱桁製作工 PC押出し箱桁 製作工 床版・横組工		プレストレス導入完了時横締め作業完了時	設計図書との対比	一般: 5%程度/総ｹｰﾌﾞﾙ数 重点:10%程度/総ｹｰﾌﾞﾙ数
		プレストレス導入完了時縦締め作業導入完了時	設計図書との対比	一般:10%程度/総ｹｰﾌﾞﾙ数 重点:20%程度/総ｹｰﾌﾞﾙ数
		ＰＣ鋼線・鉄筋組立て完了時（工場製作を除く）	使用材料、 設計図書との対比	一般:30%程度/１構造物 重点:60%程度/１構造物
トンネル掘削工		土(岩)質の変化した時	土(岩)質、変化位置	１回／土(岩)質の変化毎
トンネル支保工		支保工完了時 （支保工変更毎）	吹き付けｺﾝｸﾘｰﾄ厚、 ﾛｯｸﾎﾞﾙﾄ打込み本数及び長さ	１回／支保工変更毎
トンネル覆工		コンクリート打設前	巻立空間	一般：１回／構造の変化毎 重点：３打設毎又は１回／構造の変化毎の頻度の多い方 ※重点監督：地山等級がD,Eのもの 一般監督：重点監督以外
		コンクリート打設後	出来形寸法	１回／200m以上臨場により確認
ﾄﾝﾈﾙｲﾝﾊﾞｰﾄ工		鉄筋組立て完了時	設計図書との対比	１回／構造の変化毎
ダム工	各工事ごと別途定める。		各工事ごと別途定める。	

注）・表中の「**確認の程度**」は、確認頻度の目安であり、実施にあたっては工事内容および施工状況等を勘案の上設定することとする。

なお1ロットとは、橋台等の単体構造物はコンクリート打設毎、函渠等の連続構造物は施工単位（目地）毎とする。

・一般監督：重点監督以外の工事

・重点監督：下記の工事

イ　主たる工種に新工法・新材料を採用した工事

ロ　施工条件が厳しい工事

ハ　第三者に対する影響のある工事

ニ　その他

施　工　状　況　把　握　一覧

別表2

一般：一般監督
重点：重点監督

種　　別	細　　別	施　工　時　期	把　握　項　目	把握の程度
ｵｰﾌﾟﾝｹｰｿﾝ基礎工 ﾆｭｰﾏﾁｯｸｹｰｿﾝ 基礎工 深礎工		ｺﾝｸﾘｰﾄ打設時	品質規格、運搬時間、打設順序、天候、気温	一般：１回／１構造物 重点：１回／１ロット
場所打杭工	ﾘﾊﾞｰｽ杭 ｵｰﾙｹｰｼﾝｸﾞ杭 ｱｰｽﾄﾞﾘﾙ杭 大口径杭	ｺﾝｸﾘｰﾄ打設時	品質規格、運搬時間、打設順序、天候、気温	一般：１回／１構造物 重点：１回／１ロット
重要構造物函渠工 (樋門・樋管を含む) 躯体工 （橋台) ＲＣ躯体工 （橋脚) 橋脚フーチング工 ＲＣ擁壁 砂防ダム 堰本体工 排水機場本体工 水門工 共同溝本体工		ｺﾝｸﾘｰﾄ打設時	品質規格、運搬時間、打設順序、天候、気温	一般：１回／１構造物 重点：１回／１ロット
床版工		ｺﾝｸﾘｰﾄ打設時	品質規格、運搬時間、打設順序、天候、気温	一般：１回／１構物 重点：１回／１ロット
ﾎﾟｽﾄﾃﾝｼｮﾝT(I)桁 製作工 ﾌﾟﾚﾋﾞｰﾑ桁製作工 PCﾎﾛｰｽﾗﾌﾞ製作工 PC版桁製作工 PC箱桁製作工 PC片持箱桁製作工 PC押出し箱桁 製作工		ｺﾝｸﾘｰﾄ打設時 （工場製作を除く)	品質規格、運搬時間、打設順序、天候、気温	一般：１回／１構造物 重点：１回／１ロット
トンネル工		施工時（支保工変更毎)	施工状況	一般：１回／支保工変更 重点：１回／支保工変更毎 だたし、最低10支保工毎 ※重点監督：地山等級がDEのもの 一般監督：重点監督以外
盛土工 河　川 道　路 海　岸 砂　防		敷均し・転圧時	使用材料、 敷均し・締固め状況	一般：１回／１工事 重点：２~３回／１工事
舗装工	路盤、表層、基層	舗設時	使用材料、 敷均し・締固め状況、天候、気温、舗設温度	一般：１回／１工事 重点：１回／３０００m2
塗装工		清掃・錆落とし施工時	清掃・錆落とし状況	１回／１工事
		施工時	使用材料、天候、気温	１回／１工事
樹木・芝生管理工 植生工	施肥、薬剤散布	施工時	使用材料、天候、気温	１回／１工事
ダム工	各工事ごと別途定める。		各工事ごと別途定める。	

注）・表中の「把握の程度」は、把握頻度の目安であり、実施にあたっては現場状況等を勘案のうえ、これを最小限として設定することとする。

・1ロットとは、橋台等の単体構造物はコンクリート打設毎、函渠等の連続構造物は施工単位（目地）毎とする。

・一般監督：重点監督以外の工事

・重点監督：下記の工事

イ　主たる工種に新工法・新材料を採用した工事

ロ　施工条件が厳しい工事

ハ　第三者に対する影響のある工事

ニ　その他

公共工事の品質確保のための重点的な監督業務の実施について

国官技第１０５号
国営計第６３号
平成１５年７月１７日

各地方整備局企画部長
各地方整備局営繕部長　あて

大臣官房技術調査課長
大臣官房官庁営繕部営繕計画課長

公共工事の品質確保のための重点的な監督業務の実施について

公共工事の品質確保は極めて重要であり、これまでにも様々な方策に取り組んできたところである。その一環として、低入札価格調査制度調査対象工事については、「低入札価格調査制度調査対象工事に係る監督体制等の強化について」（平成６年３月３０日付け建設省厚発第１２６号、建設省技調発第７２号、建設省営監発第１３号。以下「通達」という。）により、重点的な監督業務の実施等によりその品質確保に努めてきたところである。今般、調査基準価格を上回る価格をもって申し込んだ者と契約した工事であっても、下記の基準を下回る価格をもって申し込んだ者と契約した工事については、当面の間、重点的な監督業務の実施を試行することとしたので、遺憾のないよう措置されたい。

記

１　重点的な監督業務を実施する基準の額について

重点的な監督業務を実施する基準の額（以下「監督強化価格」という）は、予定価格算出の基礎となった次に掲げる額の合計額に、１００分の１０５を乗じて得た額とする。

①　直接工事費の額
②　共通仮設費の額
③　現場管理費相当額に４分の３を乗じて得た額

ただし、監督強化価格を予定価格で除して得た割合が１０分の８．５を超える場合は、予定価格に１０分の８．５を乗じて得た額を監督強化価格とする。

２　対象工事

工事種別が一般土木工事、アスファルト舗装工事であって、予定価格が１０００万円を超える工事とする。

附則

この通達は、平成１５年１０月１日以降に契約を行う工事について適用する。

○監督強化価格の設定について

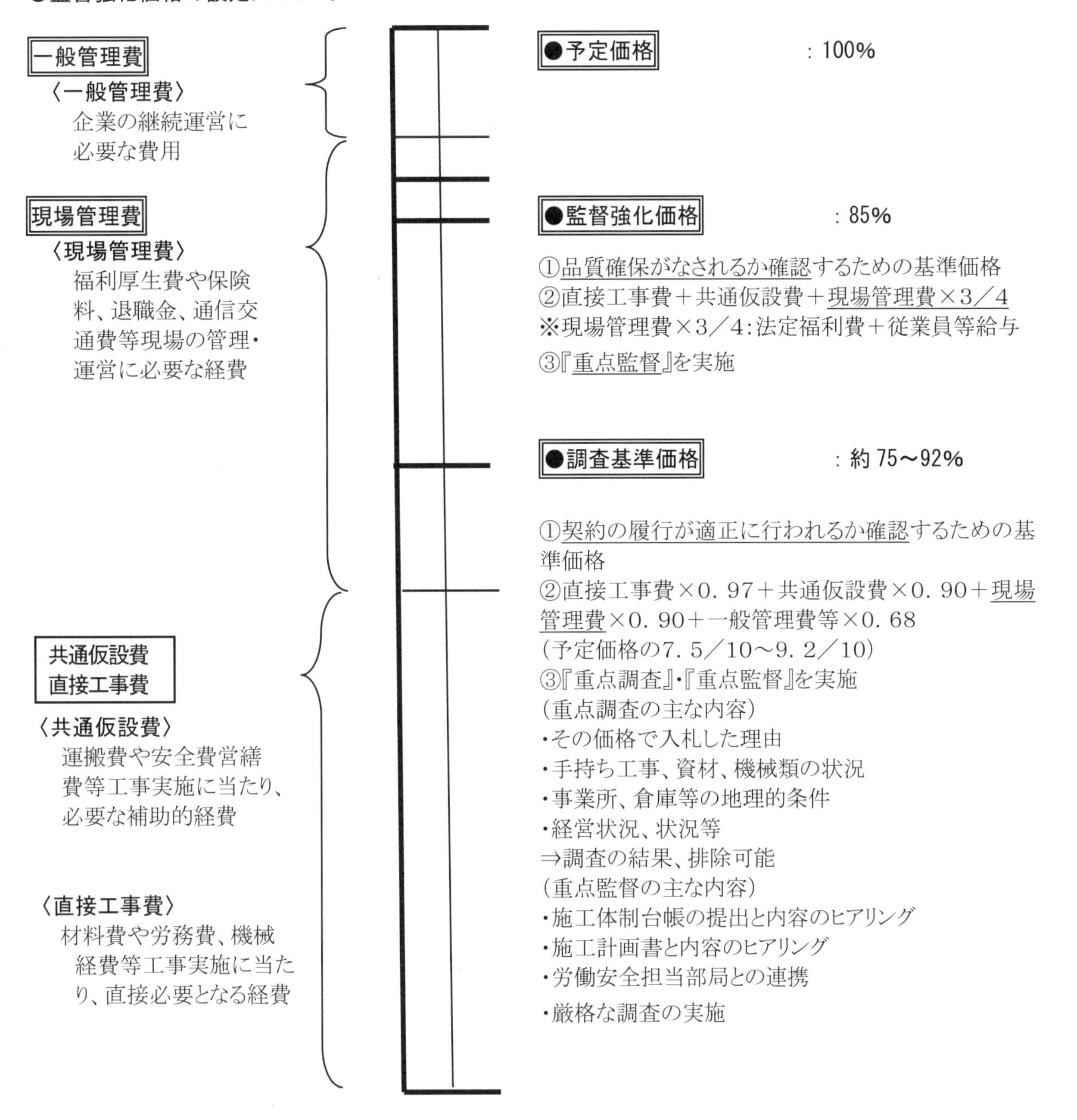

※**調査基準価格**については、「予算決算及び会計令第85条の基準の取扱について」の一部改正について(令和 4 年 2 月 24 日付け国官会第 20279 号)により改正されているため、文中の「調査基準価格」を修正している

2－3 監督のポイント

1．監督実施

監督技術マニュアルは、国土交通省が発注する土木工事の現場で、実務に関する一般的な運用を確保するために、工事監督に携わる監督職員を対象としてまとめたもので、土木工事実施時に現場監督業務の実践として応用できるよう、土木工事監督技術基準（案）の、内容、手続き、監督方法、頻度等についての、標準的な考え方や留意事項及び事例を参考までに示したものである。

2．「監督頻度」の考え方

監督技術マニュアルの監督頻度は、土木工事監督技術基準（案）における段階確認の程度（同基準、第３条（監督の実施）２－（４）（５）工事施工状況の確認及び把握、別表１、２）に整合させている。

確認・把握の方法については、臨場若しくは請負者が提出又は提示した資料により行い、工事全体の施工状況等について確認・把握するもので、監督頻度（基準における確認・把握の程度）は、工事全体に対するものであり、偏った確認・把握にならないように、注意する必要がある。

監督業務は、「監督」の定義にもあるとおり、施工状況の確認及び把握が重要な行為である。ここで、確認及び把握の頻度は目安であり工事内容及び施工状況を勘案して決定することとしている。

監督実施の留意事項

<table>
<tr><th colspan="3">土木工事監督技術基準（案）</th><th rowspan="2">監督実施の留意事項</th></tr>
<tr><th>項目</th><th>業務内容</th><th>関連図書
及び条項</th></tr>
<tr><td>1 契約の履行の確保
(1)契約図書の内容の把握</td><td>契約書、設計書、仕様書、図面、現場説明書及び現場説明に対する質問回答書等及びその他契約の履行上必要な事項について把握する。</td><td>契 第1条
共仕第1編
1−1−6</td><td>適正な監督のためには、最初に設計内容の把握をすることが基本です。契約図書だけでなく、設計計算書などにより内容を理解するほか、なるべく設計担当者と打合せをして設計の課題や留意点を把握しておく必要があります。
また、場合によっては現場説明会に監督職員等が出席することもあります。
把握とは、監督職員が自ら認識しておくことで受注者に対して認めるものではありませんが、把握の結果契約図書と不整合や違法行為などを発見した場合や、客観的な視点で著しく不適当と判断される場合は契約書第9条と12条、17条に基づいて「是正指示」(指示書)を行う必要があります。
【Q＆A】No.1
(問)
「把握」をしてその結果を、監督職員は記録や整理しておかなければならないのでしょうか。
(答)
受注者は設計図書に従い契約を履行する責務があり、「把握」した結果、不整合や指摘事項がない場合は記録する必要ありません。是正の指示(指示書)を行った場合は、その根拠となる内容の記録が必要になることもありますが、記録や整理を義務としてはいません。</td></tr>
<tr><td>(2)施工計画書の受理</td><td>受注者から提出された施工計画書により施工計画の概要を把握する。</td><td>共仕第1編
1−1−4</td><td>工事目的物を完成させるための一切の手段は、契約図書に特別定めがない限り受注者が自己の責任において定めることが契約書第1条第3項に規定されていることから、施工計画書の施工方法等は受注者の自主性を尊重しなければなりません。こうした背景から共仕第1編1−1−4では施工計画書の扱いを「提出」にしております。
なお、監督職員は提出(書面またはその他の資料を説明し、差し出すことをいう)された施工計画書について、不明な点や不足がある場合はそれの補足を求め、追記させる必要があります。
【施工計画書作成の留意事項】
土木工事の施工にあたっては、工事目的物の形状寸法、数量、品質等については設計図書に示されているが、特別の定めがある場合を除き仮設や工法・施工方法等の工事目的物を完成させるための一切の手段は、受注者が自己の責任において定めることとなっている。(契約書第1条第3項)
したがって、受注者は工事内容と契約条件を十分理解し、現場条件等を十分に把握するとともに、自らの技術と経験を生かし、いかなる方法・手段で工事を実施するかを検討し、決定しなければならない。以下、施工計画書の検討にあたっての留意事項について概説する。
(1)過去の実績や経験を生かすとともに、理論と新工法を考慮して、現場の施工に合致した大局的な判断をする。
(2)施工計画の決定には、これまでの経験も貴重であるが、常に改良を試み、新しい工法、新しい技術の採用に積極的に取り組む。
(3)施工計画の検討は、現場技術者のみに頼ることなく、できるだけ会社内の組織を活用して、全社的な高度の技術水準で検討する。また、必要な場合には研究機関等にも相談し技術的な指導を受ける。
(4)発注者より示された工期が、施工者にとって手持ち資材、労務、適用可能な機械類などの社内的な状況によって必ずしも最適工期であるとは限らないので、ときには示された工期の範囲内でさらに経済的な工程を見出す。
(5)施工計画を決定するときは、1つの計画のみでなく、いくつかの代替案を作り、経済性を考慮した長所短所を種種検討して、最も適した計画を採用する。</td></tr>
</table>

土木工事監督技術基準（案）			監督実施の留意事項
項目	業務内容	関連図書及び条項	
			【Q＆A】No.2 (問) 施工計画書は提出されるのを受理することになっていますが、打合せをしなくてもいいのでしょうか (答) 「提出」は受注者が監督職員に対し「書面またはその他の資料を説明し、差し出す」ことをいうので「説明を受ける」ことが「打合せ」になります。受理する際には記載内容の説明を受けることが必要です。 【Q＆A】No.3 (問) 施工計画書の記載文に文法上のミスや誤字を発見しました。どのような対応をとるべきでしょうか。 (答) 関係法規に対し違法性が明らかな場合や、契約図書に示される品質が確保できなくなる恐れがある場合以外の事項であれば、責任施工の原則を遵守し、提出の際の説明時(打合せ時)に指摘することで足ります。 【Q＆A】No.4 (問) 共仕で監督職員は、施工計画書に対し補足を求めたり、詳細な記載を指示できるとありますが、施工方法や安全管理などで違法性のある方法を講ずることを記載していた場合、監督職員はどうするべきでしょうか。 (答) 共仕第1編 1－1－36 では諸法令を遵守することが、明記されています。 受注者の勘違いや認識不足により、違法な記述をしている可能性がある場合は、受注者に対して打ち合わせ時に真意を聞き、違法あるいは不適切であることをアドバイス(指摘)するべきです。
(3)施工体制の把握	「工事現場における適正な施工体制の確保等について」(平成13年3月30日付け、国官地第22号、国官技第68号、国営計第79号)「工事現場等における施工体制の点検要領の運用について」(平成13年3月30日付け、国官地第23号、国官技第69号、国営計第80号)「施工体制台帳に係る書類の提出について」(平成13年3月30日付け、国官技第70号、国営技第30号)により現場における施工体制の把握を行う。	適正化法第16条 適正化指針5(5)	契約書第 10 条(現場代理人及び主任技術者等)や建設業法第 26 条(主任技術者及び監理技術者の設置等)または仕様書などにより条件付けられており、これらと提出書類や現場臨場などで、おもに下記について把握しておく必要があります。 なお、把握の結果、契約図書と不整合があった場合は、請負契約書第 12 条に基づいて是正の指示(指示書)を行う必要があります。 **【把握内容】** 配置技術者の専任制及び技術者の適正な配置の把握のポイントは次のとおりです。 ・現場代理人が常駐しているか。 ・主任技術者または監理技術者の専任制が確保されているか。 ・配置技術者が必要な資格を保有しているか。

項目	業務内容	関連図書及び条項	監督実施の留意事項

【Q＆A】No.5

(問)
「専任」と「常駐」の違いは何でしょうか。
(答)
建設業法第 26 条第3項及び同法施行令第 27 条の規定により、請負代金額が 4,000 万円以上(建築一式工事8,000 万円以上)の公共工事においては主任技術者あるいは監理技術者は「専任」で置く必要があります。また、契約書第 10 条第2項では現場代理人は「常駐」することになっています。
「常駐」とは当該工事のみを担当するだけでなく、作業期間中特別の理由がある場合を除き常に工事現場に滞在していることをいいます。また、現場説明書に添付される「指導事項」には専任の技術者は工事現場に常駐して、専らその職務に従事する者を配置することと記載されています。発注者や関係官庁等との打ち合わせのため工事現場を離れる場合は、緊急時に速やかに対応できる体制にあることが必要です。
なお、発注者(監督職員)から請求があった場合、監理技術者は資格者証又は監理技術者講習修了証を提示しなければならない規程が総合政策局から出された「監理技術者制度運用マニュアル」にあります。

公共工事の入札及び契約の適正化の促進に関する法律及び建設業法に基づく適正な施工体制の確保等を図るため、発注者から直接建設工事を請け負った建設業者は、施工体制台帳を整備する等により、的確に建設工事の施工体制を把握するとともに、受注者の施工体制について、発注者が必要と認めた事項について提出させ、発注者においても的確に施工体制を把握する。また、建設業法第 24 条の 8 第1項及び建設業法施行規則第 14 条の 2 に掲げる事項の記載を把握するとともに、施工体系図を工事現場の見やすい場所に掲示しているかを把握します。

【施工体制台帳の留意事項】

建設業法により施工体制台帳は工事現場毎に備え置かれており、発注者の求めに応じ閲覧させることになっております。また、施工体系図は工事関係者の見やすい場所及び公衆の見やすい場所に掲示しなければなりません。

その他契約の履行上必要な事項とは、契約図書に基づいて受注者から提出される書類や行為をさします。
例えば履行報告書、工事カルテ受領書、経歴書、請負代金内訳書、工程表、過積載などがあります。

【Q＆A】No.6

(問)
請負業者の直用のダンプが現場内の残土運搬において「過積載」をしているのを発見(把握)しましたが、どのような対応をとるべきでしょうか。
(答)
過積載の禁止は法律だけでなく、契約図書(現場説明書の指導事項)で明記していることなので、当該工事に関係のある車両が過積載の違反をした場合は、現場代理人を通じて即時運搬を中止させ改善の指導を行い、後日再発防止の指示書を提出します。この場合には工事成績評定に反映することになります。
なお、資材の配達車両のような場合でも現場代理人を通じて是正の指示(指示書)を行います。

土木工事監督技術基準（案）			監督実施の留意事項
項目	業務内容	関連図書及び条項	
(4)契約書及び設計図書に基づく指示、承諾、協議、受理等	契約書及び設計図書に示された指示、承諾、協議(詳細図の作成を含む)及び受理等について、必要により現場状況を把握し適切に行う。	契 第9条 共仕第1編 1－1－6	契約書第1条第5項では「この契約書に定める請求、通知、報告、申出、承諾及び解除は、書面により行わなければならない」となっていて、紛争を防止するために「書面主義」を明確に打ち出しているし、共仕第1編1－1－6でも同様に明示されています。このため時間的余裕のない場合を別として、書面によることになっています。 また、こうした書面は契約書第9条第5項の「設計図書に定めるものを除き、監督職員を経由して行う」により実施しなければなりません。 監督職員がその権限を行使する場合、特に注意しなければならないのは次の事項です。 **【監督職員の権限行使の時の留意事項】** ①受注者の選択に委ねられている施工方法等について、追加や変更の指示は関係法規に対して違法性が明らかな場合や、契約図書に示される品質が確保できなくなる恐れがある場合に限るものとし、受注者の責任施工の原則に反するような権限の行使をしてはならない。 ②工期の変更等についての協議など契約担当官の権限事項とされているものは、契約担当官が必要と認めて委任したもののほか、契約図書に定めるところの権限しか監督職員は行使することができない。 ③監督職員を経由したこれらの発注者あての書面を監督職員が修正することはできない。
			【Q＆A】No.7 (問) 契約図書には明記されていない書類の作成を、受注者に指示する場合の留意事項はなんでしょうか。 (答) 工事書類作成マニュアル(案)に沿って作成する。書類は原則的に契約図書に明記されているもの以外は作成する必要はありませんが、工事条件により突発的に必要になるケースもあります。また、受注者側からは書類が多すぎるとの意見が多く、徹夜しながら膨大な書類を作成している事例が多く見受けられます。このことから、むやみに新たなる書類作成を指示することは避けなければなりません。
			【Q＆A】No.8 (問) 工事現場の形状が設計図書と一致しないため、契約書第18条に基づいて受注者から通知され、設計変更が必要になりそうです。この場合の留意事項は何でしょうか。 (答) 契約書第18条では、監督職員が受注者から質問のような通知があった場合は、直ちに調査を行わなければなりません。そして、調査の終了後14日以内に受注者に通知しなければなりません(やむを得ない理由があるときは、あらかじめ受注者の意見を聴いた上で、当該期間を延ばすことができる) こうした手続きをしない場合、受注者は重大な損害を被ることも考えられるため、契約書第48条第1項に基づき契約を解除することができることになっており、監督職員は迅速な措置を求められることになります。

土木工事監督技術基準（案）			監督実施の留意事項
項目	業務内容	関連図書及び条項	
			【Q＆A】No.9 (問) 初めて直轄工事を担当した現場代理人なので、工事そのものは別として施工管理や提出書類の作成方法がまったく分からないので、その都度監督職員が指導しておりますが、たいへんな時間を費やしますこのような指導をすることは監督基準にないので止めるべきでしょうか。 (答) こうした書類作成や施工管理があることを納得した上で契約することになっており、問のような業務に支障をきたすような状態になるようであれば契約書第 12条により、現場代理人の変更等の措置が考えられますが、その前に、監督職員として参考になる関係図書を提供するなどして自助努力を促すことも必要でしょう。
(5)条件変更に関する確認、調査、検討、通知	①契約書第18条第1項の第1号から第5号までの事実を発見したとき、又は受注者から事実の確認を請求されたときは、直ちに調査を行い、その内容を確認し検討のうえ、必要により工事内容の変更、設計図書の訂正内容を定める。 ただし、特に重要な変更等が伴う場合は、あらかじめ契約担当官等の承認を受ける。なお必要に応じて、設計担当者等の立会を求めることができる。	契第18条	契約書 18 条第1項の内容は次のとおりです。 1. 図面、仕様書、現場説明書及び現場説明に対する質問回答書が一致しないこと(これらの優先順位が定められている場合を除く) 2. 設計図書に誤謬又は脱漏があること。 3. 設計図書の表示が明確でないこと。 4. 工事現場の形状、地質、湧水等の状態、施工上の制約等設計図書に示された自然的又は人為的な施工条件と実際の工事現場が一致しないこと。 5. 設計図書で明示されていない施工条件について予期することのできない特別な状態が生じたこと。
	②前項の調査結果を受注者に通知(指示する必要があるときは、当該指示を含む)する。	契第18条	昭和 62 年5月 27 日に東北地建が建設大臣官房長に照会し回答された、契約変更の手続きの主な内容は次のとおりです。(出典『工事契約実務要覧』の「設計変更に伴う契約変更の取扱いについて」) **【設計変更の手続き】** ①設計変更ガイドラインにより適切に実施する。 ②土木工事に係わる設計変更は、その必要が生じた都度、総括監督員がその変更の内容を掌握し、当該変更の内容が予算の範囲内であることを確認したうえ、文書により、主任監督員を通じて行う。 ただし、変更の内容がきわめて軽微なものは、主任監督員が行うことができる。 ③この場合において、当該設計変更の内容が次の各号のひとつに該当するときは、あらかじめ、契約担当官等の承認を受ける。 1. 変更見込金額が請負代金額の 20%(概算数量発注に係わる設計変更にあっては請負代金の 25%)又は 4,000 万円を超えるもの 2. 構造、工法、位置、断面等の変更で重要なもの

土木工事監督技術基準（案）			監督実施の留意事項
項目	業務内容	関連図書及び条項	
			【契約変更をめぐるトラブル】 発注者と受注者の間で最もトラブルが発生しやすいのが「契約変更」で、過去に次に掲げるトラブルが多く発生しております。発注者と受注者の対等性の確保は契約の基本であり、「片務性」の是正が求められているところですが、ややもすると一方的に受注者に不利な扱いとなる事例が見受けられることがあります。相手の立場になったり、客観的な立場で契約書に基づいた対等性が確保できているか自らを点検することも必要です。 ・口頭での変更指示のため行き違いがあり、契約変更に計上できなかったことがある。 ・監督職員に条件変更の調査結果を提出したものの、回答（変更指示）がなかなか出ず工事が長期にわたってストップし大きな損害があった。 ・設計計算、図面作成、数量計算などの全ての作業を無償で受注者がおこなったが、結局、契約変更には至らず、ただ働きになった。 ・監督職員と事務所の担当課との見解が異なり、構造物が完成しても契約変更の対象にならなかった。 ・設計図書がラフ過ぎて全て変更になったが、作業はすべて受注者まかせだった。

土木工事監督技術基準（案）			監督実施の留意事項
項目	業務内容	関連図書及び条項	
			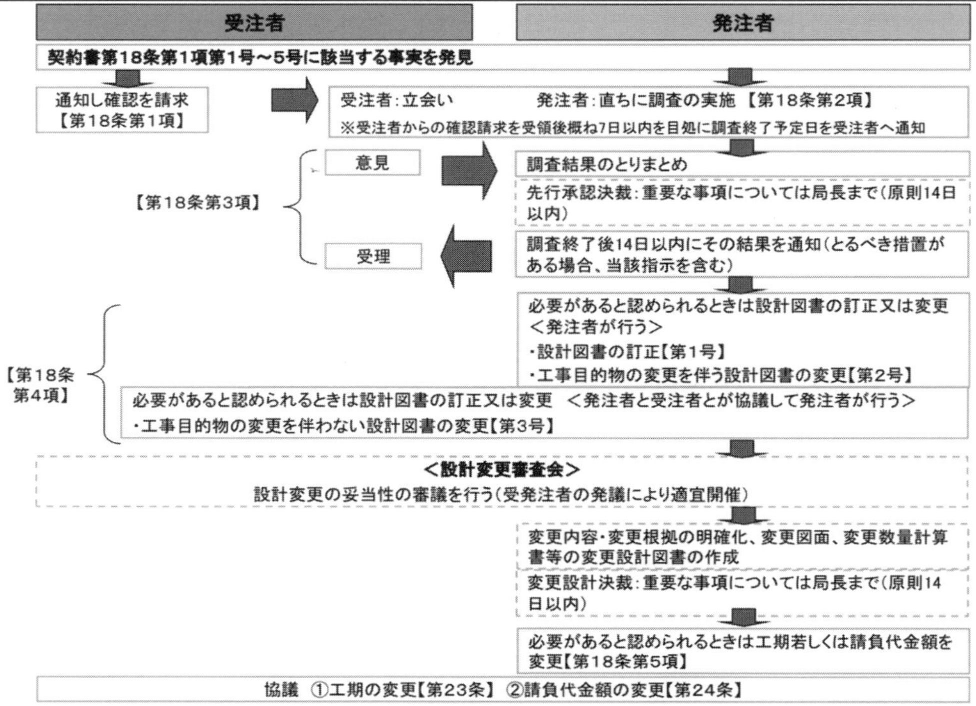 (flowchart below)

受注者 / 発注者

契約書第18条第1項第1号～5号に該当する事実を発見

通知し確認を請求【第18条第1項】

受注者：立会い　　発注者：直ちに調査の実施 【第18条第2項】

※受注者からの確認請求を受領後概ね7日以内を目処に調査終了予定日を受注者へ通知

【第18条第3項】
- 意見
- 受理

調査結果のとりまとめ

先行承認決裁：重要な事項については局長まで（原則14日以内）

調査終了後14日以内にその結果を通知（とるべき措置がある場合、当該指示を含む）

【第18条第4項】

必要があると認められるときは設計図書の訂正又は変更 ＜発注者が行う＞
- ・設計図書の訂正【第1号】
- ・工事目的物の変更を伴う設計図書の変更【第2号】

必要があると認められるときは設計図書の訂正又は変更　＜発注者と受注者とが協議して発注者が行う＞
- ・工事目的物の変更を伴わない設計図書の変更【第3号】

＜設計変更審査会＞

設計変更の妥当性の審議を行う（受発注者の発議により適宜開催）

変更内容・変更根拠の明確化、変更図面、変更数量計算書等の変更設計図書の作成

変更設計決裁：重要な事項については局長まで（原則14日以内）

必要があると認められるときは工期若しくは請負代金額を変更【第18条第5項】

協議　①工期の変更【第23条】 ②請負代金額の変更【第24条】

土木工事監督技術基準（案）			監督実施の留意事項
項目	業務内容	関連図書及び条項	
⑹変更設計図面及び数量等の作成	一般的な変更設計図面及び数量について、受注者からの確認資料等をもとに作成する。	契 第18条 共仕第1編 1−1−15	設計変更に係わる作業分担は次のとおりです。 【受注者】 確認資料(地形図、施工図、取り合図等)を作成します。 【監督職員】 受注者から提出された確認資料に基づいて、変更設計図面を作成しなければなりません。なお、確認資料は下図を参照にしてください。 **【契約変更の確認資料（施工図）の例】**
⑺関連工事との調整	関連する2以上の工事が施工上密接に関連する場合は、必要に応じて施工について調整し、必要事項を受注者に対し指示を行う。	契 第2条	調整の内容は工事の関連する態様により多様ですが、単純にいえば受注者及び他の工事の細かな工程、施工方法等について責任施工の原則に抵触しない範囲で調整します。 なお、労働安全衛生法第30条第2項では、同一場所でにおいて分割発注された場合には、監督職員(発注者)が受注者の中から統括安全衛生責任者を指名することを規定しています。
⑻工程把握及び工事促進指示	受注者からの履行報告又は実施工程表に基づき工程を把握し、必要に応じて工事促進の指示を行う。	契 第11条 共仕第1編 1−1−25	契約書第11条に基づく履行報告により、工事が遅れている場合は理由等を報告させるとともに、必要により工事促進の指示を行います。契約書第9条2項三で、監督職員は「設計図書に基づく工程の管理」を行うことになっています。 また、地方建設局請負工事監督検査事務処理要領第4でも同様に、工程の管理が監督職員の業務として規定されています。 **【Q＆A】No.１０** (問) 工程を把握するために受注者に対して「週間予定工程表」を毎週提出させたいのですが、受注者か「余計な書類」と反発されそうです。 (答) 契約図書では「週間工程表」の受注者からの提出は義務付けられておりませんが、監督職員が段階確認や立会いを行うための日程調整等に必要となる場合は、提出を指示することが可能です。また、受注者が自主的に提出する場合は指示する必要はありません。 なお、必要がないのに漫然と提出させることは避けるべきです。
⑼工期変更の事前協議及びその結果の通知	契約書第15条第7項、第17条第1項、第18条第5項、第19条、第20条第3項、第22条及び第43条第2項の	共仕第1編 1−1−16	契約書第23条の工期変更協議の対象であるか否かを、共仕第1編1−1−15に基づき監督職員と受注者との間で確認するものとし、監督職員はその結果を受注者に通知する必要があります。

土木工事監督技術基準（案）			監督実施の留意事項
項目	業務内容	関連図書及び条項	
	規定に基づく工期変更について、事前協議及びその結果の通知を行う。		
(10)契約担当官等への報告			
1)工事の中止及び工期の延長の検討及び報告	①工事の全部若しくは一部の施工を一時中止する必要があると認められるときは、中止期間を検討し、契約担当官等へ報告する。	契 第20条 共仕第1編 1−1−14	工期変更は「自然的又は人為的な事象であって乙の責に帰すことができない事由」の場合に行われますが監督職員には契約書第9条(監督職員)の規定で工期の決定に関する権限を与えていないことから、自然的又は人為的な事象で工事の中止等が必要な場合は、契約担当官へ一時中止期間が必要となった理由や必要な期間などを検討し報告することになります。
	②受注者から工期延長の申し出があった場合は、その理由を検討し契約担当官等へ報告する。	契 第17〜21条 契 第44条	
2)一般的な工事目的物等の損害の調査及び報告	工事目的物等の損害について、受注者から通知を受けた場合は、その原因、損害の状況等を調査し、発注者の責に帰する理由及び損害額の請求内容を審査し、契約担当官等へ報告する。	契 第28条	
3)不可抗力による損害の調査及び報告	①天災等の不可抗力により、工事目的物等の損害について、受注者から通知を受けた場合は、その原因、損害の状況等を調査し確認結果を契約担当官等へ報告する。	契 第30条 共仕第1編 1−1−40	
	②損害額の負担請求内容を審査し、契約担当官へ報告する。	契 第30条	
4)第三者に及ぼした損害の調査及び報告	工事の施工に伴い第三者に損害を及ぼしたときは、その原因、損害の状況等を調査し、発注者が損害を賠償しなければならないと認められる場合は、契約担当官等へ報告する。	契 第29条	通常、避けることが可能でありながら第三者に与えた損害については、受注者が損害を賠償するというのが基本ですが、監督職員の指示などにより損害が発生した場合で発注者に責任を帰すべき事由があるときは、発注者の負担になります。責任の所在が曖昧なケースが多くあり、前例や判例などを参考に検討しなければならないので、速やかに契約担当官(契約担当課)へ報告する必要があります。
5)部分使用の確認及び報告	部分使用を行う場合の品質及び出来形の確認を行い契約担当官等へ報告する。	契 第34条 共仕第1編 1−1−23	
6)中間前金払請求時の出来高確認及び報告	中間前金払の請求があった場合は、工事出来高報告書に基づき出来高を確認し契約担当官等へ報告する。	契 第35条	工事出来高報告書に基づき監督職員が出来高を確認し、契約担当官へ報告します。
7)部分払請求時の出来形の審査及び報告	部分払の請求があった場合は、工事出来高内訳書の審査及び既済部分出来高対照表の作成を行い、契約担当官等へ報告する。	契 第38条	受注者から提出される工事出来高内訳書に基づき、監督職員が内容を審査して既済部分出来高対照表(地整によっては工事出来高報告書)を作成し、契約担当官等へ報告します

土木工事監督技術基準（案）			監督実施の留意事項
項目	業務内容	関連図書及び条項	
8)工事関係者に関する措置請求	現場代理人がその職務の執行につき著しく不適当と認められる場合及び管理技術者、主任技術者、専門技術者、下請負人等が工事の施工又は管理につき著しく不適当と認められる場合は、契約担当官等への措置請求を行う。	契 第12条	例えば単に品行が悪いというだけでは、監督職員の主観によるものであり「著しく不適当と認められる」ということにはなりません。工事現場周辺に悪影響を及ぼし、ひいては工事の施工に有形無形の影響を受ける場合などが当たります。また、現場代理人が日本語の能力に問題があり、通訳が常時同伴していない場合などが「著しく不適当」と認められることがあります。 なお、契約書第12条では監督職員に対して受注者から措置請求もできることとなっており、職務の執行が著しく不適当の場合や、行うべき職務を実施しない場合で、その理由に客観性があった場合には、受注者の権利が執行されることとなっています。
9)契約解除に関する必要書類の作成及び措置請求又は報告	①契約書第46条第1項、第47条又は第48条に基づき契約を解除する必要があると認められる場合は、契約担当官等に対して措置請求を行う。	契 第46条 契 第47条 契 第48条	
	②受注者から契約の解除の通知をうけたときは、契約解除要件を確認し、契約担当官等へ報告する。	契 第50条 契 第51条	
	③契約が工事の完成前に解除された場合は、既済部分出来形の調査及び出来高対照表の作成を行い、契約担当官等へ報告する。	契 第53条	受注者から提出される工事出来高内訳書に基づき、監督職員が内容を審査して既済部分出来高対照表（地整によっては工事出来高報告書）を作成し、契約担当官等へ報告します。
2 施工状況の確認等 (1)事前調査等	下記の事前調査業務を必要に応じて行う ①工事基準点の指示		あらかじめ設計図書に明記させるべきですが、明記していない場合は指示をします。
	②既設構造物の把握		
	③支給（貸与）品の確認	共仕第1編 1−1−17	仕様書の規格、数量の確認を行います。
	④ 事業損失防止家屋調査の立会い		受注者とともに調査の立会を行うことを基本とするが、監督職員が必要に応じて行うことが可能です。
	⑤受注者が行う官公庁等への届出の把握	共仕第1編 1−1−37	受注者からの届出の報告を受けて把握します。
	⑥工事区域用地の把握	契 第16条 共仕第1編 1−1−7	工事区域用地に関することを把握し、受注者に対し適切に対応する。
	⑦その他必要な事項		
(2)指定材料の確認	設計図書において、監督職員の試験若しくは確認を受けて使用すべきものと指定された工事材料、又は監督職員の立会のうえ調合し、又は調合について見本の確認を受けるものと指定された材料の品質・規格等の試験、立会、又は確認を行う。	契 第13〜14条	【Q＆A】No.１１ (問) 指定された材料の確認の頻度は全数でしょうか。また、確認するのは品質規格だけで、数量はいらないということでしょうか。 (答) 設計図書で指定されている以外は、全数を確認する必要はありません。 指定材料の確認は、発注者が求める品質規格と、受注者が契約図書から解釈される材料の品質規格の照合を図る行為です。このため確認は一部の材料かサンプルと品質証明書等をもとに、指定された材料の品質と規格が発注者が要求するものに適しているかを確かめます。したがって全数が対象にはなりません。 ただし、設計図書等で数量の確認まで明記している場合は別です。

土木工事監督技術基準（案）			監督実施の留意事項
項目	業務内容	関連図書及び条項	
⑶工事施工の立会	設計図書において、監督職員の立会のうえ施工するものと指定された工種において、設計図書の規定に基づき立会を行う。	契 第14条	
⑷工事施工状況の確認（段階確認）	設計図書に示された施工段階において別表1に基づき、臨場等により確認を行う。	共仕第3編 1−1−4	**【段階確認の目的】** 完成検査では確認できない部分（不可視部分）や工程については、その確認を監督職員が行うことで、品質の確保に努めることが重要です。契約書第14条では「立ち会い」という用語で、共仕では「段階確認」という言葉に置き換えて、重要な部分や不可視部分を、工程の途中段階で確認することとしています。 **【段階確認の留意事項】** 共仕第3編1−1−4の6、7項では次のように定めています。 ・受注者は、表1−1段階確認一覧表に示す確認時期において、段階確認を受けなければならない。 ・受注者は、事前に段階確認に係わる報告（種別、細別、施工予定時期等）を所定の様式により監督職員に提出しなければならない。 ・段階確認は受注者が臨場するものとし、確認した箇所に係わる監督職員が押印した書面を、受注者は保管し検査時までに提出しなければならない。 ・受注者は、監督職員に完成時不可視になる施工箇所の調査ができるよう十分な機会を提供するものとする。 ・監督職員は、設計図書に定められた段階確認において臨場を机上とすることができる。この場合において、受注者は、施工管理記録、写真等の資料を整備し、監督職員にこれらを提示し確認を受けなければならない。 　前述のとおり段階確認は臨場するのが基本ですが、監督職員のスケジュールなどの都合により、場合によっては机上で行うこともありますが、机上の段階確認は多くの資料作成が必要になり作成の労力を要することと、確実性の面でも問題があるので極力臨場することがお互いに望ましいと言えます。 なお、契約書第 14 条では立会い等を請求された場合、監督職員は原則として7日以内に応じなければならず、応じない場合は受注者から契約書第21条に基づき工期の延長を請求されたり、段階確認を受けないまま工事を継続してよいこととなるので、迅速な対応をしなければなりません。
			【Q＆A】No.１２ （問） 現場技術員は確認する権限がないので、段階確認ができないことになるのでしょうか。 （答） 設計図書（共仕第3編1−1−3）で監督職員が現場技術員（監督補助員）を通じて指示や通知等が行えることになっており段階確認も同様です。ただし現場技術員が確認し直接適否を判断することはできません。監督職員が現場技術員の報告等により適否を判断しなければなりません。

土木工事監督技術基準（案）			監督実施の留意事項
項目	業務内容	関連図書及び条項	
			【Q＆A】No.１３ (問) 段階確認を受けた部分は完成検査の対象外になるのでしょうか。 (答) 完成検査は監督職員が実施した段階確認資料や、記録写真等がある場合はそれが検査対象となります。
			【Q＆A】No.１４ 段階確認の中で「使用材料」を確認する場合、指定材料の確認と同様の行為をするのでしょうか。 (答) 指定材料の品質確認は、受注者が外観及び品質規格証明書等を照合して確認した資料に基づき良否を確認しますが、段階確認の「使用材料」は、材料が適切に使用されているかどうかを確認します。 例えば段階確認の「置換工」の「使用材料」は、置換材である岩砕ずりに粘土や土が混入していないか、岩砕ずりが吸水性が高く泥軟化の恐れがないかなどを手に触れたり観察して確認します。また特記仕様書で置換材の成績証明書等を提出されている場合は、それとの整合を確認します。
⑸工事施工状況の把握	主要な工種について、別表2に基づき適宜臨場等により把握を行い(別紙)に記録する。		施工管理等が適切に実施されているか施工方法が施工計画書と合致しているかなどの施工状況全般について把握し、不適合などを発見した場合には是正の指示を行う必要があります。 把握は段階確認と異なり、共仕に定義などは明記されていないため、受注者の立会いの義務がないので監督職員が単独で把握をします。
⑹建設副産物の適正処理状況等の把握	建設副産物を搬出する工事にあっては産業廃棄物管理票(マニフェスト)等により適正に処理されているか把握する。また、建設資材を搬入又は建設副産物を搬出する工事にあっては、受注者が作成する再生資源利用計画書及び再生資源利用促進計画書により、リサイクルの実施状況を把握する。	共仕第1編 1−1−19	
⑺改善請求及び破壊による確認	①工事の施工部分が契約図書に適合しない事実を発見した場合で、必要があると認められるときは、改善の指示又は改善請求を行う。	契　第9条	受注者が契約の履行に関し設計図書に従わなければならないことは、契約書第1条第1項に規定されており当然のことです。 しかし、設計書との不適合などを監督職員の指示が原因で発生した場合は、一方的に受注者の責任で改造するのは合法的ではありません。監督職員は不適合を発見した場合は、その原因を確認し受注者に責任がある場合は改造の指示を行い、監督職員に責任がある場合は、必要に応じて工期や請負代金の変更の手続きをすることとなります。 この場合、契約書第18条第5項に基づき、受注者が受けた損害に必要な費用を、発注者が負担することとなります。
	②契約書第13条第2項若しくは第14条第1項から第3項までの規定に違反した場合、又は工事の施工部分が設計図書に適合しないと認められる相当の理由がある場合において、必要があると認められる場合は、工事の施工部分を破壊して確認する。	契　第17条	

土木工事監督技術基準（案）			監督実施の留意事項
項目	業務内容	関連図書及び条項	
⑻支給材料及び貸与品の確認、引渡し	①設計図書に定められた支給材料及び貸与品については、契約担当官等が立会う場合を除き、その品名、数量、品質、規格又は性能を設計図書に基づき確認し、引渡しを行う。	契　第15条	
	②前項の確認の結果、品質又は規格若しくは性能が設計図書の定めと異なる場合、又は使用に適当でないと認められる場合は、これに代わる支給材料若しくは貸与品を契約担当官等と打ち合わせのうえ引渡し等の措置をとる。	契　第15条	
3 円滑な施工の確保 ⑴地元対応	地元住民等からの工事に関する苦情、要望等に対し必要な措置を行う。		工事発注後に、地元住民等からの工事に関する苦情要望が出された場合の処置で、工事に起因するものについては、契約図書と照らし合わせ次の対応が必要です。 ①　契約範囲内：乙に必要な措置を求める。 ②　契約範囲外：甲が必要な措置を行う。 （例） 民家出入り口の構造に関する苦情があった場合は、 →設計図書との比較、過去の協議経緯の確認等を行い、①②の処置を講じます。 工事発注後に、着手時期、施工方法、供用開始時期及び規制等の工事施工に関して、関係機関（県、市町村、その他機関）と協議・調整を行い、必要な場合は事務所担当課と打合せを行います。
⑵関係機関との協議・調整	工事に関して、関係機関との協議・調整等における必要な措置を行う。		（例） 現道上で交通規制を伴った工事→　関係自治体（工事規制、残土処理等）、警察（交通処理等）、NTT、電力、上下水道（占用物件）等と協議・調整を行います。契約履行の確保に係わる問題が生じた場合は事務所担当課と協議を行う必要があります。
4その他 ⑴現場発生品の処置	工事現場における発生品について、規格、数量等を確認しその処理方法について指示する。	共仕第1編 1－1－18	
⑵臨機の措置	災害防止、その他工事の施工上特に必要があると認められるときは、受注者に対し臨機の措置を求める。	契　第27条	
⑶事故等に対する措置	事故等が発生した時は、速やかに状況を調査し、事務所担当課に報告する	共仕第1編 1－1－31	
⑸工事完成検査等の立会	原則として監督職員は工事の完成、既済、完済、中間技術の各段階における工事検査の立会を行う。	共仕第1編 1－1－21 1－1－22	
⑹検査日の通知	工事検査に先立って契約担当官等の指定する検査日を受注者に対して通知する	共仕第1編 1－1－21 1－1－22	

2－4 設計変更等の円滑化関係

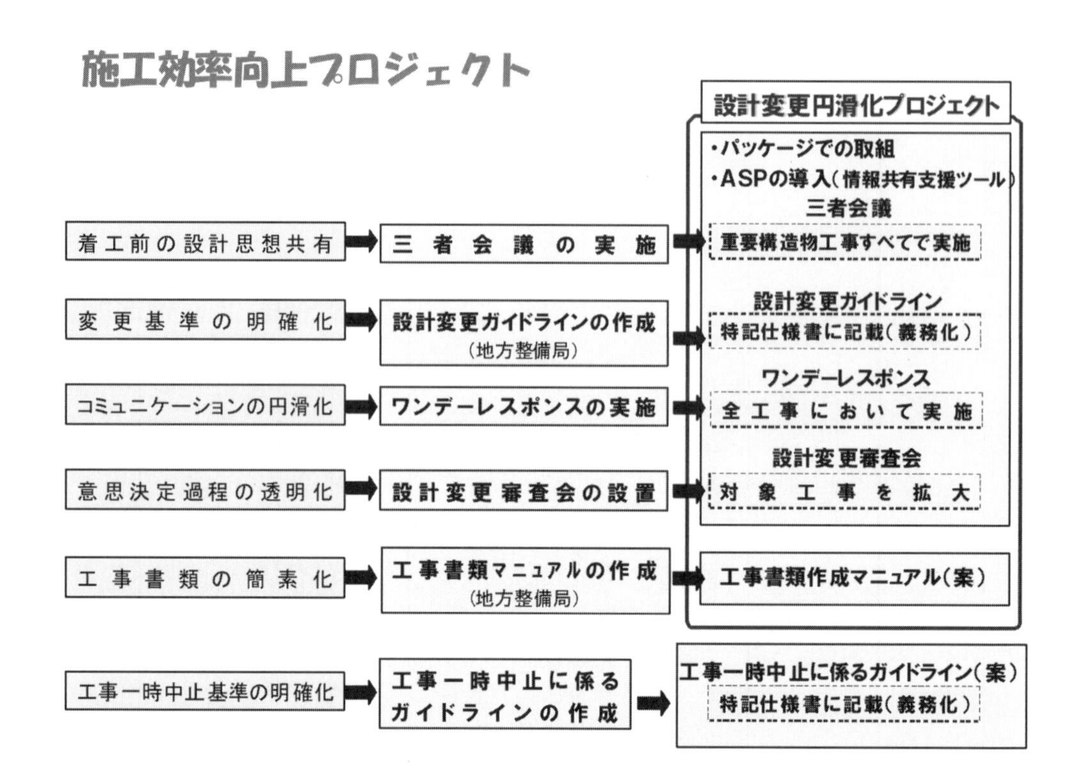

情報共有システムの活用や工事書類の簡素化など負担の軽減

（公共工事総合プロセス支援システム）

発注者と請負者のコミュニケーション向上施策を

建設業の生産性効率化につなげるための総合的な取組

当初契約 → 三者会議 → ワンデーレスポンス → 設計変更審査会 → 変更契約 → 電子納品

トータルプロセスを情報共有システム（建設系ASP※）で効率的に実施

- スケジュールの共有
- 掲示板（協議内容の共有）
- ファイルの一括管理
- 工事書類の作成・提出・検索・閲覧
- ワークフロー（決裁迅速化、明確化）
- 電子納品データの作成支援

・工事書類のやりとりの効率化
・意思決定過程の明確化
・電子納品の編集の円滑化
・新しい現場関係の再構築

※ アプリケーション・サービス・プロバイダ

公共工事の施工中における、スケジュールや工事書類管理共有機能、決裁機能（ワークフロー）、電子納品データの作成支援機能を備えたアプリケーションソフトをインターネットを通じて公共工事の受発注者にレンタルする事業者。

土木工事における設計者、施工者及び発注者間の情報共有等について

国官技第３７号
平成２１年５月２５日

北海道開発局事業振興部長
各地方整備局企画部長　　　　あて
沖縄総合事務局開発建設部長

大臣官房 技術調査課長

土木工事における設計者、施工者及び発注者間の情報共有等について

土木工事においては、設計者、施工者及び発注者が各種情報を共有し、設計意図を詳細に伝達することにより、現場における課題を早期に把握し、当該工事の品質確保を図ることが重要である。

この実現に向けて、設計者、施工者及び発注者が一堂に会する会議（以下、「三者会議」という。）の活用が、試行の結果、有効であったことから、引き続き本格実施として三者会議を活用するに当たっては、下記に留意されたい。

記

１．三者会議の活用が有効な工事

現場条件が特殊である、施工に要する技術が新規又は高度である等、設計時の設計意図を詳細に伝達する必要があると認められる工事。

２．三者会議の概要

（１）開催時期

三者会議は、施工者が設計図書を照査した後に開催するものとする。

なお、現場条件の特殊性等に応じ、複数回開催することができる。

（２）参加者

設計者（管理技術者等）、施工者（現場代理人等）及び発注者とし、発注者は設計、工事発注、工事監督の各担当の出席を基本とする。なお、必要に応じて専門の工事業者等を参加させることができる。

（３）参加者の主な役割

以下①～④に関する質疑応答を通じて、参加者間の情報共有を図る。

①　設計者から、設計業務の成果品により設計意図の説明を行う。

②　発注者（設計担当）から、施工上の留意事項等の説明を行う。

③　発注者（工事発注及び工事監督担当）から、工事着手に当たっての協議調整状況や現地条件等の説明を行う。

④　施工者から、設計図書の照査を踏まえた現場条件に適した技術提案等の説明を行う。

３．費用の負担

１）三者会議の開催に係る費用は、発注者が負担する。

①　　施工者に対する費用：工事打合せに含まれるため、計上しない。

②　　設計者に対する費用：２）による。

２）当該工事に係る設計業務を受注した設計者に対する費用の積算方法

①　　打合せ　　主任技師０．５人／回、技師Ａ０．５人／回を標準とする。

②　　旅費交通費　実費

※諸経費、技術経費は計上しない。

※その他、三者会議で使用する追加資料の作成等が必要となる場合は、必要な額を適宜計上する。

ワンデーレスポンスの実施について

事務連絡
令和５年４月 27 日

北海道開発局事業振興部　技術管理課長補佐　殿
各地方整備局企画部　技術管理課長　殿
沖縄総合事務局開発建設部　技術管理課長　殿

大臣官房技術調査課
工事監視官

ワンデーレスポンスの実施について

ワンデーレスポンスについては、「工事監督におけるワンデーレスポンスの実施について」（平成 19 年 3 月 22 日付け事務連絡）（以下、「旧事務連絡」という。）により、実施してきたところである。

その後、工事監督への ICT の導入などが進んだほか、業務に関しても、「令和４年度『設計業務等の品質確保対策及び入札契約方式等の改善』の取組について」（令和４年４月１１日付け　国技建管第９号、国技建調第２号）（以下、課長通知という。）により、ワンデーレスポンスに取り組んできたところである。

このため、今般、旧事務連絡を改正し、工事監督における新たな知見等を反映するとともに、課長通知を受け、業務における具体的な実施方法を追加したので、下記のとおり、ワンデーレスポンスの実施に取り組まれたい。

記

１　実施方法

別紙「ワンデーレスポンス実施要領(案)」による。

なお、さらに詳細な実施方法については、各地方整備局等にて組織体制や監督業務内容を勘案した「手引き」等を作成し、運用するものとする。

２　実施について

地方整備局等の「手引き」等に基づき、実施するものとする。

３　適用時期

令和５年４月１日から実施するものとする。

（令和４年度以前発注の工事、業務も含む。

（別紙）

ワンデーレスポンス実施要領（案）

第１編　目　的

公共事業の発注者は、社会資本の整備にあたって社会経済情勢の動向や国民ニーズを的確に把握し明確化したうえで実現する責任と、良好な社会資本を適正な費用で整備・維持し、適正な方法で調達する責任がある。

また、工事及び業務等の発注、施工（履行）、引渡しにあたり、「公共工事の品質確保の促進に関する法律」及び「発注関係事務の運用に関する指針（運用指針）」の主旨に鑑み、働き方改革の推進、受発注者双方の取組による生産性向上、品質確保・信頼性の向上を目指すこととしている。

とりわけ、円滑な工事の施工、業務の履行及び適正な品質の確保を図るためには、関係者間で適切なコミュニケーションを確保し遅滞の無い応答により、問題解決の迅速化を図ることが必要不可欠である。

ワンデーレスポンスは、監督職員、調査職員が個々において実施していた「現場を待たせない」「速やかに回答する」という対応を、より組織的、システム的なものとし、工事及び業務の現場等において発生する諸問題に対し迅速な対応を実現するものである。

１　品質確保への取組強化

発注者の品質確保への取組強化として、工事及び業務の現場等において、発注段階では予見不可能であった諸問題が発生した場合、必要な対処について、発注者の意思決定に時間を費やす場合があるため、実働工期が短くなり工事及び業務等の品質が確保されないケースが発生していると指摘されている。そのため、発注者は「ワンデーレスポンス」の実施等、問題解決のための行動の迅速化を図る必要がある。

２　工事及び業務の効率化

公共事業の受発注者に課せられた使命は、「良いものを、早く、安全に、適正な価格で国民に提供すること」といえる。個々の工事及び業務の現場等において、受発注者それぞれにメリットがあり、かつ誰でも取り組むことができる共通目標のひとつに、「速やかに工事及び業務を完成させる」ことがあげられる。

安全と品質を確保したうえで、受発注者が協力して適切な工程管理をおこなうことにより、速やかに工事及び業務を完成させ、早期に供用開始をおこなうことでメリットが発生する。

第２編　実施における対象工事及び業務の範囲

１　対象工事及び業務

ワンデーレスポンスの取組を、全ての工事及び測量業務、地質調査業務、土木関係建設コンサルタント業務において実施する。

２　対象工事及び業務の範囲等

ワンデーレスポンスの対象とする工事及び業務の詳細な種別については、特に設けないが、広範な問題･課題が把握できるように計画的に実施すること。

第３編　実施方法

１　基本は「即日対応」とする。

１）受注者からの質問、協議への回答は、「その日のうちに」することを原則とする。ワンデーレスポンスは、全て１ 日で回答しなければならないというものではなく、即日回答よりも回答内容の確実性を重視することとし、回答にあたっては、組織的に迅速に対応するものとする。

２）　即日回答が困難な場合は、受注者に優先順位や重要度、いつまでに回答が必要なのかなどを確認した上で、適切な時期に「回答期限」を設定し、確実な回答を行うこととし、協議打合せ簿を受理しないといったことがあってはならない。

３）　設定した「回答期限」を超過する場合は、明らかになった時点で速やかに受注者に新たな「回答期限」を連絡する。

４）　回答に重要な判断が必要となる場合は、事務所内の統一見解の確認や本局に相談するなど、回答内容の確実性を重視する。この場合においても迅速さが求められることには変わらない。

５）　「土木工事等の情報共有システム活用ガイドライン」（令和４ 年３ 月改定）に基づき、ASP（情報共有システム）を活用するなどしてワンデーレスポンスの取組を推進し、受発注者間の協議や報告を適切かつ円滑に処理できるように努める。

６）　ASP（情報共有システム）の活用の他、工事及び業務等の執行の効率化を図るため、受注者の意向を確認した上で、遠隔臨場やWEB 会議等の活用について、積極的に取り組む。

７）　受注者から的確な状況の資料等により報告を早期に受けることが前提となるため、受注者に対しても「ワンデーレスポンス」の意義と目的を周知する。

２　組織体制に即した方法での実施

１）事業部門、現場担当組織により現場監督体制が異なる場合があるため、組織体制に即した方法を検討し、ワンデーレスポンスを実施する。

第４編　実施における留意点

ワンデーレスポンスは基本的に、工事施工及び業務履行の中で発生する諸問題に対し迅速に対応し効率的な監督業務をおこなうための取組であり、工事及び業務等の監督及び検査の実施に関する取扱いや要領等を変更するものではない。
ただし、受注者にも現場の問題点、協議事項等の迅速な提出を求めるため、以下の１及び２について留意すること。

1　工事については、特記仕様書に次の文を記載すること。

（特記仕様書　記載例）

第○条

1　この工事はワンデーレスポンス実施対象工事である。

・「ワンデーレスポンス」とは

受注者からの質問、協議への回答は、基本的に「その日のうち」に回答するよう対応する。ただし、即日回答が困難な場合は、いつまでに回答が必要なのかを受注者と協議のうえ、回答期限を設けるなど、何らかの回答を「その日のうち」にすることである。

2　受注者は計画工程表の提出にあたって、作業間の関連把握や工事の進捗状況等を把握できる工程管理方法について、監督職員と協議をおこなうこと。

3　受注者は工事施工中において、問題が発生した場合及び計画工程と実施工程を比較照査し、差異が生じた場合は速やかに文書にて監督職員へ報告すること。

4　効果・課題等を把握するためアンケート等のフォローアップ調査を実施する場合があるため、協力すること。

2　測量業務、地質調査業務及び土木関係建設コンサルタント業務については、共通仕様書(案)の「第●条　打合せ等」に明記された事項に留意すること。

（測量業務共通仕様書（案）より抜粋）

第112条　打合せ等

1.～5.（略）

6.　監督職員及び受注者は、「ワンデーレスポンス」※に努める。

※ワンデーレスポンスとは、問合せ等に対して、1日あるいは適切な期限までに対応することをいう。なお、1日での対応が困難な場合などは、いつまでに対応するかを連絡するなど、速やかに何らかの対応をすることをいう。

第5編　その他

1　本取組の円滑な実施

受発注者は、ワンデーレスポンスの主旨を十分に踏まえ、その円滑な実施に努めものとする。

2　効果の検証

今後の一層の効率的かつ効果的な実施方策検討に資するよう、効果及び課題の把握等を行うものとする。

【参考資料】

～期待される効果～

1　手待ちの減少による効率的な現場施工の実現

現場施工の中で発生する受注者からの質問や協議等に対し、速やかに回答することにより現場での手待ちが減少し、効率的な現場施工が可能となる。

また、即日回答が困難な案件についても、いつまでに回答が必要なのかを受注者に確認し、回答日を予告することにより、現場では次の段取りが可能となる。

2　コミュニケーションの向上による経験・技術力・判断力などの伝承

受注者からの質問や協議に対し、判断材料が揃っていれば現場の担当者はすぐに上司に相談できるため、発注者内部での意思決定も速やかにおこなわれる。また、発注者側の意思決定を効率的におこなうことは、それに要するマンパワーが少なくて済むほか、内部のコミュニケーションが活発化することになる。

基本は、すばやい「報告・連絡・相談」であるため、相談された上司もすばやいレスポンスが要求される。部下はその様を目のあたりにすることにより自発的なＯＪＴ（職場内訓練）が実践され、コミュニケーションの向上や技術の伝承につながる。

3　報告・連絡・相談による情報共有の実現

受注者と発注者、あるいは監督職員間で頻繁に報告・連絡・相談等がおこなわれることから、現場の問題点や進捗状況等の情報が共有され、様々な視点からの把握が可能となる。

受注者から工事全体の綿密な施工計画が示され、事前に問題点等の抽出がおこなわれることにより、現場マネジメントの詳細を受注者と共有することができ、先を見越した打ち合わせが可能となる。

また、工事の進捗管理と発注者の役割分担（いつ何をしなければならないか）を具体的に把握することができる。

4　スピード感を要求されることによる緊張感や意識改革

効率的な現場施工により各作業の工期がタイトになれば、下請を含む関係者は一日一日の仕事に対し、緊張感を持って段取りよくコミュニケーションを図りながらおこなう必要があるため、効率的な作業が期待できる。

ワンデーレスポンスを実践するためには、発注者の「技術力」も必要となるため、学習や知識の蓄積が不可欠となり、すばやい対応を要求されることから緊張感が生じ、業務に対する意識の改革につながる。

5　現場トラブル拡大の防止

受注者が綿密な施工計画に基づいて工程管理をおこなうことは、工事の先々を予測し見通しながら先手の対応を可能とし、不測の事態が発生した際の対応が適切におこなわれることが期待できる。

また、受注者からの質問や指示依頼が速やかに、かつ適切におこなわれることにより回答を早く返すことができる。このことは、トラブル発生の際のレスポンスタイムを短縮するばかりでなく、トラブルの拡大を防ぐことにもつながる。

6　行政サービスの向上

工事目的物が早期に完成することは、その効果を早く国民に提供できると同時に、工事現場周辺の住民への影響を少なくできるため、行政サービスの向上という発注者責任を果たすことになる。

2－5　低入札価格調査制度調査対象工事に係る監督体制等の強化について

建設省厚発第 126 号
建設省技調発第 72 号
建設省営監発第 13 号
平成 6 年 3 月 30 日

各地方建設局総務部長
各地方建設局企画部長　　あて
各地方建設局営繕部長

建設大臣官房地方厚生課長
建設大臣官房技術調査室長
建設大臣官房官庁営繕部監督課長

低入札価格調査制度調査対象工事に係る監督体制等の強化について

予算決算及び会計令第 85 条の基準の運用に関しては、「予算決算及び会計令第 85 条の基準の取扱いについて」(昭和 62 年 2 月 2 日付け建設省会発第 70 号。以下「官房長通達」という。)及び「予算決算及び会計令第 85 条の基準の取扱いに関する事務手続きについて」(昭和 51 年 3 月 19 日付け建設省会発第 248 号。以下「会計課長通達」という。)により通知されているところであるが、近年、低入札価格調査制度による調査(以下「調査」という。)の対象となる工事が大幅に増加していることに鑑み、官房長通達及び会計課長通達に基づく調査の実施に加えて、調査の対象工事に係る監督体制等を下記のとおり強化することとし、平成6年4月1日以降に執行する入札に係る調査及び当該調査の対象となった工事に係る請負契約について適用することとしたので、遺憾のないよう措置されたい。

なお、この件については、建設大臣官房会計課長とも協議済であるので、念のため申し添える。

記

1　　下請契約予定者名等の提出

契約担当官等は、会計課長通達第 4 による調査を行うに当たり、調査対象者に対して、調査対象予定工事における第 1 次下請契約予定者名及びその契約予定金額を記載した書面の提出を求めるものとする。書面については、「施工体制台帳の整備について」(平成 3 年 2 月 5 日付け建設省経構発第3号の3)に規定する施工体制台帳(以下「施工体制台帳」という。)のうち下請契約台帳の様式を参考として作成させるものとする。

2　監督体制の強化等

調査の結果、調査対象者が落札した場合においては、次に掲げる措置をとるものとする。

(1) 施工体制台帳の提出及びその内容のヒアリング

当該工事を所掌する工事事務所の長又は本局営繕部営繕監督室長(以下「事務所長等」という。)は、請負業者に対して、施工体制台帳の提出を求めるものとする。施工体制台帳の提出に際しては、必要に応じて請負業者の支店長、営業所長等からその内容についてヒアリングを行うものとする。

(2) 施工計画書の内容のヒアリング

事務所長等は、共通仕様書に基づき施工計画書を提出させるに際して必要があると認めるときは、請負業者の支店長、営業所長等から、その内容についてヒアリングを行うものとする。

(3) 重点的な監督業務の実施

監督職員は、当該工事に係る監督業務において段階確認、施工の検査等を実施するに当たっては、立会することを原則として、入念に行うものとする。また、あらかじめ提出された施工体制台帳及び施工計画書の記載内容に沿った施工が実施されているかどうかの確認を併せて行うものとし、実際の施工が記載内容と異なるときは、その理由を現場代理人から詳細に聴くものとする。

(4) 労働安全担当部局との連携

事務所長等は、安全な施工の確保及び労働者への適正な賃金支払の確保の観点から必要があると認めるときは、労働基準監督署の協力を得て、施工現場の調査を行うものとする。

(5) 厳格な検査の実施

検査は、本官契約及び分任官契約ともに、原則として、主任工事検査官又は工務検査課長が行うものとする。

3　特記仕様書への明示等

2(1)及び(2)に掲げる措置を講ずることに伴い、次に掲げる事項を特記仕様書において明示するものとする。

なお、2(1)及び(2)は、特記仕様書へ記載することにより、契約の一部となるものであり、請負者が2(1)及び(2)に違反して、施工体制台帳を提出せず、又はヒアリングに応じなかった場合には、地方支分部局所掌の工事請負契約に係る指名停止等の措置要領(昭和59年3月29日建設省厚第91号)別表第1第3号に該当することがあるものである。

(1)　施工体制台帳の提出及びその内容のヒアリング

①　予算決算及び会計令第85条の基準に基づく価格を下回る価格で落札した場合においては、請負者は、事務所長等の求めに応じて、「施工体制台帳の整備について」(平成3年2

月５日付け建設省経構発第３号の３)に規定する施工体制台帳を事務所長等に提出しなければならないこと。

②　①の書類の提出に際して、その内容のヒアリングを事務所長等から求められたときは、請負者の支店長、営業所長等は応じなければならないこと。

(2)　施工計画書の内容のヒアリング

予算決算及び会計令第85条の基準に基づく価格を下回る価格で落札した場合においては、共通仕様書に基づく施工計画書の提出に際して、その内容のヒアリングを事務所長等から求められたときは、請負者の支店長、営業所長等は応じなければならないこと。

4　閲覧に供する書面への特記

低入価格調査の対象となった入札については、当該工事に係る入札結果等を公表する際に、閲覧に供する入札調書の写しの摘要欄等に「低入札価格調査実施」と記載するものとする。（平成10年3月27日一部改正）

【調査基準価格】

予算決算及び会計令第８５条の基準の取扱いについて

国官会第３６７号
平成16年6月10日

改正　平成19年　4月　6日国官会第　52号
同　20年　3月31日同　第　2051号
同　21年　4月　3日同　第　2464号
同　22年　3月　2日同　第　1938号
同　23年　3月29日同　第　2402号
同　25年　5月14日同　第　266号
同　25年10月　1日同　第　1511号
同　28年　3月18日同　第　4020号
同　29年　3月14日同　第　3861号
同　31年　3月26日同　第22173号
同　31年　3月29日同　第24898号
令和　4年　2月24日同　第20279号

国土交通省大臣官房長から

内部部局の長、施設等機関の長、特別の機関の長、
地方支分部局の長、外局の長、沖縄総合事務局長あて

本文省略

1 本基準の運用の基本方針について

(1)本基準は、「当該契約の内容に適合した履行がなされないこととなるおそれがあると認められる場合」の基準を定めたものであり、本基準に該当する場合には、落札の決定を保留し、契約担当官等が予算決算及び会計令（以下「令」という。）第86条の調査を行うものであること。

(2)〜(3)省略

2 本基準の運用について

(1) 工事の請負契約の場合

省略

イ 予定価格算出の基礎となった次に掲げる額の合計額に、100分の110を乗じて得た額を予定価格で除して得た割合とする。ただし、その割合が10分の9．2を超える場合にあっては10分の9．2と、10分の7．5に満たない場合にあっては10分の7．5とする。

① 直接工事費の額に10分の9．7を乗じて得た額

② 共通仮設費の額に10分の9を乗じて得た額

③ 現場管理費の額に10分の9を乗じて得た額

④ 一般管理費等の額に10分の6．8を乗じて得た額

以降省略

【低入札価格調査制度】

予算決算及び会計令第85条の基準の取扱いに関する事務手続について

平成16年6月10日、国官会第368号

（一部改正）平成19年10月5日、国官会第946-3号

国土交通省大臣官房会計課長から

内部部局の長、施設等機関の長、国土地理院長、地方支分部局の長、外局の長、沖縄総合事務局長あて

（抜粋）

第4 調査の実施

契約担当官等は、基準価格を下回る価格で入札を行った者によりその価格によっては契約の内容に適合した履行がなされないおそれがあると認められるか否かについて、次のような内容により入札者からの事情聴取、関係機関への照会等の調査を行うものとする。

イ　工事の請負契約の場合

①　その価格により入札した理由、必要に応じ、入札価格の内訳書を徴する。

②　契約対象工事付近における手持工事の状況

③　契約対象工事に関連する手持工事の状況

④　契約対象工事箇所と入札者の事業所、倉庫等との関連（地理的条件）

⑤　手持資材の状況

⑥　資材購入先及び購入先と入札者の関係

⑦　手持機械数の状況

⑧　労務者の具体的供給見通し

⑨　過去に施工した公共工事名及び発注者

⑩　経営内容

⑪　①から⑩までの事情聴取した結果についての調査確認

⑫　⑨の公共工事の成績状況

⑬　経営状況　　取引金融機関、保証会社等への照会

⑭　信用状況　　建設業法違反の有無
賃金不払いの状況
下請代金の支払遅延状況
その他

⑮　その他必要な事項

2－6　品質の確保等を図るための著しい低価格による受注への対応について

品質の確保等を図るための著しい低価格による受注への対応について

国官総第598号
国官会第2220号
国地契第83号
国官技第289号
国営計第157号
国総入企第47号
平成15年2月10日

各地方整備局長　あて

国土交通省大臣官房長
国土交通省総合政策局長

公共工事に係るいわゆるダンピング受注は、公共工事の品質の確保に支障を及ぼしかねないだけでなく、下請へのしわ寄せ、労働条件の悪化、安全対策の不徹底等につながるものであり、建設業の健全な発展を阻害するものである。

したがって、いわゆるダンピング受注は、「公共工事の入札及び契約の適正化の促進に関する法律」（平成12年法律第127号）（以下、「入札契約適正化法」と言う。）に基づく、「公共工事の入札及び契約の適正化を図るための措置に関する指針」（平成13年3月9日閣議決定）においても定められているとおり、排除を図る必要がある。

こうした観点から、いわゆるダンピング受注に関して、当面緊急に講ずべき措置について、下記のとおり定めたので遺憾のないよう措置されたい。

本措置については、平成 15 年度当初までに実施することとし、実施状況を踏まえ、適宜見直しを行うものとする。

なお、低入札価格調査制度調査対象工事における契約の保証の額、経営事項審査の虚偽申請における資格認定の取り消し等及び公共工事に係る監督・検査の充実に係る措置については、別途通知することとしており、当該通知を踏まえ適切に対処されたい。

記

第1 体制等の整備

1．ダンピング受注対策地方協議会の設置

(1) 地方整備局の管轄区域を基本として、地方整備局の発注部局及び建設業担当部局が中心となって、管内都道府県、政令市等からなる、ダンピング受注対策地方協議会（以下、「協議会」という。）を設置することとする。

(2) 協議会においては、協議会参加の各発注機関において発生した低入札価格調査等に係る情報（落札率、受注業者名、施工状況等）や、記第1．2以降に記す具体的な取り組みについて、意見交換を行うことを基本とする。

2．低入札価格調査等に係る情報の公表

国土交通省直轄工事における低入札価格調査に係る情報（工事件名、予定価格、調査基準価格、落札価格、落札業者等）については、当該低入札価格調査制度調査対象工事を発注した地方整備局又は事務所において閲覧及びインターネットにより公表を行うこととする。

3．低入札価格調査制度調査対象工事の契約審査委員による審査

契約担当官等は、低入札価格調査制度調査対象工事について、予算決算及び会計令（昭和22年4月30日勅令第165号。以下「令」という。）第86条第2項に規定するものの他、「低入札価格調査制度対象工事に係る重点調査の試行について」（平成12年12月12日付け建設省会発第773号、建設省厚契発第44号、建設省技調発第193号、建設省営計発第159号）に規定する重点調査の対象となったもののうち特に重要なもの、その他、低入札価格調査制度調査対象工事のうち契約担当官等が必要と認める工事について、その調査の概要を記載した書面を契約審査委員（令第69条に規定する契約審査委員をいう。）に提出し、その意見を求めることとする。

第2 適正な施工の確保の徹底

1．受注者側技術者の増員

国土交通省直轄工事のうち、専任の監理技術者の配置が義務づけられている工事において、調査基準価格を下回って落札した者と契約する場合において、当該業者が当該地方整備局管内で過去2年以内に竣工した工事、あるいは契約時点で施工中の工事に関して、以下のいずれかの要件に該当する場合には、監理技術者とは別に、同等の要件を満たす技術者を、専任で1名現場に配置を求めるものとする。

① 65点未満の工事成績評定を通知された企業

② 発注者から施工中又は施工後において工事請負契約書に基づいて修補又は損害賠償を請求された企業。ただし、軽微な手直し等は除く。

③ 品質管理、安全管理に関し、指名停止又は部局長若しくは総括監督員から書面により警告若しくは注意の喚起を受けた企業

④ 自らに起因して工期を大幅に遅延させた企業

2．施工体制や技術者の専任制等に関する点検の実施

国土交通省直轄工事の工事現場における施工体制や監理技術者の専任制等の把握確認については、入札契約適正化法により、発注者が点検その他の必要な措置を講じることが義務づけられ、「工事現場における適正な施工体制の確保等について」(平成13年3月30日付け国官地第22号、国官技第68号、国営計第79号)及び「工事現場における適正な施工体制の確保等について」(平成13年3月30日付け国港管第603号、国港建第108号)における「工事現場等における施工体制の点検要領」(以下、「要領」という。)に基づき措置されているところであるが、特に低入札価格調査制度調査対象工事については、要領に基づく点検の徹底を図ることとする。

また、各工事の監督職員は、要領に基づくもののほか、当該工事の施工状況を踏まえ、随時点検を実施するものとする。

3．下請業者への適正な支払確認等の実施

(1) 地方整備局の建設業担当官等は、国土交通省直轄工事における低入札価格調査に係る情報を踏まえ、下請代金支払状況等実態調査を活用して、低入札価格調査制度調査対象工事において、下請代金の不払いや支払い期間が不適切でないか等元請下請双方に調査の上、指導が必要と考えられる者に対して随時立入調査等を行う。

(2) さらに、地方公共団体に対しても「地方公共団体発注工事における不良・不適格業者の排除の徹底について」(平成14年11月15日付け総行行第219号、国総入企第37号)において、下請業者に著しい低価格受注のしわ寄せを不当に行っている受注者に対して改善指導を行うよう通知しているところであり、調査の結果を地方公共団体に通知し、適正化を徹底し、再発防止に努めることとする。

4．工事コスト調査の実施の徹底

国土交通省直轄工事における工事コスト調査については、低入札価格調査制度調査対象工事について、実態と官積算との乖離、当該工事が低価格で施工可能な理由等、工事コスト構造を詳細に把握することを目的として、「工事コスト調査について」(平成14年2月12日付け国地契第54号、国官技第316号、国営計　第189号)及び「工事コスト等調査について」(平成14年2月12日付け国港管第1135号、国港建第256号)により措置されているところであるが、引き続きその厳格な実施に努めることとする。

いわゆるダンピング受注に係る公共工事の品質確保及び下請業者へのしわ寄せの排除等の対策について

国官総第33号
国官会第64号
国地契第1号
国官技第8号
国営計第6号
国総入企第2号
平成18年4月14日
国官総第445号
国官会第1162号
国地契第29号
国官技第156号
国営計第54号
国総入企第11号
（一部改正）平成20年10月3日

各地方整備局長　あて

官房長
総合政策局長

昨今、大規模工事において低入札価格調査制度調査対象工事の増加傾向が見受けられるが、いわゆるダンピング受注については、公共工事の品質の確保に支障を及ぼしかねないだけでなく、下請けへのしわ寄せ、労働条件の悪化、安全対策の不徹底等につながるものであり、国民の安心・安全の確保や建設業の健全な発展を阻害するものである。このことから、「品質の確保等を図るための著しい低価格による受注への対応について」（平成15年2月10日付け国官総第598号、国官会第2220号、国地契第83号、国官技第289号、国営計第157号、国総入企第47号）に定められた措置等に加え、今般、下記のとおり、主に大規模工事を中心として、低入札価格調査制度対象工事に対する対策を実施することとしたので遺漏のないよう措置されたい。

記

第1　適正な施工の確保の徹底

1.　低入札価格調査制度調査対象工事に係る重点調査の対象拡大及び調査結果のホームページにおける公表

「低入札価格調査制度対象工事に係る重点調査の試行について」（平成12年12月12日付け建設省会発第773号、建設省厚契発第44号、建設省技調発第193号、建設省営計発第159号。以下「重点調査試行通知」という。）に基づき試行している重点調査について、予定価格1億円以上の低入札価格調査制度調査対象工事は全て当該重点調査を実施し、調査結果については各地方整備局ホームページにおいて公表することとする。また、予定価格1億円未満の場合においても積極的に試行するものとする。

1.　下請業者への適正な支払確認等のための立入調査の強化等

地方整備局等の建設業担当部局等は、一般競争入札における低入札価格調査制度調査対象工事を中心に、下請業者も含め緊急立入調査を実施し、契約の締結状況、下請代金の支払い状況等について、より詳細な実態把握を行うとともに、必要に応じフォローアップのための追加調査を行うこととする。

また、調査の結果、改善が必要な場合には、建設業法に基づく勧告、監督処分等の措置を講じるほか、必要に応じて関係機関への通報を行うものとする。

なお、建設業法に基づく監督処分が行われた場合には、これと連動して、発注部局においても指名停止等の措置を実施することとする。

2.　工事コスト調査の内訳の公表

国土交通省直轄工事における工事コスト調査については、低入札価格調査制度調査対象工事において、「工事コスト調査について」（平成14年2月12日付け国地契第54号、国官技第316号、国営計第189号）及び「工事コスト等調査について」（平成14年2月12日付け国港管第1135号、国港建第256号）により措置されているところであるが、工事施工後に行う工事コスト調査の内訳及び上記低入札価格調査制度調査対象工事に係る重点調査における資料等との整合性などについての分析結果を各地方整備局ホームページにおいて公表することとする。

3.　発注者の監督・検査等の強化

予定価格1億円以上の低入札価格調査制度調査対象工事について、モニターカメラを工事現場に設置し、監督業務において補助的に活用することにより、工事全体の施工状況を把握することとする。また、発注者の指定する不可視部分の出来高管理を、受注者がビデオ撮影により行い、検査時等において発注者に提出することを契約上義務付けることとする。

「政府調達に関する協定」（平成7年条約第23号）の適用を受ける工事における低入札価格調査制度調査対象工事については、契約図書に示された施工プロセスで施工管理が適切に行われているかを発注者が常時確認し、工事成績評定にも反映させることとする。

4.　受注者側技術者の増員の対象拡大

「品質の確保等を図るための著しい低価格による受注への対応について」（平成15年2月10日付け国官総第598号、国官会第2220号、国地契第83号、国官技第289号、国営計第157号、国総入企第47号）第2の1．①に規定する要件については、予定価格1億円以上の工事の場合には、「70点未満の工事成績評定を通知された企業」を要件とし、対象を拡大することとする。

5.　指名停止措置の強化

低入札価格調査制度調査対象工事において、粗雑工事が生じた場合は、指名停止期間につき最低限3ヵ月とするための指名停止措置運用基準の改正を行うこととする。

第2　適正な競争環境の整備

1.　前工事の単価による後工事の積算

大規模工事における国庫債務負担行為の設定を再検討し、可能な限り分割発注を行わないよう事業計画を設定することとする。

また、前工事と後工事の関係にある工事のうち、「政府調達に関する協定」の適用を受ける前工事が、低入札価格調査制度調査対象となった場合については、前工事で単価等の合意を行い、後工事に係る随意契約を行う場合は、前工事において合意した単価等を後工事の積算で使用するものとし、その旨を入札説明書等で明記するものとする。

第3　ダンピング受注対策地方協議会の開催

地方整備局の管轄区域を基本として、地方整備局の発注部局及び建設業担当部局が中心となって、管内都道府県、政令市等から設置されている、ダンピング受注対策地方協議会を本年度早期に開催し、低入札価格調査等に係る情報(落札率、受注業者名、施工状況等)の集約を行うとともに、必要な取り組みについて、意見交換を行うこととする。

【重点調査】

予定価格1億円以上の低入札価格調査制度調査対象工事は全て当該重点調査を実施する。
また、予定価格1億円未満の場合においても積極的に試行するものとする。

低入札価格調査制度対象工事に係る重点調査の試行について

平成12年12月12日、建設省会発第773号、建設省厚契発第44号、建設省技調発第193号、建設省営計発第159号

建設大臣官房会計課長、建設大臣官房地方厚生課長、建設大臣官房技術調査室長、建設大臣官房官庁営繕部営繕計画課長から

建設大臣官房官庁営繕部管理課長・営繕計画課長、各地方建設局総務部長・企画部長・営繕部長あて

省略

低入札価格調査マニュアル

－重点調査用－

省略

低入札価格調査制度対象工事に係る重点調査の試行について」の一部改正について
平成31年3月29日、国地契第75号、国官技第458号、国営計第173号
大臣官房地方課長、大臣官房技術調査課長、大臣官房官庁営繕部計画課長から
各地方整備局、総務部長、企画部長、営繕部長あて

工事における低入札価格調査制度対象工事に係る重点調査については、「低入札価格調査制度対象工事に係る重点調査の試行について」（平成12年12月12日付け建設省会発第773号、建設省厚契発第44号、建設省技誠発第193号、建設省営計発第159号）（以下「本件通達」という。）に基づき適用対象、調査方法等が定められているところであるが、「予算決算及び会計令第85条の基準の取扱いについて」（平成16年6月10日付け国官会第367号）及び「予算決算及び会計令第85条の基準の取扱いに関する事務手続について」（平成16年6月10日付け国官会第368号）の一部改正に伴い、下記のとおり本件通達の一部を改正することとしたので、遺漏なきよう措置されたい。

省略

緊急公共工事品質確保対策について

国官総第610号
国官会第1334号
国地契第71号
国官技第242号
国営計第121号
国総入企第46号
平成18年12月8日
国官総第445号
国官会第1162号
国地契第29号
国官技第156号
国営計第54号
国総入企第11号
（一部改正）平成20年10月3日

各地方整備局長　あて

官房長
総合政策局長

公共工事において極端な低価格による受注が行われた場合、工事品質の確保に支障を及ぼしかねないだけでなく、下請業者へのしわ寄せ、労働条件の悪化、安全対策の不徹底等の悪影響が懸念される。

このため、先般、主に大規模工事の施工段階における監督・検査、立入調査等の強化を中心とした「いわゆるダンピング受注に係る公共工事の品質確保及び下請業者へのしわ寄せの排除等の対策について」（平成 18 年4月 14 日付け国官総 33 号、国官会第 64 号、国地契第1号、国官技第8号、国営計第6号、国総入企第2号）を通知したところであるが、依然として低価格による入札案件が高水準を推移しており、国民の安全・安心に直結する公共工事の品質確保に支障が及ぶおそれが一層高まっていることから、今般、下記のとおり、入札段階を中心とした新たな対策を緊急的に実施することとしたので遺漏のないよう措置されたい。なお、詳細については、別に通知することによるものとする。

記

1　総合評価落札方式の拡充（施工体制の確認を行う方式の試行実施）

原則として、予定価格が1億円以上の工事を対象に、品質確保のための体制その他の施工体制の確保状況に応じ、入札説明書等に記載された要求要件を確実に実現できるかどうかを評価して技術評価点を付与する新たな総合評価落札方式を試行的に導入することとする。なお、その他の工事についても試行できるものとする。

また、施工体制の確認を行う総合評価落札方式の試行に当たっては、技術提案加算点の配点を高めることにより、企業の技術力等価格以外要素が十分に評価されるようにするものとする。

2　品質確保がされないおそれがある場合の具体化（特別重点調査の試行実施）

予定価格1億円以上の工事において、予算決算及び会計令第86条の調査対象者のうち各費目毎の積算が別に定める基準を下回る者を対象に、入札参加者が作成した工事費内訳書が、品質の確保がされないおそれがある極端な低価格での資材・機械・労務の調達を見込んでいないか、品質管理体制、安全管理体制が確保されないおそれがないかなどを厳格に調査する特別重点調査を試行することとする。なお、1億円未満の工事についても、試行できるものとする。

品質が確保された取引実績を過去の契約書等で証明できない場合、交通誘導員の確保や品質確保に関する各種試験等に要する費用・体制を見込んでいない場合など、契約の内容に適合した履行がなされないおそれがあると認める場合をあらかじめ具体化しておき、調査の結果、これらに該当すると認める場合は、会計法第29条の6ただし書の規定により次順位者を契約の相手方とするものとする。

なお、従来から行ってきた重点調査は、特別重点調査を試行実施する間は、原則として、これを行わないものとする。

3　一般競争参加資格として必要な同種工事の実績要件の緩和

一般競争入札の参加資格の一つとして入札参加企業及び配置予定の技術者に求められる過去の同種工事の施工実績は、「「公共事業の入札・契約手続の改善に関する行動計画」運用指針」（平成8年6月17日事務次官等会議申合せ）記1(2)(ロ)①において、少なくとも10年とするとされているところであるが、実績づくりのために無理な低入札を行わなくてもすむよう、当面、地域の特性を踏まえつつ、実績として認める対象期間が延伸されるように措置するものとする。

4　「入札ボンド」の導入対象拡大

下請業者への不当なしわ寄せやそれに伴う手抜き工事につながりかねない無理な低価格受注が、市場の与信審査機能を通じて的確に排除されるよう、現行、予定価格が7億9千万円以上の工事で試行導入している「入札ボンド」について、地方公共団体等における導入状況を踏まえた対象拡大を図るものとする。

5　公正取引委員会との連携強化

独占禁止法違反行為である不当廉売に該当するような受注活動や、元請業者としての優越的地位の濫用に該当するような下請取引の排除を徹底するため、本省において公正取引委員会との連絡会議を開催するほか、公正取引委員会に対し、低価格入札情報等を通報するものとする。

6　予定価格の的確な見直し

最近の平均的な落札率の低下を踏まえ、実態調査の結果を迅速かつ的確に予定価格（積算基準）に反映させるための措置を講じるものとする。

国官総第４６号
国官会第３０８号
国地契第８号
国官技第４１号
国営計第２８号
国総入企第８号
平成２２年5月２０日

各地方整備局長 あて

国土交通省
大臣官房長
建設流通政策審議官

「緊急公共工事品質確保対策について」の一部改正について

最近の建設業を取り巻く環境にかんがみ、企業の経営評価に関して、市場機能を活用したリアルタイムの評価を一層進めるため、今般、入札ボンド（入札保証金を含む。以下同じ。）の対象工事の拡大を促進し、併せて、入札ボンドの発注者への提出時期を入札書の提出期限の日までとすることが、「入札ボンド制度の対象工事の拡大等について」（平成22年５月20日付け国総入企第２号）により国土交通省建設流通審議官から各省庁官房長等あて通知されたところである。

これを受けて、「緊急公共工事品質確保対策について」（平成18年12月８日付け国官総第610号、国官会第1334号、国地契第71号、国官技第242号、国営計第121号、国総入企第46号）の一部を下記のとおり改正することとしたので、遺漏なきよう措置されたい。

記

記４中「７億９千万円以上の」を「３億円以上の一般土木工事及び建築工事並びに６億９千万円以上のその他の工事種別に係る」に改める。

附　則

この通知は、平成22年８月１日以降に入札公告手続を開始する工事から適用する。

【特別重点調査】

予定価格1億円以上の工事において、予算決算及び会計令第86条の調査対象者のうち各費目毎の積算が別に定める基準を下回る者を対象に、入札参加者が作成した工事費内訳書が、品質の確保がされないおそれがある極端な低価格での資材・機械・労務の調達を見込んでいないか、品質管理体制、安全管理体制が確保されないおそれがないかなどを厳格に調査する特別重点調査を実施する。なお、1億円未満の工事についても、試行できるものとする。

低入札価格調査制度対象工事に係る特別重点調査の試行について

平成18年12月8日、国地契第76号、国官技第245号、国営計第123号
(最終改正)平成31年3月29日、国地契第76号、国官技第457号、国営計第174号
国土交通省大臣官房地方課長、技術調査課長、官庁営繕部計画課長から
各地方整備局総務部長、企画部長、営繕部長あて、
(抜粋)

1　特別重点調査の実施対象

(1) 特別重点調査は、予定価格が1億円以上の工事(港湾空港関係を除く。)において、調査基準価格を下回る価格で入札を行った者のうち、その者の申込みに係る価格の積算内訳である次の表上欄に掲げる各費用の額のいずれかが、予定価格の積算内訳である同表上欄に掲げる各費用の額に同表下欄に掲げる率を乗じて得た金額に満たないもの及びこれと同等と認めて別に定める者に対して行うものとする。

直接工事費	共通仮設費	現場管理費	一般管理費等
90%	80%	80%	30%

(2) 予定価格が1億円未満の工事(港湾空港関係を除く。)において、地方整備局長等(地方整備局長及び事務所長をいう。以下同じ。)が必要と認めて試行することとした場合についても同様とする。

国地契　第　4号
国宮技　第62号
国営計　第26号
令和元年6月14日

各地方整備局　総務部長
企画部長
営繕部長　あて

大臣官房
地　方　課　長
技術調査課長
官庁営繕部計画課長
(公　印　省　略)

公共工事の品質確保の促進に関する法律の一部を改正する法律の施行について(通知)

建設業を取り巻く環境は近年大きく変化し、特に頻発・激甚化する災害への対応の強化、長時間労働の是正などによる働き方改革の推進、情報通信技術の活用による生産性の向上が急務となっている。また、公共工事の品質確保を図るためには、工事の前段階に当たる調査・設計段階の品質確保を図ることも重要な課題となっている。

これらの課題に対応し、インフラの品質確保とその担い手の中長期的な育成・確保を目的として、公共工事の品質確保の促進に関する法律の一部を改正する法律(令和元年法律第三十五号)が、本年6月14日に公布され、同日より施行された。改正内容は別添のとおりである。

各地方整備局においては、これまでも公共工事の品質確保の促進を図るための取組の推進に努められているところであるが、今回の改正内容の趣旨を十分理解し、発注者としての責務を確実に果たされたい。また、発注者協議会及び地方公共工事契約業務連絡協議会等を通じて、各発住者がその責務を確実に果たされるよう主体的に取り組むとともに、各施策の策定及び実施に当たり相互に緊密な連携を図るなど、より一層の取組の推進を図られたい。

なお、本改正法の運用上の留意事項等については、公共工事の品質の確保の促進に関する法律第九条の規定により定められる基本方針及び同法第二十二条の規定により定められる発注関係事務の運用に関する指針(以下「運用指針」という。)において定めることを予定している。これらの内容については、その策定後改めて通知する。

今後、運用指針の策定に当たっては、地方公共団体や民間事業者等の意見を聴くこととしており、そのための協力をお願いする。

以上

品確法 22 条に基づく発注関係事務の運用に関する指針

（運用指針）の改正について

資料の最新版については、国土交通省ホームページで確認できます。

https://www.mlit.go.jp/tec/tec_reiwaunyoshsishin.html

2－7 中間前金払の出来高認定

公共工事の代価については、「会計法」、「予算決算及び会計令」、「予算決算及び会計令臨時特例」、「公共工事の前払金保証事業に関する法律」、「工事請負契約書」等によって定められているほか、国土交通省の実施要領等により運用されている。

会計法では、「前金払又は概算払をすることができる。」こととされ、工事着手時点において給付ができる旨が定められており、その経費は、予算決算及び会計令臨時特例で、公共工事の前払金保証事業に関する法律に規定する前払金の保証がされた公共工事の代価とされている。

1．法的位置づけ

(1)会計法

会計法
(昭和22年3月31日法律第35号)最終改正:平成18年6月7日法律第53号
(前金払及び概算払)
第22条　各省各庁の長は、運賃、傭船料、旅費その他経費の性質上前金又は概算を以て支払をしなければ事務に支障を及ぼすような経費で政令で定めるものについては、前金払又は概算払をすることができる。

(2)予算決算及び会計令

予算決算及び会計令
(昭和22年4月30日勅令第165号)最終改正:平成21年4月30日政令第130号
(部分払の限度額)
第101条の10　契約により、工事若しくは製造その他についての請負契約に係る既済部分又は物件の買入契約に係る既納部分に対し、その完済前又は完納前に代価の一部を支払う必要がある場合における当該支払金額は、工事又は製造その他についての請負契約にあってはその既済部分に対する代価の10分の9、物件の買入契約にあってはその既納部分に対する代価をこえることができない。ただし、性質上可分の工事又は製造その他についての請負契約に係る完済部分にあっては、その代価の全額までを支払うことができる。

(3) 予算決算及び会計令臨時特例

予算決算及び会計令臨時特例
(昭和21年11月22日勅令第558号)最終改正:平成20年9月12日政令第281号
(前払金)
第2条　各省各庁の長は、当分の間、法第22条の規定により、次に掲げる経費について、前金払をなすことができる。
1〜2の2略
3　公共工事の前払金保証事業に関する法律(昭和27年法律第184号)第2条第4項に規定する保証事業会社により前払金の保証がされた同条第1項に規定する公共工事の代価
4〜7略
第3条　各省各庁の長は、当分の間、法第22条の規定により、次に掲げる経費について、概算払をすることができる。
1　前条各号に掲げるもの
2〜7略
(前金払又は概算払のできる範囲等)
第4条　第2条第2号から第6号の2まで又は前条第1号から第6号までに掲げる経費についてこれらの規定により前金払又は概算払をなすことができる範囲及び第2条各号又は前条第1号から第6号までに掲げる経費についてこれらの規定により前金払又は概算払をなす場合における当該前金払又は概算払の金額の当該経費の額に対する割合については、各省各庁の長は、あらかじめ財務大臣に協議しなければならない。

(4) 公共工事の前払金保証事業に関する法律

公共工事の前払金保証事業に関する法律
(昭和27年6月12日法律第184号)最終改正:平成19年3月30日法律第6号
(定義)
第2条　この法律において「公共工事」とは、国又は地方公共団体その他の公共団体の発注する土木建築に関する工事(土木建築に関する工事の設計、土木建築に関する工事に関する調査及び土木建築に関する工事の用に供することを目的とする機械類の製造を含む。以下この項において同じ。)又は測量(土地の測量、地図の調製及び測量用写真の撮影であって、政令で定めるもの以外のものをいう。以下同じ。)をいい、資源の開発等についての重要な土木建築に関する工事又は測量であって、国土交通大臣の指定するものを含むものとする。
以降略

2．契約上の位置づけ

(1)　工事請負契約書

(請負代金の支払い)

第32条　乙は、前条第2項の検査に合格したときは、請負代金の支払を請求することができる。

(前金払)

第34条　乙は、保証事業会社と、契約書記載の工事完成の時期を保証期限とする公共工事の前払金保証事業に関する法律第2条第5項に規定する保証契約(以下「保証契約」という。)を締結し、その保証証書を甲に寄託して、請負代金額の10分の4以内の前払金の支払を甲に請求することができる。

中略

3　乙は、第1項の規定により前払金の支払を受けた後、保証事業会社と中間前払金に関し、契約書記載の工事完成の時期を保証期限とする保証契約を締結し、その保証証書を甲に寄託して、請負代金額の10分の2以内の前払金の支払を甲に請求することができる。前項の規定は、この場合について準用する。

4　乙は、前項の中間前払金の支払を請求しようとするときは、あらかじめ、甲又は甲の指定する者の中間前払金に係る認定を受けなければならない。この場合において、甲又は甲の指定する者は、乙の請求があったときは、直ちに認定を行い、当該認定の結果を乙に通知しなければならない。

5　乙は、請負代金額が著しく増額された場合においては、その増額後の請負代金額の10分の4(第3項の規定により中間前払金の支払を受けているときは10分の6)から受領済みの前払金額を差し引いた額に相当する額の範囲内で前払金の支払を請求することができる。この場合においては、第2項の規定を準用する。

以降略

(部分払)

第37条　乙は、工事の完成前に、出来形部分並びに工事現場に搬入済みの工事材料及び製造工場等にある工場製品(第13条第2項の規定により監督職員の検査を要するものにあっては当該検査に合格したもの、監督職員の検査を要しないものにあっては設計図書で部分払の対象とすることを指定したものに限る。)に相応する請負代金相当額の10分の9以内の額について、次項から第7項までに定めるところにより部分払を請求することができる。ただし、この請求は、工期中○回を超えることができない。

2　乙は、部分払を請求しようとするときは、あらかじめ、当該請求に係る出来形部分又は工事現場に搬入済みの工事材料又は製造工場等にある工場製品の確認を甲に請求しなければならない。

3　甲は、前項の場合において、当該請求を受けた日から14日以内に、乙の立会いの上、設計図書に定めるところにより、前項の確認をするための検査を行い、当該確認の結果を乙に通知しなければならない。この場合において、甲は、必要があると認められるときは、その理由を乙に通知して、出来形部分を最小限度破壊して検査することができる。

4　前項の場合において、検査又は復旧に直接要する費用は、乙の負担とする。

5　乙は、第3項の規定による確認があったときは、部分払を請求することができる。この場合においては、甲は、当該請求を受けた日から14日以内に部分払金を支払わなければならない。

6　部分払金の額は、次の式により算定する。この場合において第1項の請負代金相当額は、甲乙協議して定める。ただし、甲が第3項前段の通知をした日から○日以内に協議が整わない場合には、甲が定め、乙に通知する。

部分払金の額≦第１項の請負代金相当額×（9／10－前払金額／請負代金額）

7　第5項の規定により部分払金の支払があった後、再度部分払の請求をする場合においては、第1項及び第6項中「請負代金相当額」とあるのは「請負代金相当額から既に部分払の対象となった請負代金相当額を控除した額」とするものとする。

（国債に係る契約の前金払の特則）

第40条　国債に係る契約の前金払については、第34条中「契約書記載の工事完成の時期」とあるのは「契約書記載の工事完成の時期（最終の会計年度以外の会計年度にあっては、各会計年度末）」と、第34条及び第35条中「請負代金額」とあるのは「当該会計年度の出来高予定額（前会計年度末における第37条第1項の請負代金相当額（以下本条及び次条において「請負代金相当額」という。）が前会計年度までの出来高予定額を超えた場合において、当該会計年度の当初に部分払をしたときは、当該超過額を控除した額）」と読み替えて、これらの規定を準用する。ただし、この契約を締結した会計年度（以下「契約会計年度」という。）以外の会計年度においては、乙は、予算の執行が可能となる時期以前に前払金の支払を請求することはできない。

以降略

（国債に係る契約の部分払の特則）

第41条　国債に係る契約において、前会計年度末における請負代金相当額が前会計年度までの出来高予定額を超えた場合においては、乙は、当該会計年度の当初に当該超過額（以下「出来高超過額」という。）について部分払を請求することができる。ただし、契約会計年度以外の会計年度においては、乙は、予算の執行が可能となる時期以前に部分払の支払を請求することはできない。なお、中間前払金制度を選択した場合には、出来高超過額について部分払を請求することはできない。

2　この契約において、前払金の支払を受けている場合の部分払金の額については、第37条第6項及び第7項の規定にかかわらず、次の式により算定する。

(a)　部分払金の額≦請負代金相当額×９／10－（前会計年度までの支払金額＋当該会計年度の部分払金額）－{請負代金相当額－（前年度までの出来高予定額＋出来高超過額）}×当該会計年度前払金額／当該会計年度の出来高予定額

(b)　部分払金の額≦請負代金相当額×9／10－前会計年度までの支払金額－（請負代金相当額－前年度までの出来高予定額）×（当該会計年度前払金額＋当該会計年度の中間前払金額）／当該会計年度の出来高予定額

[注](b)は、中間前払金を選択した場合。

以降略

(2)関連通知等

① 予算決算及び会計令臨時特例第4条の規定により当該経費の額に対する割合について当該予算年度毎に協議する。

公共工事の代価の前金払について

(平成21年3月24日、国官会第2331号、国土交通大臣から財務大臣あて)

範　　　　　　囲	割　　　　合
(工事) 1件の請負代価が300万円以上の土木建築に関する工事(土木建築に関する工事の設計及び調査並びに土木建築に関する工事の用に供することを目的とする機械類の製造を除く。)において、当該工事の材料費、労務費、機械器具の賃借料、機械購入費(当該工事において償却される割合に相当する額に限る。)動力費、支払運賃、修繕費、仮設費、労働者災害補償保険料及び保証料に相当する額として必要な経費。 (設計又は調査) 略 (測量) 略	請負代価の10分の4以内。 ただし、前金払をした後において、請負代価を減額した場合は、当該前金払の額を超えない範囲内において、改定請負代価の10分の5以内。
(機械類の製造) 契約価格が3,000万円以上で納入までに3か月以上の期間を要する土木建築に関する工事の用に供することを目的とする機械類(本項中「工事用機械類」という。)の製造に必要な経費(契約価格が3,000万円未満であっても、当該契約中に単価1,000万円以上で、納入までに3か月以上の期間を要する工事用機械類の製造を含む場合は、当該工事用機械類の製造に必要な経費を含む。)。	製造代価の10分の3以内。

② 国庫債務負担行為に基づく契約における前金払等の取扱について

(昭和36年7月1日、建設省発会第199号、官房長から各地方建設局長・北海道開発局長あて)

1　前金払について

(1)範囲及び割合

　各年度の国庫債務負担行為の年割額に応ずる各年度の工事又は製造の出来高予定額について、当該契約を締結する年度に建設大臣が大蔵大臣に協議して定めた前金払の範囲及び割合で、おのおのの年度に支払う旨の定めを契約締結の際に定めることができるものとする。ただし、年度末において契約を締結する場合には、その年度の国庫債務負担行為の年割額の範囲内で支払ができる場合に限り、契約を締結した年度において、当該年度及び翌年度の出来高予定額に対して前払金を支払うことができる旨の定めができるものとする。

以降略

③ 公共工事の代価の中間前金払について

（昭和47年7月25日、建設省会発第633号、改正令和5年6月30日、国官会第13268号、建設事務次官から官庁営繕部長・会計課長・各付属機関の長・各地方建設局長・北海道開発局長・沖縄総合事務局長）あて

1 対象公共工事

(1) 直轄事業に係る土木建築に関する工事（土木建築に関する工事の設計及び調査並びに土木建築に関する工事の用に供することを目的とする機械類の製造を除く。）。

(2) 契約にあたり既済部分払をすることを選択した工事にあっては、中間前金払を行なわないこととする。

2 中間前金払の対象となる経費の範囲

1件の請負代価が1，000万円以上であって、かつ、工期が150日以上の工事について、当該工事の材料費、労務費、機械器具の賃借料、機械購入費（当該工事において償却される割合に相当する額に限る。）、動力費、支払運賃、修繕費、仮設費、労働者災害補償保険料及び保証料に相当する額として必要な経費とする。

3 中間前金払の割合

請負代価の10分の2以内とする。ただし、中間前金払を支出した後の前払金の合計額が請負代価の10分の6をこえてはならないものとする。

4 国庫債務負担行為に係る特例

(1) 国庫債務負担行為に係る契約分については、その年割額が当該年度内に支出できる見込みのものについて、当該年割額を対象として中間前金払をすることができるものとする。

(2) 国庫債務負担行為の年割額（最終年度に係るものを除く。）に係る既済部分払については、その年割額に対応する工事の既済部分の額が当該年割額の9分の10をこえた場合（可分の工事にあっては、当該年割額に達した場合）は、当該年割額を単年度予算とみなし、既済部分払をすることができることとする。

5 認定の方法

(1) 支出負担行為担当官（代理官を含む。以下「本官」という。）又は分任支出負担行為担当官（代理官を含む。）は、請負者から中間前金払に係る認定の請求があつたときは、当該契約に係る工期の2分の1（国庫債務負担行為にあっては、当該年度の工事実施期間の2分の1）を経過し、かつ、おおむね工程表によりその時期までに実施すべき工事が行われ、その進捗が金額面でも2分の1（国庫債務負担行為にあっては、年割額の2分の1）以上であるかどうかを調査するものとする。

(2) 前号の調査は、本官契約にあっては、当該工事を担当する事務所長（官庁営繕工事にあっては、営繕監督室長及び本官が指定する官職にある者を含む。）が本官に代って行なうことができるものとする。

(3) 認定権者（前2号の規定により調査する者をいう。）は、その結果が妥当と認めるときは認定調書（別記様式）を2部作成し、1部を請負者に交付し、他の1部を請負者の提出する請求書に添えて支出官に送付するものとする。

以降略

④　公共工事の代価の中間前金払及び既済部分払等の手続の簡素化・迅速化の促進について

（平成10年11月27日、建設省厚発第47号、建設省技調発第227号、建設省営監発第84号、大臣官房地方厚生課長、大臣官房技術調査室長、大臣官房官庁営繕部監督課長から各地方建設局総務部長、企画部長、営繕部長あて）

1.　中間前金払に係る認定の簡素化・迅速化

(1)「公共工事の代価の中間前金払に係る認定等の取扱について」（昭和47年7月25日建設省会発第634号）における認定資料としては、工事請負契約書に基づく履行報告書をもって足りることとする。

(2)設計図書の変更指示書に基づき、新規工種等の追加指示が行われていれば、当該新規工種等の追加に係る契約書の変更が行われていなくても、当該新規工種等に係る出来高を、認定対象とする出来高に含めることができるものとする。

(3)工事請負契約書第34条第4項に基づく中間前払金に係る認定の請求があった場合は、直ちに認定を行い、結果を通知することとしているが、当該認定に係り請負者が提出する資料について内容の不備若しくは提出の遅滞があったとき又は連休期間前その他特別の事情があるときを除き、当該請求を受けた日から遅くとも7日以内に当該通知を行うこととする。また、工事請負契約書第34条第3項に基づく中間前払金の支払請求があったときは、当該支払請求を受けた日から14日以内に当該支払を行うことと定めているところであるが、現下の景気対策の必要を考慮し、その一層の迅速化に努めること。

2.　既済部分検査等の簡素化

(1)中間技術検査を実施済みの工事目的物の部分については、当該中間技術検査結果をもって、既済部分検査結果とみなすことができるものとする。

(2)既済部分検査等を実施済みの工事目的物の部分については、工事の完成を確認するための検査を、当該既済部分検査後の変状を目視により確認すること等により行うことができるものとする。

(3)既済部分検査等に際しては、現場の清掃、片づけ等の実施を請負者に求めないものとする。なお、これらの措置は、障害物の存在等により検査の実施に支障が生じる場合に、障害物の移動等を適宜求めることを妨げるものではない。

(4)既済部分検査等においては、工事写真について、ネガ等原本の整備状況や提出対象とするもの以外の写真の整理状況を問わないものとする。

(5)既済部分検査等の対象資料として準備を求めるもののうち、別途定めるものについて、当該対象資料の準備が検査の実施日までに困難な場合等には、代替する方法をもって検査を行うことができるものとする。

(6)検査を実施する際には、契約書及び設計図書のいずれにも準備の必要の根拠を持たない必要以上の関連資料の準備を求めないものとする。

(7)前4項の簡素化措置の適用を請負者が求めた場合等に、その事実をもって工事成績に係るマイナス要因として評価しないこと。

以降略

３．代価の給付方式区分

	支払方式	前払金	中間前払金	部分払金	請求方法	検査	特徴	備考
	前金払 1件の請負代価が300万円以上の土木建築に関する工事	請負代価の10分の4以内 前金払をした後において、請負代価を減額した場合は、当該前金払の額を超えない範囲内において、改定請負代価の10分の5以内	なし	なし	前払金請求書	なし	・請求可能額＝請負代価の10分の4以内	予算決算及び会計令臨時特例第4条の規定により当該経費の額に対する割合について当該予算年度毎に協議する。
契約時に請負者選択	中間前金払 ・1件の請負代価が1,000万円以上で、かつ、工期が150日以上の土木建築に関する工事。 ・土木建築に関する工事であって、原則として年度内完成工事に係るものとする（従って、繰越明許費に指定された経費で翌年度にわたって債務を負担することとした工事については、この対象としない。）。 ・出来高部分払を選択工事は対象外。	請負代価の10分の4以内 ・前年度における国庫債務負担行為の年割額に応ずる出来高予定額の繰越があった場合においては、当該繰越分に係る前払金を全部償却した後に当該年度の前払金を支払う。 ・前金払をした後において、請負代価を減額した場合は、当該前金払の額を超えない範囲内において、改定請負代価の10分の5以内	請負代価の10分の2以内 ・工期の2分の1を経過し、かつ、工程表によりその時期までに実施すべき工事が行われていること。 ・工事の進捗額が当該契約額の2分の1以上であること。 ・前払金の合計額が請負代価の10分の6をこえてはならない。 （国庫債務負担行為の工事は年割額を対象。）。	特例により可能な場合有り 【特例】中間前金払をした工事が、請負金額の3分の2以上に相当する工事出来高がある場合において、請負人の責によらない正当な事由により繰り越しが予想されるもの。 【国庫債務負担行為に係る特例】国庫債務負担行為の年割額（最終年度に係るものを除く）に係る既済部分払については、その年割額に対応する工事の既済部分の額が当該年割額の9分の10をこえた場合は、当該年割額を単年度予算とみなし、既済部分払をすることができる。	認定請求書 認定資料（工事請負契約書に基づく履行報告書）	なし 特例による既済部分払をするときは既済部分検査を受ける。	・中間技術検査を実施しても部分払いはできない。 ・設計図書の変更指示書に基づき、新規工種等の追加指示が行われていれば、契約書の変更が行われていなくても、認定対象とする出来高に含めることができる。 ・請求可能額＝請負代価の10分の6以内	・予算決算及び会計令臨時特例第4条の規定により当該経費の額に対する割合について当該予算年度毎に協議する。 ・「国庫債務負担行為に基づく契約における前金払等の取扱について」昭和36年7月1日建設省会発第199号 ・「公共工事の代価の中間前金払について」昭和47年7月25日建設省会発第633号、改正平成11年4月1日建設省会発第268号 ・「中間前金払をした工事について既済部分払いができることの特例について」昭和48年3月22日建設省会発第1279号 ・「公共工事の代価の中間前金払及び既済部分払等の手続の簡素
	出来高部分払 工事請負業者選定事務処理要領第3に規定する工事種別において、一般土木、アスファルト舗装、鋼橋上部、セメント・コンクリート舗装、PC、法面処理、塗装、維持修繕、河川しゅんせつ、グラウト、杭打、さく井の各工事のうち地方整備局長が認めるもので工期が180日を超えるものに係るもの	請負代価の10分の4以内を分割払 ・当初請負代金額の10分の2に相当する額 ・工事の進捗額が請負代金額の10分の2以上であることについて認定を受ける、若しくは、工期が121日以上（ただし、工期270日以下の工事については、61日以上）経過している場合、残りの請負代金額の10分の2に相当する額の前払金を支払う。（国債工事の初年度と最終年度で当該年度の工期が180日以下の場合、並びに国債工事の中間年度の場合については、工期が61日以上経過）	なし	工期／90（端数切捨て） ・部分払請求の上限回数＝各会計年度の工期／90（端数切捨て） ただし、初年度においては年度末の部分払いを考慮して、算定した上限回数が4になる場合を除き、上限回数に1を加える。 ・新工種に係る部分及び変更減が予定されている部分については、変更契約により当該工種の追加・変更がされるまではその部分を部分払いの対象とすることができない。	請負工事既済部分検査請求書 出来高報告と請負工事既済部分検査請求書を提出	あり ・部分払の都度既済部分検査が必要	・中間技術検査を実施済みの工事目的物の部分については、当該中間技術検査結果をもって、既済部分検査結果とみなすことができる。 ・請求可能額＝請負代価の10分の9以内	・「出来高部分払方式の実施について」平成18年4月3日国地契第1-2号、国官技第1-2号 ・「公共工事の代価の中間前金払及び既済部分払等の手続の簡素化・迅速化の促進について」平成10年11月27日建設省厚発第47号、建設省技調発第227号、建設省営監発第84号

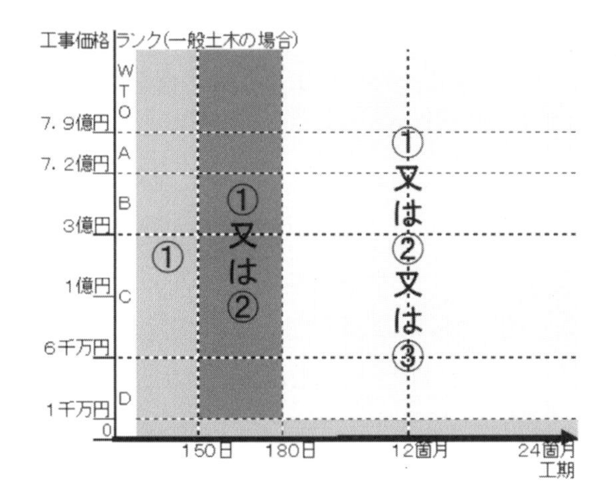

支払方式		支払内容
①	通常の前金払	前金4割、完成6割
②	中間前金払	前金4割、中間前金2割、完成4割
③	出来高部分払	前金2割、前金2割、部分払い・・・・・完成残

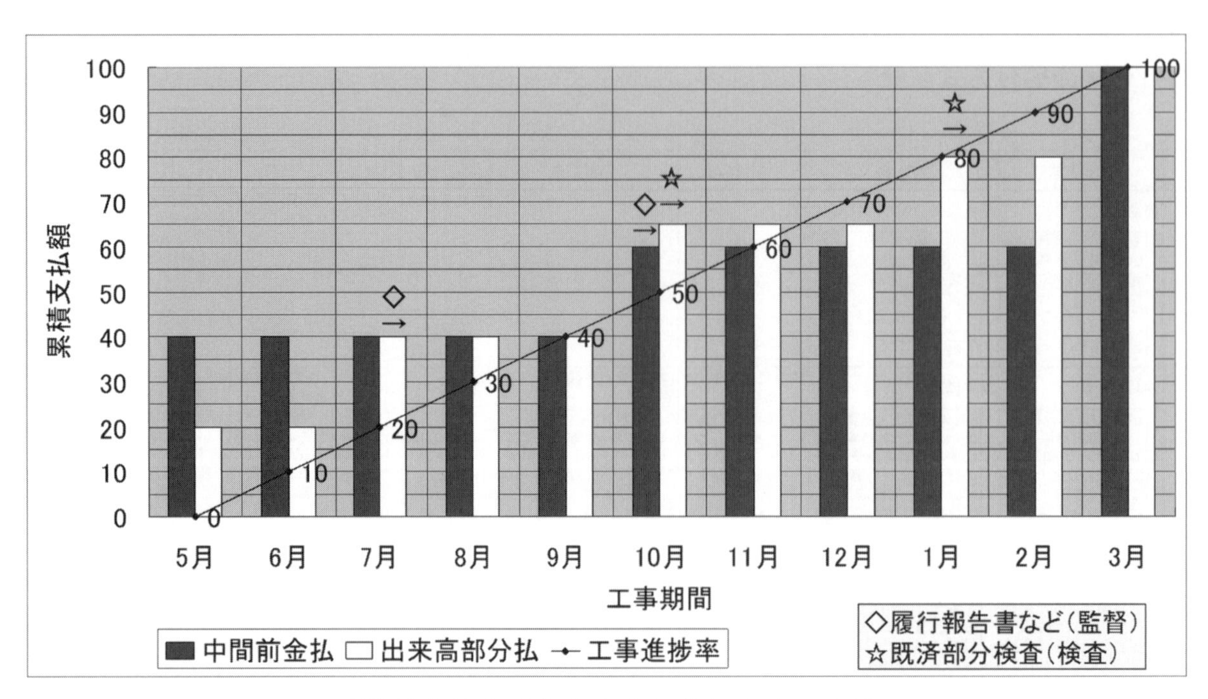

中間前金払方式と出来高部分払方式の比較

注１）請負代価を１００百万円とし、２７１日以上の工期で、毎月１０％の出来高があると仮定して試算したもの。

注２）中間前金払のグラフでは、当初で１０分の４の前払金を支払い、工事進捗率５０％となる１０月に中間前金払（１０分の６まで）を支払っている。

中間前金払の出来高（１０月時点）は、工事請負契約書に基づく「履行報告書」（監督の書類）により認定される。

注３）出来高部分払のグラフでは、当初で１０分の２の前払金を支払い、工事進捗率２０％となる７月に前払金（１０分の４まで）を支払っている。

（７月の時点では出来高の認定が行われ、請負代金額の１０分の２以上の出来高が確認される。この試算例では、２０％以上の出来高が確認された場合について取りまとめているが、２０％以上の出来高が認定されなかった場合には、前払金（１０分の４まで）の支払いは、工期が１２１日以上経過してからとなる。）

更に、出来高部分払のグラフでは、工事進捗率が５０％となる１０月と、工事進捗率が８０％となる１月に既済部分検査が実施され、出来高に応じた工事代金が支払われている。

○　中間前金払の出来高を認定する資料

・　中間前金払の出来高は、工事請負契約書に基づく「履行報告書」により認定される。

・　工事の変更契約をしていなくても、新規工種等の出来高を含めることが出来る。（詳しくは、Ｈ１０．１１．２７建設省技調発第２２７号、記１．中間前金払に係る認定の簡素化等による。）

・　「履行報告書」の様式は、土木工事共通仕様書「様式（５）工事履行報告書」のとおりであり、主任監督員が決済する様式である。

○　既済部分検査の出来高

・　検査官による検査が実施されて出来高が確認される。（詳しくは、Ｈ１８．４．３国官技第１－３号「既済部分検査技術基準（案）」※による。）

※（http://www.mlit.go.jp/tec/nyuusatu/keiyaku.html）

・　既済部分検査では、新工種に係る部分及び変更減が予定されている部分については、変更契約により当該工種の追加・変更がされるまではその部分の部分払いの対象とすることができないため、留意が必要である。

※参考

もともとは、中間前金払をしようとする工事の進捗額を認定する資料は、工事出来高報告書、工事実施状況報告書、工事旬報等とされていた。（Ｓ４７．７．２５建設省会発第６３４号）

その後、Ｈ１０．１１．２７建設省厚発第４７号、建設省技調発第２２７号により、工事請負契約書に基づく「履行報告書」で認定できるようになっている。

第３編

検査について

３－１　検査の実施にあたって

１．工事検査の目的

工事検査には、「会計法」第２９条の１１第２項に基づく会計法上の検査（給付の完了の確認）と、「公共工事の品質確保の促進に関する法律（品確法）」第７条第１項に基づく工事中及び完成時の施工状況の確認及び評価を目的とする技術検査がある。

① 請負工事の工事目的物が契約図書に定められた出来形や品質等を確保していて、発注者として、受け取り、その代価を支払ってよいことを確認する。（給付の完了の確認（給付の完了の前に代価の一部を支払う必要がある場合において行う工事若しくは製造の既済部分又は物件の既納部分の確認を含む。））

② 公共工事の品質が確保されるよう、適正かつ能率的な施工を確保するとともに、工事に関する技術水準の向上に資する。（技術検査）

③ 工事成績を評定することにより、工事の競争参加者の技術検査において、企業の技術力が総合的に評価される。（技術検査）

２．「会計法」による給付の完了を確認する検査（給付の検査）の技術的基準

「会計法」第２９条の１１第２項に規定された工事の請負契約についての給付の完了の確認のための検査（給付の完了の確認）が、「地方整備局請負工事監督検査事務処理要領」（令和３年３月３１日、国会公契第67号）（以下「事務処理要領」という。）により定められており、事務処理要領第１８（検査の技術的基準）については次の基準による。

① 地方整備局土木工事検査技術基準（案）」（令和５年３月２４日一部改正、国官技第３６７号）（以下「検査技術基準」という。）

② 「既済部分検査技術基準（案）」（令和５年３月２４日一部改正、国官技第３６６号）（以下「既済部分技術基準」という。）

３．「品確法」による技術検査の技術的基準

「公共工事の品質確保の促進に関する法律（品確法）」第７条第１項に規定された工事中及び完成時の施工状況の確認及び評価のための検査が、「地方整備局工事技術検査要領」（平成１８年３月３１日、国官技第２８２号）（以下「技術検査要領」という。）により定められており、技術検査要領第４（技術検査の方法）については次の基準による。

① 「地方整備局土木工事技術検査基準（案）」（平成１８年３月３１日、国官技第２８３号）（以下「技術検査基準」という。）

４．工事成績評定

「技術検査要領」第６の規定に基づき、「請負工事成績評定要領」（平成２２年３月３１日一部改正、国官技第３２６号）、「地方整備局工事成績評定実施要領」（平成３０年４月６日、国官技第１号）が定められている。

3－2 工事検査の種類

<table>
<tr><th colspan="2" rowspan="2">種 類</th><th rowspan="2">目 的</th><th colspan="2">検査の位置付け</th><th rowspan="2">適 用</th></tr>
<tr><th>給付の完了の確認</th><th>技術検査</th></tr>
<tr><td colspan="2">完成検査</td><td>工事の完成を確認するための検査。
受注者からの完成通知を受けた日から１４日以内(民法上は起算日不算入の原則があるが、検査の時期については起算日算入となっている)に行う。
会計法上の検査と技術検査の両方を行う。
この検査に合格すれば、発注者から受注者へ請負代金の支払いが行われ、工事目的物が発注者に引き渡される。</td><td>○</td><td>○</td><td>契約書第３２条

技術検査要領
第２第２項</td></tr>
<tr><td rowspan="2">既済部分検査</td><td>既済部分検査</td><td>工事の完成前に代価の一部を支払う必要がある場合において、工事の既済部分を確認するための検査。
受注者から出来形部分等の確認の請求を受けた日から１４日以内に行う。
会計法上の検査を行う。
この検査に合格すれば、部分払い金の支払いは行うが、部分払い相当部分の引渡しは行わない。</td><td>○</td><td>※</td><td>※契約書第３８条
第４２条

既済部分技術検査基準（案）
（※中間技術検査と兼ねることができる。）</td></tr>
<tr><td>完済部分検査</td><td>工事の完成前に設計図書で予め指定された部分（以下「指定部分」という。）の工事目的物が完成した場合に当該部分を確認するための検査。
受注者から指定部分の完成通知を受けた日から１４日以内に行う。
会計法上の検査と技術検査の両方を行う。
この検査に合格すれば、部分払い金の支払いを行い、部分指定部分の引渡しが行われる。</td><td>○</td><td>○</td><td>契約書第３９条

技術検査要領
第２第２項</td></tr>
<tr><td colspan="2">中間技術検査</td><td>当該工事の主要工種を考慮（不可視となる工事の埋戻しの前等、設計図書との整合を確認しておき、できるだけ手戻りを少なくする等の目的で、受注者に対する中間時点における″技術指導″の意味合いを持つ）し、工事施工の途中段階で行われる検査。
会計法上の検査は行わず、技術検査のみを行う。検査結果が設計図書と適合するものであっても、代価の支払いや引渡しはない。
当該検査は、契約図書で予めこの検査を実施する旨を明記しておき、発注者が必要と判断した時に行うものである。(ただし、検査日については工事工程との調整もあることから受注者の意見も聞いて決めることとなる。</td><td>※</td><td>○</td><td>技術検査要領
第２第３項
（※既済部分検査と兼ねる場合は会計法上の検査も行う。）

技術検査基準</td></tr>
</table>

種　類	目　　　　　　的	検査の位置付け		適　　用
		給付の完了の確認	技術検査	
完成後技術検査	総合評価方式やＶＥ提案方式等による提案事項について、工事完成後一定期間経過後に、契約に基づく性能規定、機能が確保されているかどうかを確認する検査。 性能規定等による契約では、完成検査時にその性能・機能等を確認することはできないため、工事完成後一定期間経過後の時点で契約に基づき性能規定の検査（履行の確認）を行うことになる。 ただし、工事目的物そのものは工事完成後に通常の完成検査により、引き渡しは行われ、対価の支払いは行われる。		○	技術検査要領第２第３項 技術検査基準第５条
部分使用検査	【監督職員による検査（確認を含む）】 工事目的物の全部または一部の完成前において、発注者がこれを使用する必要が生じた場合に行う検査である。 検査の結果、適合が確認されれば、発注者は受注者の承諾を得て部分使用することになる。この場合、使用部分は引き渡しを行わないので、代価の支払いはないが使用部分に関して双方で文書による確認をしておく必要がある。	—	※	契約書第３４条（※中間技術検査による検査（確認）でも良い。）

検査の種類と目的・内容

	【完成検査】		【既済部分検査】	【完済部分検査】		【中間技術検査】	【完成後技術検査】	【部分使用検査】
検査の種類	工事の完成を確認するための検査		工事の完成前に代価の一部を支払う必要がある場合において、工事の既済部分を確認するための検査(中間技術検査と兼ねることができる)	工事の完成前に設計図書で予め指定された部分(以下「指定部分」という。)の工事目的物が完成した場合に当該部分を確認するための検査		当該工事の主要工種を考慮し、工事施工の途中段階で行われる検査(既済部分検査と同時に行うことができる)	工事完成後一定期間経過後に、契約に基づく性能規定、機能が確保されているかどうかを確認する検査	工事目的物の全部または一部の完成前において、発注者がこれを使用する必要が生じた場合に行う検査
	会計法に基づく検査	技術検査	会計法に基づく検査	会計法に基づく検査	技術検査	技術検査	技術検査	監督職員による検査 (確認を含む)
検査の目的	給付の完了の確認	工事成績評定等	給付の完了の確認	給付の完了の確認	工事成績評定等	工事成績評定等	工事成績評定等	確認検査
関係法令・規定	会計法29条11項② 監督検査事務処理要領	技術検査要領	会計法29条11項② 監督検査事務処理要領	会計法29条11項② 監督検査事務処理要領	技術検査要領	技術検査要領 技術検査基準	技術検査要領 技術検査基準	技術検査要領
実施時期	工事完成時		工事完成前に代価の一部を支払う必要がある時	工事完成前に指定部分の完成を確認した時		施工上の重要な変化点等	特記仕様書にて規定	協議
検査を行う者の名称	検査職員	技術検査官	検査職員	検査職員	技術検査官	技術検査官	技術検査官	監督職員
検査の技術的基準 (検査の方法)	○地方整備局土木工事検査技術基準(案)(大臣官房技術審議官通達)							
	○地方整備局工事技術検査要領(国土交通事務次官通達) ○地方整備局土木工事技術検査基準(案)(大臣官房技術審議官通達)							
			既済部分検査技術基準(案)(大臣官房技術調査課長通達)					
引渡し	行う		行わない	行う		行わない	—	行わない
契約書	契約書第32条		契約書第38条及び第42条	契約書第39条		—	—	契約書第34条

検査の種類	【完成検査】		【既済部分検査】	【完済部分検査】		【中間技術検査】	【完成後技術検査】	【部分使用検査】
	工事の完成を確認するための検査		工事の完成前に代価の一部を支払う必要がある場合において、工事の既済部分を確認するための検査（中間技術検査と兼ねることができる）	工事の完成前に設計図書で予め指定された部分（以下「指定部分」という。）の工事目的物が完成した場合に当該部分を確認するための検査		当該工事の主要工種を考慮し、工事施工の途中段階で行われる検査（既済部分検査と同時に行うことができる）	工事完成後一定期間経過後に、契約に基づく性能規定、機能が確保されているかどうかを確認する検査	工事目的物の全部または一部の完成前において、発注者がこれを使用する必要が生じた場合に行う検査
	会計法に基づく検査	技術検査	会計法に基づく検査	会計法に基づく検査	技術検査	技術検査	技術検査	監督職員による検査 （確認を含む）
共通仕様書 （検査の方法）	共通仕様書第1編1-1-21 検査職員は、監督職員及び受注者の臨場の上、工事目的物を対象として契約図書と対比し、以下の各号に掲げる検査を行うものとする。 (1)工事の出来形について、形状、寸法、精度、数量、品質及び出来ばえ (2)工事管理状況について、書類、記録及び写真等		共通仕様書第1編1-1-22 検査職員は、監督職員及び受注者の臨場の上、工事目的物を対象として工事の出来高に関する資料と対比し、以下の各号に掲げる検査を行うものとする。 （1）工事の出来形について、形状、寸法、精度、数量、品質及び出来ばえの検査を行う。 （2）工事管理状況について、書類、記録及び写真等を参考にして検査を行う。	共通仕様書第1編1-1-21 検査職員は、監督職員及び受注者の臨場の上、工事目的物を対象として契約図書と対比し、以下の各号に掲げる検査を行うものとする。 （1）工事の出来形について、形状、寸法、精度、数量、品質及び出来ばえ （2）工事管理状況に関する書類、記録及び写真等		共通仕様書第3編1-1-8 検査職員は、監督職員及び受注者の臨場の上、工事目的物を対象として設計図書と対比し、以下の各号に掲げる検査を行うものとする。 （1）工事の出来形について、形状、寸法、精度、数量、品質及び出来ばえの検査を行う。 （2）工事管理状況について、書類、記録及び写真等を参考にして検査を行う。	特記仕様書	受注者は、発注者が契約書第34条の規定に基づく当該工事に係わる部分使用を行う場合には、監督職員による品質及び出来形等の検査（確認を含む）を受けるものとする。なお、土木工事にあっては、中間技術検査による検査（確認）でも良い。

3－3　公共工事における技術検査の解説

【解説の構成】

1．監督・検査の現状
①　体系
②　監督について
③　給付の検査と技術検査について

2．「公共工事の品質確保の促進に関する法律」の制定

3．技術検査に係わる課題とその対応

4．工事技術検査要領及び土木工事技術検査基準のポイント
①　技術検査の目的
②　検査の種類
③　技術検査を行う者
④　中間技術検査
⑤　技術検査結果の復命（通知）

（参考）監督・検査の基準体系

1. 監督・検査の現状
①体系

現在行っている検査には、会計法で定められた工事費用を支払うための検査（以下、「給付の検査」）と、受注者の技術の向上や指導・育成等を図るための技術的検査（以下「技術検査」とする）がある。

監督・検査の位置付け

契約上の責任

監督	【会計法　第２９条の１１】契約担当官等は、工事又は製造その他についての請負契約を締結した場合においては、政令の定めるところにより、自ら又は補助者に命じて、契約の適正な履行を確保するため必要な監督をしなければならない。
検査	【会計法　第２９条の１１②】契約担当官等は、前項に規定する請負契約又は物件の買入れその他の契約については、政令の定めるところにより、自ら又は補助者に命じて、その受ける給付の完了の確認（給付の完了前に代価の一部を支払う必要がある場合において行なう工事若しくは製造の既済部分又は物件の既納部分の確認を含む。）をするため必要な検査をしなければならない。

技術上の責任

技術検査・工事成績評定	【公共工事の品質確保の促進に関する法律　第７条】公共工事の発注者（以下「発注者」という。）は、基本理念にのっとり、その発注に係る公共工事の品質が確保されるよう、仕様書及び設計書の作成、予定価格の作成、入札及び契約の方法の選択、契約の相手方の決定、工事の監督及び検査並びに工事中及び完成時の施工状況の確認及び評価その他の事務（以下「発注関係事務」という。）を適切に実施しなければならない。
	【公共工事の品質確保の促進に関する施策を総合的に推進するための基本的な方針について】 ６　工事の監督・検査及び施工状況の確認・評価に関する事項 公共工事の品質が確保されるよう、発注者は、監督及び給付の完了の確認を行うための検査並びに適正かつ能率的な施工を確保するとともに工事に関する技術水準の向上に資するために必要な技術的な検査（以下「技術検査」という。）を行うとともに、工事成績評定を適切に行うために必要な要領や技術基準を策定するものとする。 特に、工事成績評定については、公正な評価を行うとともに、評定結果の発注者間での相互利用を促進するため、国と地方公共団体との連携により、事業の目的や工事特性を考慮した評定項目の標準化に努めるものとする。 （中略） 技術検査については、工事の施工状況の確認を充実させ、施工の節目において適切に実施し、施工について改善を要すると認めた事項や現地における指示事項を書面により受注者に通知するとともに、技術検査の結果を工事成績評定に反映させるものとする。

【ポイント】

● 検査には、会計法による給付の完了に必要な確認（給付の検査）と、品確法による工事に関する技術水準の向上に資するために必要な技術的な検査の両者があることを理解

【解説】

1. 会計法では、「契約の適正な履行の確保」のための監督と、工事費用の支払いのための「給付の完了の確認」のための検査（給付の検査）が規定されている。
2. 国土交通省は行政的責任の観点から受注業者の技術の向上、業者育成・指導、業者選定の合理化等が求められていることから、工事の適正かつ能率的な施工を確保するとともに工事に関する技術水準の向上に資するために必要な技術検査を昭和42年から実施してきている。
3. 平成１７年4月１日施行の公共工事の品質確保の促進に関する法律（品確法）では、「工事の検査」と「工事中及び完成時の施工状況の確認及び評価」が規定された。
4. また、公共工事の品質確保の促進に関する施策を総合的に推進するための基本的な方針では、「給付の完了の確認を行うための検査」と「技術水準の向上に資するために必要な技術的な検査」が規定されると同時に、「技術検査の結果を工事成績評定に反映させる」ことが規定された。その後、平成２６年の改正を経て、令和元年6月１４日の改正では、公共工事等の監督及び検査並びに施工状況等の確認及び評価に当たっては、情報通信技術の活用を図るとともに、必要に応じて、発注者及び受注者以外の者であって専

門的な知識又は技術を有するものによる、工事等が適正に実施されているかどうかの確認の結果の活用を図るよう努めることが規定された。

5. なお、技術検査は「地方整備局工事技術検査要領（一部改正国官技第 282 号平成 18 年 3 月 31 日）」に基づいて実施している。

1. 監督・検査の現状
②監督について

監督は、契約の履行の確保のために、工事施工状況の確認及び把握等を行うものである。
また、工事成績評定は、会計法で規定された監督業務で実施しているものではない。

監督の定義
【地方整備局請負工事監督検査事務処理要領】
第2　部局長(地方建設局の長をいう。以下同じ。)は、国交省規則第39条第1項の規定により法律第29条の11第1項に規定する工事の請負契約の適正な履行を確保するために必要な監督(以下「監督」という。)及び同条第2項に規定する工事の請負契約についての給付の完了の確認(給付の完了前に代価の一部を支払う必要がある場合において行なう工事の既済部分の確認を含む。)をするため必要な検査(以下「検査」という。)の実施についての細目を定めるときは、次章及び第3章によるものとする。
【土木工事監督技術基準(案)】
(用語の定義)第2条 (1)監督:契約図書における発注者の責務を適切に遂行するために、工事施工状況の確認及び把握等を行い、契約の適正な履行を確保する業務をいう。

会計法

・契約の履行の確保
・施工状況の確認等
・円滑な施工の確保
・その他
【土木工事監督技術基準(案)より】

品確法

評定を行う者
:「技術評価官」
工事中の施工状況等を把握する者
(＝監督職員を任命)

【地方整備局工事技術検査要領・
請負工事成績評定要領より】

工事成績評定は、
監督業務として
実施しているも
のではない

【ポイント】

● 監督職員が行う工事成績評定は会計法で規定された監督業務で実施しているものではないことを理解

【解説】

1. 監督は、会計法第２９条の１１に規定されており、契約の適切な履行の確保のために工事の施工状況の確認及び把握等を行うものである。
2. また、監督職員が行う工事成績評定は、「地方整備局工事技術検査要領」（事務次官通達　国官技第２８２号　平成１８年3月３１日改正）第6で定める「技術評価官」が工事成績を評定するという規定があり、「技術評価官」は監督職員を任命して行われているものである。
3. 即ち、工事成績評定は、会計法に規定された監督業務としてではなく、「地方整備局工事技術検査要領」に基づく「技術評価官」としての業務で行っている。

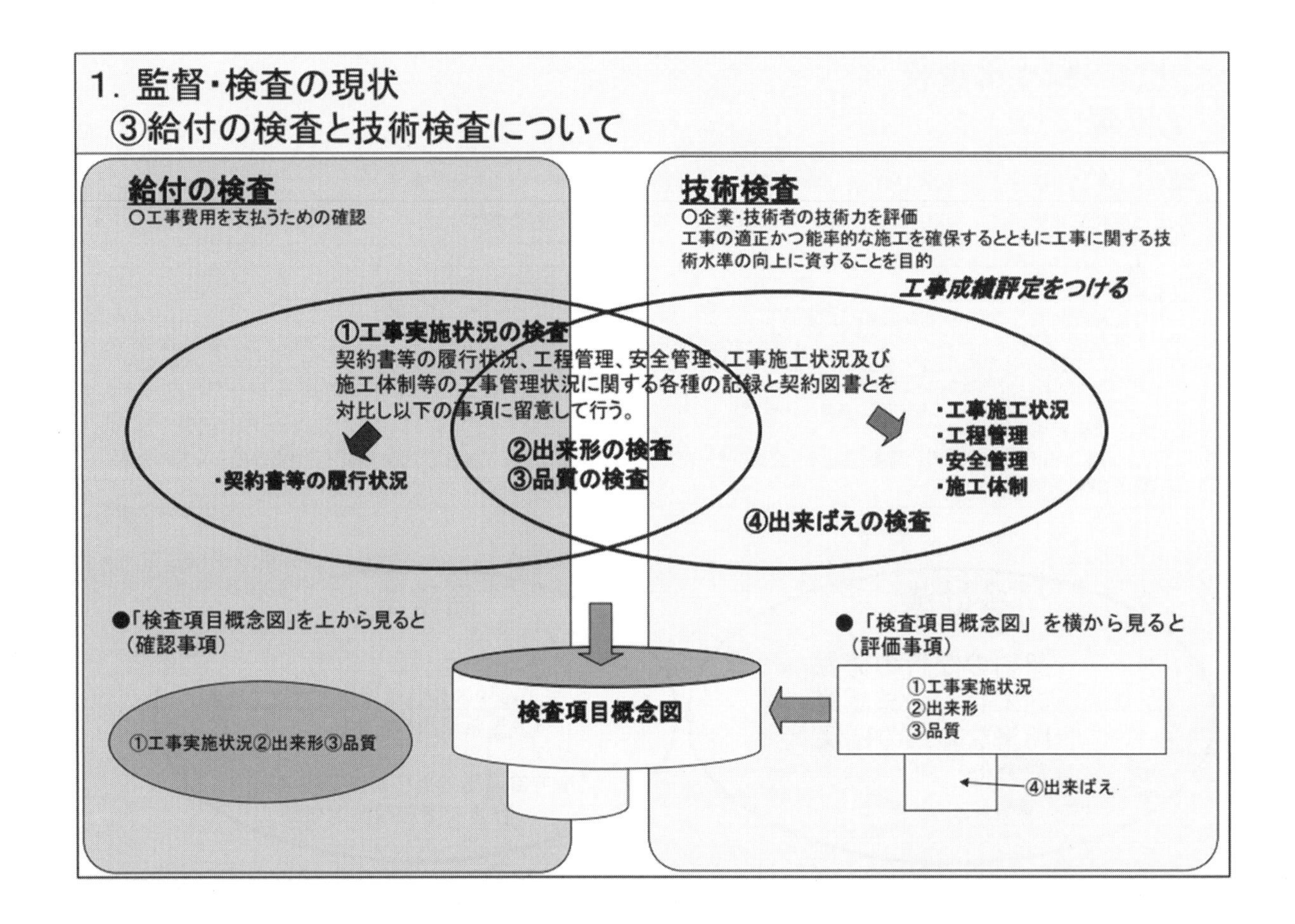

【ポイント】

● 給付の検査と技術検査とは検査項目はほぼ重なるが、その観点は異なるものであることを理解

【解説】

1. 給付の検査と技術検査の検査項目（工事実施状況等）は、検査項目としてはほぼ重複しているが、検査の観点は異なっている。
2. 検査項目を概念的に表したものを、上（確認事項の観点）から見ると楕円に見え、横（評価事項の観点）からみるとT字型にみえる。これは、検査項目は同じであるが、検査の観点が給付の検査と技術検査が異なるためである。
3. 例えば、工事実施状況について着目すると、以下のように検査の観点は異なっている。
   給付の検査：契約図書と対比してその実施状況の適否を判断
   技術検査：工事実施状況の的確性について技術評価
4. 給付の検査とは適否の判断を行うものであり、その結果は（○）か（×）の何れかとなる。
5. 一方技術検査で行う評価とは、その程度（点数）の判断を行うものであり、その結果は工事成績評定（点数）として個々の工事毎に示されるものである。

6. 更に、「給付の検査」は当該工事のみを対象に行われるが、「技術検査」は当該工事の品質向上のみならず成績評定を通して当該施工者が将来受注する工事の品質向上も期待して行われる。

2.「公共工事の品質確保の促進に関する法律」の制定

「公共工事の品質確保の促進に関する法律（以下「品確法」という）において、工事等の実施中及び完成時の施工状況の確認及び評価を適切に実施することが発注者の責務として法的に位置付けられている。（令和元年6月14日改正）

『公共工事の品質確保の促進に関する法律』(平成17年4月1日施行)

【品確法：（第七条　発注者の責務）】
発注者は、基本理念にのっとり、現在及び将来の公共工事の品質が確保されるよう、公共工事の品質確保の担い手の中長期的な育成及び確保に配慮しつつ、公共工事等の仕様書及び設計書の作成、予定価格の作成、入札及び契約の方 法の選択、契約の相手方の決定、工事等の監督及び検査並びに工事等の実施中及び完了時の施工状況又は調査等の状況（以下「施工状況等」という。）の確認及び評価その他の事務（以下「発注関係事務」という。）を、次に定めるところによる等適切に実施しなければならない。

『公共工事の品質確保の促進に関する施策を総合的に推進するための基本的な方針について』（令和元年10月18日閣議決定）

【６　工事の監督・検査及び施工状況の確認・評価に関する事項】
公共工事の品質が確保されるよう、発注者は、監督及び給付の完了の確認を行うための検査並びに適正かつ能率的な施工を確保するとともに工事に関する技術水準の向上に資するために必要な技術的な検査（以下「技術検査」という。）を行うとともに、工事成績評定を適切に行うために**必要な要領や技術基準を策定するものとする。**

特に、工事成績評定については、公正な評価を行うとともに、評定結果の発注者間での相互利用を促進するため、国と地方公共団体との連携により、事業の目的や工事特性を考慮した評定項目の標準化に努めるものとする。

監督についても適切に実施するとともに、契約の内容に適合した履行がなされない可能性があると認められる場合には、適切な施工がなされるよう、通常より頻度を増やすことにより重点的な監督体制を整備するなどの対策を実施するものとする。

技術検査については、**工事の施工状況の確認を充実させ**、施工の節目において適切に実施し、**施工について改善を要すると認めた事項や現地における指示事項を書面により受注者に通知**するとともに、技術検査の結果を工事成績評定に反映させるものとする。

【ポイント】

●　技術検査および工事成績評定を行うことが品確法に位置付けられていることを理解

【解説】

1.　発注者の責務として法的に位置づけられており「工事中及び完成時の施工状況の確認及び評価の実施」とは、「適正かつ能率的な施工を確保するとともに工事に関する技術水準の向上に資するために必要な技術検査の実施と工事成績評定」であることが基本方針において示されている。

2.　すなわち、技術検査および工事成績評定を行うことが発注者の責務として品確法により位置付けられている。

3.　基本方針においては、以下の３つのことが求められている。

イ．技術検査および工事成績評定を適切に行うために必要な要領や技術基準の策定

ロ．技術検査における工事の施工状況の確認の充実と、その結果の工事成績への反映

ハ．技術検査を行う場合、施工について改善を要すると認めた事項や現地における指示事項に関する書面による受注者への通知

ニ．工事の監督・検査及び施工状況の確認・評価に当た っては、映像など情報通信技の活用

ホ．必要に応じて、第三者による品質証明制度やＩＳＯ９００１認証 を活用した品質管理に係る専門的な知識や技術を有する第三 者による工事が適正に実施されているかどうかの確認の結果の活用

4.　なお、今後さらに工事成績が入札要件などへ活用されることに伴い、工事成績評定が企業活動に影響することから、技術検査および工事成績評定をより適切に行う必要がある。

3. 技術検査に係わる課題とその対応

品確法及び基本方針の策定趣旨を踏まえ、技術検査を適切かつ的確に実施するため、要領・基準の策定・改定等を行う必要がある。

『公共工事の品質確保の促進に関する法律』(令和元年6月14日改正)

『公共工事の品質確保の促進に関する施策を総合的に推進するための基本的な方針について』(令和元年10月18日閣議決定)

地方整備局工事技術検査要領(事務次官通達)の一部改正〔H18.3.31〕

➢技術検査の結果を受注者に文書通知(第5条の修正)

➢総括監督員、主任監督員をそれぞれ総括技術評価官、主任技術評価官に任命し、成績評定を実施する旨を新たに規定(第6条の3の追加)。

地方整備局土木工事技術検査基準(案)(技術審議官通達)の新規策定〔H18.3.31〕

※従前の「中間技術検査実施細則」を発展的解消し基準として新たに策定。

➢技術検査(中間技術検査)の充実
〔実施回数〕当初積算金額 1億円以上かつ6ヶ月以上の工事
➢技術検査の対象を規定(「出来ばえの技術検査」等)

地方整備局土木工事検査技術基準(案)(技術審議官通達)の一部改正〔R5.3.24〕

※週休2日の達成状況を追加。

【ポイント】
● 技術検査の適正な実施に向けての課題への対応を理解

【解説】
（1） 従前の技術検査
1. 給付の検査のための技術基準に一時間借りしている状況で、実質の検査項目および内容は請負工事成績評定要領の評価項目を参考にして実施している。
2. 中間技術検査の頻度等が不明確であり、工事の施工状況の確認を充実させるための方策が必ずしも確立していない。
3. 技術検査結果の通知に関して、地方整備局工事技術検査要領中には特に規定がない。
4. 監督業務に規定されていない工事成績評定を、監督職員が実施している状況である。

（2） 課題への対応
1. 技術検査を適切に実施するため、地方整備局工事技術検査要領を改定するとともに、新たに技術検査のための技術基準（地方整備局工事技術検査基準）が策定された。
2. 中間技術検査の実施頻度等が不明確な点に関しては、地方整備局工事技術検査基準において実施頻度等が規定された。
3. 当該技術検査の結果について受注者へ書面により通知することについて地方整備局工事技術検査要領に規定された。
4. 基本方針には示されていない課題である、施工中の工事成績の評定を実施する者に関する規定が無い点については、改定を行う地方整備局工事技術検査要領中に技術評価官が規定された。
5. 基本方針には示されていない課題である、総合評価落札方式等の増加にともなう契約事項となった性能等の工事完成後の評価については、完成技術検査の一環として技術検査を実施する旨を地方整備局工事技術検査基準に「完成後技術検査」として規定された。

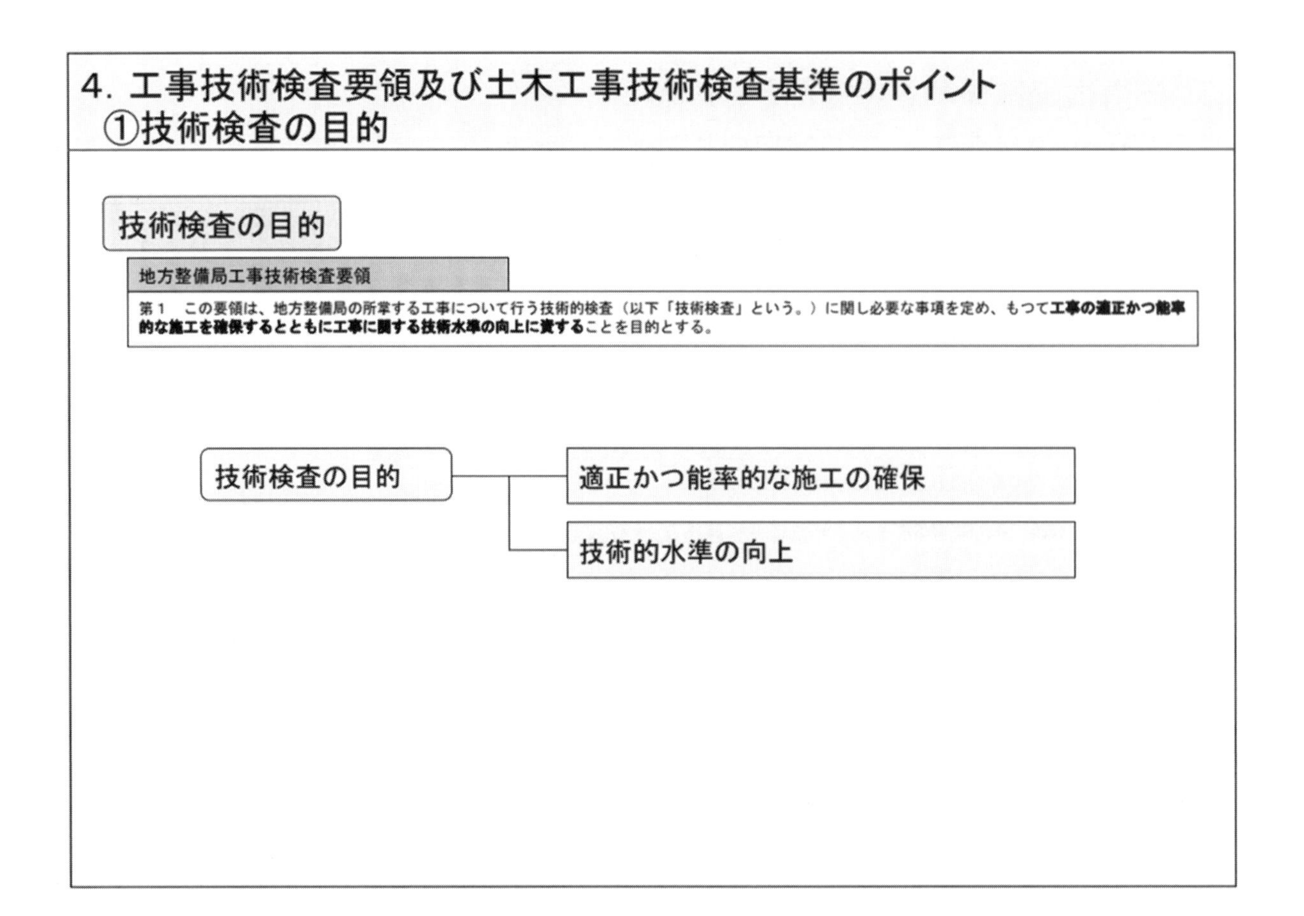

【ポイント】

● 技術検査の目的を理解

【解説】

1. 技術検査の目的は、「適正かつ能率的な施工の確保」と「技術的水準の向上」である。

2. 「適正かつ能率的な施工の確保」とは、主として当該工事の施工に関して、改善を要すると認めた事項および受注業者へ通知等を行うことにより、当該工事の施工技術や品質の向上等を図るものである。

3. また、「技術的水準の向上」については、受注者がその技術力をいかして施工を効率的に行った場合等については積極的な評価を行うこととしており、主として当該工事以降における受注業者の技術的水準の向上を期待し、当該工事の成績評定を行い受注者に評定結果等を通知することにより図るものである。

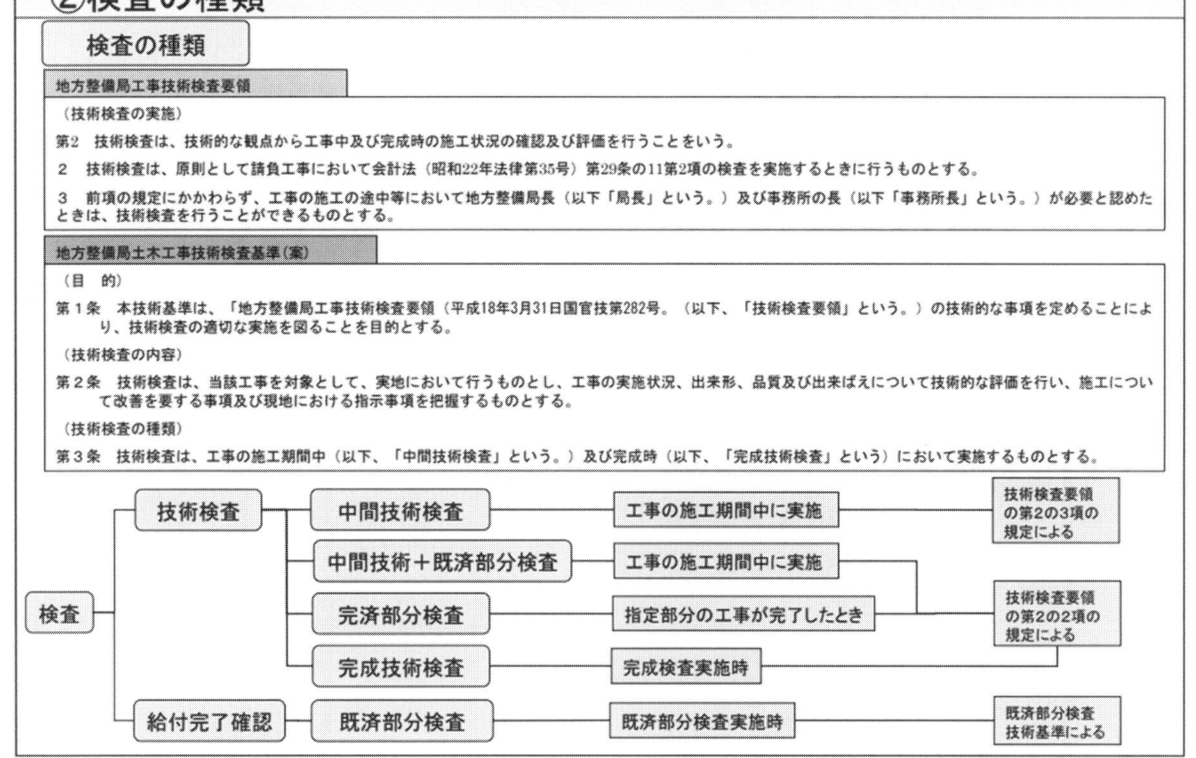

【ポイント】

● 技術検査の種類について理解

【解説】

1.　技術検査にはその実施時期により工事中に行う検査（中間技術検査）と完成時に行う検査（完成技術検査）の２種類の検査がある。

2.　工事の施工の途中等に行う中間技術検査は、当該工事の主要工種を考慮し、施工途中における施工上の重要な変化点の時期に実施するものと、工事の既済部分を確認するための検査と兼ねて実施するものがあり、前者は地方整備局工事技術検査要領の第２の３項に基づき、後者は同要領の第２の２項に基づいている。

3.　完成技術検査は、給付の検査（完成検査）実施時に行うもので、地方整備局工事技術検査要領の第２の２項に基づいている。

4. 工事技術検査要領及び土木工事技術検査基準のポイント
③技術検査を行う者

技術検査を行う者

地方整備局工事技術検査要領

（技術検査を行う者）

第3　技術検査は、次の各号に掲げる者が行うものとする。

一　支出負担行為担当官若しくは契約担当官又はこれらの代理官が契約した工事にあっては、工事検査官、技術・評価課長その他当該技術検査を厳正かつ的確に行うことができると認められる者（以下「技術検査適任者」という。）のうちから、その都度、局長が命ずる者。

二　分任支出負担行為担当官又は分任契約担当官が契約した工事にあっては、当該工事を所掌する地方整備局の事務所長又は事務所長が技術検査適任者のうちから、その都度、命ずる者。

（工事成績の評定）

第6　技術検査官は、請負工事について技術検査を完了した場合に、並びに、工事中の施工状況等を把握する者（以下、「技術評価官」という。）は、工事が完成したときに、別に定めるところにより、工事成績を評定しなければならないものとする。

2　技術評価官は、総括的な技術評価を行うもの（以下、「総括技術評価官」という。）及びその他評価を行うもの（以下、「主任技術評価官」という。）とする。（以下、省略）

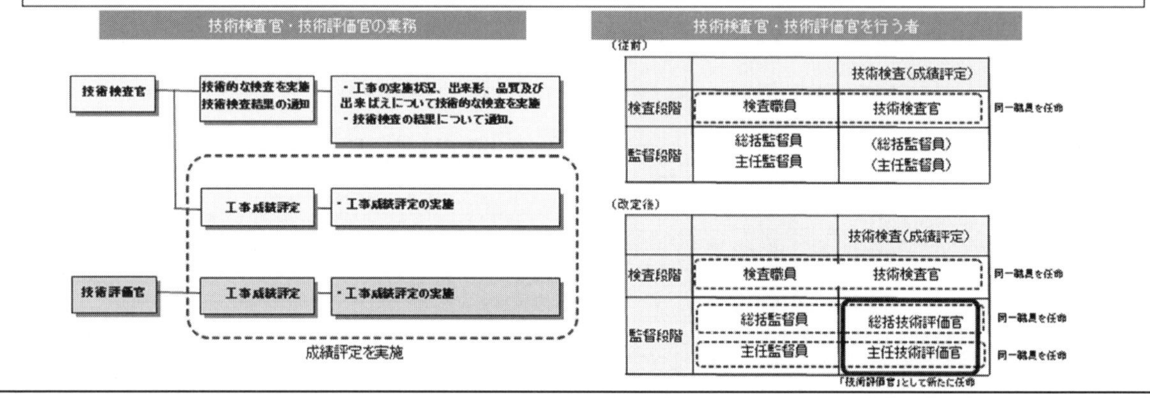

【ポイント】

●　技術検査は「技術検査官」が行うこと、また、工事成績の評定については「技術検査官」及び「技術評価官」が行うことを理解

【解説】

1.　技術検査（中間技術検査及び完成技術検査）は、局長若しくは事務所長が任命した技術検査官が実施する。

4. 工事技術検査要領及び土木工事技術検査基準のポイント
④中間技術検査

中間技術検査

地方整備局土木工事技術検査基準(案)

(中間技術検査)

第4条　中間技術検査は、当初契約金額1億円以上かつ工期が6ヶ月以上の工事、或いは局長又は分任官工事にあっては事務所長が必要と認めた工事を対象として実施する。ただし、単純工事(維持、除草、除雪、区画線、植樹管理等)は実施しない。

2　中間技術検査の実施は、完成、既済(完済を含む)部分の検査時期、及び当該工事の主要工種を考慮し、施工上の重要な変化点である段階確認の実施時期等で行うことを原則とする。

3　実施回数は、原則2回実施するものとし、その工事の重要度に応じて実施頻度を増減できるものとする。なお、既済部分検査を兼ねることができるものとする。

4　実施時期は、監督職員が、工事の実施状況、出来形、品質及び出来映えの技術的評価を適切に実施できる施工段階を選定し、本官契約工事は総括監督員が局長に、分任官契約工事にあっては主任監督員が当該事務所長に申請するものとする。

(以下省略)

【ポイント】

- 中間技術検査の実施の内容(対象工事、実施頻度、実施時期等)を理解

【解説】

1. 中間技術検査は、施工上の重要な変化点等において適切に実施する必要がある。
2. そのため、中間技術検査は、現状での技術検査の実施頻度、受発注者間の意思疎通の促進効果、当初契約金額1億円以上かつ工期が6ヶ月以上の工事において原則2回実施するものとする。
3. 1億円から2億円の工事においては、従前1回を2回に変更、2億円以上の工事においては、従前と同じ2回を原則とするもので大幅に頻度が増加するものではない。(北陸地方整備局及び関東地方整備局における試算では、中間技術検査の実施回数の見直しに伴い中間技術検査の業務量は増加するが、監督業務軽減策(書類の簡素化)による業務減少と合わせて考えると、全体としての業務量は減少することが把握されている。)
4. 中間技術検査の実施時期は、出来形など評価事項の確認・評価が可能となるよう工事進捗状況を踏まえつつ、基準に定められた頻度を原則として施工上重要な時期に、本官契約工事は総括監督員が局長に、分任官契約工事にあっては主任監督員が当該事務所長に申請する。
5. 中間技術検査は、すべての工事で実施するものではなく、単純工事については中間技術検査の対象外としている。

4. 工事技術検査要領及び土木工事技術検査基準のポイント
⑤技術検査結果の復命（通知）

技術検査結果の復命（通知）

地方整備局工事技術検査要領

（技術検査の結果の復命）

第5　技術検査官は、技術検査を完了した場合は、遅滞なく、当該技術検査の結果について別記様式の技術検査復命書により、第3第一号に該当する者にあつては局長に、第3第二号に該当する者にあつては事務所長等にそれぞれ復命するものとする。局長または事務所長は、復命書のうち必要な事項について、別に定めるところにより、請負者に通知するものとする。

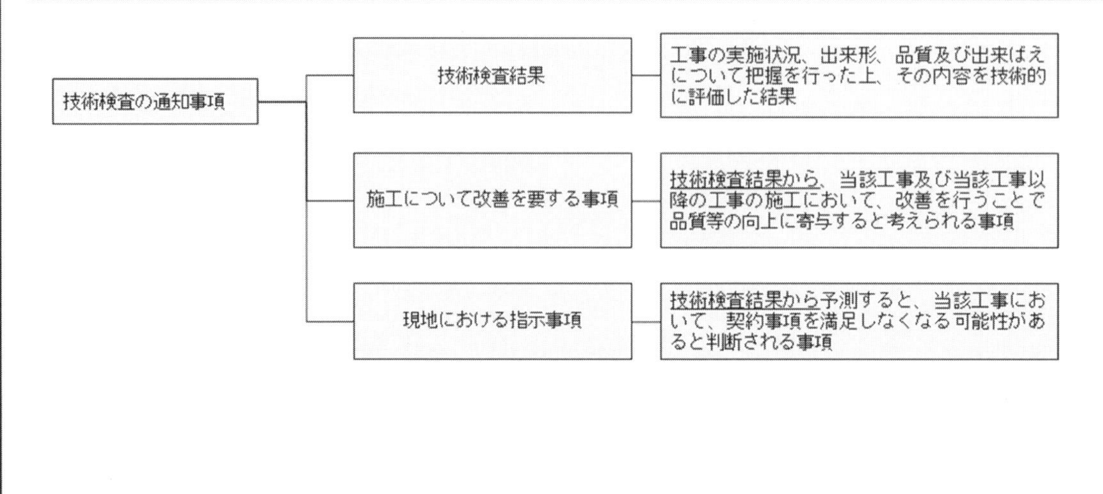

【ポイント】

- 技術検査結果等を書面により通知することを理解
- 通知する内容とその位置づけについて理解

【解説】

1. 従来より技術検査を通じて把握された改善事項等については、口頭で受注者に伝えていたが、口頭による伝達では正確に伝達出来ない可能性があること、臨場していない関係者に周知をはかることが困難であることなどから、より一層透明性を確保し、また説明責任の向上を図るため受注者に文書により通知することが必要である。
2. 技術検査の目的である「工事の適正かつ能率的な施工を確保するとともに工事に関する技術水準の向上」をより一層促進するために、改善を要すると認めた事項と現地における指示事項を書面により通知することとしている。
3. 完成技術検査及び中間技術検査で通知する事項は、①技術検査結果、②施工について改善を要する事項、③現地における指示事項（除く完成技術検査）からなる。
4. 技術検査結果は、工事の実施状況、出来形、品質及び出来ばえについて把握を行った上、その内容を技術的に評価した結果である（例：ひび割れが多少多い）。
5. 施工について改善を要する事項は、技術検査結果から当該工事及び当該工事以降の工事の施工において、改善を行うことで品質等の向上に寄与すると考えられる事項である（例：養生の方法を工夫することが望ましい。）。
6. 現地における指示事項は、技術検査結果から予測すると、当該工事において、契約事項を満足しなくなる可能性があると判断される事項である（例：現状の施工状況であれば受取ができない状況にはならないので、指示事項は無い。）。
7. 完成技術検査においては、現地における指示事項は無い。
8. 技術検査による通知事項に関して、その履行は受注者の任意であり履行をしなくとも当該工事の工事目的物の受取りを拒否されることは無い（会計法に基づく給付の検査、監督行為とはこの点が異なる。）。言い換えれば、その後の技術検査の際、通知された事項についてその履行状況を確認する必要は無い。

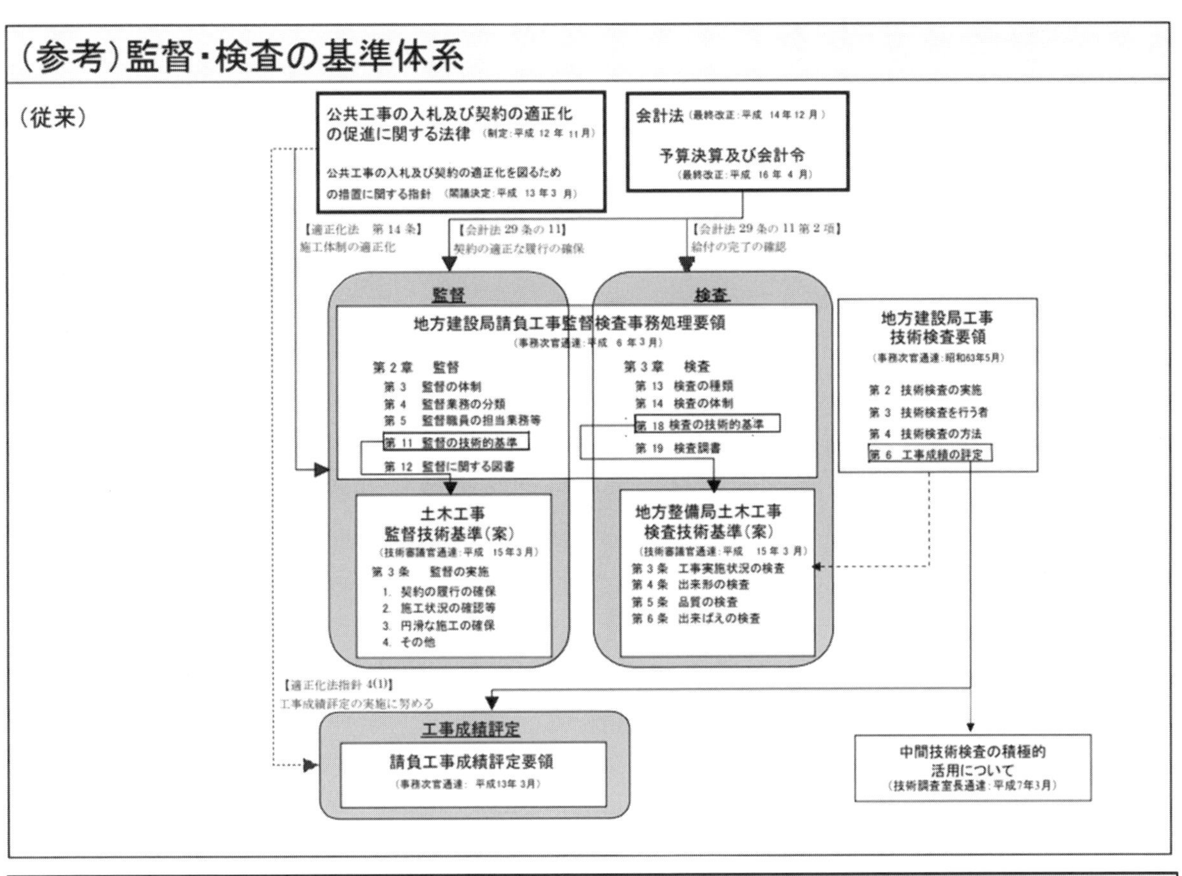
(参考)監督・検査の基準体系
(従来)
公共工事の入札及び契約の適正化の促進に関する法律 (制定:平成 12 年 11 月)
公共工事の入札及び契約の適正化を図るための措置に関する指針 (閣議決定:平成 13 年 3 月)
会計法 (最終改正:平成 14 年 12 月)
予算決算及び会計令 (最終改正:平成 16 年 4 月)
【適正化法 第 14 条】施工体制の適正化
【会計法 29 条の 11】契約の適正な履行の確保
【会計法 29 条の 11 第 2 項】給付の完了の確認
監督
検査
地方建設局請負工事監督検査事務処理要領 (事務次官通達:平成 6 年 3 月)
第 2 章 監督
第 3 監督の体制
第 4 監督業務の分類
第 5 監督職員の担当業務等
第 11 監督の技術的基準
第 12 監督に関する図書
第 3 章 検査
第 13 検査の種類
第 14 検査の体制
第 18 検査の技術的基準
第 19 検査調書
地方建設局工事技術検査要領 (事務次官通達:昭和63年5月)
第 2 技術検査の実施
第 3 技術検査を行う者
第 4 技術検査の方法
第 6 工事成績の評定
土木工事監督技術基準(案) (技術審議官通達:平成 15年3月)
第 3 条 監督の実施
1. 契約の履行の確保
2. 施工状況の確認等
3. 円滑な施工の確保
4. その他
地方整備局土木工事検査技術基準(案) (技術審議官通達:平成 15 年 3 月)
第 3 条 工事実施状況の検査
第 4 条 出来形の検査
第 5 条 品質の検査
第 6 条 出来ばえの検査
【適正化法指針 4(1)】工事成績評定の実施に努める
工事成績評定
請負工事成績評定要領 (事務次官通達: 平成13年 3月)
中間技術検査の積極的活用について (技術調査室長通達:平成7年3月)

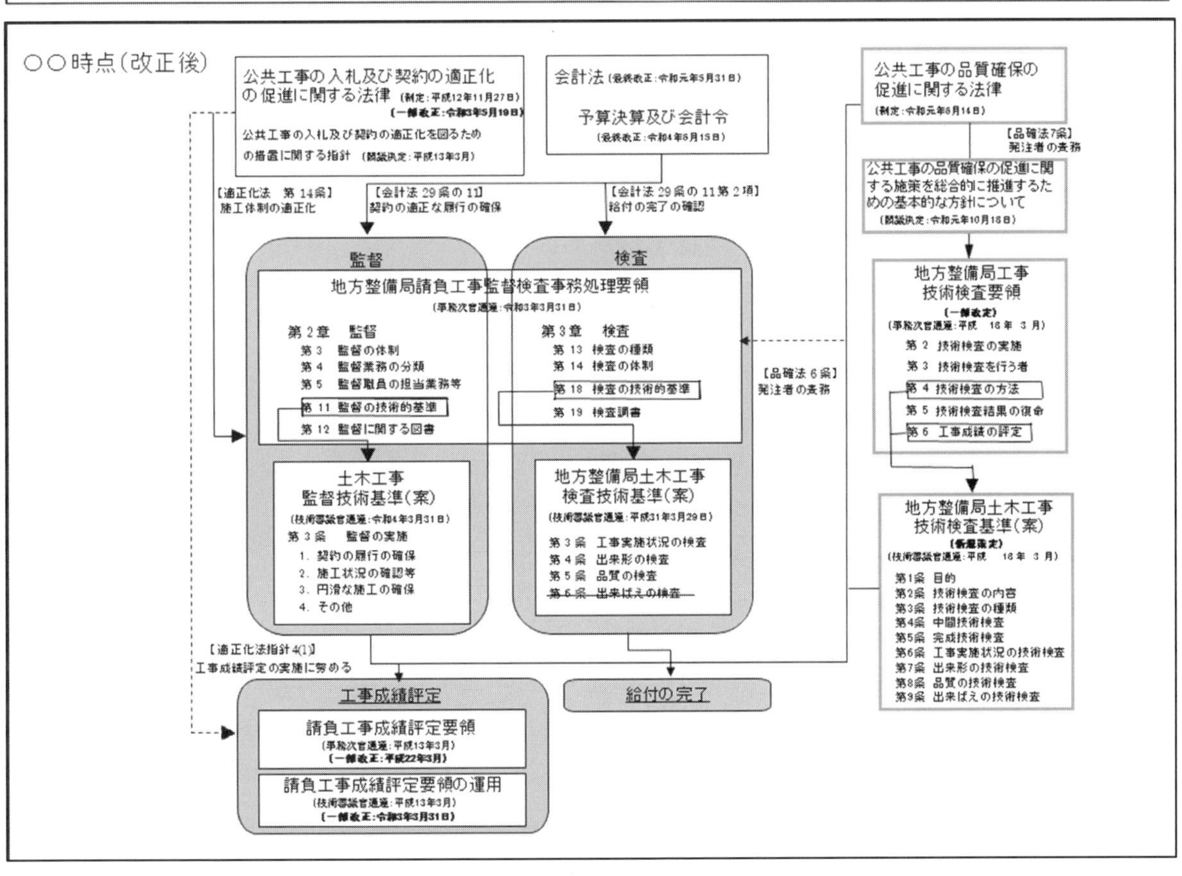
○○時点(改正後)
公共工事の入札及び契約の適正化の促進に関する法律 (制定:平成12年11月27日) (一部改正:令和3年5月19日)
公共工事の入札及び契約の適正化を図るための措置に関する指針 (閣議決定:平成13年3月)
会計法 (最終改正:令和元年5月31日)
予算決算及び会計令 (最終改正:令和4年8月15日)
公共工事の品質確保の促進に関する法律 (制定:令和元年6月14日)
【品確法7条】発注者の責務
公共工事の品質確保の促進に関する施策を総合的に推進するための基本的な方針について (閣議決定:令和元年10月18日)
【適正化法 第 14条】施工体制の適正化
【会計法 29 条の 11】契約の適正な履行の確保
【会計法 29 条の 11 第 2 項】給付の完了の確認
監督
検査
地方整備局請負工事監督検査事務処理要領 (事務次官通達:令和3年3月31日)
第 2 章 監督
第 3 監督の体制
第 4 監督業務の分類
第 5 監督職員の担当業務等
第 11 監督の技術的基準
第 12 監督に関する図書
第 3 章 検査
第 13 検査の種類
第 14 検査の体制
第 18 検査の技術的基準
第 19 検査調書
【品確法 6 条】発注者の責務
地方整備局工事技術検査要領 (一部改定) (事務次官通達:平成 16 年 3 月)
第 2 技術検査の実施
第 3 技術検査を行う者
第 4 技術検査の方法
第 5 技術検査結果の復命
第 6 工事成績の評定
土木工事監督技術基準(案) (技術審議官通達:令和4年3月31日)
第 3 条 監督の実施
1. 契約の履行の確保
2. 施工状況の確認等
3. 円滑な施工の確保
4. その他
地方整備局土木工事検査技術基準(案) (技術審議官通達:平成31年3月29日)
第 3 条 工事実施状況の検査
第 4 条 出来形の検査
第 5 条 品質の検査
第 6 条 出来ばえの検査
地方整備局土木工事技術検査基準(案) (新規策定) (技術審議官通達:平成 16 年 3 月)
第1条 目的
第2条 技術検査の内容
第3条 技術検査の種類
第4条 中間技術検査
第5条 完成技術検査
第6条 工事実施状況の技術検査
第7条 出来形の技術検査
第8条 品質の技術検査
第9条 出来ばえの技術検査
【適正化法指針 4(1)】工事成績評定の実施に努める
工事成績評定
給付の完了
請負工事成績評定要領 (事務次官通達:平成13年3月) (一部改正:平成22年3月)
請負工事成績評定要領の運用 (技術審議官通達:平成13年3月) (一部改正:令和3年3月31日)

3－4　給付の検査の基準

（１）検査の事務処理

昭和４２年３月に定められ、令和３年３月に改正された「地方整備局請負工事監督検査事務処理要領」では、地方整備局が所掌する工事の請負契約の履行の監督及び検査の実施に関する事務の取扱いについて定めている。

そのうち、以下に示すとおり、第３章として検査に関する項目を規定している。

地方整備局請負工事監督検査事務処理要領

建設省厚契発第21号
昭和42年３月30日
最終改正　令和３年３月31日国会公契第67号

第１章　総則
省略
第２章　監督
省略
第３章　検査

（検査の種類）

第13　検査の種類は、次に掲げるとおりとするものとする。

一　完成検査　工事の完成を確認するための検査

二　既済部分検査　工事の完成前に代価の一部を支払う必要がある場合において、工事の既済部分（性質上可分の工事の完成部分を含む。以下同じ。）を確認するための検査

（検査の体制）

第14　検査は、原則として、本官契約にあたっては当該本官以外の検査職員（規則第20条第１項に規定する検査職員をいう。以下同じ。）が、分任官契約にあたっては分任官が自ら行なうものとする。

２　分任官契約について、特別の技術を要する検査であるとき、同一の時期に多数の検査が競合するときその他分任官が自ら検査を行なうことが困難又は不適当と認められる特別の理由があるときは、分任官及びその他の検査職員又は分任官以外の検査職員のみにより検査を行なうことができるものとする。

３　２人以上の検査職員により検査を行なう場合において、必要があるときは、それぞれの検査職員の検査の対象を工事の施工区間、工事の種別等により定め、又は

他の検査職員を指揮監督して検査を行ない、その結果を総括する検査職員を定めることができるものとする。

（検査職員の任命基準）

第15　本官契約の検査職員は、次に掲げる者を任命するものとする。

一　営繕工事以外の工事　工事検査官

二　営繕工事　工務検査課長

2　本官契約の検査を行なう場合において、特別の技術を要する検査であるとき、同一の時期に多数の検査が競合するとき又は前項各号に掲げる者に事故があるときは、前項の規定にかかわらず、検査を厳正かつ的確に行なうことができると認められる者（以下「検査適任者」という。）を検査職員に任命することができるものとする。

3　第14第2項の規定により検査職員により検査を行なうときは、検査適任者を検査職員に任命するものとする。

（検査職員の任命）

第16　検査職員の任命は、検査ごとに行なうものとする。

（監督の職務と検査の職務の兼職）

第17　令第101条の7の特別の必要がある場合は、次の各号の一に該当する検査を行なう場合とするものとする。

一　検査の時期における災害その他異常な事態の発生によって検査を行なう工事現場への交通が著しく困難であるため監督職員以外の職員により行なうことが著しく困難な検査

二　検査を行なうために特別の技術を要するため監督職員以外の職員により行なうことが著しく困難な検査

三　維持修繕に関する工事で、当該工事の施工後直ちに行なわなければ給付の完了の確認が著しく困難な工事

（検査の技術的基準）

第18　検査職員が検査を行なうにあたって必要な技術的基準は、別に定めるところによるものとする。

（検査調書）

第19　検査職員が検査を行なつた結果給付が完了していることを確認した場合に作成する工事検査調書は、別記様式第2によるものとする。

2　検査職員が検査を行なつた結果、給付が工事の請負契約の内容に適合しないことを確認した場合は、別記様式第3による工事検査調書を作成するものとする。

別記様式第１　　　　　　　　　　　　　　　　　　　　　（用紙Ａ４）

年　　月　　日

契約の相手方

商号又は名称

代　　表　　者　　　　　　　　　　　殿

契約担当官等名

官職氏名

監 督 職 員 通 知 書

年　　月　　日付けをもって請負契約を締結した次の工事について、工事請負契約書第９条第１項の規定に基づき、下記のとおり監督職員を通知する。

工　事　名

工事場所

記

総括監督員　（氏名）

主任監督員　（氏名）

監督員　　　（氏名）

別記様式第２(A)　　　　　　　　　　　　　　　　（用紙Ａ４）

工　事　検　査　調　書

検査の種類　　　　完成検査

１　工　　　事　　　名	
２　工　　事　　場　　所	
３　工　　　　　　　期	年　月　日から　　年　月　日まで
４　請　負　代　金　額	
５　契　約　の　相　手　方	
６　完　成　年　月　日	年　　月　　日
７　検　査　年　月　日	年　　月　　日

上記の工事は、工事請負契約書、図面、仕様書その他の関係図書に基づき完成検査を行った結果、これらのとおり完成したことを確認する。

年　　月　　日

検査職員
官職氏名

記載要領

１　２人以上の検査職員により検査を行なう場合において、総括検査職員（検査の結果を総括する検査職員をいう。以下同じ。）が定められたときは、総括検査職員及びそれ以外の検査職員の別を明示して記名すること。

２　検査を行う場合において、当該検査の対象を工区等に分割して検査を行つたときは、それぞれの検査職員が担当した工区等名を記載した内訳書を添付すること。

別記様式第２(B)　　　　　　　　　　　　　　　　　　　　　（用紙Ａ４）

工　事　検　査　調　書（完済部分検査）

検査の種類　　　　　完済部分検査（第　　回）

1　工　　　事　　　名	
2　工　　事　　場　　所	
3　工　　　　　　　期	年　月　日から　　年　月　日まで
4　請　　負　　代　　金　　額	
5　契　約　の　相　手　方	
6　完済部分の完成年月日	年　　月　　日
7　検　　査　　年　　月　　日	年　　月　　日
8　完　済　部　分　の　表　示	

上記の工事は、工事請負契約書、図面、仕様書その他の関係図書に基づき、完済部分検査を行った結果別紙内訳書のとおり金　　円也の完済部分があつたことを確認する。

年　　月　　日

検査職員
官職氏名

記載要領

1　２人以上の検査職員により検査を行なう場合において、総括検査職員（検査の結果を総括する検査職員をいう。以下同じ。）が定められたときは、総括検査職員及びそれ以外の検査職員の別を明示して記名すること。

2　内訳書には、工事の内容、請負代金額並びに完済部分の内容及び請負代金相当額の内訳を記載すること。

3　検査を行う場合において、当該検査の対象を工区等に分割して検査を行つたときは、それぞれの検査職員が担当した工区等名を記載した内訳書を添付すること。

別記様式第２(C)　　　　　　　　　　　　　　　　　　　（用紙Ａ４）

工　事　検　査　調　書（第　　回）

検査の種類　　　　既済部分検査（第　　回）

1　工　　　事　　　名	
2　工　　事　　場　　所	
3　工　　　　　　　期	年　月　日から　　年　月　日まで
4　請　負　代　金　額	
5　契　約　の　相　手　方	
6　検　査　年　月　日	年　　月　　日

上記の工事は、工事請負契約書、図面、仕様書その他の関係図書に基づき、既済部分検査を行った結果、別紙内訳書のとおり金　　円也の既済部分があつたことを確認する。

年　　月　　日

検査職員
官職氏名

記載要領

1　２人以上の検査職員により検査を行なう場合において、総括検査職員（検査の結果を総括する検査職員をいう。以下同じ。）が定められたときは、総括検査職員及びそれ以外の検査職員の別を明示して記名すること。

2　内訳書には、工事の内容、請負代金額並びに既済部分の内容及び請負代金相当額の内訳を記載すること。

3　検査を行う場合において、当該検査の対象を工区等に分割して検査を行つたときは、それぞれの検査職員が担当した工区等名を記載した内訳書を添付すること。

別記様式第３　　　　　　　　　　　　　　　　　　　　　　　　　　（用紙Ａ４）

工　事　検　査　調　書

検査の種類

１　工　　　事　　　名	
２　工　事　場　所	
３　工　　　　　　期	年　月　日から　　年　月　日まで
４　請　負　代　金　額	
５　契　約　の　相　手　方	
６　検　査　年　月　日	年　　月　　日

上記の工事について検査を行った結果、下記のとおりその給付が工事の請負契約の内容に適合しないものであると認める。

記

１　理由

２　その措置についての意見

年　　月　　日

検査職員
官職氏名

記載要領

１　２人以上の検査職員により検査を行う場合において、総括検査職員（検査の結果を総括する検査職員をいう。以下同じ。）が定められたときは、総括検査職員及びそれ以外の検査職員の別を明示して記名すること。

２　検査を行う場合において、当該検査の対象を工区等に分割して検査を行つたときは、それぞれの検査職員が担当した工区等名を記載した内訳書を添付すること。

国官技第 1-3 号　平成 18 年 4 月 3 日
国官技第 393 号　平成 28 年 3 月 30 日
国官技第 326 号　平成 30 年 4 月 2 日
国官技第 176 号　平成 31 年 3 月 29 日
国官技第 366 号　令和 5 年 3 月 24 日

各地方整備局企画部長　殿
北海道開発局事業振興部長　殿
内閣府沖縄総合事務局開発建設部長　殿

国土交通省大臣官房技術調査課長

既済部分検査技術基準（案）の一部改正について

標記について、「既済部分検査技術基準（案）（平成 31 年 3 月 29 日付け 国官技第 176 号）」を別添のとおり一部改正したので通知する。

（別添）

既済部分検査技術基準（案）

（目的）

第１条　この技術基準は、既済部分検査に必要な技術的事項を定めることにより、検査の効率的な実施を図ることを目的とする。

（検査の内容）

第２条　検査は、原則として当該工事の既済部分のうち、既に既済部分検査を実施した部分を除いた部分を対象として行うものとし、契約図書に基づき、工事の実施状況、出来形、品質及び出来ばえについて、検査対象部分を出来高と認めるのに必要な確認を行うものとする。

なお、検査は実地において行うのを原則とするが、机上において行うこともできる。

（工事実施状況の検査）

第３条　工事実施状況の検査は、契約書等の履行状況及び工事施工状況等の工事管理状況に関する各種の記録（写真・ビデオによる記録を含む。以下「各種の記録」という。）と、契約図書とを対比し、別表第１に掲げる事項に留意して行うものとする。

（出来形の検査）

第４条　出来形の検査は、位置、出来形寸法及び出来形管理に関する各種の記録と設計図書とを対比し、別表第２に基づき行うものとする。ただし、外部からの観察、出来形図、写真等により確認するのが困難な場合は、検査職員は契約書の定めるところにより、必要に応じて破壊して確認を行うものとする。

（品質の検査）

第５条　品質の検査は、品質及び品質管理に関する各種の記録と設計図書とを対比し、別表第3に基づき行うものとする。ただし、外部からの観察、品質管理の状況を示す資料、写真等により確認するのが困難な場合は、検査職員は契約書の定めるところにより、必要に応じて破壊して確認を行うものとする。

附則

この技術基準は、平成３０年4月２日以降の入札提出期限日の工事について適用する。

別表第１　工事の実施状況の検査留意事項

項　目		関係書類	内　容
1	契約書等の履行状況	契約書・仕様書	指示・承諾・協議事項等の処理内容、その他契約書等の履行状況（他に掲げるものを除く。）
2	工事施工状況	施工計画書、工事打合簿、その他関係書類	施工方法及び手戻り（災害）に対する処理状況、現場管理状況、週休２日の達成状況

別表第２　出来形寸法検査技術

（１／２）

工種			検査内容	検査密度
共通	共通的工種	矢板工 法枠工 吹付工 植生工	基準高、変位、根入長、延長 厚さ、法長、間隔、幅、延長	検査対象物につき２箇所以上 検査対象物につき２箇所以上
	基礎工		基準高、根入長、偏心量	以下のうち少ない箇所数以上 ・１基又は１目地間当たり１箇所 ・検査対象物につき２箇所
	石・ブロック積（張）工		基準高、法長、厚さ、延長	検査対象物につき２箇所以上
	一般舗装工	路盤工	基準高、幅、厚さ	基準高及び幅は、検査対象物につき２箇所以上 厚さは、以下のうち少ない箇所数以上 ・1kmにつき１箇所 ・検査対象物につき２箇所
			基準高、厚さあるいは標高較差（３次元モデルによる場合）	１工事につき１断面（３次元モデルによる場合）
		舗装工	基準高、幅、厚さ、横断勾配、平坦性	基準高及び幅は、検査対象物につき２箇所以上 厚さは、検査対象物につき２箇所以上コアーにより検査
			基準高、厚さあるいは標高較差（３次元モデルによる場合）	１工事につき１断面（３次元モデルによる場合）
	地盤改良工		基準高、幅、厚さ、延長	検査対象物につき２箇所以上
			基準高、幅、厚さ、延長（３次元モデルによる場合）	検査対象物につき１箇所以上
	土工		基準高、幅、法長	検査対象物につき２箇所以上
河川	築堤護岸		基準高、幅、厚さ、高さ、法長、延長	検査対象物につき２箇所以上
	浚渫（川）		基準高、幅、深さ、延長	
	浚渫（川）（バックホウ浚渫船のみ）		設計との標高較差（３次元モデルによる場合）	１工事につき１断面（３次元モデルによる場合）
	樋門・樋管		基準高、幅、厚さ、高さ、法長、延長	水門、樋門、樋管は本体部、呑口部につき構造図の出来高対象部分の寸法表示箇所の任意部分 函渠は同種構造物ごとに２箇所以上
	水門			
海岸	堤防護岸		基準高、幅、厚さ、高さ、法長、延長	検査対象物につき２箇所以上
	突堤・人工岬			
	海岸堤防			
	浚渫（海）		基準高、幅、深さ、延長	

別表第2　出来形寸法検査技術

（2／2）

工　種		検査内容	検査密度
砂防	砂防ダム	基準高、幅、厚さ、延長	構造図の出来高対象部分の寸法表示箇所の任意箇所
	流路	基準高、幅、厚さ、高さ、延長	検査対象物につき２箇所以上
	斜面対策	基準高、幅、厚さ、高さ、延長	検査対象物につき２箇所以上
ダム	コンクリートダム	基準高、幅、ジョイント間隔、延長	５ジョイントにつき１箇所以上
	フィルダム	基準高、外側境界線	５測点につき１箇所以上
道路	道路改良	基準高、幅、厚さ、高さ、延長	検査対象物につき２箇所以上
	橋梁下部	基準高、幅、厚さ、高さ、スパン長、変位	スパン長は、各スパンごと その他は同種構造物ごとに１基以上につき構造図の出来高対象部分の寸法表示箇所の任意部分
	橋梁上部	部材寸法、基準高、支間長、中心間距離、キャンバー	部材寸法は主要部材について、出来高対象部分の寸法表示箇所の任意部分 その他は５径間未満は２箇所以上 ５径間以上は２径間につき１箇所以上
	コンクリート橋上部工	部材寸法、基準高、幅、高さ、厚さ、キャンバー	部材寸法は主要部材について、寸法表示箇所の任意部分 その他は５径間未満は２箇所以上 ５径間以上は２径間につき１箇所以上
	トンネル	基準高、幅、厚さ、高さ、深さ、 間隔、延長	検査対象物につき２箇所以上（ただし、坑口部を含む場合は、坑口部を含まないで２箇所以上）
その他の構造物		工種に応じ、基準高、幅、厚さ、高さ、深さ、法長、長さ等	同種構造物ごとに適宜決定する。

備考　（1）検査は実地において行うことを原則とするが、各種の記録により必要な確認が可能であれば、机上で行うことができる。

（2）施工延長とは施工延べ延長をいう。

別表第３　品質確認項目一覧

工種	種別	品質管理項目
セメント・コンクリート（転圧コンクリート・コンクリートダム・履工コンクリート・吹付けコンクリートを除く）	材料	アルカリ骨材反応対策
	施工	塩化物総量規制
		スランプ試験
		コンクリートの圧縮強度試験
		空気量測定
ガス圧接	施工後試験	外観検査
		超音波探傷検査
既製杭工	材料	外観検査（鋼管杭・コンクリート杭・Ｈ鋼杭）
	施工	外観検査（鋼管杭）
		鋼管杭・コンクリート杭・Ｈ鋼杭の現場溶接浸透探傷試験（溶剤除去性染色浸透探傷試験）
		鋼管杭・Ｈ鋼杭の現場溶接放射線透過試験
下層路盤	施工	プルーフローリング
上層路盤	施工	現場密度の測定
アスファルト安定処理路盤	舗設現場	温度測定（初期締固め前）
		外観検査（混合物）
セメント安定処理路盤	施工	現場密度の測定
アスファルト舗装	舗設現場	温度測定（初期締固め前）
		外観検査（混合物）
転圧コンクリート	施工	コンクリートの曲げ強度試験
グースアスファルト舗装	舗設現場	温度測定（初期締固め前）
路床安定処理工	施工	プルーフローリング
表層安定処理工（表層混合処理）	施工	プルーフローリング
固結工	施工	土の一軸圧縮試験
アンカー工	施工	多サイクル確認試験
		１サイクル確認試験
補強土壁工	施工	現場密度の測定
現場吹付法枠工	施工	コンクリートの圧縮強度試験
河川・海岸土工	材料	土の締固め試験
	施工	現場密度の測定
道路土工	施工	土の締固め試験
		ＣＢＲ試験（路床）
	施工	現場密度の測定
捨石工	施工	岩石の見掛比重
		岩石の吸水率
		岩石の圧縮強さ
コンクリートダム	施工	コンクリートの圧縮強度試験
吹付けコンクリート（ＮＡＴＭ）	施工	コンクリートの圧縮強度試験
ロックボルト（ＮＡＴＭ）	施工	ロックボルトの引抜き試験
路上再生路盤工	施工	ＣＡＥの一軸圧縮試験
路上表層再生工	施工	現場密度の測定
排水性舗装工	舗設現場	温度測定（初期締固め前）
		現場透水試験
		現場密度の測定
プラント再生舗装工	舗設現場	外観検査（混合物）

既済部分検査技術基準（案）・同解説

事務連絡
平成 18 年 10 月 10 日
平成 28 年 3 月 30 日

各地方整備局企画部
　　　　技 術 管 理 課 長　　殿
北海道開発局事業振興部
　　　　技術管理課長補佐　殿
沖縄総合事務局開発建設部
　　　　　技 術 管 理 課 長　　殿

大臣官房技術調査課
工事監視官

既済部分検査技術基準（案）・同解説について

既済部分検査技術基準（案）については、「既済部分検査技術基準（案）の改定について（平成 28 年 3 月 30 日付け国官技第 393 号）にて改定を通知したところであるが、「既済部分検査技術基準（案）・同解説」についても別添の通り改定したので通知する。

既済部分検査技術基準（案）・同解説

（目的）
第1条　この技術基準は、既済部分検査に必要な技術的事項を定めることにより、検査の効率的な実施を図ることを目的とする。

【解説】
本基準(案)・同解説は既済部分検査(完済部分検査は含まない)を効率化することを目的に作成した。

(検査の内容)
第2条　検査は、原則として当該工事の既済部分のうち、既に既済部分検査を実施した部分を除いた部分を対象として行うものとし、契約図書に基づき、工事の実施状況、出来形、品質及び出来ばえについて、検査対象部分を出来高と認めるのに必要な確認を行うものとする。
なお、検査は実地において行うのを原則とするが、机上において行うこともできる。

【解説】
(1) 検査対象部分については、複数回の既済部分検査で重複しないよう、検査済部分を除くことを原則とした。ただし、複数回の既済部分検査において、同一の検査職員が検査を実施できない場合等にあっては、この限りでない。

(2) 工事の実施状況、出来形、品質及び出来ばえについては、完成検査もしくは完済部分検査において適否の判断がなされることを前提に、検査対象を出来高と認めるのに必要な最低限の確認を行うこととした。

なお、既済部分検査を行った場合には原則として中間技術検査(工事成績評定)を実施(「地方整備局技術検査要領」(H18.3.31)の第2の2参照)する。ただし、「原則実施」の例外として、既済分検査対象が材料の検収や単純工事等の出来高確認等の場合には、中間技術検査を省略するこができる。

(3) 検査場所については、原則として実地とするが、契約書等の履行状況及び工事施工状況等の工事管理状況に関する写真管理基準(案)に基づく写真などの各種の記録により必要な確認が可能であれば、机上でもよいこととした。

(4) 既済部分検査の効率化を図るため、本要領の各条文を適用するほか、併せて次の各項を実施するのが望ましい。

1）　同一検査職員による既済部分検査の実施
既済部分検査の検査職員が毎回同一であれば、既検査部分の内容や工事の進捗、請負者の工程管理や施工管理能力等を勘案した検査の重点化が可能となる。

2）　工事報告書及び出来高図による出来高の確認

従来、出来形数量計算書等の出来形管理資料で行っていた出来高確認を、工事出来高報告書及び出来高図（一般図等に対象となる出来高範囲を着色又はハッチングで表示し既済部分検査毎に追加着色する）または、３次元CADを用いて行うことにより、検査の簡素化を図ることが可能となる。

なお、出来形数量計算書等の出来形管理資料については、出来形検査のため作成しておくことが必要である。但し、資料整理については検査に必要な情報が確認できる程度の整理とすることにより、検査準備の簡素化が可能となる。

３） 同一工種の検査の簡略化

同一工種が複数の既済部分検査に跨って検査対象となる場合において、施工条件、品質管理方法等に変化がなく同等の品質が確保されると判断される場合、当該工種に係る２回目以降の検査にあっては、監督職員の立会検査記録の確認をもって検査とする等により、検査の簡素化が可能となる。

(例)アスファルト舗装工事において、気象条件、材料プラント等の施工条件に変化がなく、工区割により表層工等複数の工種が数回の既済部分検査対象となる場合。

4) 既存資料による確認

既済部分検査において参照する、契約書等の履行状況及び工事施工状況等の工事管理状況に関する各種の記録は、本来、工事の進捗に応じ請負者により日常的に作成されているが、出来高部分払方式適用工事の既済部分検査においては、野帳、メモなどの現場等で作成した既存の資料により必要な事項が確認できる場合は、これらを用いることにより検査準備の簡素化が可能となる。

ただし、出来高確認に必要な資料をはじめ、検査に直接供する資料については必ず作成しておくことが必要である。

(工事実施状況の検査)

第3条　工事実施状況の検査は、契約書等の履行状況及び工事施工状況等の工事管理状況に関する各種の記録(写真･ビデオによる記録を含む。以下「各種の記録」という。)と、契約図書とを対比し、別表第1に掲げる事項に留意して行うものとする。

【解説】

本条文については、地方整備局土木工事検査技術基準(案)をほぼそのまま引用した。ただし、別表第1に掲げる事項を修正している。

（出来形の検査）

第4条　出来形の検査は、位置、出来形寸法及び出来形管理に関する各種の記録と設計図書とを対比し、別表第2に基づき行うものとする。ただし、外部からの観察、出来形図、写真等により確認するのが困難な場合は、検査職員は契約書の定めるところにより、必要に応じて破壊して確認を行うものとする。

【解説】

本条文については、地方整備局土木工事検査技術基準（案）をほぼそのまま引用しているが、別表第2の検査密度を修正している。ただし、中間技術検査を同時に実施する場合は、本別表第2によらず地方整備局土木工事検査技術基準（案）の別表第2によるものとする。

出来形管理基準に測定項目がある工種については、出来形寸法と設計値との対比により規格値内であることを確認することを基本とする。ただし、出来形管理基準に規定されていない工種及び完成時に規格値が満足されていればよい測定項目にあっては、出来高対象となる数値以上であることを確認することにより、支払対象となる出来高に達しているものとすることができる。

例）橋脚躯体工の高さ、舗装工の面積、等

（品質の検査）

第5条　品質の検査は、品質及び品質管理に関する各種の記録と設計図書とを対比し、別表第3に基づき行うものとする。ただし、外部からの観察、品質管理の状況を示す資料、写真等により確認するのが困難な場合は、検査職員は契約書の定めるところにより、必要に応じて破壊して確認を行うものとする。

【解説】

本条文については、地方整備局土木工事検査技術基準（案）をほぼそのまま引用しているが、次の点を考慮して別表第3を品質確認項目一覧表として修正している。

・既済部分検査における品質検査項目の絞込みは、要領化により可能

・品質については、完成検査もしくは完済部分検査において適否の判断が行われるのを前提に、既済部分検査では検査対象を出来高と認めるのに必要な最低限の項目を確認

なお、コンクリート構造物においては、クラック等の有害性の有無について目視、確認を行うことを基本とする。有害性が認められる場合は、手直しを完了しなければ部分払の対象とできないものとする。

附則

この技術基準は、平成28年4月1日から適用する

（参考１）

別表第２の検査密度の考え方について

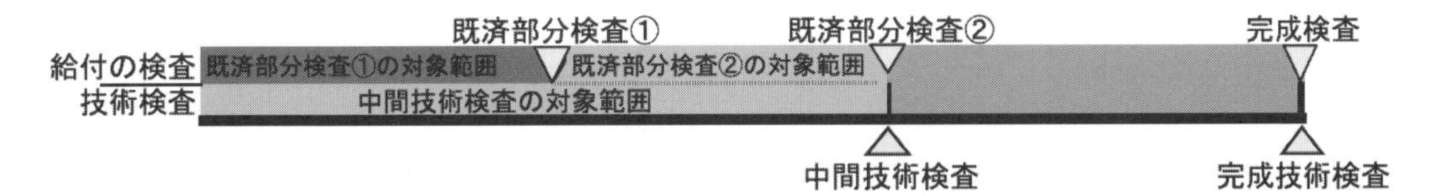

適用される検査技術基準（別表第2）

既済部分検査①（中間技術検査（成績評定）を実施しない※）・既済部分検査技術基準（案）の別表第2
既済部分検査②（中間技術検査（成績評定）を実施する）・・・・・地方整備局土木工事検査技術基準（案）の別表第2
完成検査（完成技術検査（成績評定）を実施する）・・・・・・・・・・・地方整備局土木工事検査技術基準（案）の別表第2

既済部分検査時に技術検査（成績評定）を実施しない場合は、既済部分検査技術基準（案）の別表第2によるものとし、既済部分検査時に技術検査（成績評定）実施する場合は地方整備局土木工事検査技術基準（案）別表第2によるものとする。

※出来形や試験結果などについて、技術的評価が適切に実施出来ない場合は、次回以降の検査に合わせて実施

例：既済部分検査②実施時に、ブロック積み500mが中間技術検査（成績評定）の対象となる場合の出来形検査密度

既済部分検査①の対象範囲 の範囲は、数量にかかわらず2カ所以上で出来形検査を実施する。
（既済部分検査技術基準（案）別表第2より）

中間技術検査の対象範囲 の範囲は、100mに1カ所以上で出来形検査を実施する。（例の場合5箇所以上必要）
（地方整備局土木工事検査基準（案）別表第2より）

パターン1　500mのうち100m分が既済検査済みの場合

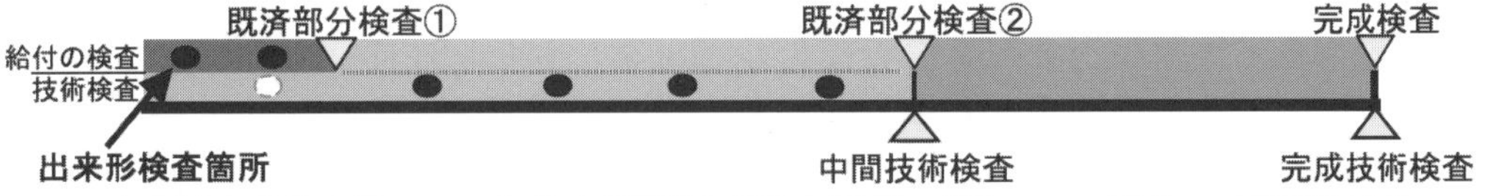

◇ **既済部分検査①の100m部分は前回検査結果を活用し、残りの400m区間で4カ所実施する。**

パターン2　500mのうち200m分が既済検査済みの場合

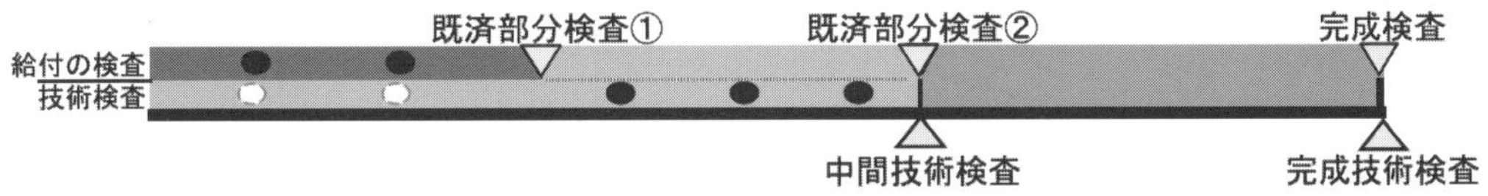

◇ **既済部分検査①の200m部分は前回検査結果を活用し、残りの300m区間で3カ所実施する。**

パターン3　500mのうち400m分が既済検査済みの場合

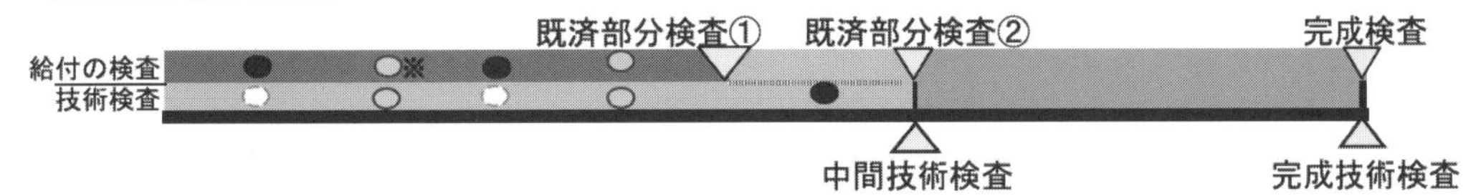

◇ **既済部分検査①の範囲も含め検査箇所を選定する。**

※測定は手戻りを考え検査密度max（中間技術検査、既済）実施しておくことも考えられる

既済部分検査②（中間技術検査（成績評定）を実施）を実施する際は、それ以前の既済部分検査①の範囲も含めて検査密度を決定するものとしする。

地方整備局土木工事検査技術基準（案）

（制定）建設省官技発第１４号　　昭和４２年３月３０日
（全面改正）建設省官技発第３１９号　　昭和６３年５月３１日
（改定）建設省技調発第１２２号　平成７年９月２９日
（改定）建設省技調発第９１号　　平成９年３月３０日
（改定）国土交通省技調発第３４４号　　平成１５年３月３１日
（改定）国官技第２８４号　平成１８年３月３１日
（改定）国官技第１７８号　平成３１年３月２９日
（改正）国官技第３６７号　令和５年３月２４日

各地方整備局長　殿
北海道開発局長　殿
内閣府沖縄総合開発事務局建設部長　殿

国土交通省大臣官房技術審議官

地方整備局土木工事検査技術基準（案）の一部改正について

標記について、「地方整備局土木工事検査技術基準（案）（平成 31 年 3 月 29 日付け 国官技第 178 号）」を別添のとおり一部改正したので通知する。

なお、本通知は、令和 5 年 4 月 1 日以降の入札書提出期限日の工事について適用する。

別添

地方整備局土木工事検査技術基準（案）

（目的）

第１条　この技術基準は、地方整備局の所掌する土木工事の検査に必要な技術的事項を定めることにより、検査の適切な実施を図ることを目的とする。

（検査の内容）

第２条　検査は、当該工事の出来高を対象として、実地において行うものとし、契約図書に基づき、工事の実施状況、出来形、品質について、適否の判断を行うものとする。

（工事実施状況の検査）

第３条　工事実施状況の検査は、契約書等の履行状況、工程管理、安全管理、工事施工状況及び施工体制等の工事管理状況に関する各種の記録（写真、ビデオによる記録を含む。（以下「各種の記録」という。））と、契約図書とを対比し、別表第１に掲げる事項に留意して行うものとする。

（出来形の検査）

第４条　出来形の検査は、位置、出来形寸法及び出来形管理に関する各種の記録と設計図書とを対比し、別表第２に基づき行うものとする。ただし、外部からの観察、出来形図、写真等により当該出来形の適否を判断することが困難な場合は、検査職員は契約書第３１条第２項の定めるところにより、必要に応じて破壊して検査を行うものとする。

（品質の検査）

第５条　品質の検査は、品質及び品質管理に関する各種の記録と設計図書を対比し、別表第３に基づき行うものとする。ただし、外部からの観察、品質管理の状況を示す資料、写真等により当該品質の適否を判定することが困難な場合は、検査職員は契約書第３１条第２項の定めるところにより、必要に応じて破壊して検査を行うものとする。

別表第１　工事の実施状況の検査留意事項

項　目		関係書類	内　容
1	契約書等の履行状況	契約書、仕様書	指示・承諾・協議事項等の処理内容、支給材料・貸与品及び工事発生品の処理状況その他契約書等の履行状況（他に掲げるものを除く。）
2	工事施工状況	施工計画書、工事打合せ簿、その他関係書類	工法研究、施工方法及び手戻りに対する処理状況、現場管理状況、週休２日の達成状況
3	工程管理	実施工程表、工事打合せ簿	工程管理状況及び進捗内容、週休２日の達成状況
4	安全管理	契約図書、工事打合せ簿	安全管理状況、交通処理状況及び措置内容、関係法令の遵守状況
5	施工体制	施工計画書、施工体制台帳	適正な施工体制の確保状況

別表第2　出来形寸法検査基準　（1／2）

工種			検査内容	検査密度
共通	共通的工種	矢板工	基準高、変位、根入長、延長	250枚につき1箇所以上（ただし、施工延長250枚以下の場合は2箇所以上）
		法枠工 吹付工 植生工	厚さ、法長、間隔、幅、延長	200mにつき1箇所以上（ただし、施工延長200m以下の場合は2箇所以上）
	基礎工		基準高、根入長、偏心量	1基または1目地間当たり1箇所以上
	石・ブロック積(張)工		基準高、法長、厚さ、延長	100mにつき1箇所以上（ただし、施工延長100m以下の場合は2箇所以上）
	一般舗装工	路盤工	基準高、幅、厚さ	基準高、幅は200mにつき1箇所以上（ただし、施工延長200m以下の場合は2箇所以上）厚さは、1kmにつき1箇所以上（ただし1km以下は2箇所以上）
			基準高、厚さあるいは標高較差（3次元モデルによる場合）	1工事につき1断面（3次元モデルによる場合）
		舗装工	基準高、幅、厚さ、横断勾配、平坦性	基準高、幅は200mにつき1箇所以上（ただし、施工延長200m以下の場合は2箇所以上）厚さは、施工面積10,000m2につき1箇所以上コアーにより検査（ただし、施工面積10,000m2以下の場合は2箇所以上）
			基準高、厚さあるいは標高較差（3次元モデルによる場合）	1工事につき1断面（3次元モデルによる場合）
	地盤改良工		基準高、幅、厚さ、延長	200mにつき1箇所以上（ただし、施工延長200m以下の場合は2箇所以上）
			基準高、幅、厚さ、延長（3次元モデルによる場合）る場合）	1工事につき1箇所（3次元モデルによる場合）
	土工		基準高、幅、法長	200mにつき1箇所以上（ただし、施工延長200m以下の場合は2箇所以上）
			天端面・法面の設計との標高較差、または水平較差（3次元モデルによる場合）	1工事につき1箇所（3次元モデルによる場合）
河川	築堤護岸		基準高、幅、厚さ、高さ、法長、延長	200mにつき1箇所以上（ただし、施工延長200m以下の場合は2箇所以上）
	浚渫（川）		基準高、幅、深さ、延長	
	浚渫（川）（バックホウ浚渫船のみ）		設計との標高較差（3次元モデルによる場合）	1工事につき1断面（3次元モデルによる場合）
	樋門・樋管		基準高、幅、厚さ、高さ、延長	水門・樋門・樋管は本体部、呑口部につき構造図の寸法表示箇所の任意部分 函渠は同種構造物ごと2箇所以上
	水門			
海岸	堤防護岸		基準高、幅、厚さ、高さ、法長、延長	200mにつき1箇所以上（ただし、施工延長200m以下の場合は2箇所以上）
	突堤・人工岬			
	海岸堤防			
	浚渫（海）		基準高、幅、深さ、延長	

別表第２　出来形寸法検査基準　（２／２）

工　種		検査内容	検査密度
突堤・人工岬	砂防ダム	基準高、幅、厚さ、延長	構造図の寸法表示箇所の任意箇所（３箇所以上）
	海岸堤防	基準高、幅、厚さ、高さ、延長	200mにつき１箇所以上（ただし、施工延長200m以下の場合は２箇所以上）
	浚渫（海）	基準高、幅、深さ、延長	100mにつき１箇所以上（ただし、施工延長100m以下の場合は２箇所以上）
ダム	コンクリートダム	基準高、幅、ジョイント間隔、堤長	５ジョイントにつき１箇所以上
	フィルダム	基準高、外側境界線	５測点につき１箇所以上
道路	道路改良	基準高、幅、厚さ、高さ、延長	100mにつき１箇所以上（ただし、施工延長100m以下の場合は２箇所以上）
	橋梁下部	基準高、幅、厚さ、高さ、支間（スパン）長、変位	スパン長は各スパンごと。 その他は同種構造物ごとに１基以上につき構造物図の寸法表示箇所の任意部分
	鋼橋上部	部材寸法 基準高、支間長、中心間距離、キャンバー	部材寸法は主要部材について、寸法表示箇所の任意部分 その他は５径間未満は２箇所以上。 ５径間以上は２径間につき１箇所以上
	コンクリート橋上部工	部材寸法 基準高、幅、高さ、厚さ、キャンバー	部材寸法は主要部材について、寸法表示箇所の任意部分 その他は５径間未満は２箇所以上。 ５径間以上は２径間につき１箇所以上
	トンネル	基準高、幅、厚さ、高さ、深さ、間隔、延長	両坑口を含めて、100mにつき１箇所以上（ただし、施工延長200m以下の場合は両坑口部を含めて３箇所以上）
その他構造物		工種に応じ、基準高、幅、厚さ、高さ、深さ、法長、長さ等	同種構造物ごとに適宜決定する。

備考（１）検査は実地において行うことを原則とするが、特別の理由により実地において検査できない場合、当該工事の主体とならない工種及び不可視部分については、出来形管理図表、写真、ビデオ、品質証明書、３次元モデル等により、検査することができる。

（２）施工延長とは施工延べ延長をいう。

別表第３　品質検査基準

<table>
<tr><th colspan="3">工　種</th><th>検査内容</th><th>検査方法</th></tr>
<tr><td rowspan="5">共通</td><td colspan="2">材料</td><td>(1)品質及び形状は、設計図書と対比して適切か</td><td>(1)観察又は品質証明により検査する。
(2)場合により実測する。</td></tr>
<tr><td colspan="2">基礎工</td><td>(1) 支持力は、設計図書と対比して適切か
(2) 基礎の位置、上部との接合等は適切か</td><td rowspan="3">(1) 主に施工管理記録及び観察により検査する。
(2) 場合により実測する。</td></tr>
<tr><td colspan="2">土工</td><td>(1) 土質、岩質は、設計図書と一致しているか。
(2) 支持力又は密度は設計図書と対比して適切か</td></tr>
<tr><td colspan="2">無筋、鉄筋コンクリート</td><td>コンクリートの強度、スランプ、塩化物総量、アルカリ骨材反応対策、水セメント比等は、設計図書と対比して適切か</td></tr>
<tr><td colspan="2">構造物の機能</td><td>構造物又は付属設備等の性能は設計図書と対比して適切か</td><td>主に実際に操作し検査する。</td></tr>
<tr><td rowspan="2">道路</td><td rowspan="2">舗装</td><td>路盤工</td><td>(1) 路盤材料の合成粒度は設計図書と対比して適切か。
(2) 支持力又は締固め密度は設計図書と対比して適切か。</td><td>(1) 主に施工管理記録及び観察により検査する。
(2) 場合により実測する。</td></tr>
<tr><td>アスファルト舗装工</td><td>アスファルト使用量、骨材粒度、密度及び舗設温度は設計図書と対比して適切か。</td><td>(1) 主に既に採取されたコアー及び現地の観察並びに施工管理資料により検査する。
(2) 場合により実測する。</td></tr>
</table>

3－5　技術検査の基準

地方整備局工事技術検査要領

（策定）建設省官技第１３号　昭和４２年3月３０日
（改正）建設省技調発第３１８号　昭和６３年5月３１日
（改正）国官技第２８２号　平成１８年3月３１日

各地方整備局長
北海道開発局長　あて

国土交通事務次官

地方整備局工事技術検査要領について

地方整備局工事技術検査要領（建設省技調発第 318 号昭和 63 年 5 月 31 日）の一部を別添のとおり改正したので、遺憾の無いように実施されたく、命により通知する。

別添

地方整備局工事技術検査要領

（目的）

第１ この要領は、地方整備局の所掌する工事について行う技術的検査（以下「技術検査」という。）に関し必要な事項を定め、もつて工事の適正かつ能率的な施工を確保するとともに工事に関する技術水準の向上に資することを目的とする。

（技術検査の実施）

第２ 技術検査は、技術的な観点から工事中及び完成時の施工状況の確認及び評価を行うことをいう。

２ 技術検査は、原則として請負工事において会計法（昭和 22 年法律第 35 号）第 29 条の 11 第 2 項の検査を実施するときに行うものとする。

３ 前項の規定にかかわらず、工事の施工の途中等において地方整備局長（以下「局長」という。）及び事務所の長（以下「事務所長」という。）が必要と認めたときは、技術検査を行うことができるものとする。

（技術検査を行う者）

第３　技術検査は、次の各号に掲げる者が行うものとする。

一 支出負担行為担当官若しくは契約担当官又はこれらの代理官が契約した工事にあっては、工事検査官、技術・評価課長その他当該技術検査を厳正かつ的確に行うことができると認められる者（以下「技術検査適任者」という。）のうちから、その都度、局長が命ずる者。

二 分任支出負担行為担当官又は分任契約担当官が契約した工事にあっては、当該工事を所掌する地方整備局の事務所長又は事務所長が技術検査適任者のうちから、その都度、命ずる者。

（技術検査の方法）

第４　第３の規定により技術検査を行う者（以下「技術検査官」という。）が技術検査を行うに当たって必要な技術的基準は、別に定めるところによるものとする。

２　技術検査官は、技術検査を行うため必要があるときは、当該技術検査に係る工事を担当する職員に対し、当該工事に関する図書若しくは物件の掲示、立会い又は工事に関する説明を求めることができるものとする。

（技術検査の結果の復命）

第５　　技術検査官は、技術検査を完了した場合は、遅滞なく、当該技術検査の結果について別記様式の技術検査復命書により、第３第一号に該当する者にあっては局長に、第３第二号に該当する者にあっては事務所長等にそれぞれ復命するものとする。局長または事務所長は、復命書のうち必要な事項について、別に定めるところにより、請負者に通知するものとする。

（工事成績の評定）

第６　　技術検査官は、請負工事について技術検査を完了した場合に、並びに、工事中の施工状況等を把握する者（以下、「技術評価官」という。）は、工事が完成したときに、別に定めるところにより、工事成績を評定しなければならないものとする。

２　　技術評価官は、総括的な技術評価を行うもの（以下、「総括技術評価官」という。）及びその他評価を行うもの（以下、「主任技術評価官」という。）とする。

３　　技術評価官は、次の各号に掲げる者をあてるものとする。

一　　支出負担行為担当官若しくは契約担当官又はこれらの代理官が契約した工事にあっては、総括技術評価官は、事務所長が自らこれにあたるものとし、主任技術評価官は、当該工事を所掌する地方整備局の事務所の出張所の長（以下「出張所長」という。）又は工事を担当する建設監督官その他当該技術評価を厳正かつ的確に行うことができると認められる者のうちから、その都度、局長が命ずる者とする。

二　　分任支出負担行為担当官又は分任契約担当官が契約した工事にあっては、総括技術評価官は、事務所長が自ら、もしくはその他当該技術評価を厳正かつ的確に行うことができると認められる者のうちから、その都度、事務所長が命ずる者とし、主任技術評価官は、出張所長、又は工事を担当する建設監督官その他当該技術評価を厳正かつ的確に行うことができると認められる者のうちから、その都度、所長が命ずる者とする。

附則

この要領は、平成18年4月1日から適用する。

別記様式１

年　　月　　日

地方整備局長
事務所長

技術検査官
官職氏名

請負工事　（完成／既済部分／中間）　第　　回　技術検査復命書

工事名　　　　　　　　　年度　　　　　　　　　　　　　　　　工事
事務所名
契約の相手方

上記の技術検査の結果について、次のとおり復命する。

１．　工事の概要

請負金額				
工事場所				
工事内容				
契約年月日		年	月	日
工期	自	年	月	日
	至	年	月	日
完成		年	月	日
完成技術検査		年	月	日
既済部分技術検査	第１回	年	月	日
	第２回	年	月	日
	第３回	年	月	日
中間技術検査		年	月	日

２．　技術検査対象工事の設計及び施工について改善を要すると認めた事項

３．現地における指示事項

４．その他

別記様式2

国○整○○第号
平成　年　月　日

契約の相手方
所在地
商号又は名称
代表者氏名　　　　　　　殿

○○地方整備局局長
○○○○
又は○○地方整備局
○○工事事務所長
○○○○

請負工事（完成／既済部分　第　回／中間）技術検査結果通知書

平成○年○月○日に実施した(完成、既済部分第　回、中間)技術検査の結果を通知します。

記

1工事名　○○○○工事
2工期　平成　年　月　日～平成　年　月　日
3技術検査日　平成　年　月　日
4技術検査の結果
5問い合わせ先
(本官の場合)　〒○○－○○○○○県○○市○丁目○番地
国土交通省○○地方整備局技術調整管理官宛
TEL○○○－○○○－○○○○(代)　内線○○○
(分任官の場合)　〒○○－○○○○○県○○市○丁目○番地
国土交通省○○地方整備局○○工事事務所技術担当副所長○○宛
TEL○○○－○○○－○○○○(代)　内線○○○

土木工事技術検査基準

国官技第２８３号
平成１８年3月３１日

各地方整備局長
北海道開発局長　あて

国土交通省大臣官房技術審議官

土木工事技術検査基準について

標記について、「地方整備局土木工事技術検査基準（案)」を別添のとおり策定したので、遺憾なきよう実施されたい。

地方整備局土木工事技術検査基準（案）

（目的）

第1条　本技術基準は、「地方整備局事技術検査要領（平成 18 年 3 月 31 日国官技第 282 号）」（以下、「技術検査要領」という。）の技術的な事項を定めることにより、技術検査の適切な実施を図ることを目的とする。

（技術検査の内容）

第2条　技術検査は、当該工事を対象として、実地において行うものとし、工事の実施状況、出来形、品質及び出来ばえについて技術的な評価を行い、施工について改善を要する事項及び現地における指示事項を把握するものとする。

（技術検査の種類）

第3条　技術検査は、工事の施工期間中（以下、「中間技術検査」という。）及び完成時（以下、「完成技術検査」という）において実施するものとする。

（中間技術検査）

第4条　中間技術検査は、当初契約金額1億円以上かつ工期が 6 ヶ月以上の工事、或いは局長又は分任官工事にあっては事務所長が必要と認めた工事を対象として実施する。ただし、単純工事（維持、除草、除雪、区画線、植樹管理等）は実施しない。

2　中間技術検査の実施は、完成、既済（完済を含む）部分の検査時期、及び当該工事の主要工種を考慮し、施工上の重要な変化点である段階確認の実施時期等で行うことを原則とする。

3　実施回数は、原則2回実施するものとし、その工事の重要度に応じて実施頻度を増減できるものとする。なお、既済部分検査を兼ねることができるものとする。

4　実施時期は、監督職員が、工事の実施状況、出来形、品質及び出来映えの技術的評価を適切に実施できる施工段階を選定し、本官契約工事は総括監督員が局長に、分任官契約工事にあっては主任監督員が当該事務所長に申請するものとする。

5　中間技術検査で確認した出来形部分については、完成検査、既済（完済を含む）部分検査時の確認を省略することができる。ただし、その後の現場状況の変化や、請負者の管理状況等から再度の技術的確認が必要な場合はこの限りではない。

6　局長又は事務所長は、4 号により申請された場合は、請負者に対して中間技術検査を実施する旨及び技術検査官、検査日等必要な事項を事前に通知するものとする。

7　中間技術検査の対象工事は特記仕様書で指定するものとする。

（完成技術検査）

第5条　　完成技術検査は、当該工事の完成時に行うものとする。なお、当該工事の工事目的物の供用後の性能等が設計図書で規定された工事にあっては、予め定められた評価時期、評価項目、評価基準等により工事完成後に技術検査（以下「完成後技術検査」という。）を実施するものとする。

（工事実施状況の技術検査）

第6条　　工事実施状況の技術検査は、工事の施工状況、施工体制等の的確さについて技術的な評価を行うものとする。

（出来形の技術検査）

第7条　　出来形の技術検査は、出来形の精度及び出来形管理等の的確さについて技術的な評価を行うものとする。

（品質の技術検査）

第8条　　品質の技術検査は、品質及び品質管理等の的確さについて技術的な評価を行うものとする。

（出来ばえの技術検査）

第9条　　出来ばえの技術検査は、仕上げ面、とおり、すり付けなどの程度及び全般的な外観について技術的な評価を行う。

国 官 技 第４６２号
国 総 公 第１２４号
平成３１年４月１日

各地方整備局企画部長 あて
北海道開発局事業振興部長 あて
沖縄総合事務局開発建設部長 あて

国土交通省大臣官房技術調査課長
国土交通省総合政策局公共事業企画調整課長
（公 印 省 略）

i-Constructionにおける「ICTの全面的活用」に係る技術基準類について

i-Constructionにおける「ICTの全面的活用」を実施する上での技術基準類について、別添のとおり改定、策定及び名称変更するので通知する。

要領関係等（ICT の全面的な活用について）

資料の最新版については、国土交通省ホームページで確認できます。

https://www.mlit.go.jp/tec/constplan/sosei_constplan_tk_000051.html

3－6 検査業務の全体フロー

検査業務の全体的な構成及び業務の手順は下記のフローを標準としています。

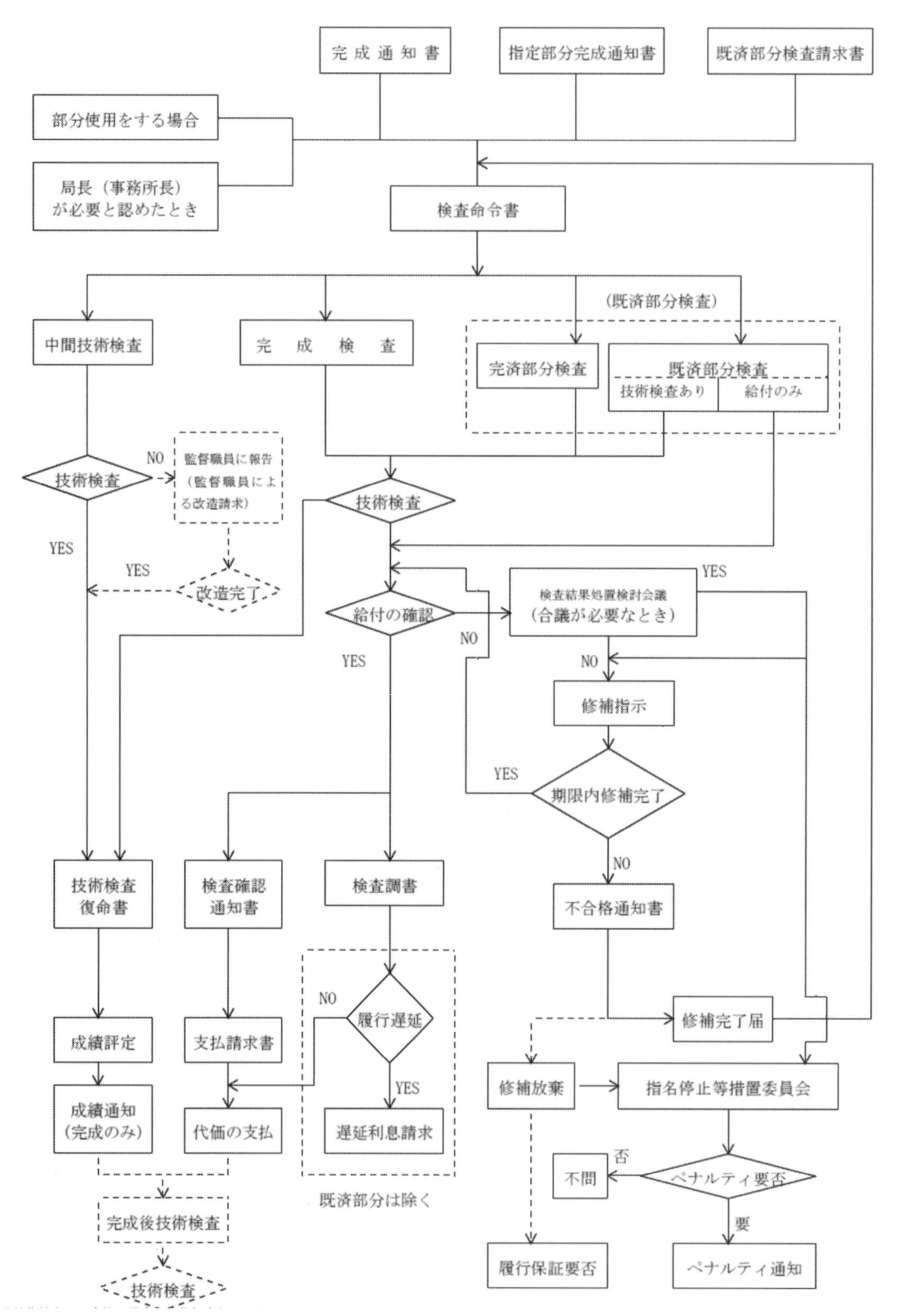

※完成後技術検査で不合格の場合は、ペナルティが課せられる。

3−7 受検体制

検査の実施にあたっての受検体制は、下記を標準とします。
※検査書類限定型工事の場合は、監督職員は「「施工プロセス」のチェックリスト(案)」を検査時に技術検査官へ提出し、チェック内容を説明

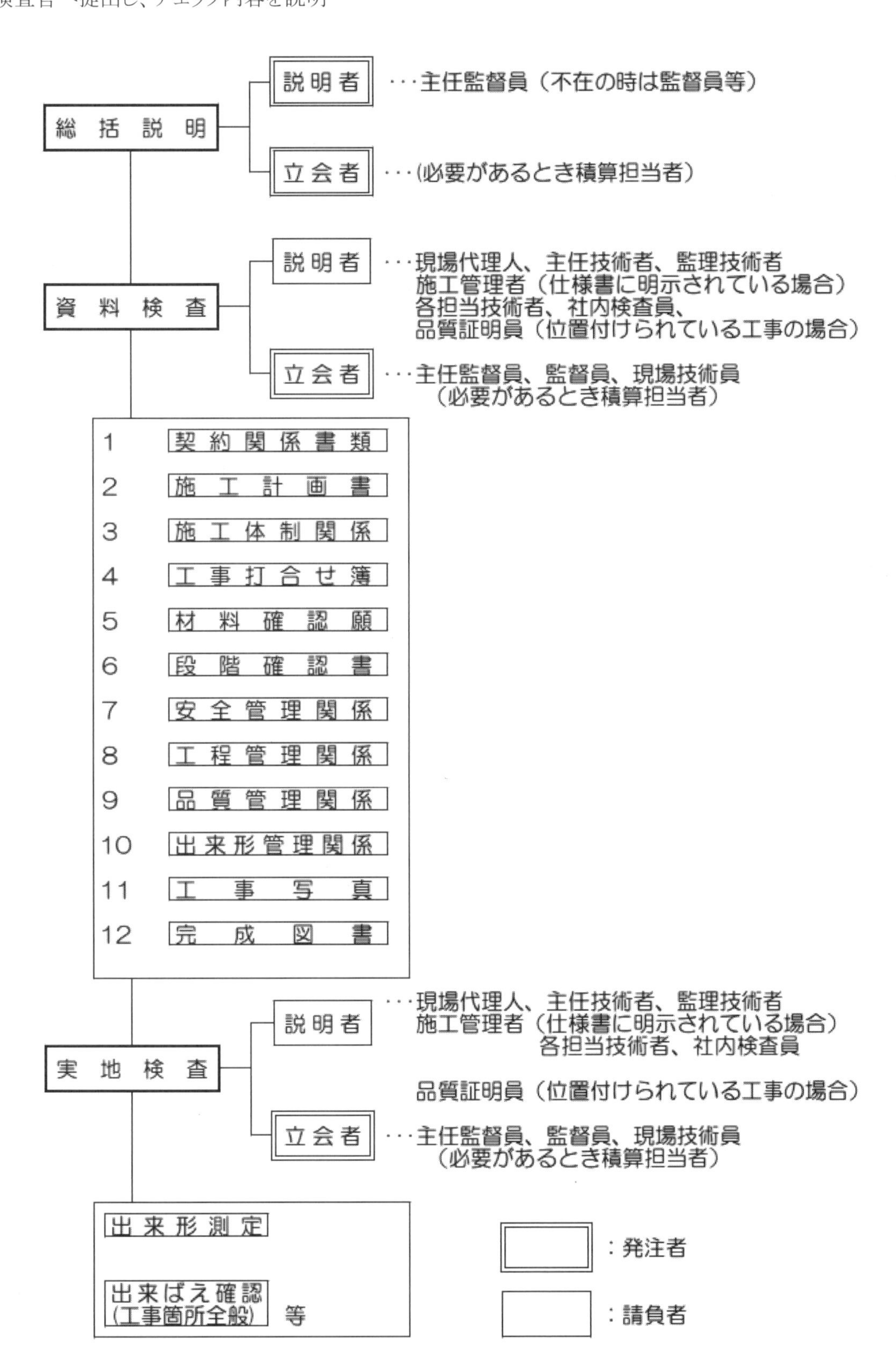

3－8　給付の検査の役割と責任

1.　検査の役割

①　会計法に基づいて執行される国の請負工事においては、検査職員が工事目的物の契約図書との適合を確認して初めて代価の支払いが可能となる。即ち、検査職員以外の者によって契約図書との適合が確認されても給付の完了の確認にはならない。

工事の施工途中で監督職員による契約図書との適合の確認を一部実施することがあるが、これはあくまで土木工事の特性を考慮して行うこととしているものであり、検査の補完として位置付けられる。

工事目的物を受け取り、**代価を支払**ってよいかどうかは、検査によって確認されなければならず、これが**検査の重要な役割**の一つである。

②　公共工事の品質確保・向上のためには、工事に関する技術水準の向上や能率的な施工の確保が重要であり、検査時の指導を通じてこれらに資すること、また**工事成績評定**による受注者の**適正な選定**に資することも検査の重要な役割である。

③　建設業法及び適正化法（公共工事の入札及び契約の適正化の促進に関する法律）の趣旨に従い、適正な施工を評価し、建設業の健全な発達を促すことに資する。

2.　検査の責任

検査職員は、予責法「予算執行職員等の責任に関する法律」（R1.5.31 法律第 16 号）上の責任を負う。

・（定義）第2条「**予算執行職員**」とは

会計法第29条の11第4項の規定の基づき契約に係る監督又は検査を行うことを命ぜられた職員。

・（予算執行職員の義務及び責任）第3条

1.　それぞれの職分に応じ、支出等の行為の実施義務。

2.　**故意又は重大な過失**に因り、前記行為で国に損害を与えたときの弁償の責任。

3.　二人以上の予算執行職員により生じた損害は、それぞれの職分に応じた弁償の責任。

・「**故意又は重大な過失**」に関して

検査の技術的基準として「地方建設局土木工事検査基準（案）」が定められており、検査はこの基準に基づき適正に実施されることが基本である。

予算執行職員等の責任に関する法律 （目的） 第1条　この法律は、予算執行職員の責任を明確にして、法令又は予算に違反した支出等の行為をすることを防止し、もって国の予算の執行の適正化を図ることを目的とする。 （定義） 第 2 条　この法律において「予算執行職員」とは、次に掲げる職員をいう。

一　会計法(昭和二十二年法律第三十五号)第十三条第三項に規定する支出負担行為担当官
二　会計法第十三条の三第四項に規定する支出負担行為認証官
三　会計法第二十四条第四項に規定する支出官
四　会計法第十七条の規定により資金の交付を受ける職員
五　会計法第二十条の規定に基き繰替使用をさせることを命ずる職員
六　会計法第二十九条の二第三項に規定する契約担当官
七　前各号に掲げる者の分任官
八　前各号に掲げる者の代理官
九　会計法第四十六条の三第二項の規定により第一号から第三号まで又は前三号に掲げる者の事務の一部を処理する職員
十　会計法第二十九条の十一第四項の規定に基づき契約に係る監督又は検査を行なうことを命ぜられた職員
十一　会計法第四十八条の規定により前各号に掲げる者の事務を行う都道府県の知事又は知事の指定する職員
十二　前各号に掲げる者から、政令で定めるところにより、補助者としてその事務の一部を処理することを命ぜられた職員

2　この法律において「法令」とは、財政法(昭和二十二年法律第三十四号)、会計法その他国の経理に関する事務を処理するための法律及び命令をいう。

3　この法律において「支出等の行為」とは、国の債務負担の原因となる契約その他の行為、支出負担行為の確認又は認証(会計法第十三条の二の規定による支出負担行為の確認及び同法第十三条の四の規定による支出負担行為の認証をいう。)、支出、支払、会計法第二十条の規定に基く繰替使用をさせることの命令及び同法第二十九条の契約並びに小切手、小切手帳及び印鑑の保管、帳簿の記帳、報告等国の予算の執行に関連して行われるべき行為(会計法第四十一条第一項の規定による弁償責任の対象となる行為を除く。)をいう。

(予算執行職員の義務及び責任)

第3条　予算執行職員は、法令に準拠し、且つ、予算で定めるところに従い、それぞれの職分に応じ、支出等の行為をしなければならない。

2　予算執行職員は、故意又は重大な過失に因り前項の規定に違反して支出等の行為をしたことにより国に損害を与えたときは、弁償の責に任じなければならない。

3　前項の場合において、その損害が二人以上の予算執行職員が前項の支出等の行為をしたことにより生じたものであるときは、当該予算執行職員は、それぞれの職分に応じ、且つ、当該行為が当該損害の発生に寄与した程度に応じて弁償の責に任ずるものとする。

(参考)監督の役割と責任

1.　監督の役割

① 会計法には工事契約の適正な履行を確保するため必要な監督の実施が定められている。契約図書には発注者の代行者としての監督職員の執るべき措置が明らかにされているが、この内容は多岐にわたっている。受注者が所定の工期内に契約に適合した工事目的物を完成させるた

めには、監督による契約の適正な履行の確保と円滑な施工の確保が図られることが必要であり、これが監督の重要な役割である。

会計法では検査と監督は明確に区分されており、監督には給付の完了の確認は任されていない。

施工途中において監督職員が行うこととされている段階確認や指定材料の確認等は、土木工事の性質上、工事完成後に施工の適否を判断することが困難であり、また仮に不適当であることを発見することが出来ても、それを修復するには相当の費用を要する場合が多く、施工の段階で逐次監督することが合理的であることを考慮した、検査の補完としての役割を果たす確認行為である。

② 土木工事の特性から工事目的物が完成するまでのプロセスは重要であり、工事成績評定において受注者が履行したプロセスについて、適切に反映させる必要がある。監督は契約から検査に至るまでのプロセス全てにかかわっている。従って、工事成績評定の相当部分を分担し、受注者の適正な選定に資する重要な役割をもっている。

2. 監督の責任

・監督職員は、予責法「予算執行職員等の責任に関する法律」(R1.5.31 法律第 16 号)上の責任を負う。

・「故意又は重大な過失」に関して

監督の技術的基準として「土木工事監督技術基準(案)」が示されており、監督はこの基準に基づき適正に実施されることが基本である。

3−9 検査職員の心得・留意事項

公共工事の検査業務に携わる職員には

- 幅広い技術の知識と豊富な技術経験や的確な判断力並びに高い倫理観等が求められている。
- また、技術検査実施後の工事成績評定点は、総合評価での加点など活用の場が拡大しており、工事成績評定にあたっては、これまで以上に公平性、客観性、説明性のある評定を行うことが重要である。

これらを踏まえた上で、検査職員の心得・検査にあたっての留意点等の基本事項を以下に示します。

① 実施及び資料に基づき事実を正しく判断して厳正に行う。

検査職員としての原点です。疑義が生じた場合は、受注者に的確に質問し納得出来る事実を確認した上で厳正に対処する必要があります。ただし、あら探し的な検査に陥ることがないように注意することが大切です。

② 客観的かつ公正な態度と判断で行う。

検査は、工事目的物が設計図書に適合しているか否かを確認するものです。自らの知識や経験から受注者の対応に感情的になったりすることがないように、常に公正な態度に心がける必要があります。

③ 受注者との信頼関係を保持し、誠意を持って行う

受注者に対する疑念という先入観を持たずに受注者を信頼して誠意を持って行うことが大切です。ただし、盲目的な信頼は禁物であり、自らの知識・経験に照らして質するべきは質するという態度が必要です。

④ 受注者とは対等であるとの認識を持って接する

受注者に対して優位であるかのような態度は厳に慎むべきです。立場の違いはあっても、上下の関係はないことを認識する必要があります。

⑤ 工事の目的・内容を把握し主眼点をおき、資料や現場をよく観察する

全数検査ではなく抜き取り方式を基本としていますので、検査の着眼点をいち早く見抜き、資料や現場での観察を十分行って判断することが大切です。効率的で的確な検査を行うためには、日頃から技術や知識の研鑽や事前の準備も必要です。

⑥ 質問、指摘、指示等は明確に行う

受注者に対する質問、指摘、指示などはわかりやすい言葉で相手にはっきりと内容が伝わるように行う必要があります。

受注者が即答できない場合は、調べる時間を与えるなど納得のいく検査を心がける必要があります。

⑦ 検査時の関係書類は定められた工事関係書類以外については提示等を求めない

書面検査にあたっては、工事関係書類（工事書類の簡素化一覧表（案）、写真管理基準など）に定められた書類の範囲内で設計図書、関係諸基準等との確認検査や整理・工夫の状況を検査するものとし、定められた以上の書類・写真の作成などを対象とした評価は行わないことに留意する必要があります。

⑧　検査職員としての誇りと信念を持って行う

公共工事の真の発注者である国民の代行者として、工事目的物を引き取るための検査を行っているという自覚を常に有していなければなりません。

検査職員は、以上の心得を念頭において

- 検査の開始を明確に宣言した上で的確な検査を実施します。
- 検査終了時には受注者に対して明確な合否の判定、検査結果についての講評を行います。

3－10 検査の実施方法

ここでは、検査の一般的な手順及び検査方法を示すが、工事の種類、規模、検査に要する時間、検査時の気象状況等により、検査職員が適宜判断し検査を実施する必要がある。

1．工事概要の把握

工事目的物の品質、性能、計上寸法及び施工にあたっての条件等、設計図書の内容、現地を取り巻く状況、施工の体制などについて把握したうえで検査を実施する。

1）監督職員又は設計担当の立会者から説明を受ける工事概要

・請負契約関係書類

・工事概要（全体事業の概要及び当該工事の概要、設計書、仕様書の内容）

・完成写真（既済部分又は、中間技術検査部分出来高写真）

・現場環境改善、試行工事等に対する取り組み

・工事の安全に対する取り組み、労働災害の有無

・施工上の創意工夫並びに結果

・その他、施工者の熱意、地元等の渉外関係の対応状況

・検査書類限定型工事の場合は、「施工プロセス」のチェックリスト（案)」のチェック内容について説明

2）受注者から説明を受ける工事概要

・工程を含む工事施工上での問題点とその対策

・その他、意見要望等

2．工事実施状況の検査

1）給付の検査においては、土木工事検査技術基準（案）第３条、別表第１により、契約書等の履行状況、工事施工状況、工程管理、安全管理、施工体制について、工事管理状況に関する各種の記録と、契約図書とを対比して検査を行う。

・「施工体制」の検査では、表１に示す内容に留意する。

・「契約書等の履行状況」の検査では、表２に示す内容に留意する。

・「工事実施状況」、「工程管理」、「安全管理」の検査では、表３、表４に示す内容に留意する。

2）技術検査においては、土木工事技術検査基準（案）第６条により、工事の施工状況、施工体制等の的確さについて技術的な評価を行う。

表１　適正な施工体制の確保

種別・検査事項		検査留意事項	検査方法・書類
配置技術者	現場代理人	・現場に常駐している。 ・監督職員との連絡調整を書面で行っている。	施工体制の点検
	監理技術者（主任技術者）	・資格者証の確認。 ・配置予定技術者、通知による監理技術者、施工体制台帳に記載された監理技術者、監理技術者証に記載された技術者及び本人が同一である。 ・現場に常駐している。 ・施工計画や工事に係る工程、技術的事項を把握し、主体的に係わっている。 ・施工に先立ち、創意工夫または提案をもって工事を進めている。	資格者証 施工体制の点検
	専門技術者	・専任の技術者を配置している。	施工体制の点検
	作業主任者	・選任し、配置している。	
施工体制台帳等	施工体制台帳	・現場に備え付け、かつ同一のものを提出した。 ・下請契約書（写）及び再下請負通知書を添付している。 ・下請負金額を記入している。	施工体制の点検
	施工体系図	・現場の工事関係者及び公衆の見やすい場所に掲げている。 ・記載のない業者が作業していない。 ・記載されている主任技術者及び施工計画書に記載されている技術者が本人である。 ・元請負人がその下請工事の施工に実質的に関与している。	施工体制の点検
	建設業許可標識	・建設業許可を受けたことを示す標識を公衆の見やすい場所に設置し、監理技術者を正しく記載している。	施工体制の点検
	下請契約	・建設業法や他法令を遵守した契約がなされている。	施工体制の点検

※検査書類限定型工事にあたっては、検査時に監督職員から技術検査官に提出され説明を受けた「施工プロセス」のチェックリスト（案）」（地方整備局工事成績評定実施要領の別紙－５①～④）を活用するものとする。

表２　契約書等の履行状況

種別	適用	検査項目	検査留意事項	検査書類、方法
土木工事共通仕様書 第１編 共通編（総則）	1-1-1-3	設計図書の照査	・照査体制、照査内容、照査結果	施工体制の点検
	1-1-1-4	施工計画書	・提出時期（工事着手前） ・施工計画書記載事項	
	1-1-1-5	コリンズ(CORINS)への登録	・受注時または変更時の工事請負代金額が 500 万円以上の工事について、土曜日、日曜日、祝日等を除き 10 日以内に、登録内容の変更時は変更があった日から土曜日、日曜日、祝 日等を除き 10 日以内に、完成時は工事完成後、土曜日、日曜日、祝日等を除き 10 日以内に、訂正時は適宜登録機関に登録をしなければならない。	
	1-1-1-7	工事用地等の使用	・工事用地等は、善良なる管理者の注意をもって維持・管理するものとする。	写真等
	1-1-1-8	工事の着手	・特記仕様書に工事に着手すべき期日について定めがある場合には、その期日までに工事着手	施工体制の点検
	1-1-1-10	施工体制台帳	・国土交通省令及び「施工体制台帳に係る書類の提出について」（令和３年３月５日付け）に従って施工体制台帳を作成し、工事現場に備えるとともに、その写しを監督職員に提出 ・施工体制台帳等は、原則として、電子データで作成・提出	施工体制の点検
	1-1-1-14	工事の一時中止	・契約書第 20 条の規定に基づき、あらかじめ受注者に対して通知した上で必要とする期間、工事の全部または一部の施工について一時中止	
	1-1-1-16	工期変更	・事前協議の実施 ・工期変更協議の対象の受注者への通知 ・工期変更協議書の監督職員への提出	
	1-1-1-17	支給材料及び貸与品	・支給品精算書の監督職員への提出	施工体制の点検
	1-1-1-18	工事現場発生品	・現場発生品の監督職員への引渡	現場発生品調書
	1-1-1-19	建設副産物	・掘削による発生材料を工事に用いる場合（設計図書に明示がない場合）の監督職員との協議、承諾 ・産業廃棄物を搬出する場合のマニュフェストの監督職員へ提示されているか。 ・再生資源利用（促進）計画書（実施書）の監督職員への提出、説明のうえ公衆の見えやすい場所へ掲示	施工体制の点検
	1-1-1-21	工事完成検査	・工事完成通知書の監督職員への提出	工事完成通知書
	1-1-1-22	既済部分検査等	・工事出来高報告書及び工事出来形内訳書の監督職員への提出	工事出来高報告書 工事出来形内訳書
	1-1-1-24	施工管理	・出来形・品質管理の記録及び関係書類の監督職員への提出 ・出来形・品質管理基準が定められていない工種について協議	測定表、管理図 協議書
	1-1-1-25	履行報告	・工事履行報告書の監督職員への提出	工事履行報告書
	1-1-1-29	爆発及び火災の防止	・関係官公庁の指導についての提示 (1-1-1-35 官公庁等への手続等関連)	施工体制の点検
	1-1-1-31	事故報告書	・監督職員への通報及び事故報告書の提出	工事事故報告書
	1-1-1-37	官公庁等への手続等	・官公庁等への諸手続きにおいて許可、承諾等を得たとき監督職員への提示 ・地元関係者との交渉内容の文書確認及び監督職員への報告	施工体制の点検

種別	適用	検査項目	検査留意事項	検査書類、方法
	1-1-1-38	施工時期及び施工時間の変更	・官公庁の休日または夜間に、現道上の工事または監督職員が把握していない作業を行う場合事前に理由を付した書面によって監督職員への提出	施工体制の点検 休日、夜間作業届
	1-1-1-42	保険の付保及び事故の補償	・建設業退職金共済制度等への加入義務（契約締結後１ヶ月以内）	施工体制の点検
土木工事共通仕様書 第３編 土木工事共通編（総則）	3-1-1-1	請負代金内訳書及び工事費構成書	・契約書第３条に請負代金内訳書（以下「内訳書」という。）を規定されたときは、内訳書を発注者に提出	施工体制の点検
	3-1-1-2	工程表	・契約書第３条に規定する工程表を作成し、監督職員を経由して発注者に提出	
	3-1-1-4	監督職員による確認及び立会等	・立会願の監督職員への提出 ・設計図書及び監督職員の定めた工種の施工段階における段階確認の適正な実施	
	3-1-1-5	数量の算出	・出来形数量の監督職員への提出	出来形数量の算出資料
	3-1-1-6	品質証明	・品質証明員の氏名、資格、経験及び経歴書 ・品質証明書の提出	施工体制の点検
	3-1-1-9	提出書類	・提出書類を通達、マニュアル及び様式集等により作成し、監督職員に提出	品質記録図、生コンクリート品質記録表、コンクリート二次製品品質記録表

※検査書類限定型工事にあたっては、検査時に監督職員から技術検査官に提出され説明を受けた「施工プロセス」のチェックリスト（案）」（地方整備局工事成績評定実施要領の別紙－5①～④）を活用するものとする。

表３　施工計画書記載事項

記載事項	検査留意事項	備考
1. 工事概要		
2. 計画工程表	・施工工程順序は適切か	
3. 現場組織表	・現場代理人、主任（監理）技術者、各管理担当（工程、出来形、品質、機械、安全巡視、事務等）が適切に配置されているか	
4. 指定機械	・設計図書により指定された建設機械に適合しているか	
5. 主要船舶・機械	・主要船舶、機械の規格及び確認方法が適切か	
6. 主要資材	・品名、規格及び確認方法（承諾、カタログ等）が適切か	
7. 施工方法（主要機械、仮設備計画、工事用地等を含む）	・契約図書（技術提案等も含む）で指定された工法、対策となっているか	
8. 施工管理計画	・出来形、品質、写真管理の管理項目、基準、方法、処置が適切か	
9. 安全管理	・工事の内容に応じた安全教育及び安全訓練等の具体的な計画を作成し、 施工計画書に記載しているか ・安全教育及び安全訓練等の実施状況について、監督職員の請求があった場合は直ちに提示できるか	
10. 緊急時の体制及び対応	・緊急時の連絡体制は適切か ・緊急時の対応組織及び緊急用資機材の確保体制は適切か	
11. 交通管理	・過積載による違法運行の防止指導体制及び過積載車両に対する処置方法は適切か ・交通整理員配置計画は適切か ・現道工事における安全施設配置は適切か ・工事用資材及び機械などの輸送計画は適切か	
12. 環境対策	・騒音、振動、塵埃、水質汚濁対策は適切か ・周辺住民への対応及び苦情処理計画は適切か	
13. 現場作業環境の整備	・現場作業事務所、作業宿舎、休憩所、作業現場及び現場周辺の美装化計画は適切か ・地域周辺行事への積極的参加	
14. 再生資源の利用の促進と建設副産物の適正処理方法	・建設副産物の適正な処理及び再生資源の活用が図られているか ・再生資源利用計画書（実施書）及び再生資源利用促進計画書（実施書）を作成し、説明のうえ公衆の見えやすい場所へ掲示しているか	
15. 法定休日・所定休日（週休二日の導入）	・週休二日に取り組み、その実施内容は適切か ・週休二日は、月単位で４週８休以上の現場閉所または、技術者及び技能労働者が交代しながら４週８休以上の休日を確保し実施に努めているか	
16. その他	必要に応じて	

※検査書類限定型工事にあたっては、検査時に監督職員から技術検査官に提出され説明を受けた「施工プロセス」のチェックリスト（案）」（地方整備局工事成績評定実施要領の別紙－5①～④）を活用するものとする。

表４　工事実施状況

検査項目	検査留意事項	検査方法
1. 工程管理	・計画工程と実施工程との整合 ・変更指示、一時中止等による適切な工程の見直し ・工程回復努力	実施工程表
2. 安全管理	・安全協議会の活動状況（ＫＹ、ＴＢＭ、安全巡視） ・安全訓練の実施状況（及び社内安全巡視状況） ・過積載運行防止指導状況及び過積載車両に対する処理結果 ・交通整理員及び安全施設配置状況	議事録、活動状況写真 活動状況写真・ビデオ 指導記録写真・ビデオ 写真
3. 使用材料	・適正な試験期間での実施 ・試験成績表が規格を満足 ・２次製品のカタログ、パンフレットの添付	関係資料
4. 施工状況	・施工計画書どおりの施工方法	写真
5. 施工管理	・適正な試験立会頻度 ・社内検査実施状況、結果及び改善処置結果	写真 写真、関係資料
6. 緊急時の対応	・緊急時の対応努力	写真、関係資料
7. 環境対策	・騒音、振動、塵埃、水質汚濁等の適切な処置 ・苦情に対する適切な処置 ・建設廃棄物の適切な処置 ・再生資源の適切な処置	 マニュフェスト、写真
8. 現場作業環境	・現地事務所、作業宿舎等の美装化の積極的な実施 ・地域周辺行事への積極的な参加	
9. 書類管理	・指示、承諾、協議等の適切な処置（区分、時期、内容） ・管理手法、整理手法の的確性、創意工夫 ・安全活動、重機点検記録	

※検査書類限定型工事にあたっては、検査時に監督職員から技術検査官に提出され説明を受けた「施工プロセス」のチェックリスト（案）」（地方整備局工事成績評定実施要領の別紙－5①～④）を活用するものとする。

３．出来形検査

検査技術基準第４条、技術検査基準第７条及び請負工事成績評定要領に基づき実施する。出来形検査は、位置、出来形寸法が設計図書に規定された出来形に適合しているか否かを確認するものであり、実地において測定可能な出来形については検査職員が実測し出来形を確認することを原則としつつ、遠隔での検査も可能とする。

また、実測が不可能なものについては書面（出来形管理写真を含む出来形管理資料）により確認を行う。

出来形に関する検査の手順は以下のとおりである。

１．出来形管理資料について、出来形管理基準に定められた測定項目、測定頻度並びに規格値を満足しているか否かを確認するとともに、出来形寸法のバラツキについて把握する。

なお、一部分を任意に抽出して出来形管理写真との整合についても確認する。

２．検査技術基準に定められた検査頻度以上を原則とし、かつ偏りのないように検測箇所を選定する。

検査技術基準に記載されていない工種の検査頻度は、工事内容及び検査項目等を考慮し選定するが、おおむね共通仕様書施工管理基準頻度の２０％程度実施するものとする。

３．実地において出来形寸法を検測するとともに、ふくらみやくぼみ等の有無について観測する。

なお、検査時に不可視となる部分については監督職員の段階確認資料及び受注者の測定結果資料に基づき検査を実施する。

４．出来形確認の結果と規格値の対比並びに観測結果に基づき適否を判断する。

なお、外部からの観察、出来形管理資料等により出来形の適否が判断できない場合は契約書の定めるところにより、必要に応じて破壊検査を実施する。

４．品質検査

検査技術基準第５条、技術検査基準第８条及び請負工事成績評定要領に基づき実施する。

品質検査は、使用された材料の品質及び施工品質が設計図書に規定された品質に適合しているか否かを確認するもので、書面による確認及び現地や施工状況写真の観察により判断する。

品質検査の手順は以下のとおりである。

１．品質管理資料について、品質管理基準に定められた試験項目、試験頻度並びに規格値を満足しているか否かを確認するとともに、品質のバラツキについて把握する。

２．現地や施工状況写真等の観察により均等に施工されているか否かを判断する。

３．動作確認が行える施設については、実際に操作し確認を行うとともに、必要により性能を実測する。

４．品質管理資料の規格値との対比、並びに観察結果により適否を判断する。

なお、品質管理資料、外部からの観察等により品質の適否が判断できない場合は契約書の定めるところにより、必要に応じて破壊検査を実施する。

５．出来ばえ検査

技術検査基準第９条及び請負工事成績評定要領に基づき実施する。

６．破壊検査・

契約書において、「(工事の完成を確認するための検査において）甲又は検査職員は、必要があると認められるときは、その理由を乙に通知して、工事目的物を最小限度破壊して検査することができる。」と定められている。

・最小限度の破壊検査とは

①出来形に関する最小限度の破壊検査の例

構造物の寸法・・・確認の必要な部分の掘り起こし又は抜き取り等の破壊を行い、実測により確認する。

舗装の厚さ・・・・確認の必要な部分のコアーを採取し実測により確認する。

②品質に関する最小限度の破壊検査の例

コンクリート・・・確認の必要な部分の一部をはつり取り、目視及びシュミットハンマー等を利用し確認する。さらに確認が必要な場合は、コアーを採取し、その試験結果により確認する。

アスファルト・・・確認の必要な部分のコアーを採取し、その試験結果により確認する。

土工・・・・・・・確認の必要な部分を掘り起こし、密度試験などの試験を行い、その結果により確認する。

国官技第４４号
平成３０年10月２４日

各地方整備局　企画部長　　　　　　　殿
北海道開発局　事業振興部長　　　　　殿
内閣府沖縄総合事務局　開発建設部長　殿

国土交通省大臣官房技術調査課長

非破壊試験等によるコンクリートの品質管理について

非破壊試験等によるコンクリートの品質管理手法の導入は、コンクリート構造物の出来形及び品質の確保を一層図るとともに、監督・検査の充実を目的とし実施するものである。

このたび、非破壊試験等によるコンクリートの品質管理手法として以下のとおりを改定したので、各地方整備局等においては、別紙１、２に基づき微破壊・非破壊試験を用いたコンクリート構造物の品質管理を実施されたい。

なお、「非破壊試験等によるコンクリートの品質管理について」（平成 24 年３月 28 日付け国官技第 357 号）は廃止する。

附則

この通知は、平成３０年１１月１日以降に契約の手続きを開始する工事において適用するものとし、それ以外の工事においては監督職員と協議により適用を決定するものとする。

別紙　1

微破壊・非破壊試験によるコンクリートの強度測定を用いた品質管理について

第１　目的

微破壊・非破壊試験を用いた品質管理手法（以下、「本手法」という。）は、微破壊・非破壊試験を用いてコンクリート構造物の強度が適正に確保されていることを確認するために行うものであり、この手法を活用した施工管理や監督・検査の充実を図ることでコンクリート構造物の適正な品質確保をめざすものである。

第２　対象工事の範囲

新設のコンクリート構造物のうち、橋長３０ｍ以上の橋梁の、橋梁上部工事及び橋梁下部工事を対象とする。ただし、工場製作のプレキャスト製品は対象外とする。

第３　発注者及び受注者が実施すべき事項

微破壊・非破壊試験を用いたコンクリート構造物の品質管理は、別添1「微破壊・非破壊試験によるコンクリート構造物の強度測定要領」（以下、「要領」という。）に従い実施するものとする。その際、発注者及び受注者が実施すべき事項を、以下に記す。

１．受注者による施工管理

　受注者は、要領に基づき、日常の施工管理を実施する。また、測定方法や測定箇所等については、施工計画書に記載し提出するとともに、測定結果については、測定結果報告書（「要領 3.4 測定に関する資料の提出等」参照）を作成し提出する。

２．検査職員による検査

　検査職員は、完成検査時に全ての測定結果報告書を確認する。

　なお、中間技術検査においても、出来るだけ測定結果報告書の活用による検査の実施を行うものとする。

第４　試験に要する費用

試験に要する費用は、技術管理費に含まれており積み上げ計上は不要とする。

第５　その他

発注者及び受注者は、本手法の趣旨及び微破壊・非破壊試験の実施手法を十分に理解しつつ、本手法の円滑な実施に努めるものとする。

なお、本手法によりコンクリート構造物の強度を測定する場合は、「土木コンクリート構造物の品質確保について」（国官技第61号、平成 13 年 3 月 29 日）に基づいて行うテストハンマーによる強度推定調査を省略することができるものとする。

別紙 2

非破壊試験による配筋状態及びかぶり測定を用いた品質管理について

第１ 目的

非破壊試験を用いた品質管理手法（以下、「本手法」という。）は、非破壊試験を用いてコンクリート構造物の鉄筋の配筋状態及びかぶりが適正に確保されていることを確認するために行うものであり、コンクリート構造物の適正な品質確保並びに施工管理や監督・検査の充実を目指すものである。

第２ 対象工事の範囲

対象構造物は、新設のコンクリート構造物のうち、橋梁上部工事、橋梁下部工事及び重要構造物である内空断面積 25m2 以上のボックスカルバートを対象とする。ただし、工場製作のプレキャスト製品は対象外とする。

第３ 発注者及び受注者が実施すべき事項

非破壊試験を用いたコンクリート構造物の品質管理は、別添 2「非破壊試験によるコンクリート構造物中の配筋状態及びかぶり測定要領」（以下、「要領」という。）に従い実施するものとする。その際、発注者（監督職員、検査職員）及び受注者が実施すべき事項を、以下に記す。

１．受注者による施工管理

受注者は、要領に基づき、日常の施工管理を実施する。また、測定方法や測定箇所等については、施工計画書に記載し提出するとともに、測定結果については、測定結果報告書（「要領 3.4 測定に関する資料の提出等」参照）を作成し提出する。

２．検査職員による検査

検査職員は、完成検査時に全ての測定結果報告書を確認する。なお、中間技術検査においても、出来るだけ測定結果報告書の活用による検査の実施を行うものとする。

第４ 試験に要する費用

試験に要する費用は、技術管理費に含まれており積み上げ計上は不要とする。

第５ その他

発注者及び受注者は、本手法の趣旨及び微破壊・非破壊試験の実施手法を十分に理解しつつ、本手法の円滑な実施に努めるものとする。

監督・検査・工事成績評定・土木工事共通仕様書関係

２．土木工事共通仕様書・施工管理基準等

(5).非破壊試験

資料の最新版については、国土交通省ホームページで確認できます。
https://www.mlit.go.jp/tec/tec_tk_000052.html

3－11　検査結果の処置

1．検査結果の通知

検査実施の結果、検査対象の出来形部分の完成を確認した場合は、受注者に対して「検査確認通知書」により通知する。

2．検査結果の復命

完成検査、既済部分検査で給付の完了を確認した場合は「検査調書」を作成する。また、完成検査及び中間技術検査にて技術検査を実施した場合は「技術検査復命書」により、局長または事務所長に復命する。

3．請負工事技術検査結果通知

完成検査、中間技術検査の検査結果の復命を受け、受注者に技術的な検査結果を通知する。

4．工事成績評定

検査結果について、「請負工事成績評定要領」及び「地方整備局工事成績評定実施要領」に基づき工事成績評定を行う。

5．修補指示

検査実施の結果、検査職員が修補の必要があると認めた場合は、「修補の指示について」に基づき、受注者に対して修補指示を行う。

なお、修補の規模、期間を考慮し、合議の判断が必要と考えられる場合は、検査結果処置検討会議をただちに開催し、技術的検討、合否の判断及びペナルティの検討を行い、その結果により指示を行うことができる。

また、工事の修補内容の契約不適合の重大性を考慮し、指名停止等の措置要領にもとづき、指名停止等措置検討委員会に諮り、適正な処置を行う。

検査職員が文書による修補の指示を行った場合は、「文書による修補の手続き」による。

検査結果処置検討会議（工事検査管理委員会等）

検査結果処置検討会議の構成メンバー			
（本官工事）		（分任官工事）	
議長：	技術調整管理官	議長：	事務所長
副議長：	総括技術検査官（工事品質調整官）	副議長：	（技）副所長
構成員：	契約課長、技術管理課長、技術検査官（必要に応じて）、当該工事発注担当課長（必要に応じて）、当該工事担当事務所長（必要に応じて）、当該工事技術検査官（必要に応じて）、議長が指名した者	構成員：	（工事品質管理官、事業対策官、建設専門官のいずれか）、契約課長、当該工事発注担当課長、当該工事担当主任監督員、当該工事担当技術検査官、議長が指名した者

６．修補指示した場合の合格、不合格

受注者が期限までに修補を完了し、監督職員が修補箇所を確認後、検査職員に報告する。検査職員が修補の完了を確認した場合は合格である。

期限までに修補を完了できなければ不合格であり「修補不合格通知書」を受注者に通知する。また、完成が認められるまでの超過期間について契約書第４５条により損害金の支払いを請求することになる。

遅延利息の徴収期間については、「契約書第４５条の運用」による。

3－12　修補

1．修補の指示について

（1）指示の必要性

検査時には、検査の結果として、合格、不合格の判断をすることになる。

しかし、検査時不合格であっても、その後修補（補強等も含む）等を実施すれば合格（給付の完了が確認できる）と判断できるケースが多々生じるものと想定される。このような場合、修補の要否、期間等の指示が必要となる。

また、一方では技術検査において、技術水準の向上を目的としており、少しの手入れで工事目的物全体のグレードが上がる場合も多々考えられる。このような場合には指示により手入れを行わせるものとする。

（2）指示の種類と手続

○文書による指示

給付の完了の確認を可能とするために必要な指示（手続き）は、文書による指示とする。（共通仕様書第１編１－１－２１の規定に基づく修補指示である。）

必要な修補内容により「検査結果処置検討会議（工事検査管理委員会等）」における合議の必要なものと不要なものに分かれる。

文書による指示（指示時点では検査不合格）
- ①合議の必要な修補内容
  - ・基本的な構造、及び機能の欠如、又は基本事項の間違い（大規模な修補が必要な場合。不誠実な行為がある場合）
- ②合議の不要な修補内容
  - ・出来形不足、明らかな品質不良、及び単純な機能不足等（管理基準からはずれている場合。一部が効用をなしていない場合等。

（3）修補指示の期限について

完成検査、完済部分検査時の修補期限については、契約書第４５条の運用のA、B（A≧B）期間となる。この期間内に給付の完了の確認が認められない場合は不合格（工期内に完成しなかった）となり、遅延利息の徴収の対象となる。

完成検査、完済部分検査、年度末の既済部分検査で修補の確認が年度を越える場合は繰越手続きが必要となるので注意すること。

（4）工事完成後の修補指示について

契約書第４５条第２項に規定する工事完成後（引き渡し後）の契約不適合の修補の請求を行う場合の検査手続きは、期限内に修補が完了しなかった場合の検査業務のフローを準用する。

※合議の必要な修補の具体例

○大々的な修補が必要な場合。不誠実行為の有る場合。

例・橋脚の位置を間違い上部工に影響する。（位置、高さ）
・基準高を間違い、前後の工事とすりつかない。
・ＰＣ桁に構造的な傷があり検討を要する。
・鋼橋のキャンバーが不足し、コンクリート打設後に逆キャンバーになる恐れがある。
・重要構造物に構造的なクラックが発生し、不安全な構造となっている。
・舗装の厚さが大半不足している。（規格値を大きく外れている）
・その他、構造物として致命的な欠陥が有る場合。主要箇所における故意的な粗雑工事の場合。等

※合議が不要な修補の具体例

○管理基準からはずれているような場合。一部が効用をなしていない場合等

例・吹きつけ厚さが部分的に足らないので、増し吹きが必要。
・ガードレールの設置高さが基準と合わない。
・擁壁に大きく豆板（空洞化）が出来ている（表面の荒れ程度ではない）
・一部埋戻しの転圧不足があり、沈下の恐れがある。または、沈下している。
・排水構造物の設置高さの不良。
・収縮クラックの補修（検査時点でクラック調査が完了しているもの）
・クラックの調査指示（調査対象構造物でクラックが発生し、検査時点でクラック調査が行われていないもの及び調査内容が不十分なもの）
・その他これらに類するもの。

2. 文書による修補の手続き

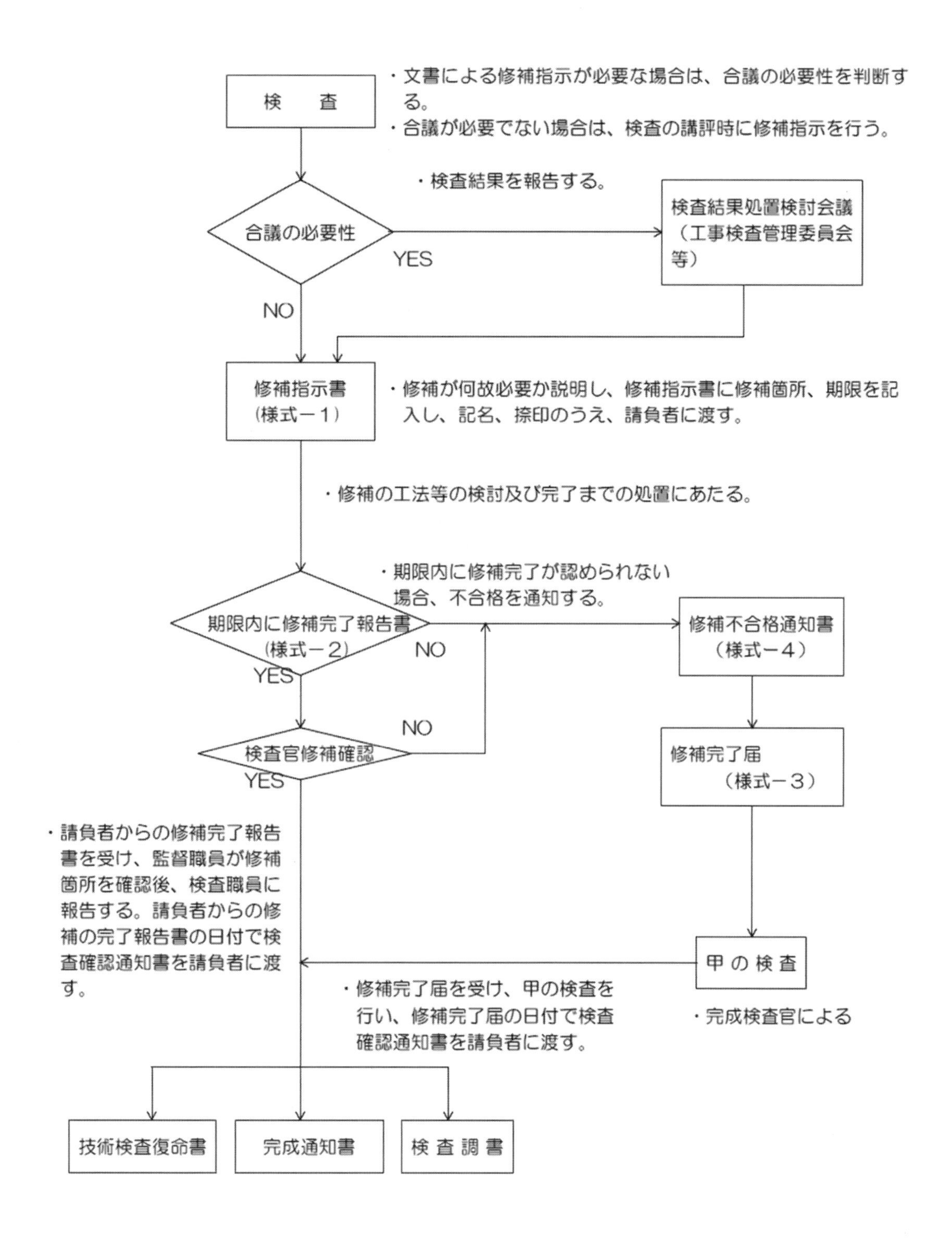

3. 契約書第45条の運用

契約書第４５条の履行遅滞の場合における損害金の支払請求に係る遅延日数の考え方は次表の通りとする。（※「合格」、「不合格」の意味は遅延利息の徴収が「なし」か「あり」か。）

ケース	工期内			工期外			考え方
	完成	検査	修補	完成	検査	修補	
a	○	○					合格
b	○	○	○				〃
c	○				○		〃
d	○	○			○	○	修補期間がA≧Bであれば合格とし、ケースbと同じ、A＜Bであれば不合格、遅延利息の徴収の対象となる 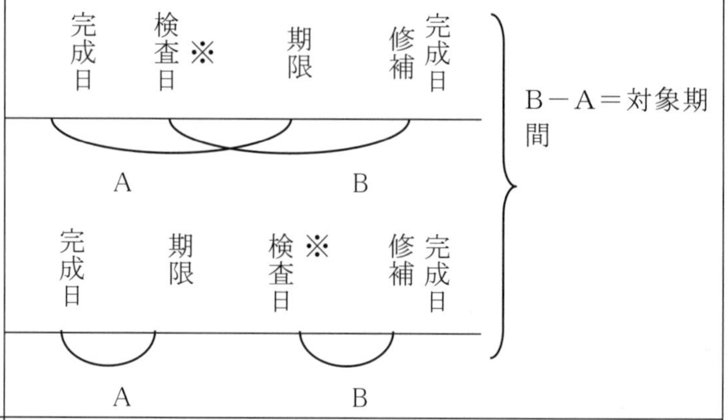 完成日　検査日※　期限　修補完成日 A　B B－A＝対象期間
e	○					○	完成日　期限　検査日※　修補完成日 A　B B－A＝対象期間
f				○	○		不合格、遅延利息を徴収する。 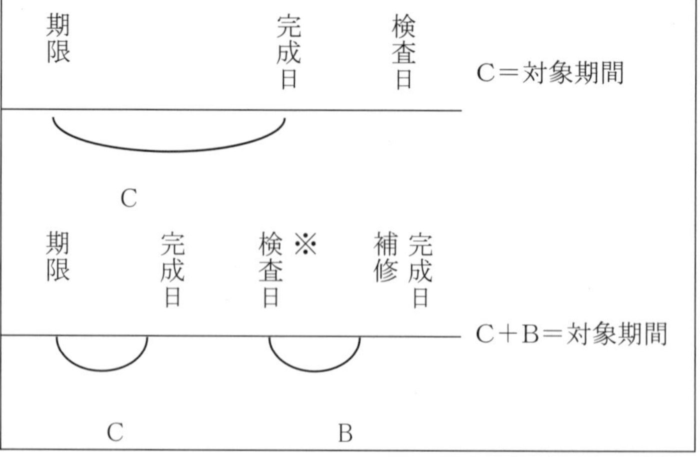 期限　完成日　検査日 C C＝対象期間
g				○	○	○	期限　完成日　検査日※　補修完成日 C　B C＋B＝対象期間

注）検査命令書は完成届を受理した時点で発行すべきであるが便宜上工事検査計画表によりあらかじめ検査日を決定するので検査職員は事前に当該事務所へ完成か否かを確認のうえ、検査を行うものとする。（※注）検査日と修補指示日が異なる場合は修補指示日とする。）

様式－1（帳票様式－74）

修補指示書	
工事名	
修補の箇所	
修補の期限	令和　　年　　月　　日

上記について修補を指示する。

令和　年　　月　　日

検査職員　　氏名　印

様式－2（帳票様式－75）

令和　　年　　月　　日

検査職員　　氏名　殿

現場代理人　氏名　印

令和　　年　　月　　日の（　　）検査において、修補指示されました
部分につきましては、下記のとおり完了しましたので報告します。

修補完了報告書

工事名	
検査官の修補指示箇所及び修補内容	

様式―3

令和　年　　月　　日

支出負担行為担当官
○○地方整備局長○○○○殿
(○○事務所長○○○○殿)

注者　住所

名　　　　　印

修補完了届

令和　　年　　月　　日の(　　　　　　　)検査において、指示されました、
修補部分については、下記のとおり完了しましたのでお届けします。

記

工事名
契約額
工事箇所
契約　　　　年　　月　　日
期限　　　　年　　月　　日
完了　　　　年　　月　　日
修補、改造箇所

・()は検査の種類を記入

様式―4

令和　年　　月　　日

受注者
住所
氏名　　　　　　殿

約担当官等名

職・氏名　　印

修補不合格通知書

工事名:

上記工事は、令和　　年　　月　　日の完成検査において指摘のあった修補部分について確認した結果、期限内に修補完了が認められないことから、修補不合格として通知します。

記

理由

3−13　書類限定検査の実施の標準化について

国技建管第５号
令和６年２月１３日

各地方整備局　企画部　　　技術調整管理官　殿
北海道開発局　事業振興部　技術管理企画官　殿
内閣府沖縄総合事務局　開発建設部　技術企画官　殿

大臣官房技術調査課
建設システム管理企画室長

書類限定検査の実施の標準化について

工事の検査時（完成・中間）における、技術検査官による資料検査（電子検査を含む）において、監督職員と技術検査官の重複確認の廃止及び受発注者における説明用資料等の書類削減による効率化を図るため、「検査書類限定型工事の実施について」（令和３年３月２３日付け国技建管第２４号）を実施しているところである。

これまでの検査書類限定型工事の実施の結果を踏まえ、より一層の検査の効率化を図るため書類限定検査の実施を標準とすることとしたので、別紙の実施要領に基づき実施するようお願いいたします。

なお、「検査書類限定型工事の実施について」（令和３年３月２３日付け国技建管第２４号）は、廃止する。

別紙

書類限定検査の実施の標準化　実施要領

１．目的

「書類限定検査の実施の標準化について」は、検査時（完成・中間）を対象に、資料検査に必要な書類を限定し、監督職員と技術検査官の重複確認廃止の徹底及び受発注者における説明用資料等の書類削減を行うことで技術検査官による資料検査の効率化を図るものである。

２．対象工事

対象工事は各地方整備局等において実施する全ての工事（港湾、空港、官庁営繕工事を除く）について、実施するものとする。ただし、以下の工事については対象外とする。

・「低入札価格調査対象工事」又は、「監督体制強化工事」

・施工中、監督職員から文書等による改善指示が発出された工事

３．実施内容

（１）技術検査

技術検査官は、技術検査時に下記の１０書類に限定して資料検査を行う。

①施工計画書	⑥品質規格証明書
②施工体制台帳（下請引取検査書類を含む）	⑦出来形管理図表
③工事打合せ簿（協議）	⑧品質管理図表
④工事打合せ簿（承諾）	⑨品質証明書
⑤工事打合せ簿（提出）	⑩工事写真

※上記書類は、検査用に作成するのではなく、適時、監督職員に提出した資料をとりまとめたものとする。

※監督職員は「「施工プロセス」のチェックリスト（案）」（地方整備局工事成績評定実施要領の別紙－５①～④）を検査時に技術検査官へ提出し、チェック内容を説明するものとする。

（２）調査協力

アンケート調査があった場合には、受発注者ともに協力するものとする。

４．実施方法

①検査（完成・中間）については、書類限定検査の実施を標準とし、特記仕様書、打合せ簿（指示）により、受注者に指示するものとする。

②これによりがたい場合は、検査通知前までに、上記１０種類以外の追加書類を併せて受注者に通知する。

【特記仕様書、打合せ簿（指示）記載例】

１．書類限定検査の実施

技術検査官による検査については、下記の１０書類に検査時の資料を限定して資料検査を行うものとする。

①施工計画書	⑥出来形管理図表
②施工体制台帳（下請引取検査書類を含む。）	⑦品質管理図表
③工事打合せ簿（協議）	⑧品質規格証明資料
④工事打合せ簿（提出）	⑨品質証明書
⑤工事打合せ簿（承諾）	⑩工事写真

２．実施状況や改善点等を把握のするためのアンケートに協力する。

【参考資料】

公共工事の品質確保の促進に関する施策を総合的に推進するための基本的な方針の一部変更について

令和元年１０月１８日
閣　　議　　決　　定

公共工事の品質確保の促進に関する法律（平成１７年法律第１８号）第９条第１項の規定に基づき、公共工事の品質確保の促進に関する施策を総合的に推進するための基本的な方針（平成１７年８月２６日閣議決定）を別紙のとおり変更する。

（別紙）

公共工事の品質確保の促進に関する施策を総合的に推進するための基本的な方針

政府は、公共工事の品質確保の促進に関する法律（平成１７年法律第１８号。以下「法」という。）第９条第１項に基づき、公共工事の品質確保の促進に関する施策を総合的に推進するための基本的な方針（以下「基本方針」という。）を、次のように定め、これに従い、法第１０条に規定する各省各庁の長、特殊法人等の代表者及び地方公共団体の長は、公共工事の品質確保の促進を図るため必要な措置を講ずるよう努めるものとする。

第１　公共工事の品質確保の促進の意義に関する事項

公共工事は、国民生活及び経済活動の基盤となる社会資本を整備するものとして社会経済上重要な意義を有しており、その品質は、現在及び将来の国民のために確保されなければならない。

建設工事は、目的物が使用されて初めてその品質を確認できること、その品質が受注者の技術的能力に負うところが大きいこと、個別の工事により品質に関する条件が異なること等の特性を有している。公共工事に関しては、厳しい財政事情の下、公共投資の減少やその受注をめぐる価格面での競争の激化により、ダンピング受注（その請負代金の額によっては公共工事の適正な施工が通常見込まれない契約の締結をいう。以下同じ。）等が生じてきた。また、通常、年度初めに工事量が少なくなる一方、年度末には工事量が集中する傾向があり、公共工事に従事する者において長時間労働や休日の取得しにくさ等につながることが懸念される。このため、工事中の事故や手抜き工事の発生、地域の建設業者の疲弊や下請業者や技能労働者等へのしわ寄せ、現場の技能労働者等の賃金の低下をはじめとする就労環境の悪化に伴う若手入職者の減少、更には建設生産を支える技術・技能の承継が困難となっているという深刻な問題が発生している。このような状況の下、将来にわたる公共工事の品質確保とその担い手の中長期的な育成及び確保に関する懸念が顕著となっている。予定価格の作成や入札及び契約の方法の選択、競争参加者の技術的能力の審査や工事の監督・検査等の発注関係事務を適切に実施することができない脆弱な体制の発注者や、いわゆる歩切りを行うこと、ダンピング受注を防止するための適切な措置を講じていないこと等により、公共工事の品質確保が困難となるおそれがある低価格での契約の締結を許容している発注者の存在も指摘されており、これも、将来にわたる公共工事の品質確保とその担い手の中長期的な育成及び確保に関する懸念の一つとなっている。さらに、各地で頻発する自然災害からの迅速かつ円滑な復旧・復興、防災・減災、国土強靭化、社会資本の適切な維持管理などの重要性が増してきている中で、これらを担い、地域の守り手となる建設業者が不足し、地域の安全・安心の維持に支障が生じるおそれがあることへの懸念が指摘されている。こうしたことから、将来にわたる公共工事の品質確保とその担い手の中長期的な育成及び確保を促進するための対策を講じる必要がある。

また、我が国の建設業界の潜在的な技術力は高い水準にあることから、公共工事の品質確保を促進するためには、民間企業が有する高い技術力を有効に活用することが必要である。しかし、現在の入札及び契約の方法は、画一的な運用になりがちである、民間の技術やノウハウを必ずしも最大限活用できていない、受注競争の激化による地域の建設産業の疲弊や担い手不足等の構造的な問題に必ずしも十分な対応ができていない等の課題が存在する。

このような観点に立つと、現在及び将来の公共工事の品質確保を図るためには、発注者が、法の基本理念にのっとり、公共工事の品質確保の担い手の中長期的な育成及び確保に配慮しつつ、公共工事の性格、地域の実情等に応じた入札及び契約の方法の選択その他の発注関係事務を適切に実施することが必要である。

また、発注者が主体的に責任を果たすことにより、技術的能力を有する競争参加者による競争が実現され、経済性に配慮しつつ価格以外の多様な要素をも考慮して価格及び品質が総合的に優れた内容の契約がなされることも重要である。こうした契約がなされるためには、発注者が、事業の目的や工事の性格等に応じ、競争参加者の技術的能力の審査を適切に行うとともに、品質の向上に係る技術提案を求めるよう努め、その場合の落札者の決定においては、価格に加えて技術提案の優劣等を総合的に評価することにより、最も評価の高い者を落札者とすることが基本となる。加えて、発注者は、工事の性格、地域の実情等に応じ、競争参加者の中長期的な技術的能力の確保に関する審査等を適切に行うよう努めることも必要である。

さらに、工事完成後の適切な点検、診断、維持、修繕その他の維持管理により、公共工事の目的物の品質を将来にわたって確保する必要がある。加えて、地域において災害対応を含む維持管理が適切に行われるよう、地域の実情を踏まえつつ、地域における担い手が育成され及び確保されるとともに、災害応急対策又は災害復旧に関する工事が迅速かつ円滑に実施される体制が整備されることが必要である。

これらにより、公共工事の施工に必要な技術的能力を有する者が中長期的に確保され、また、これらの者が公共工事を施工することとなることにより、現在及び将来の公共工事の目的物の品質が確保されることとなる。また、競争参加者の技術的能力の審査を行った場合には、必要な技術的能力を持たない建設業者が受注者となることにより生じる施工不良や工事の安全性の低下、一括下請負等の不正行為が未然に防止されることとなる。

さらに、ペーパーカンパニー等の不良・不適格業者が排除され、技術と経営に優れた企業が伸びることのできる環境が整備されることとなる。

加えて、民間企業の高度な技術提案がより的確に活用された場合には、工事目的物の環境の改善への寄与、長寿命化、工期短縮等の施工の効率化等が図られることとなり、一定のコストに対して得られる品質が向上し、公共事業の効率的な執行にもつながる。

さらに、価格以外の多様な要素が考慮された競争が行われることで、談合が行われにくい環境が整備されることも期待される。

公共工事に関する調査等（測量、地質調査その他の調査（点検及び診断を含む。）及び設計をいう。以下同じ。）についても、その品質確保は、公共工事の品質を確保するために必要であり、かつ、建設段階及び維持管理段階を通じた総合的なコストの縮減と品質向上に寄与するものである。このため、公共工事に関する調査等の契約においても、公共工事の品質確保の担い手の中長期的な育成及び確保に配慮しつつ、調査等の性格、地域の実情等に応じた入札及び契約の方法の選択その他の発注関係事務が適切に実施されること、その業務の内容に応じて必要な知識又は技術を有する者の能力がその者の有する資格等により適切に評価され、十分に活用されること、価格のみによって契約相手を決定するのではなく、必要に応じて技術提案を求め、その優劣を評価し、最も適切な者と契約を結ぶこと等を通じ、その品質を確保することが求められる。

公共工事の品質確保の取組を進めるに当たっては、公共工事等（公共工事及び公共工事に関する調査等をいう。以下同じ。）の入札及び契約の過程並びに契約の内容の透明性並びに競争の公正性を確保し、発注者の説明責任を適切に果たすとともに、談合、入札談合等関与行為その他の不正行為の排除が徹底されること、ダンピング受注が防止されること、不良・不適格業者の排除が徹底されること等の入札及び契約の適正化が図られるように配慮されなければならない。

さらに、公共工事の品質確保において、工事等（工事及び調査等をいう。以下同じ。）の効率性、安全性、環境への影響等が重要な意義を有することから、地盤の状況に関する情報その他の工事等に必要な情報が的確に把握され、より適切な技術又は工夫が活用されることも必要である。

また、公共工事の品質確保に当たっては、公共工事等の受注者のみならずその下請業者として工事を施工する専門工事業者や調査等を実施する者、これらの者に使用される技術者、技能労働者等がそれぞれ重要な役割を果たすことから、これらの者の能力が活用されるとともに、賃金その他の労働条件、安全衛生その他の労働環境が改善されるように配慮されなければならない。さらに、発注者と受注者間の請負契約のみならず下請業者に係る請負契約についても、対等な立場で公正に、市場における労務の取引価格、健康保険法（大正１１年法律第７０号）等の定めるところにより事業主が納付義務を負う保険料（以下「法定福利費」という。）等を的確に反映した適正な額の請負代金及び適正な工期又は調査等の履行期で締結され、その代金ができる限り速やかに、かつ、労務費相当分については現金で支払われる等により誠実に履行されるなど元請業者と下請業者の関係の適正化が図られるように配慮されなければならない。

これらに加えて、将来にわたる公共工事の品質確保のためには、より一層の生産性の向上が必要不可欠である。このため、調査等、施工、検査、維持管理の各段階における情報通信技術の活用等の i-Construction の推進等を通じて建設生産プロセス全体における生産性の向上を図る必要がある。

第２　公共工事の品質確保の促進のための施策に関する基本的な方針

１　発注関係事務の適切な実施

公共工事の発注者は、法第３条の基本理念にのっとり、公共工事の品質確保の担い手の中長期的な育成及び確保に配慮しつつ、競争に参加する資格を有する者の名簿（以下「有資格業者名簿」という。）の作成、仕様書、設計書等の契約図書の作成、予定価格の作成、入札及び契約の方法の選択、契約の相手方の決定、工事の監督及び検査並びに工事中及び完成時の施工状況の確認及び評価その他の発注関係事務（新設の工事だけではなく、維持管理に係る発注関係事務を含む。）を適切に実施しなければならない。

（1）予定価格の適正な設定

公共工事を施工する者が、公共工事の品質確保の担い手となる人材を中長期的に育成し、確保するための適正な利潤の確保を可能とするためには、予定価格が適正に定められることが不可欠である。このため、発注者が予定価格を定めるに当たっては、その元となる仕様書、設計書を現場の実態に即して適切に作成するとともに、経済社会情勢の変化により、市場における最新の労務、資材、機材等の取引価格、法定福利費、公共工事に従事する者の業務上の負傷等に対する補償に必要な金額を担保するための保険契約の保険料、適正な工期、施工の実態等を的確に反映した積算を行うものとする。また、この適正な積算に基づく設計書金額の一部を控除するいわゆる歩切りについては、厳にこれを行わないものとする。

予定価格に起因した入札不調・不落により再入札に付するときや入札に付そうとする工事と同種、類似の工事で入札不調・不落が生じているとき、災害により通常の積算の方法によっては適正な予定価格の算定が困難と認めるときその他必要があると認めるときは、予定価格と実勢価格の乖離に対応するため、入札参加者から工事の全部又は一部について見積りを徴収し、その妥当性を適切に確認しつつ当該見積りを活用した積算を行うなどにより適正な予定価格の設定を図り、できる限り速やかに契約が締結できるよう努めるものとする。

国は、発注者が、最新の取引価格や法定福利費等を的確に反映した積算を行うことができるよう、公共工事に従事する労働者の賃金に関する調査を適切に行い、その結果に基づいて実勢を反映した公共工事設計労務単価を適切に設定するとともに、法定福利費等の支払いに係る実態把握に努め、必要な措置を講ずるものとする。また、国は、公共工事の品質確保の担い手の中長期的な育成及び確保や市場の実態の的確な反映の観点から、予定価格を適正に定めるため、積算基準に関する検討及び必要に応じた見直しを行うものとする。

なお、予定価格の設定に当たっては、経済社会情勢の変化の反映、公共工事に従事する者の労働環境の改善、公共工事の品質確保の担い手が中長期的に育成され及び確保されるための適正な利潤の確保という目的を超えた不当な引上げを行わないよう留意することが必要である。

（2）災害時の緊急対応の充実強化

災害発生後の復旧に当たっては、早期かつ確実な施工が可能な者を短期間で選定し、復旧作業に着手することが求められる。また、その上で手続の透明性及び公正性の確保に努めることが必要である。このため、発注者は、災害時においては、手続の透明性及び公正性の確保に留意しつつ、災害応急対策又は緊急性が高い災害復旧に関する工事にあっては随意契約を、その他の災害復旧に関する工事にあっては指名競争入札を活用する等緊急性に応じた適切な入札及び契約の方法を選択するよう努めるものとする。また、災害復旧工事の緊急性に応じて随意契約等の入札及び契約の方法を選択する場合には、入札及び契約における手続の透明性及び公正性が確保されるよう、国は、運用に関するガイドラインを周知するなど必要な措置を講ずるものとする。

さらに、発注者は、災害応急対策又は災害復旧に関する工事が迅速かつ円滑に実施されるよう、あらかじめ、建設業法（昭和２４年法律第１００号）第２７条の３７に規定する建設業者団体その他の者との災害応急対策又は災害復旧に関する工事の施工に関する協定の締結その他必要な措置を講ずるよう努めるとともに、他の発注者と連携を図るよう努めるものとする。

（3）ダンピング受注の防止

ダンピング受注は、工事の手抜き、下請業者へのしわ寄せ、労働条件の悪化、安全対策の不徹底等につながりやすく、公共工事の品質確保に支障を来すおそれがあるとともに、公共工事を施工する者が公共工事の品質確保の担い手を中長期的に育成・確保するために必要となる適正な利潤を確保できないおそれがある等の問題がある。発注者は、ダンピング受注を防止するため、適切に低入札価格調査基準又は最低制限価格を設定するなどの必要な措置を講ずるものとする。

（4）計画的な発注、施工の時期の平準化

公共工事については、年度初めに工事量が少なくなる一方、年度末には工事量が集中する傾向にある。工事量の偏りが生じることで、工事の閑散期には、仕事が不足し、公共工事に従事する者の収入が減る可能性が懸念される一方、繁忙期には、仕事量が集中することになり、公共工事に従事する者において長時間労働や休日の取得しにくさ等につながることが懸念される。また、資材、機材等についても、閑散期には余剰が生じ、繁忙期には需要が高くなることによって円滑な調達が困難となる等の弊害が見受けられるところである。

公共工事の施工の時期の平準化が図られることは、年間を通じた工事量が安定することで公共工事に従事する者の処遇改善や、人材、資材、機材等の効率的な活用促進による建設業者の経営の健全化等に寄与し、ひいては公共工事の品質確保につながるものである。

このため、発注者は、計画的に発注を行うとともに、工期が１年以上の公共工事のみならず工期が１年に満たない公共工事についても、繰越明許費や債務負担行為の活用により翌年度にわたる工期設定を行う等の取組を通じて、施工の時期の平準化を図るものとする。また、受注者側が計画的に施工体制を確保することができるよう、地域の実情等に応じて、各発注者が連携して公共工事の中長期的な発注見通しを統合して公表する等必要な措置を講ずるものとする。

国は、地域における公共工事の施工の時期の平準化が図られるよう、繰越明許費や債務負担行為の活用による翌年度にわたる工期設定等の取組について地域の実情等に応じた支援を行うとともに、施工の時期の平準化の取組の意義についての周知や好事例の収集・周知、発注者ごとの施工の時期の平準化の進捗・取組状況の把握・公表を行うなど、その取組を強力に支援するものとする。

（5）適正な工期設定及び適切な設計変更

工事の施工に当たっては、用地取得や建築確認等の準備段階から、施工段階、工事の完成検査や仮設工作物の撤去といった後片付け段階まで各工程ごとに考慮されるべき事項があり、根拠なく短い工期が設定されると、無理な工程管理や長時間労働を強いられることから、公共工事に従事する者の疲弊や手抜き工事の発生等につながることとなり、ひいては担い手の確保にも支障が生じることが懸念される。

公共工事の施工に必要な工期の確保が図られることは、長時間労働の是正や週休２日の推進などにつながるのみならず、建設産業が魅力的な産業として将来にわたってその担い手を確保していくことに寄与し、最終的には国民の利益にもつながるものである。

このため、発注者は、公共工事に従事する者の労働時間その他の労働条件が適正に確保されるよう、公共工事に従事する者の休日、工事の施工に必要な準備期間、天候その他のやむを得ない事由により工事の施工が困難であると見込まれる日数、工事の規模及び難易度、地域の実情等を考慮し、適正な工期を設定するものとする。国及び地方公共団体等は、公共工事に従事する者の労働時間その他の労働条件が適正に確保されるよう、週休２日の確保等を含む適正な工期設定を推進するものとする。

また、設計図書に示された施工条件と実際の工事現場の状態が一致しない又は設計図書に示されていない施工条件について予期することができない特別な状態が生じたにもかかわらず、適切に工期の変更等が行われない場合には、公共工事に従事する者の長時間労働につながりかねない。このため、発注者は、設計図書に適切に施工条件を明示するとともに、契約後に施工条件について予期することができない特別な状態が生じる等により、工事内容の変更等が必要となる場合には、適切に設計図書の変更を行い、それに伴い請負代金の額及び工期に変動が生じる場合には、適切にこれらの変更を行うものとする。この場合において、工期が翌年度にわたることになったときは、繰越明許費の活用その他の必要な措置を適切に講ずるものとする。

２ 受注者等の責務に関する事項

法第８条において、公共工事の受注者は、基本理念にのっとり、公共工事を適正に実施するとともに、元請業者のみならず全ての下請業者を含む公共工事を実施する者は、下請契約を締結するときは、下請業者に使用される技術者、技能労働者等の賃金、労働時間その他の労働条件、安全衛生その他の労働環境が適正に整備されるよう、市場における労務の取引価格、法定福利費等を的確に反映した適正な額の請負代金及び適正な工期を定める下請契約を締結するものとされている。このため、公共工事を実施する者は、例えば、下請契約において最新の法定福利費を内訳明示した見積書を活用し、これを尊重すること、請負契約において法定福利費の請負代金内訳書を活用し、法定福利費が的確に反映されていることを明確にすること等により、下請契約が適正な請負代金で締結されるようにするものとする。また、元請業者は、下請業者が建設業法等に違反しないよう指導に努めるとともに、下請契約の関係者保護に配慮するものとする。国は、受注者におけるこれらの取組が適切に行われるよう、元請業者と下請業者の契約適正化のための指導、技能労働者の適切な賃金水準の確保や社会保険等への加入の徹底の要請、週休２日の確保等を含む適正な工期設定の推進等必要な措置を講ずるものとする。さらに、国は、元請業者のみならず全ての下請業者を含む公共工事を実施する者に対して、労務費、法定福利費等が適切に支払われるようその実態把握に努めるとともに、法令に違反して社会保険等に加入せず、法定福利費を負担していない建設業者が競争上有利となるような事態を避けるため、法定福利費を内訳明示した見積書や請負代金内訳書の活用促進を図るなど発注者と連携して、このような建設業者の公共工事からの排除及び当該建設業者への指導を徹底するものとする。

また、受注者（受注者となろうとする者を含む。この段落において同じ。）は、契約された又は将来施工されることとなる公共工事の適正な実施のために必要な技術的能力の向上、情報通信技術を活用した公共工事の施工の効率化等による生産性の向上並びに技術者、技能労働者等の育成及び確保とこれらの者に係る賃金、労働時間その他の労働条件、安全衛生その他の労働環境の改善に努めることとされている。国及び地方公共団体等は、建設現場における生産性の向上を図るため、技術開発の動向を踏まえ、情報通信技術や三次元データの活用、新技術、新材料又は新工法の導入等を推進するとともに、国は、地方公共団体、中小企業、小規模事業者を始めとした多くの企業等においても普及・活用されるよう支援するものとする。加えて、公共工事の品質が確保されるよう公共工事の適正な施工を確保するためには、公共工事における請負契約（下請契約を含む。）の当事者が法第３条の基本理念にのっとり、公共工事に従事する者の賃金、労働時間その他の労働条件、安全衛生その他の労働環境の適正な整備に配慮することが求められる。そのため、特に技能労働者の労働環境の適正な整備に当たって受注者は、「建設キャリアアップシステム（ＣＣＵＳ）」について、活用促進に向けた発注者の取組とも連携しつつ、下請業者に対し、その利用を促進すること等により、個々の技能労働者が有する技能や経験に応じた適正な評価や処遇を受けられるよう労働環境の改善に努めるものとする。国は、受注者における技術者、技能労働者等の育成及び確保を促進するため、「建設キャリアアップシステム」の利用環境の充実・向上に努めるなど技能労働者の技能や経験に応じた適切な処遇につながるような労働環境の改善を推進するとともに、関係省庁が連携して、教育訓練機能を充実強化すること、子供たちが土木・建築を含め正しい知識等を得られるよう学校におけるキャリア教育・職業教育への建設業者の協力を促進すること、女性も働きやすい現場環境を整備すること等必要な措置を講ずるものとする。

３　技術的能力の審査の実施に関する事項

競争参加者の選定又は競争参加資格の確認に当たっては、当該工事を施工する上で必要な施工能力や実績等について技術的能力の審査を行う。

技術的能力の審査は、有資格業者名簿の作成に際しての資格審査（以下「資格審査」という。）及び個別の工事に際しての競争参加者の技術審査（以下「技術審査」という。）として実施される。資格審査においては、公共工事の受注を希望する建設業者の施工能力の確認を行うものとし、技術審査においては、当該工事に関するその実施時点における建設業者の施工能力の確認を行うものとする。

（１）有資格業者名簿の作成に際しての資格審査

資格審査では、競争参加希望者の経営状況や施工能力に関し各発注者に共通する事項だけでなく、各発注者ごとに審査する事項を設けることができることとし、経営事項審査の結果や必要に応じ工事実績、工事の施工状況の評価（以下「工事成績評定」という。）の結果（以下「工事成績評定結果」という。）、建設業法（昭和２４年法律第１００号）第１１条第２項に基づき建設業者が国土交通大臣又は都道府県知事に提出する工事経歴書等を活用するものとする。なお、防災活動への取組等により蓄積された経験等の適切な項目を審査項目とすることも考えられるが、項目の選定に当たっては、競争性の低下につながることがないよう留意するものとする。

（2）個別工事に際しての競争参加者の技術審査

技術審査では、建設業者及び当該工事に配置が予定される技術者（以下「配置予定技術者」という。）の同種・類似工事の経験、配置予定技術者の有する資格、簡易な施工計画等の審査を行うとともに、必要に応じ、配置予定技術者に対するヒアリングを行うことにより、不良・不適格業者の排除及び適切な競争参加者の選定等を行うものとする。

同種・類似工事の経験等の要件を付する場合には、発注しようとする工事の目的、種別、規模・構造、工法等の技術特性、地質等の自然条件、周辺地域環境等の社会条件等を踏まえ、具体的に示すものとする。なお、工事の性格等に応じ、競争性の確保及び若年の技術者の配置にも留意するものとする。

また、建設業者や配置予定技術者の経験の確認に当たっては、実績として提出された工事成績評定結果を確認することが重要であり、工事成績評定結果の平均点が一定の評点に満たない建設業者には競争参加を認めないこと、一定の評点に満たない実績は経験と認めないこと等により、施工能力のない建設業者を排除するとともに、建設業者による工事の品質向上の努力を引き出すものとする。

（3）中長期的な技術的能力の確保に関する審査等

将来の公共工事の品質確保のためには、競争参加者（競争に参加しようとする者を含む。以下同じ。）が現時点で技術的能力を有していることに加え、中長期的な技術的能力を確保していることが必要である。そのためには、競争参加者における中長期的な技術的能力確保のための取組状況等に関する事項について、入札及び契約における手続の各段階において、各段階における審査又は評価の趣旨を踏まえ、発注に係る公共工事の性格や地域の実情等に応じ、審査し、又は評価するように努めるものとする。当該審査又は評価の項目としては、若年の技術者、技能労働者等の育成及び確保状況、建設機械の保有状況、災害協定の締結等の災害時の工事実施体制の確保状況等が挙げられるが、発注者は、発注する公共工事の性格、地域の実情等に応じて適切に項目を設定するものとする。

4　多様な入札及び契約の方法

発注者は、入札及び契約の方法の決定に当たっては、その発注に係る公共工事の性格、地域の実情等に応じ、以下に定める方式その他の多様な方法の中から適切な方法を選択し、又はこれらの組み合わせによることができる。

なお、多様な入札及び契約の方法の導入に当たっては、談合などの弊害が生ずることのないようその防止について十分配慮するとともに、入札及び契約の手続における透明性、公正性、必要かつ十分な競争性を確保するなど必要な措置を講ずるものとする。

（1）競争参加者の技術提案を求める方式

①技術提案の求め方
発注者は、競争に参加しようとする者に対し、発注する工事の内容に照らし、必要がないと認める場合を除き、技術提案を求めるよう努めるものとする。
この場合、求める技術提案は必ずしも高度な技術を要するものではなく、技術的な工夫の余地が小さい一般的な工事においては、技術審査において審査した施工計画の工程管理や施工上配慮すべき事項、品質管理方法等についての工夫を技術提案として扱うなど、発注者は、競争参加者の技術提案に係る負担に配慮するものとする。また、発注者の求める工事内容を実現するための施工上の提案や構造物の品質の向上を図るための高度な技術提案を求める場合には、例えば、設計・施工一括発注方式（デザインビルド方式）等により、工事目的物自体についての提案を認めるなど提案範囲の拡大に努めるものとする。この場合、事業の目的、工事の特性及び工事目的物の使用形態を踏まえ、安全対策、交通・環境への影響及び工期の縮減といった施工上の提案並びに強度、耐久性、維持管理の容易さ、環境の改善への寄与、景観との調和及びライフサイクルコストといった工事目的物の性能等適切な評価項目を設定するよう努めるものとする。

②技術提案の適切な審査・評価
一般的な工事において求める技術提案は、施工計画に関しては、施工手順、工期の設定等の妥当性、地形・地質等の地域特性への配慮を踏まえた提案の適切性等について、品質管理に関しては、工事目的物が完成した後には確認できなくなる部分に係る品質確認頻度や方法等について評価を行うものとする。これらの評価に加えて、競争参加者の同種・類似工事の経験及び工事成績、配置予定技術者の同種・類似工事の経験、配置予定技術者の有する資格、防災活動への取組等により蓄積された経験等についても、技術提案とともに評価を行うことも考えられる。
また、これらの評価に加え、発注者の求める工事内容を実現するための施工上の提案や構造物の品質の向上を図るための高度な技術提案を求める場合には、提案の実現性、安全性等について審査・評価を行うものとする。
技術提案の評価は、事前に提示した評価項目について、事業の目的、工事特性等に基づき、事前に提示した定量的又は定性的な評価基準及び得点配分に従い、評価を行うものとする。
なお、工事目的物の性能等の評価点数について基礎点と評価に応じて与えられる得点のバランスが適切に設定されない場合や、価格評価点に対する技術評価点の割合が適切に設定されない場合には、品質が十分に評価されない結果となることに留意するものとする。
各発注者は、説明責任を適切に果たすという観点から、落札者の決定に際しては、その評価の方法や内容を公表しなければならない。その際、発注者は、民間の技術提案自体が提案者の知的財産であることに鑑み、提案内容に関する事項が他者に知られることのないようにすること、提案者の了承を得ることなく提案の一部のみを採用することのないようにすること等取扱いに留意するものとする。その上で、採用した技術提案や新技術について、評価・検証を行い、公共工事の品質確保の促進に寄与するものと認められる場合には、以後の公共工事の計画、調査等、施工及び管理の各段階に反映させ、継続的な公共工事の品質確保に努めるものとする。
発注者は、競争に付された公共工事を技術提案の内容に従って確実に実施することができないと認めるときは、当該技術提案を採用せず、提案した者を落札者としないことができる。

また、技術提案に基づき、価格に加え価格以外の要素も総合的に評価して落札者を決定する方式（以下「総合評価落札方式」という。）で落札者を決定した場合には、落札者決定に反映された技術提案について、発注者と落札者の責任の分担とその内容を契約上明らかにするとともに、その履行を確保するための措置や履行できなかった場合の措置について契約上取り決めておくものとする。

（２）段階的選抜方式

競争参加者が多数と見込まれる場合においてその全ての者に詳細な技術提案を求めることは、発注者、競争参加者双方の事務負担が大きい。その負担に配慮し、発注者は、競争参加者が多数と見込まれるときその他必要と認めるときは、当該公共工事に係る技術的能力に関する事項を評価すること等により一定の技術水準に達した者を選抜した上で、これらの者の中から落札者を決定することができる。

なお、当該段階的な選抜は、一般競争入札方式の総合評価落札方式における過程の中で行うことができる。

加えて、本方式の実施に当たっては、必要な施工技術を有する者の新規の競争参加が不当に阻害されることのないよう、また、恣意的な選抜が行われることのないよう、案件ごとに事前明示された基準にのっとり、透明性をもって選抜を行うこと等その運用について十分な配慮を行うものとする。

（３）技術提案の改善

発注者は、技術提案の内容の一部を改善することで、より優れた技術提案となる場合や一部の不備を解決できる場合には、技術提案の審査において、提案者に当該技術提案の改善を求め、又は改善を提案する機会を与えることができる。この場合、発注者は、透明性の確保のため、技術提案の改善に係る過程について、その概要を速やかに公表するものとする。

なお、技術提案の改善を求める場合には、同様の技術提案をした者が複数あるにもかかわらず、特定の者だけに改善を求めるなど特定の者のみが有利となることのないようにすることが必要である。

（４）技術提案の審査及び価格等の交渉による方式（技術提案・交渉方式）

技術的難易度が高い工事等仕様の確定が困難である場合において、自らの発注の実績等を踏まえて必要があると認めるときは、技術提案を広く公募の上、その審査の結果を踏まえて選定した者と工法、価格等の交渉を行うことにより仕様を確定した上で契約することができる。この場合において、発注者は、技術提案の審査及び交渉の結果を踏まえて予定価格を定めるものとする。

（５）高度な技術等を含む技術提案を求めた場合の予定価格

競争参加者からの積極的な技術提案を引き出すため、新技術及び特殊な施工方法等の高度な技術又は優れた工夫を含む技術提案を求めた場合には、経済性に配慮しつつ、各々の提案とそれに要する費用が適切であるかを審査し、最も優れた提案を採用できるよう予定価格を作成することができる。この場合、当該技術提案の審査に当たり、中立かつ公正な立場から判断できる学識経験者の意見を聴取するものとする。

（６）地域における社会資本の維持管理に資する方式

災害時における対応を含む社会資本の維持管理が適切に、かつ効率的・持続的に行われるために、発注者は、必要があると認めるときは、地域の実情に応じて、工期が複数年度にわたる公共工事を一の契約により発注する方式、複数の工事を一の契約により発注する方式、災害応急対策、除雪、修繕、パトロールなどの地域維持事業の実施を目的として地域精通度の高い建設業者で構成される事業協同組合や地域維持型建設共同企業体（地域の建設業者が継続的な協業関係を確保することによりその実施体制を安定確保するために結成される建設共同企業体をいう。）が競争に参加することができることとする方式などを活用することとする。

５　中立かつ公正な審査・評価の確保に関する事項

技術提案の審査・評価に当たっては、発注者の恣意を排除し、中立かつ公正な審査・評価を行うことが必要である。このため、国においては、総合評価落札方式の実施方針及び複数の工事に共通する評価方法を定めようとするときは、中立の立場で公正な判断をすることができる学識経験者の意見を聴くとともに、必要に応じ個別工事の評価方法や落札者の決定についても意見を聴くものとする。また、技術提案・交渉方式の実施方針を定めようとするとき及び技術提案・交渉方式における技術提案の審査を行うときは、学識経験者の意見を聴くものとする。

また、地方公共団体においては、落札者決定基準を定めようとするときは、あらかじめ学識経験者の意見を聴くこと等が地方自治法施行令（昭和２２年政令第１６号）第１６７条の１０の２に規定されているが、この場合、各発注者ごとに、又は各発注者が連携し、都道府県等の単位で学識経験者の意見を聴く場を設ける、既存の審査の場に学識経験者を加える、個別に学識経験者の意見を聴くなど運用面の工夫も可能である。なお、学識経験者には、意見を聴く発注者とは別の公共工事の発注者の立場での実務経験を有している者等も含まれる。技術提案・交渉方式を行おうとするとき及び技術提案・交渉方式における技術提案の審査を行うときも同様に学識経験者の意見を聴くなどにより中立かつ公平な審査・評価を確保するものとする。

また、入札及び契約の過程に関する苦情については、各発注者がその苦情を受け付け、適切に説明を行うとともに、さらに不服がある場合には、第三者機関の活用等により、中立かつ公正に処理する仕組みを整備するものとする。

さらに、発注者の説明責任を適切に果たすとともに、手続の透明性を確保する観点から、落札結果については、契約締結後速やかに公表するものとする。また、総合評価落札方式を採用した場合には技術提案の評価結果を、技術提案・交渉方式を採用した場合には技術提案の審査の結果及びその過程の概要並びに交渉の過程の概要を、契約締結後速やかに公表するものとする。

６　工事の監督・検査及び施工状況の確認・評価に関する事項

公共工事の品質が確保されるよう、発注者は、監督及び給付の完了の確認を行うための検査並びに適正かつ能率的な施工を確保するとともに工事に関する技術水準の向上に資するために必要な技術的な検査（以下「技術検査」という。）を行うとともに、工事成績評定を適切に行うために必要な要領や技術基準を策定するものとする。

特に、工事成績評定については、公正な評価を行うとともに、評定結果の発注者間での相互利用を促進するため、国と地方公共団体との連携により、事業の目的や工事特性を考慮した評定項目及び評価方法の標準化を進めるものとする。

監督についても適切に実施するとともに、契約の内容に適合した履行がなされない可能性があると認められる場合には、適切な施工がなされるよう、通常より頻度を増やすことにより重点的な監督体制を整備するなどの対策を実施するものとする。

技術検査については、工事の施工状況の確認を充実させ、施工の節目において適切に実施し、施工について改善を要すると認めた事項や現地における指示事項を書面により受注者に通知するとともに、技術検査の結果を工事成績評定に反映させるものとする。

なお、工事の監督・検査及び施工状況の確認・評価に当たっては、映像など情報通信技術の活用を図るとともに、必要に応じて、第三者による品質証明制度やＩＳＯ９００１認証を活用した品質管理に係る専門的な知識や技術を有する第三者による工事が適正に実施されているかどうかの確認の結果の活用を図るよう努めるものとする。国及び地方公共団体等は、工事の監督・検査及び施工状況の確認・評価に当たっても、生産性の向上を図るため、技術開発の動向を踏まえ、情報通信技術や三次元データの活用、新技術の導入等を推進するとともに、国は、地方公共団体や中小企業・小規模事業者を始めとした多くの企業等においても普及・活用されるよう支援するものとする。

また、工事の性格等を踏まえ、工事目的物の供用後の性能等について、必要に応じて完成後の一定期間を経過した後において、施工状況の確認及び評価を実施するよう努めるものとする。

７　発注関係事務の環境整備に関する事項

各省各庁の長は、各発注者の技術提案の適切な審査・評価、監督・検査、工事成績評定等の円滑な実施に資するよう、これらの標準的な方法や留意事項をとりまとめた資料を作成し、発注者間で共有するなど、公共工事の品質確保に係る施策の実施に向け、発注関係事務の環境整備に努めるものとする。

なお、これらの資料を踏まえて、各発注者は各々の取組に関する基準や要領の整備に努めるとともに、必要に応じ、発注者間でこれらの標準化を進めるものとする。この際、これらを整備することが困難な地方公共団体等に対しては、国及び都道府県が必要に応じて支援を行うよう努めるものとする。

また、新規参入者を含めた建設業者の技術的能力の審査を公正かつ効率的に行うためには、各発注者が発注した工事の施工内容や工事成績評定、当該工事を担当した技術者に関するデータを活用することが必要である。このため、各発注者が発注した工事について、工事の施工内容や工事成績評定等に関する資料をデータベースとして相互利用し、技術的能力の審査において活用できるよう、データベースの整備、データの登録及び更新並びに発注者間でのデータの共有化を進めるものとする。

さらに、各発注者は、民間の技術開発の促進を図るため、民間からの技術情報の収集、技術の評価、さらには新技術の公共事業等への活用を行う取組を進めるとともに、施工現場における技術や工夫を活用するため、必要に応じて関連する技術基準や技術指針、発注仕様書等の見直し等を行うよう努めるものとする。

8　調査等の品質確保に関する事項

公共工事の品質確保に当たっては、公共工事に関する調査等の品質確保が重要な役割を果たしており、その成果は、建設段階及び維持管理段階を通じた総合的なコストや、公共工事の工期、環境への影響、施設の性能・耐久性、利用者の満足度等の品質に大きく影響することとなる。

このような観点から、公共工事に関する調査等についても、公共工事と同様に、法第３条の基本理念にのっとり、公共工事の品質確保の担い手の中長期的な育成及び確保に配慮しつつ、国及び地方公共団体並びに公共工事に関する調査等の発注者及び受注者がそれぞれ下記の役割を果たさなければならない。

（１）調査等における発注関係事務の適切な実施

公共工事に関する調査等の発注者は、法第３条の基本理念にのっとり、公共工事の品質確保の担い手の中長期的な育成及び確保に配慮しつつ、有資格業者名簿の作成、仕様書、設計書等の契約図書の作成、予定価格の作成、入札及び契約の方法の選択、契約の相手方の決定、調査等の実施中及び完了時の調査等の状況の確認及び評価その他の発注関係事務を適切に実施しなければならない。また、国及び地方公共団体等は、公共工事に関する調査等においても、予定価格の適正な設定、災害時の緊急対応の推進、ダンピング受注の防止、調査等の実施の時期の平準化、適正な履行期の設定等に留意した発注がなされるよう必要な措置を講ずるものとする。

①予定価格の適正な設定
公共工事に関する調査等を実施する者が、公共工事の品質確保の担い手となる人材を中長期的に育成し、確保するための適正な利潤の確保を可能とするためには、予定価格が適正に定められることが不可欠である。このため、発注者が予定価格を定めるに当たっては、その元となる仕様書、設計書を現場の実態に即して適切に作成するとともに、経済社会情勢の変化により、市場における最新の労務、資材、機材等の取引価格、法定福利費、公共工事に関する調査等に従事する者の業務上の負傷等に対する補償に必要な金額を担保するための保険契約の保険料、調査等の履行期、調査等の実施の実態等を的確に反映した積算を行うものとする。また、この適正な積算に基づく設計書金額の一部を控除するいわゆる歩切りについては、厳にこれを行わないものとする。
予定価格に起因した入札不調・不落により再入札に付するときや入札に付そうとする調査等と同種、類似の調査等で入札不調・不落が生じているとき、災害により通常の積算の方法によっては適正な予定価格の算定が困難と認めるときその他必要があると認めるときは、予定価格と実勢価格の乖離に対応するため、入札参加者から調査等の全部又は一部について見積りを徴収し、その妥当性を適切に確認しつつ当該見積りを活用した積算を行うなどにより適正な予定価格の設定を図り、できる限り速やかに契約が締結できるよう努めるものとする。
国は、発注者が、最新の取引価格等を的確に反映した積算を行うことができるよう、公共工事に関する調査等に従事する者の賃金に関する調査を適切に行い、その結果に基づいて実勢を反映した技術者単価を適切に設定するものとする。また、国は、公共工事の品質確保の担い手の中長期的な育成及び確保や市場の実態の的確な反映の観点から、予定価格を適正に定めるため、積算基準に関する検討及び必要に応じた見直しを行うものとする。
なお、予定価格の設定に当たっては、経済社会情勢の変化の反映、公共工事に関する調査等に従事する者の労働環境の改善、公共工事の品質確保の担い手が中長期的に育成され及び確保されるための適正な利潤の確保という目的を超えた不当な引上げを行わないよう留意することが必要である。

②災害時の緊急対応の充実強化
災害発生後の復旧に当たっては、早期かつ確実な調査等の実施が可能な者を短期間で選定し、復旧作業に着手することが求められる。また、その上で手続の透明性及び公正性の確保に努めることが必要である。このため、発注者は、災害時においては、手続の透明性及び公正性の確保に留意しつつ、災害応急対策又は緊急性が高い災害復旧工事に関する調査等にあっては随意契約を、その他の災害復旧工事に関する調査等にあっては指名競争入札を活用する等、緊急性に応じた適切な入札及び契約の方法を選択するよう努めるものとする。
さらに、発注者は、災害応急対策又は災害復旧工事に関する調査等が迅速かつ円滑に実施されるよう、あらかじめ、当該調査等を実施しようとする者等との災害応急対策又は災害復旧工事に関する調査等の実施に関する協定の締結その他必要な措置を講ずるよう務めるとともに、他の発注者と連携を図るよう努めるものとする。

③ダンピング受注の防止
ダンピング受注は、調査等の手抜き、下請業者へのしわ寄せ、労働条件の悪化、安全対策の不徹底等につながりやすく、公共工事の品質確保に支障を来すおそれがあるとともに、公共工事に関する調査等を実施する者が公共工事の品質確保の担い手を中長期的に育成・確保するために必要となる適正な利潤を確保できないおそれがある等の問題がある。発注者は、ダンピング受注を防止するため、適切に低入札価格調査基準又は最低制限価格を設定するなどの必要な措置を講ずるものとする。

④調査等における計画的な発注、実施の時期の平準化
公共工事と同様に、公共工事に関する調査等についても、年度初めに業務量が少なくなる一方、年度末には業務量が集中する傾向にある。業務量の偏りが生じることで、繁忙期には、業務量が過大になり、公共工事に関する調査等に従事する者において長時間労働や休日の取得しにくさ等につながることが懸念される。
公共工事に関する調査等の実施の時期の平準化が図られることは、年間を通した業務量が安定することで公共工事に関する調査等に従事する者の処遇改善等に寄与し、ひいては公共工事の品質確保につながるものである。
このため、発注者は、計画的に発注を行うとともに、履行期が１年以上の公共工事に関する調査等のみならず履行期が１年に満たない公共工事に関する調査等についても、

繰越明許費や債務負担行為の活用により翌年度にわたって履行期の設定を行う等の取組を通じて、実施の時期の平準化を図るものとする。また、受注者側が計画的に調査等の実施体制を確保することができるよう、地域の実情等に応じて、各発注者が連携して公共工事に関する調査等の中長期的な発注見通しを統合して公表する等必要な措置を講ずるものとする。
国は、地域における公共工事に関する調査等の実施の時期の平準化に当たっては、繰越明許費や債務負担行為の活用による翌年度にわたる履行期の設定等の取組について地域の実情等に応じた支援を行うとともに、好事例の収集・周知、発注者ごとの調査等に関する実施の時期の平準化の進捗・取組状況の把握・公表を行うなど、その取組を強力に支援するものとする。

⑤適正な履行期の設定及び適切な設計変更
調査等の実施に当たって、根拠なく短い調査等の履行期が設定されると、無理な業務管理や長時間労働を強いられることから、公共工事に関する調査等に従事する者の疲弊等につながることとなり、ひいては担い手の確保に支障が生じることが懸念される。このため、発注者は、公共工事に関する調査等に従事する者の労働時間その他の労働条件が適正に確保されるよう公共工事に関する調査等に従事する者の休日、調査等の実施に必要な準備期間、天候その他のやむを得ない事由により調査等の実施が困難であると見込まれる日数、調査等の規模及び難易度、地域の実情等を考慮し、適正な調査等の履行期を設定するものとする。国及び地方公共団体等は、公共工事に関する調査等に従事する者の労働時間その他の労働条件が適正に確保されるよう、週休２日の確保等を含む適正な調査等の履行期の設定を推進するものとする。
また、調査等の実施条件について予期することができない特別な状態が生じたにもかかわらず、適切な調査等の履行期の変更等が行われない場合には、公共工事に関する調査等に従事する者の長時間労働につながりかねない。このため、発注者は、適切に調査等の実施条件を明示するとともに、契約後に実施条件について予期することができない状態が生じる等により設計図書の変更等が必要となる場合には、適切に設計図書の変更を行い、それに伴い請負代金の額又は調査等の履行期に変動が生じる場合には、適切にこれらの変更を行うものとする。この場合において、履行期が翌年度にわたることになったときは、繰越明許費の活用その他の必要な措置を適切に講ずるものとする。

（２）調査等における受注者等の責務に関する事項

法第８条において、公共工事に関する調査等の受注者は、基本理念にのっとり、公共工事に関する調査等を適正に実施するとともに、元請業者のみならず全ての下請業者を含む公共工事に関する調査等を実施する者は、下請契約を締結するときは、下請業者に使用される技術者等の賃金、労働時間その他の労働条件、安全衛生その他の労働環境が適正に整備されるよう、市場における労務の取引価格、法定福利費等を的確に反映した適正な額の請負代金及び適正な調査等の履行期を定める下請契約を締結するものとされている。国は、受注者におけるこれらの取組が適切に行われるよう、週休２日の確保等を含む適正な履行期の設定の推進等必要な措置を講ずるものとする。

また、公共工事に関する調査等の受注者（受注者となろうとする者を含む。この段落において同じ。）は、契約された又は将来実施されることとなる公共工事に関する調査等の適正な実施のために必要な技術的能力の向上、情報通信技術を活用した公共工事に関する調査等の効率化等による生産性の向上並びに技術者等の育成及び確保とこれらの者に係る賃金、労働時間その他の労働条件、安全衛生その他の労働環境の改善に努めることとされている。国及び地方公共団体等は、調査等の現場における生産性の向上を図るため、技術開発の動向を踏まえ、情報通信技術や三次元データの活用、新技術の導入等を推進するとともに、国は、地方公共団体や中小企業、小規模事業者を始めとした多くの企業等においても普及・活用されるよう支援するものとする。また、国は、調査等の技術者の育成及び確保を促進するため、就職前の学生等が調査等の業務内容に関して正しい知識等を得られるよう学校におけるキャリア教育・職業教育への調査等を実施する者の協力を促進すること、女性も働きやすい現場環境を整備すること等必要な措置を講ずるものとする。

（３）調査等における技術的な能力の審査の実施、調査等の性格等に応じた入札及び契約の方法等

調査等の契約に当たっては、競争参加者の技術的能力の審査や中長期的な技術的能力の確保に関する審査の実施により、その品質を確保する必要がある。また、発注者は、調査等の内容に照らして技術的な工夫の余地が小さい場合を除き、競争参加者に対して技術提案を求め、価格と品質が総合的に優れた内容の契約がなされるようにすることが必要である。この場合、公共工事に関する調査等は、公共工事の目的や個々の調査等の特性に応じて評価の特性も異なることから、求める品質の確保が可能となるよう、調査等の性格、地域の実情等に応じ、適切な入札及び契約の方式を採用するものとする。

なお、調査等における入札及び契約の方法の導入に当たっては、談合などの弊害が生ずることのないよう、その防止について十分配慮するとともに、入札及び契約の手続における透明性、公正性、必要かつ十分な競争性を確保するなどの必要な措置を講ずるものとする。

また、調査等は、その成果が、調査等を実施する者の能力に影響される特性を有していることから、発注者は、技術的能力の審査や技術提案の審査・評価に際して、当該調査等に配置が予定される技術者の経験又は有する資格、その成績評定結果を適切に審査・評価することが必要である。また、その審査・評価について説明責任を有していることにも留意するものとする。このため、国は、配置が予定される者の能力が、その者の有する資格等により適切に評価され、十分活用されるよう、これらに係る資格等の評価について検討を進め、必要な措置を講ずるものとする。

なお、技術提案が提案者の知的財産であることに鑑み、提案内容に関する事項が他者に知られることのないようにすること、提案者の了承を得ることなく提案の一部のみを採用することのないようにすること等、発注者はその取扱いに留意するものとする。

当該調査等の内容が、工夫の余地が小さい場合や単純な作業に近い場合等必ずしも技術提案を求める必要がない場合においても、競争に参加する者の選定に際し、その業務実績、業務成績、業務を担当する予定の技術者の能力等を適切に審査するものとする。

内容が技術的に高度である調査等又は専門的な技術が要求される調査等であって、提出された技術提案に基づいて仕様を作成する方が優れた成果を期待できる場合等においては、プロポーザル方式を採用するよう努めるとともに、競争に付する場合と同様

に技術提案の審査・評価を適切に行い、また、その審査・評価について説明責任を有していることにも留意するものとする。

発注者は、調査等の適正な履行を確保するため、発注者として行う指示、承諾、協議等や完了の確認を行うための検査を適切に行うとともに、業務の履行過程及び業務の成果を的確に評価し、成績評定を行うものとする。その際、映像や三次元データなど情報通信技術の活用を図るとともに、必要に応じて専門的な知識や技術を有する第三者による調査等が適正に実施されているかどうかの確認の結果の活用を図るよう努めるものとする。成績評定の結果は、業務を遂行するのにふさわしい者を選定するに当たって重要な役割を果たすことから、国と地方公共団体との連携により、調査等の特性を考慮した評定項目及び評価方法の標準化を進めるとともに、発注者は、業務内容や成績評定の結果等のデータベース化を進め、相互に活用するよう努めるものとする。また、調査等の成果は、公共工事の品質確保のため、適切に保存するよう努めるものとする。

なお、落札者の決定に反映された技術提案に基づく成果については、発注者と落札者の責任の分担とその内容を契約上明らかにするとともに、その履行を確保するための措置や履行できなかった場合の措置について契約上取り決めておくものとする。

9　発注関係事務を適切に実施することができる者の活用

（1）国・都道府県による支援

各発注者は、自らの発注体制を十分に把握し、積算、監督・検査、工事成績評定、技術提案の審査等の発注関係事務を適切に実施することができるよう、体制の整備に努めるものとする。また、工事等の内容が高度であるために積算、監督・検査、技術提案の審査ができないなど発注関係事務を適切に実施することが困難である場合においては、発注者の責任のもと、発注関係事務を実施することができる者の活用や発注関係事務に関し助言その他の援助を適切に行う能力を有する者の活用（ＣＭ（コンストラクション・マネジメント）方式等の活用）に努めるものとする。

このような発注者に対して、国及び都道府県は、地方公共団体において次のような措置を講ずるよう努めるものとする。

イ　発注関係事務を適切に実施することができる職員を育成するため、講習会の開催や国・都道府県が実施する研修への職員の受入れを行う。

ロ　発注者より要請があった場合には、自らの業務の実施状況を勘案しつつ、可能な限り、その要請に応じて支援を行う。

ハ　発注関係事務を適切に実施することができる者及び発注関係事務に関し助言その他の援助を適切に行う能力を有する者の活用を促進するため、発注者による発注関係事務や当該事務に関する助言その他の援助を公正に行うことができる条件を備えた者の適切な評価及び選定に関して協力するとともに、発注者間での連携体制を整備する。

ニ　発注関係事務を適切に実施するために必要な情報の収集及び提供等を行う。

（２）国・都道府県以外の者の活用

国・都道府県以外の者を活用し、発注関係事務の全部又は一部を行わせる場合は、その者が、公正な立場で、継続して円滑に発注関係事務を遂行することができる組織であること、その職員が発注関係事務を適切に実施することができる知識・経験を有していること等が必要である。
このため、国・都道府県は、公正な立場で継続して円滑に発注関係事務を遂行することができる組織や、発注関係事務を適切に実施することができる知識・経験を有している者を適切に評価することにより、公共工事等を発注する地方公共団体等が発注関係事務の全部又は一部を行うことができる者の選定を支援するものとする。

10　公共工事の目的物の適切な維持管理の実施

各地で頻発する自然災害や老朽化に的確に対応し国民の安全・安心を確保するとともに、公共工事の目的物の中長期的な維持管理等を含めたトータルコストの縮減や予算の平準化を図る観点から、公共工事の品質確保に当たっては、公共工事の目的物に対する点検、診断、維持、修繕等の維持管理を適切に実施することが重要である。

このため、国、特殊法人等及び地方公共団体は、公共工事の目的物の維持管理を行う場合は、その品質が将来にわたり確保されるよう、維持管理の担い手の中長期的な育成及び確保に配慮しつつ、当該目的物について、適切に点検、診断、維持、修繕等を実施するよう努めるものとする。なお、当該目的物の維持管理に関し、他の法令等で規定があるものについては、その規定に従って適切に維持管理を実施するものとする。

11　施策の進め方

基本方針に規定する公共工事の品質確保に関する総合的な施策の策定及びその実施に当たっては、国及び地方公共団体が相互に緊密な連携を図りながら協力し、法第３条の基本理念の実現を図る必要がある。また、その効率的かつ確実な実施のためには、各発注者の体制等に鑑み、これを段階的かつ計画的に着実に推進していくことが必要である。

このため、国は、法第３条の基本理念にのっとり、地方公共団体、学識経験者、民間事業者その他の関係者から現場の課題や制度の運用等に関する意見を聴取し、発注関係事務に関する国、地方公共団体等に共通の運用の指針を定めるとともに、当該指針に基づき発注関係事務が適切に実施されているかについて定期的に調査を行い、その結果をとりまとめ、公表するものとする。

各発注者は、公共工事の品質確保や適切な発注関係事務の実施に向け、その実施に必要な知識又は技術を有する職員の育成・確保、必要な職員の配置その他の体制の整備に努めるとともに、発注者間の協力体制を強化するため、情報交換を行うなど連携を図るよう努めるものとする。

さらには、社会インフラの整備及び維持管理の実施や災害の頻発に的確に対応するとともに、公共工事の品質確保に係る取組を推進するため、国及び地方公共団体等は、技術者の確保、育成を含む体制の強化を図るものとする。

国は、地方公共団体が講ずる公共工事の品質確保の促進に関する施策に関し、必要な助言、情報提供その他の援助を行うよう努めるものとする。また、地方公共団体において財源や人材に不足が生じないよう、必要な支援を行うものとする。

第４編

成績評定について

4－1　成績評定について

請負工事の工事成績評定は、工事の適正かつ能率的な施工を確保するとともに、工事に関する技術水準の向上を図ることを目的として実施されている。

現在、工事の入札契約においては、ほとんどの工事について総合評価落札方式が導入されており、入札参加要件に工事成績が活用されている。また、落札者の決定にあたっても、価格と企業の技術力が総合的に評価されており、工事成績は技術力の評価においても重要な指標のひとつになっている。

平成２１年度に改正された現行の工事成績評定では、「高度技術」の評価を見直し、「工事特性」を評価するように改められた。これにより、特異な技術といった観点ではなく、施工の困難性等の工事特性への対応が図られた工事を評価できるように改善された。

この他に、総合評価の履行状況を評価するため、履行状況に対する評価項目を新規に設定している事や、工事間の技術力の差をこれまで以上に明確に評価出来るように改められたことなどが、工事成績評定の主要な改正点である。

近年においては公共工事の品質確保に関する法律の理念を取り入れた評価項目や建設業を取り巻く状況へ対応するような評価項目も追加を行っている。

工事成績評定は、「地方整備局工事技術検査要領」第６条の規定に基づき実施され、技術検査は、技術的基準を定めた「地方整備局土木工事技術検査基準（案）」に基づき実施される。

具体的な評定の方法の詳細は、「請負工事成績評定要領」や、「請負工事成績評定要領の運用」の別添１「地方整備局工事成績評定実施要領」に定められている。

工事成績評定は、これらの内容に沿って粛々と実施される。

成績評定に関する基準類等一覧（沿革）

１．　地方整備局土木工事検査技術基準（案）

昭和４２年３月３０日　建設省官技発第１４号
昭和６３年５月３１日　建設省官技発第３１９号
平成　７年９月２９日　建設省技調発第１２２号
平成　９年３月３０日　建設省技調発第９１号
平成１５年３月３１日　国土交通省技調発第３４４号
平成１８年３月３１日　国官技第２８４号
平成３１年３月２９日　国官技第１７８号
令和５年３月２４日　国官技第３６７号
「第３偏．検査について」を参照

２．　既済部分検査技術基準について

平成１８年４月３日　国官技第１－３号
平成２８年３月３０日　国官技第３９３号
平成３０年４月２日　国官技第３２６号
平成３１年３月２９日　国官技第１７６号
令和５年３月２４日　国官技第３６６号
「第３偏．検査について」を参照

３．　地方整備局工事技術検査要領

昭和４２年３月３０日　建設省官技第１３号
昭和６３年５月３１日　建設省技調発第３１８号
平成１８年３月３１日　国官技第２８２号
「第３偏．検査について」を参照

４．　地方整備局土木工事技術検査基準（案）

平成１８年３月３１日　国官技第２８３号
「第３偏．検査について」を参照

５．　請負工事成績評定要領について

平成１３年３月３０日　国官技第９２号
平成１９年３月３０日　国官技第３５８号
平成２２年３月３１日　国官技第３２６号

6．　請負工事成績評定要領の運用について

平成１３年3月３０日　国官技第９３号
平成１７年6月３０日　国官技第６４号
平成１８年9月２６日　国官技第１７７号
平成１９年3月３０日　国官技第３５９号平
成２１年3月２４日　国官技第２９３号
平成２２年3月３１日　国官技第３２８号
平成２５年3月２５日　国官技第３２３号

7．　請負工事成績評定結果の取扱いについて

平成１８年7月３１日　国官技第１１３号

8．　「請負工事成績評定結果の取扱の運用」について

平成１８年7月３１日　国コ企第4号
平成１９年3月３０日　国コ企第1号
平成２０年6月6日　国シ企第1号
令和4年3月２５日　国技建管第２０号

9．　請負工事成績評定結果取扱細則について

平成１８年9月１１日　事務連絡
平成１９年3月３０日　事務連絡
令和　4年3月２５日　事務連絡

4－2　請負工事成績評定要領について

請負工事成績評定要領の基本的解釈と運用方法について（参考）

【基本的解釈と運用方法】

評定における「評価対象項目」は、契約書、特記仕様書、土木工事共通仕様書等に記載されているいわば契約事項であるものがほとんどであり、実施されなければ契約不履行という前提で解釈できそうですが、次のように解釈する必要があります。

・契約事項は、受注業者の責任において自ら遂行しなければならないものであるが、実態として監査員としての指導や助言なしでは工事を遂行できない受注業者が見受けられます。評定は、工事を完成させるまでの過程で、監督職員がどの程の指導や助言をしなければならなかったのか確認して評価を行うものとなっています。指導や助言が多くなるにしたがい評価は低くなります。

・さらに、これらの評価にも「透明性」「客観性」が求められています。したがって、その工事の評価点に至る過程も明確にしておかなければなりません。それらを「施工プロセスのチェックリスト」及び「工事打合せ書」に記録することになっています。
なお、工事検査官にとってこれらの記録は、請負業者の各種能力を評価する際の重要な情報となります。

・『工事成績採点表の考査項目の考査項目別運用表』における「評価対象項目」に「レ点」を付すことができるのは、当該項目に関する業務を受注者が自主的に実施した場合のみとします。発注者側監査職員の指導や助言があった場合、その結果が合格水準に達していても「評価項目」に「レ点」を付すことはできません。

・『工事成績採点表の考査項目の考査項目別運用表』における「評価対象項目」に「レ点」を付す場合の条件としては、前項の条件を満たし、かつ、その結果が合格水準以上であることが必要です。

・受注業者の工事履行能力などにより、何らかの契約不履行に至る可能性が認められたときは、それを指摘し指導をして改善させることになりますが、評定では指導から改善に至る過程を打合せ書で記録することになります。指導は２段階となります。一段階の指導は「打合せ書の通知」で行い、通知により改善されなれければ「打合せ書の指示」により改善をします。なお、「文書（打合せ書）による改善指示」を行った場合、その

【細別】の評価はｄ、あるは、ｅとなります。「打合せ書の通知」を行う際にはその時期（タイミング）が重要となります。

このように、工事遂行能力に欠ける請負者に契約上、不適切な部分が認められた場合には、文書による「通知」や「指示」によって改善を求めることになり、契約不履行を容認するということにはなりません。

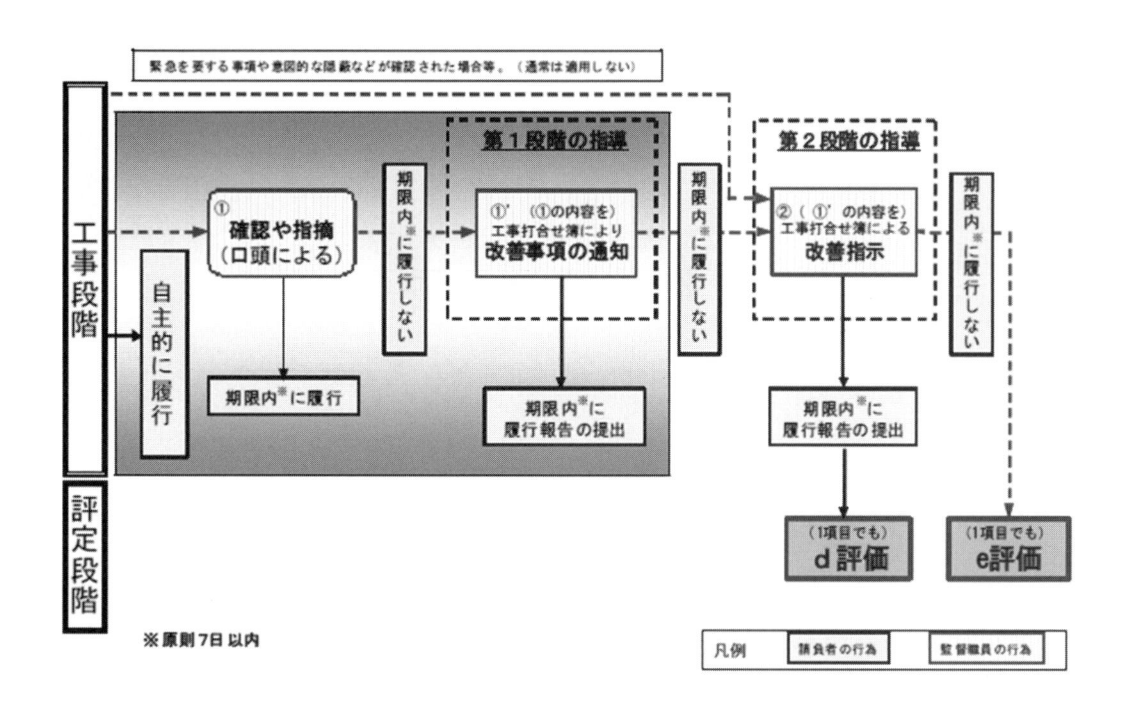

【総合評価における技術提案履行確認】

・技術提案の履行確認は、総合評価落札方式において技術提案を求めた工事（簡易型タイプで施工計画の優劣を評価している工事を含む）を対象に行います。

・総合評価の技術提案の「履行」、「不履行」の確認は、総合評価落札方式における技術提案のすべてを対象に行います。そのため、監督職員は、発注担当者から通知される、技術提案の内容を工事着手前に十分に把握しておくことが必要となります。

・確認の結果については、「工事成績評定通知書」（別紙様式第１）における４成績評定②技術提案履行確認欄に「履行」、「不履行」又は「対象外」を記載し、請負者に通知するものとします。

・「不履行」の場合における減点などの処置については、各地方整備局等の「技術審査会」などで審議されることになります。

請負工事成績評定要領について

（制定）平成13年3月30日　国官技第92号
（一部改正）平成19年3月30日　　国官技第358号
（一部改正）平成22年3月31日　　国官技第326号

北海道開発局長
各地方整備局長
内閣府沖縄総合事務局開発建設部長　あて

国土交通事務次官

請負工事成績評定要領の一部改正について

請負工事成績評定要領を別紙のとおり一部改正したので、遺憾のないよう実施されたく通知する。

別紙

請負工事成績評定要領

（目的）

第1　この要領は、地方整備局の所掌する直轄事業（国土交通省組織令（平成12年政令第255号）第3条第18号に規定する「直轄事業」をいう。）に係る請負工事の成績評定（以下「評定」という。）に必要な事項を定め、厳正かつ的確な評定の実施を図り、もって請負業者の適正な選定及び指導育成に資することを目的とする。

（評定の対象）

第2　評定の対象は、原則として1件の請負金額が500万円を超える請負工事について行うものとする。

　ただし、電気、ガス、水道又は電話の引込工事等で地方整備局長が必要がないと認めたものについて、評定を省略することができる。

（評定の内容）

第3　評定は、次の各号に掲げる事項について行うものとする。

一　工事成績:工事の施工状況、目的物の品質等を評価

二　工事の技術的難易度:　構造物条件、技術特性等工事内容の難しさを評価

（評定者）

第4　第3の評定を行う者（以下「評定者」という。）は、次の各号に掲げる者とする。

一　工事成績の評定者は、「地方整備局工事技術検査要領」（平成18年3月31日　国官技第282号）第3及び第4で定める「技術検査官」及び第6で定める「技術評価官」とする。

二　工事の技術的難易度の評定者は、技術評価官とする。

2　前項各号に掲げる評定者については、別に定めるものとする。

（評定の方法）

第5　評定は、監督、検査等その他必要な事項について、工事ごと、評定者ごとに独立して的確かつ公正に行うものとする。

2　評定の結果は、別に定める工事成績評定表及び工事の技術的難易度評価表（以下「評定表等」という。）に記録するものとする。

（評定の時期）

第6　技術検査官は技術検査を実施したとき、技術評価官は工事が完成したとき、それぞれ評定を行うものとする。

2　工事の技術的難易度の評定は、工事が完成したときに行うものとする。

(評定表等の提出)

第7　評定者は、評定を行ったときは、遅滞なく、支出負担行為担当官若しくは契約担当官又はこれらの代理官(以下「本官」という。)の契約した工事については局長に、分任支出負担行為担当官又は分任契約担当官(以下「分任官」という。)の契約した工事については当該工事を担当する事務所長(以下「事務所長」という。)に、評定表等を提出するものとする。

2　事務所長は、分任官の契約した工事について、速やかに局長に報告するものとする。

(評定の結果の通知)

第8　局長又は事務所長は、評定者から評定表等の提出があったときは、遅滞なく、当該工事の請負者に対して、評定の結果を、別に定めるところにより通知するものとする。

(評定の修正)

第9　局長又は事務所長は、第8の通知をした後、当該評定を修正する必要があると認められる場合は、修正しなければならない。

2　局長又は事務所長は、前項の修正を行ったときは、遅滞なく、その結果を当該工事の請負者に通知するものとする。

(説明請求等)

第10　第8又は第9による通知を受けた者は、通知を受けた日から起算して14日(「休日」を含む。)以内に、書面により、通知を行った局長又は事務所長に対して評定の内容について説明を求めることができる。

2　局長又は事務所長は、前項による説明を求められたときは、書面により回答するものとする。

(再説明請求等)

第11　第10第2項の回答を受けた者は、説明に係る回答を受けた日から起算して14日(「休日」を含む。)以内に、書面により、局長に対して、再説明を求めることができる。

2　局長は、前項による再説明を求められたときは、地方整備局に設けられた工事成績評定審査委員会の審議を経て書面により回答するものとする。

附則

この要領は、平成22年4月1日以降に入札手続を開始する工事から適用する。

4－3 請負工事成績評定要領の運用について

平成 13 年 3 月 30 日　　国官技第 93 号
最終改正　平成 25 年 3 月 25 日　国官技第 323 号

各地方整備局長　あて

国土交通省大臣官房技術審議官

請負工事成績評定要領の運用について

請負工事成績評定要領（以下「要領」という。）の制定については、別途事務次官名をもって通知したところであるが、その運用に当たっては、下記の点に留意されたい。

なお、「地方建設局請負工事成績評定要領の運用について」（平成 10 年 12 月 25 日付け建設省技調発第 254 号）は廃止する。

記

１．評定者

要領第４第二号に規定する「技術評価官」は、総括技術評価官とする。

２．評定の方法

要領第５第１項に規定する評定は、次の各号により行うものとする。

一．要領第５第１項の「工事成績」の評定は、別添１「地方整備局工事成績評定実施要領」によるものとする。

二．要領第５第１項の「工事の技術的難易度」の評定は、別添２「地方整備局工事技術的難易度評価実施要領」によるものとする。

３．評定結果の記録

要領第５第２項に規定する評定表等への記録は、次の各号により行うものとする。

一．要領第５第２項の「工事成績評定表」は、別添１「地方整備局工事成績評定実施要領」の別記様式第３に記録するものとする。

二．要領第５第２項の「工事の技術的難易度評価表」は、別添２「地方整備局工事技術的難易度評価実施要領」の別記様式第１に記録するものとする。

４．評定結果の通知及び回答

要領第８又は第９の通知並びに要領第10及び第11の回答は、「工事成績」及び「工事の技術的難易度」については別添３「地方整備局工事成績評定通知実施要領」によるものとする。

５．附則

この通知は、平成２５年４月１日以降に行う技術検査について適用するものとするが、平成２５年３月３１日以前に完済部分の検査を行った工事で行う技術検査は除くものとする。

沿革

平成17年6月30日　国官技第 64号　一部改正（大臣官房技術審議官）
平成18年9月26日　国官技第177号　一部改正（大臣官房技術調査課長）
平成19年3月30日　国官技第359号　一部改正（大臣官房技術審議官）
平成21年3月24日　国官技第293号　一部改正（大臣官房技術審議官）
平成22年3月31日　国官技第328号　一部改正（大臣官房技術審議官）
平成25年3月25日　国官技第323号　一部改正（大臣官房技術審議官）

国官技第３６８号
令和５年３月２４日

各地方整備局長 殿
北海道開発局長 殿
内閣府沖縄総合事務局 開発建設部長 殿

国土交通省大臣官房技術審議官

請負工事成績評定要領の運用の一部改正について

「請負工事成績評定要領の運用について」（平成１３年３月３０日付け国官技第９３号）を下記のとおり一部改正することとしたので通知する。

記

（１）
第２第一号に規定する別添１「地方整備局工事成績評定実施要領」内別記様式の別記様式第２、別記様式第３を別添に改める。

（２）
第２第一号に規定する別添１「地方整備局工事成績評定実施要領」内考査項目別運用表の別紙－１②、別紙－１⑧、別紙－２①、別紙－３⑱を別添に改める。

（３）
第２第一号に規定する別添１「地方整備局工事成績評定実施要領」内「施工プロセス」のチェックリスト（案）の別紙－５①、別紙－５④を別添に改める。

（４）
第２第一号に規定する別添１「地方整備局工事成績評定実施要領」内工事書類一覧表の別紙－６を別添に改める。

（５）
第４第一号に規定する別添３「地方整備局工事成績評定通知実施要領」内別記様式第１の別表１、別表２を別添に改める。

（６）
第５を次のように改める。
この通知は、令和５年４月１日以降に入札公告を行う工事について適用する。

別添1

地方整備局工事成績評定実施要領

（目的）

第１　本要領は、「請負工事成績評定要領」（平成 13 年 3 月 30 日国官技第 92 号。以下「評定要領」という。）第３第一号の工事成績の評定に関する事項を定めることにより、地方整備局が所掌する請負工事の適正かつ効率的な施工を確保し工事に関する技術水準の向上に資するとともに、請負業者の適正な選定及び指導育成を図ることを目的とする。

（対象工事）

第２　工事成績の評定（以下「成績評定」という。）の対象とする工事は、評定要領第２に規定された評定の対象工事のうち、地方整備局が発注する河川工事、海岸工事、砂防工事、ダム工事、道路工事、公園緑地工事、その他これらに類する工事とする。

（成績評定の時期）

第３　成績評定の時期は、技術検査官にあっては、技術検査実施のつど、総括技術評価官及び主任技術評価官にあっては、工事の完成のときとする。

（評定者）

第４　成績評定を行う者（以下「評定者」という。）は、技術検査官並びに総括技術評価官及び主任技術評価官とする。

（成績評定の方法）

第５ 成績評定は、工事ごとに独立して行うものとする。

２ 工事成績の採点は、別記様式第１「工事成績採点表」により行うものとする。

３ 細目別評定点の算出は別記様式第２によるものとする。

４ 評定結果は別記様式第３「工事成績評定表」に記録するものとする。

５ 評定にあたっては、別紙－４の「出来形及び品質のばらつきの考え方」及び別紙－５「施工プロセスのチェックリスト（案）」を考慮するものとする。また、工事における「創意工夫」、「社会性等」に関しては、請負者は当該工事における実施状況を提出できるものとし、提出があった場合はこれも考慮するものとする。

６ 評定にあたっては、事前協議による作成書類以外の書類は、評価の対象外とする。なお、事前協議とは、工事着手前に別紙-6「工事関係書類一覧表」により、「発注者へ提出、提示する書類の種類」、「紙と電子の別」を受発注者間で取り決めることをいう。

（成績評定結果の報告）

第6　成績評定結果の報告は、工事の完成のときに行うものとし、評定者は、成績評定を行ったときは、遅滞なく支出負担行為担当官若しくは契約担当官又はこれらの代理官の契約した工事については、地方整備局長（以下「局長」という。）に、分任支出負担行為担当官又は分任契約担当官（以下「分任官」という。）の契約した工事については、当該工事を担当する事務所長（以下「事務所長」という。）に報告するものとする。

2 事務所長は、分任官の契約した工事について、速やかに局長に報告するものとする。

（成績評定結果の通知）

第7 局長（分任官の契約した工事については、当該工事を担当する事務所長）は、別添3「地方整備局工事成績評定通知実施要領」の定めるところにより、当該工事の請負者に通知するものとする。

別記様式第1

工事成績採点表　〔完成、一部完成〕

令和　　年　　月　　日　　作成
地方整備局　　　　事務所

工事名：　　　　　　　　　　契約金額(最終)：
請負者名：　　　　　　　　　工期　平成　年　月　日から 平成　年　月　日　完成年月日　平成　年　月　日

考査項目	細別	主任技術評価官 氏名 a	b	c	d	e	総括技術評価官 氏名 a	a'	b	b'	c	d	e
1. 施工体制	I. 施工体制一般	+1.0	+0.5	0	-5.0	-10							
	II. 配置技術者	+3.0	+1.5	0	-5.0	-10							
2. 施工状況	I 施工管理	+4.0	+2.0	0	-5.0	-10							
	II. 工程管理	+4.0	+2.0	0	-5.0	-10	+2.0		+1.0		0	-7.5	-15
	III. 安全対策	+5.0	+2.5	0	-5.0	-10	+3.0		+1.5		0	-7.5	-15
	IV. 対外関係	+2.0	+1.0	0	-2.5	-5.0							
3. 出来形	I. 出来形	+4.0	+2.0	0	-2.5	-5.0							
及び	II. 品質	+5.0	+2.5	0	-2.5	-5.0							
出来ばえ	III. 出来ばえ												
4. 工事特性	I. 施工条件等への対応 ※2						+ 20.0		～		0		
5. 創意工夫	I. 創意工夫 ※3	+7.0		～	0								
6. 社会性等	I. 地域への貢献等						+10.0	+7.5	+5.0	+2.5	0		
加減点合計(1+2+3+4+5+6)		± . 点					± . 点						
評定点(65点±加減点合計) ※1		① . 点					② . 点						

考査項目	細別	技術検査官(中間) 氏名 a	a'	b	b'	c	d	e	技術検査官(中間) 氏名 a	a'	b	b'	c	d	e	技術検査官(完成) 氏名 a	a'	b	b'	c	d	e
1. 施工体制	I. 施工体制一般																					
	II. 配置技術者																					
2. 施工状況	I 施工管理	+5.0		+2.5		0	-7.5	-15	+5.0		+2.5		0	-7.5	-15	+5.0		+2.5		0	-7.5	-15
	II. 工程管理																					
	III. 安全対策																					
	IV. 対外関係																					
3. 出来形	I. 出来形	+10	+7.5	+5.0	+2.5	0	-10	-20	+10	+7.5	+5.0	+2.5	0	-10	-20	+10	+7.5	+5.0	+2.5	0	-10	-20
及び	II. 品質	+15	+12	+7.5	+4.0	0	-12.5	-25	+15	+12	+7.5	+4.0	0	-12.5	-25	+15	+12	+7.5	+4.0	0	-12.5	-25
出来ばえ	III. 出来ばえ	+5.0		+2.5		0	-5		+5.0		+2.5		0	-5		+5.0		+2.5		0	-5	
4. 工事特性	I. 施工条件等への対応 ※2																					
5. 創意工夫	I. 創意工夫 ※3																					
6. 社会性等	I. 地域への貢献等																					
加減点合計(1+2+3+4+5+6)		± . 点							± . 点							± . 点						
評定点(65点±加減点合計) ※1		③ . 点							③ . 点							④ . 点						

評定点計　＿＿＿＿点　○中間技術検査があった場合：(①　　点×0.4＋②　　点×0.2＋③　　点×0.2＋④　　点×0.2)＝　　点
※但し、③は中間技術検査が2回以上の場合は平均値
○中間技術検査がなかった場合：(①　　点×0.4＋②　　点×0.2＋④　　点×0.4)＝　　点

7.法令遵守等 ※7　　点

評定点合計 ※8　　点　○評定点計(　　点)－法令遵守等(　　点)　＝　　点

8. 総合評価技術提案　技術提案履行確認 ※9　履行　不履行　対象外

所見 ※5　(主任技術評価官)　(総括技術評価官)　(技術検査官)

※1　65点 ＋ 1.～3.の評定(加減点合計) ＋ 4.～6.の評定(加点合計) ＝ 評定点
各評定点(①～④)は小数第1位まで記入する。
※2　工事特性は、当該工事特有の難度の高い条件(構造物の特殊性、特殊な技術、都市部等の作業環境・社会条件、厳しい自然・地盤条件、長期工事における安全確保等)に対して適切に対応したことを評価する項目である。
評価に際しては、主任技術評価官からの報告を受けて総括技術評価官が評価するものとする。
※3　創意工夫は、工事特性のような難度を伴わない工事において、企業の工夫やノウハウにより特筆すべき便益があった場合に評価する項目である。
※4　4.、5.、6.は加点評価のみとする。また、法令遵守等は、減点評価のみとする。
※5　所見は必ず記載する。
※6　各考査項目ごとの採点は、考査項目別運用表によるものとし、技術検査官(完成)の評価に先立ち、主任、総括技術評価官が行う。
※7　法令遵守等の評価は、総括技術評価官が行う。
※8　評定点合計は、四捨五入により整数とする。
※9　総合評価技術提案は、技術提案の履行が確認できない場合は、『不履行』を選択する。

別記様式第２

改定細目別評定点採点表

工事名：

考査項目	細　別	①主任技術評価官	②総括技術評価官	③技術検査官（中間）	③技術検査官（中間）	④技術検査官（完成）	細目別評定点	得点割合
１．施工体制	Ⅰ．施工体制一般	(1.0)×0.4+2.9= 3.3点					3.3点 / 3.3点	3.3%
	Ⅱ．配置技術者	(3.0)×0.4+2.9= 4.1点					4.1点 / 4.1点	4.1%
２．施工状況	Ⅰ．施工管理	(4.0)×0.4+2.9= 4.5点		(5.0)×0.4+6.5= 8.5点	(5.0)×0.4+6.5= 8.5点	(5.0)×0.4+6.5= 8.5点	13.0点 / 13.0点	13.0%
	Ⅱ．工程管理	(4.0)×0.4+2.9= 4.5点	(2.0)×0.2+3.2= 3.6点				8.1点 / 8.1点	8.1%
	Ⅲ．安全対策	(5.0)×0.4+2.9= 4.9点	(3.0)×0.2+3.3= 3.9点				8.8点 / 8.8点	8.8%
	Ⅳ．対外関係	(2.0)×0.4+2.9= 3.7点					3.7点 / 3.7点	3.7%
３．出来形及び出来ばえ	Ⅰ．出来形	(4.0)×0.4+2.8= 4.4点		(10.0)×0.4+6.5= 10.5点	(10.0)×0.4+6.5= 10.5点	(10.0)×0.4+6.5= 10.5点	14.9点 / 14.9点	14.9%
	Ⅱ．品質	(5.0)×0.4+2.9= 4.9点		(15.0)×0.4+6.5= 12.5点	(15.0)×0.4+6.5= 12.5点	(15.0)×0.4+6.5= 12.5点	17.4点 / 17.4点	17.4%
	Ⅲ．出来ばえ			(5.0)×0.4+6.5= 8.5点	(5.0)×0.4+6.5= 8.5点	(5.0)×0.4+6.5= 8.5点	8.5点 / 8.5点	8.5%
４．工事特性	Ⅰ．施工条件等への対応		(20.0)×0.2+3.3= 7.3点				7.3点 / 7.3点	7.3%
５．創意工夫	Ⅰ．創意工夫	(7.0)×0.4+2.9= 5.7点					5.7点 / 5.7点	5.7%
６．社会性等	Ⅰ．地域への貢献等		(10.0)×0.2+3.2= 5.2点				5.2点 / 5.2点	5.2%
７．法令遵守等			(0.0)×1.0= 0.0点					0.0%
						評定点合計	100.0点 / 100.0点	

８．総合評価技術提案	技術提案履行確認		履行　不履行　対象外	

※　中間技術検査があった場合　　(①＋②＋③×0.5＋④×0.5）＝細目別評価点（中間技術検査が2回以上の場合は③を平均する）
　　中間技術検査がなかった場合　(①＋②＋④）＝細目別評価点

※　得点割合は、細目評定点の合計に対する得点の割合を百分率で示す。
※　総合評価技術提案は、技術提案の履行が確認できない場合は、『不履行』を選択する。
※　評定点合計は、各項目の計算値（小数第二位）を合計し、四捨五入により小数第一位とする。

別記様式第３

工　事　成　績　評　定　表

令和　　年　　月　　日
事務所名：　　事務所

工事名		
契約金額	当初　　¥	最終　　¥
工期	当初　令和　年　月　日から 令和　年　月　日まで	最終　令和　年　月　日から 令和　年　月　日まで
完成年月日	令和　年　月　日	
完成検査年月日	令和　年　月　日	
中間技術検査年月日	第1回：令和　年　月　日　第2回：令和　年　月　日	
請負者氏名		
現場代理人氏名		
主任技術者氏名		
監理技術者氏名		
監理技術者補佐氏名		
総括技術評価官所属・氏名		
主任技術評価官所属・氏名		
技術検査官（中間）所属・氏名		
技術検査官（完成）所属・氏名		
① 主任技術評価官評定点	点（小数第１位）	
② 総括技術評価官評定点	点（小数第１位）	
③ 技術検査官（中間）評定点	点（小数第１位）	
④ 技術検査官（完成）評定点	点（小数第１位）	
⑤ 法令遵守等	点（小数第１位）	
⑥ 評定点合計	点（整数）	

注１）中間技術検査があった場合

評定点合計　⑥＝（①×0.4　＋　②×0.2　＋　③×0.2　＋　④×0.2）－⑤

中間技術検査がなかった場合

評定点合計　⑥＝（①×0.4　＋　②×0.2　＋　④×0.4）－⑤

２）中間技術検査が２回以上あった場合、評定点は中間技術検査を合わせた平均点を記入する。

３）一部完成の場合は、総括技術評価官、主任技術評価官及び技術検査官が各々評定を行い、完成の際に、完成検査時の評定点と金額により加重平均を行い記入する。

４）主任技術評価官、総括技術評価官、技術検査官の評定点は小数第１位までとする。

５）評定点合計は、四捨五入により整数とする。

６）⑤法令遵守等は、総括技術評価官が記入する。

別紙－１①

考査項目別運用表

（主任技術評価官）

<table>
<tr><th>考査項目</th><th>細別</th><th>a</th><th>b</th><th>c</th><th>d</th><th>e</th></tr>
<tr><td rowspan="6">1．施工体制</td><td rowspan="3">Ⅰ．施工体制一般</td><td>適切である</td><td>ほぼ適切である</td><td>他の評価に該当しない</td><td>やや不適切である</td><td>不適切である</td></tr>
<tr><td colspan="3">●評価対象項目
□　「施工プロセス」のチェックリストのうち、施工体制一般について指示事項が無い。
□　施工計画書を、工事着手前又は施工方法が確定した時期に提出している。
□　作業分担の範囲を、施工体制台帳及び施工体系図に明確に記載している。
□　品質証明員が関係書類、出来形、品質等の確認を工事全般にわたって実施して、品質証明に係る体制が有効に機能している。
□　元請が下請の作業成果を検査している。
□　施工計画書の内容と現場施工方法が一致している。
□　緊急指示、災害、事故等が発生した場合の対応が速やかである。
□　現場に対する本店や支店による支援体制を整えている。
□　工場製作期間における技術者を適切に配置している。
□　機械設備、電気設備等について、製作工場における社内検査体制（規格値の設定や確認方法等）を整えている。
□　電気設備等について、設備更新時の新旧設備の切り替え作業における予期できない事象等に対応できる体制を整えている。
□　その他（理由：　）

●判断基準
評価値が 90%以上・・・・・・・・・・a
評価値が 80%以上 90%未満・・・・・b
評価値が 80%未満・・・・・・・・・・c

①　当該「評価対象項目」のうち、対象としない項目は削除する。
②　削除項目のある場合は削除後の評価項目数を母数として計算した比率(%)計算の値で評価する。
③　評価値（　　%）＝該当項目数（　）／評価対象項目数（　）
④　なお、削除後の評価対象項目数が２項目以下の場合はｃ評価とする。</td><td>□　施工体制一般に関して、監督職員が文書による改善指示を行った。</td><td>□　施工体制一般に関して、監督職員からの文書による改善指示に従わなかった。</td></tr>
<tr><td>a</td><td>b</td><td>c</td><td>d</td><td>e</td></tr>
<tr><td rowspan="3">Ⅱ．配置技術者
（現場代理人等）</td><td>適切である</td><td>ほぼ適切である</td><td>他の評価に該当しない</td><td>やや不適切である</td><td>不適切である</td></tr>
<tr><td colspan="3">●評価対象項目
【全体を評価する項目】
□　「施工プロセス」のチェックリストのうち、配置技術者について指示事項が無い。
□　作業に必要な作業主任者及び専門技術者を選任及び配置している。
【現場代理人を評価する項目】
□　現場代理人が、工事全体を把握している。
□　設計図書と現場との相違があった場合は、監督職員と協議するなどの必要な対応を行っている。
□　監督職員への報告・連絡を適時及び的確に行っている。
【監理（主任）技術者を評価する項目】※特例監理技術者の指導により、監理技術者補佐が適正に実施した場合も評価するものとする
□　事前協議を踏まえ、共通仕様書及び諸基準に基づき、工事書類の簡素化の趣旨に則り、工事書類を適切に作成し、提出又は提示している。
□　契約書、設計図書、適用すべき諸基準等を理解し、施工に反映している。
□　施工上の課題となる条件（作業環境、気象、地質等）への対応を図っている。
□　下請の施工体制及び施工状況を把握し、技術的な指導を行っている。
□　監理（主任）技術者が、明確な根拠に基づいて技術的な判断を行っている。
□　その他（理由：　）

●判断基準
評価値が 90%以上・・・・・・・・・・a
評価値が 80%以上 90%未満・・・・・b
評価値が 80%未満・・・・・・・・・・c

①　当該「評価対象項目」のうち、対象としない項目は削除する。
②　削除項目のある場合は削除後の評価項目数を母数として計算した比率(%)計算の値で評価する。
③　評価値（　　%）＝該当項目数（　）／評価対象項目数（　）
④　なお、削除後の評価対象項目数が２項目以下の場合はｃ評価とする。</td><td>□　配置技術者に関して、監督職員が文書による改善指示を行った。</td><td>□　配置技術者に関して、監督職員からの文書による改善指示に従わなかった。</td></tr>
<tr></tr>
</table>

別紙－1②

考査項目別運用表

（主任技術評価官）

<table>
<tr><th>考査項目</th><th>細別</th><th>a</th><th>b</th><th>c</th><th>d</th><th>e</th></tr>
<tr><td rowspan="4">2．施工状況</td><td rowspan="2">Ⅰ．施工管理</td><td>適切である</td><td>ほぼ適切である</td><td>他の評価に該当しない</td><td>やや不適切である</td><td>不適切である</td></tr>
<tr><td colspan="3">●評価対象項目
□ 「施工プロセス」のチェックリストのうち、施工管理について指示事項が無い。
□ 施工計画書が、設計図書及び現場条件を反映したものとなっている。
□ 現場条件の変化に対して、適切に対応している。
□ 工事材料を品質に影響が無いよう保管している。
□ 日常の出来形管理を、設計図書及び施工計画書に基づき適時及び的確に行っている。
□ 日常の品質管理を、設計図書及び施工計画書に基づき適時及び的確に行っている。
□ 現場内の整理整頓を日常的に行っている。
□ 指定材料の品質証明書及び写真等を保管している。
□ 工事打合せ簿を、事前協議に基づき、過不足無く整理している。
□ 建設副産物の再利用等への取り組みを適切に行っている。
□ 工事全般において、低騒音型、低振動型、排出ガス対策型の建設機械及び車両を使用している。
□ 電気設備等について、設備更新時の新旧設備の切り替え作業（作業手順や確認方法等）を適切に行っている。
□ その他（理由：　　　　）

●判断基準
評価値が90%以上・・・・・・・・・・a
評価値が80%以上90%未満・・・・・b
評価値が80%未満・・・・・・・・・・c

① 当該「評価対象項目」のうち、対象としない項目は削除する。
② 削除項目のある場合は削除後の評価項目数を母数として計算した比率(%)計算の値で評価する。
③ 評価値（　　%）＝該当項目数（　）／評価対象項目数（　）
④ なお、削除後の評価対象項目数が2項目以下の場合はc評価とする。</td><td>□ 施工管理に関して、監督職員が文書による改善指示を行った。</td><td>□ 施工管理に関して、監督職員からの文書による改善指示に従わなかった。</td></tr>
<tr><td rowspan="2">Ⅱ．工程管理</td><td>a
適切である</td><td>b
ほぼ適切である</td><td>c
他の評価に該当しない</td><td>d
やや不適切である</td><td>e
不適切である</td></tr>
<tr><td colspan="3">●評価対象項目
□ 「施工プロセス」のチェックリストのうち、工程管理について指示事項が無い。
□ 工程に与える要因を的確に把握し、それらを反映した計画工程表を作成している。
□ 実施工程表の作成及びフォローアップを行っており、適切に工程を管理している。
□ 現場条件の変化への対応が迅速であり、施工の停滞が見られない。
□ 時間制限や片側交互通行等の各種制約への対応が適切であり、大きな工程の遅れが無い。
□ 工事の進捗を早めるための取り組みを行っている。
□ 適切な工程管理を行い、工程の遅れが無い。
□ 施工計画書に定めた休日予定のとおり、休日の確保を行っている。
□ 計画工程以外の時間外作業がほとんど無い。
□ その他（理由：　　　　）

●判断基準
評価値が90%以上・・・・・・・・・・a
評価値が80%以上90%未満・・・・・b
評価値が80%未満・・・・・・・・・・c

① 当該「評価対象項目」のうち、対象としない項目は削除する。
② 削除項目のある場合は削除後の評価項目数を母数として計算した比率(%)計算の値で評価する。
③ 評価値（　　%）＝該当項目数（　）／評価対象項目数（　）
④ なお、削除後の評価対象項目数が2項目以下の場合はc評価とする。</td><td>□ 工程管理に関して、監督職員が文書による改善指示を行った。</td><td>□ 工程管理に関して、監督職員からの文書による改善指示に従わなかった。</td></tr>
</table>

別紙－１③

考査項目別運用表

（主任技術評価官）

<table>
<tr><th rowspan="2">考査項目</th><th rowspan="2">細別</th><th>a</th><th>b</th><th>c</th><th>d</th><th>e</th></tr>
<tr><th>適切である</th><th>ほぼ適切である</th><th>他の評価に該当しない</th><th>やや不適切である</th><th>不適切である</th></tr>
<tr><td></td><td>Ⅲ．安全対策</td><td colspan="3">●評価対象項目
□　「施工プロセス」のチェックリストのうち、安全対策について指示事項が無い。
□　災害防止協議会等を１回／月以上行っている。
□　安全教育及び安全訓練等を半日／月以上実施している。
□　新規入場者教育の内容に、当該工事の現場特性を反映している。
□　工事期間を通じて、労働災害及び公衆災害が発生しなかった。
□　過積載防止に取り組んでいる。
□　仮設工の点検及び管理を、チェックリスト等を用いて実施している。
□　保安施設の設置及び管理を、各種基準及び関係者間の協議に基づき実施している。
□　地下埋設物及び架空線等に関する事故防止対策に取り組んでいる。
□　その他（理由：　）

●判断基準
評価値が90%以上・・・・・・・・・・a
評価値が80%以上90%未満・・・・・b
評価値が80%未満・・・・・・・・・・c

①　当該「評価対象項目」のうち、対象としない項目は削除する。
②　削除項目のある場合は削除後の評価項目数を母数として計算した比率(%)計算の値で評価する。
③　評価値（　　%）＝該当項目数（　）／評価対象項目数（　）
④　なお、削除後の評価対象項目数が２項目以下の場合はｃ評価とする。</td><td>□　安全対策に関して、監督職員が文書による改善指示を行った。</td><td>□　安全対策に関して、監督職員からの文書による改善指示に従わなかった。</td></tr>
<tr><td></td><td rowspan="3">Ⅳ．対外関係</td><td>a</td><td>b</td><td>c</td><td>d</td><td>e</td></tr>
<tr><td></td><td>適切である</td><td>ほぼ適切である</td><td>他の評価に該当しない</td><td>やや不適切である</td><td>不適切である</td></tr>
<tr><td></td><td colspan="3">●評価対象項目
□　「施工プロセス」のチェックリストのうち、対外関係について指示事項が無い。
□　関係官公庁などと調整を行い、トラブルの発生が無い。
□　地元との調整を行い、トラブルの発生が無い。
□　第三者からの苦情が無い。もしくは、苦情に対して適切な対応を行っている。
□　関連工事との調整を行い、円滑な進捗に取り組んでいる。
□　工事の目的及び内容を、工事看板などにより地域住民や通行者等に分かりやすく周知している。
□　その他（理由：　）

●判断基準
評価値が90%以上・・・・・・・・・・a
評価値が80%以上90%未満・・・・・b
評価値が80%未満・・・・・・・・・・c

①　当該「評価対象項目」のうち、対象としない項目は削除する。
②　削除項目のある場合は削除後の評価項目数を母数として計算した比率(%)計算の値で評価する。
③　評価値（　　%）＝該当項目数（　）／評価対象項目数（　）
④　なお、削除後の評価対象項目数が２項目以下の場合はｃ評価とする。</td><td>□　対外関係に関して、監督職員が文書による改善指示を行った。</td><td>□　対外関係に関して、監督職員からの文書による改善指示に従わなかった。</td></tr>
</table>

別紙－１④

考査項目別運用表

（主任技術評価官）

考査項目	a	b	c	d	e
３．出来形及び出来ばえ Ⅰ．出来形	□ 出来形の測定が、必要な測定項目について所定の測定基準に基づき行われており、測定値が規格値を満足し、そのばらつきが規格値の概ね５０％以内である。	□ 出来形の測定が、必要な測定項目について所定の測定基準に基づき行われており、測定値が規格値を満足し、そのばらつきが規格値の概ね８０％以内である。	□ 出来形の測定が、必要な測定項目について所定の測定基準に基づき行われており、測定値が規格値を満足し、ａ、ｂに該当しない。	□ 出来形の測定方法又は測定値が不適切であったため、監督職員が文書で改善指示を行った。	□ 契約書第１７条に基づき、監督職員が改造請求を行った。

※　ばらつきの判断は別紙－４参照。

① 出来形の評定は、工事全般を通じて評定するものとする。
② 出来形とは、設計図書に示された工事目的物の形状及び寸法をいう。
③ 出来形管理とは、「土木工事施工管理基準」の測定項目、測定基準及び規格値に基づき所定の出来形を確保する管理体系であるが、当該管理基準によりがたい場合等については、監督職員と協議の上で出来形管理を行うものである。
④ 出来形管理項目を設定していない工事は「ｃ」評価とする。

機械設備工事

※上記欄によらず、当該欄で評価

a	b	c	d	e
適切である	ほぼ適切である	他の評価に該当しない	□ 出来形の測定方法又は測定値が不適切であったため、監督職員が文書で改善指示を行った。	□ 契約書第１７条に基づき、監督職員が改造請求を行った。

●評価対象項目

□ 据付に関する出来形管理が、出来形管理図及び出来形管理表により確認できる。
□ 設備全般にわたり、形状及び寸法の実測値が許容範囲内である。
□ 施工管理基準の撮影記録が撮影基準を満足している。
□ 設計図書で定められていない出来形管理項目について、監督職員と協議の上で管理している。
□ 不可視部分の出来形を写真撮影している。（監督職員等が臨場した箇所は除く）
□ 塗装管理基準の塗膜厚管理を適切にまとめている。
□ 溶接管理基準の出来形管理を適切にまとめている。
□ 社内の管理基準に基づき管理している。
□ 設計図書に定められている予備品に不足が無い。
□ 分解整備における既設部品等の摩耗、損傷等について、整備前と整備後の劣化状況及び回復状況を図表等に記録している。
□ その他（理由：　　　　）

●判断基準

評価値が 80%以上・・・・・・・・・・a
評価値が 60%以上 80%未満・・・・・b
評価値が 60%未満・・・・・・・・・・c

① 当該「評価対象項目」のうち、対象としない項目は削除する。
② 削除項目のある場合は削除後の評価項目数を母数として計算した比率(%)計算の値で評価する。
③ 評価値（　　%）＝該当項目数（　）／評価対象項目数（　）
④ なお、削除後の評価対象項目数が２項目以下の場合はｃ評価とする。

別紙－1⑤

考査項目別運用表

（主任技術評価官）

<table>
<tr><th>考査項目</th><th>工種</th><th>a</th><th>b</th><th>c</th><th>d</th><th>e</th></tr>
<tr><td rowspan="2">3．出来形及び出来ばえ

Ⅰ．出来形</td><td rowspan="2">電気設備工事
通信設備工事・受変電設備工事

※上記欄によらず、当該欄で評価</td><td>適切である</td><td>ほぼ適切である</td><td>他の評価に該当しない</td><td rowspan="2">□ 出来形の測定方法又は測定値が不適切であったため、監督職員が文書で改善指示を行った。</td><td rowspan="2">□ 契約書第１７条に基づき、監督職員が改造請求を行った。</td></tr>
<tr><td colspan="3">●評価対象項目
□ 据付に関する出来形管理が、出来形管理図及び出来形管理表により確認できる。
□ 機器等の測定（試験）結果が、その都度出来形管理図及び出来形管理表に記録され、適切に管理している。
□ 不可視部分の出来形を写真撮影している。（監督職員等が臨場した箇所は除く）
□ 設計図書に定められていない出来形管理項目について、監督職員と協議の上で管理している。
□ 設備全般にわたり、形状及び寸法の実測値が許容範囲内である。
□ 設備の据付及び固定方法が設計図書又は承諾図書通り施工している。
□ 配管及び配線が、設計図書又は承諾図書通りに敷設している。
□ 測定機器のキャリブレーションを、定期的に実施している。
□ 行先などを表示した名札がケーブルなどに分かり易く堅固に取り付けている。
□ 配管及び配線の支持間隔や絶縁抵抗等について、設計図書の仕様を満足していることが確認できる。
□ 社内の管理基準に基づき管理している。
□ 設計図書に定められている予備品等に不足が無い。
□ 高温部等の危険個所への二重表示、二重防護など運用における不可抗力を想定した安全対策がなされている。
□ その他（理由：　　　　）

●判断基準
評価値が 80%以上・・・・・・・・・・a
評価値が 60%以上 80%未満・・・・・b
評価値が 60%未満・・・・・・・・・・c

① 当該「評価対象項目」のうち、対象としない項目は削除する。
② 削除項目のある場合は削除後の評価項目数を母数として計算した比率(%)計算の値で評価する。
③ 評価値（　　%）＝該当項目数（　）／評価対象項目数（　）
④ なお、削除後の評価対象項目数が２項目以下の場合はｃ評価とする。</td></tr>
</table>

別紙－１⑥

考査項目別運用表

（主任技術評価官）

考査項目	a	b	c	d	e
３．出来形及び出来ばえ Ⅱ．品質	□ 品質の測定が、必要な測定項目について所定の測定基準に基づき行われており、測定値が規格値を満足し、そのばらつきが規格値の概ね５０％以内である。	□ 品質の測定が、必要な測定項目について所定の測定基準に基づき行われており、測定値が規格値を満足し、そのばらつきが規格値の概ね８０％以内である。	□ 品質の測定が、必要な測定項目について所定の測定基準に基づき行われており、測定値が規格値を満足し、ａ、ｂに該当しない。	□ 品質関係の測定方法又は測定値が不適切であったため、監督職員が文書で改善指示を行った。	□ 契約書第１７条に基づき、監督職員が改造請求を行った。

※　ばらつきの判断は別紙－４参照。

> ①　品質の評定は、工事全般を通じて評定するものとする。
> ②　品質とは、設計図書に示された工事目的物の規格である。
> ③　品質管理とは、「土木工事施工管理基準」の試験項目、試験基準及び規格値に基づく全ての段階における品質確保のための管理体系である。なお、当該管理基準によりがたい場合等については、監督職員と協議の上で品質管理を行うものである。
> ④　品質管理項目を設定していない工事は「ｃ」評価とする

機械設備工事	a	b	c	d	e
※上記欄によらず、当該欄で評価	適切である	ほぼ適切である	他の評価に該当しない	□ 品質関係の測定方法又は測定値が不適切であったため、監督職員が文書で改善指示を行った。	□ 契約書第１７条に基づき、監督職員が改造請求を行った。

●評価対象項目

- □　材料、部品の品質照合の書類（現物照合）の内容が設計図書の仕様を満足していることが確認できる。
- □　設備の機能及び性能を、承諾図書のとおり確保している。
- □　設計図書の仕様を踏まえた詳細設計を行い、承諾図書として提出している。
- □　機器の品質、機能及び性能が設計図書を満足して、成績書にまとめられている。
- □　溶接管理基準の品質管理項目について規格値を満足している。
- □　塗装管理基準の品質管理項目について規格値を満足している。
- □　操作制御設備について、操作スイッチや表示灯を承諾図書のとおり配置し、正常に作動することが確認できる。
- □　操作制御設備の安全装置及び保護装置が承諾図書のとおり機能している。
- □　小配管、電気配線・配管が、承諾図書のとおり敷設している。
- □　設備の取扱説明書を適切に作成している。
- □　完成図書（取扱説明書）に定期的な点検及び交換を必要とする部品並びに箇所を明示している。
- □　機器の配置について、点検しやすくしている。
- □　設備の構造や機器の配置について、部品等の交換作業が容易にできる。
- □　二次コンクリートの配合試験及び試験練りが実施され、試験成績表にまとめられている。
- □　バルブ類の平時の状態を示すラベルなどが見やすい状態で表示している。
- □　計器類に運転時の適用範囲を見やすく表示している。
- □　回転部や高温部等の危険箇所に表示又は防護をしている。
- □　構造物の劣化状況をよく把握して、適切な対策を施していることが確認できる。
- □　現地状況を勘案し施工方法等について提案を行うなど、積極的に取り組んでいる。
- □　その他（理由：　　　　）

●判断基準

評価値が 80%以上・・・・・・・・・・ａ
評価値が 60%以上 80%未満・・・・・ｂ
評価値が 60%未満・・・・・・・・・・ｃ

> ①　当該「評価対象項目」のうち、対象としない項目は削除する。
> ②　削除項目のある場合は削除後の評価項目数を母数として計算した比率(%)計算の値で評価する。
> ③　評価値（　　%）＝該当項目数（　）／評価対象項目数（　）
> ④　なお、削除後の評価対象項目数が２項目以下の場合はｃ評価とする。

別紙－１⑦

考査項目別運用表

（主任技術評価官）

<table>
<tr><th>考査項目</th><th>工種</th><th>a</th><th>b</th><th>c</th><th>d</th><th>e</th></tr>
<tr><td rowspan="4">３．出来形及び出来ばえ

Ⅱ．品質</td><td rowspan="2">電気設備工事
通信設備工事・
受変電設備工事

※上記欄によらず、当該欄で評価</td><td>適切である</td><td>ほぼ適切である</td><td>他の評価に該当しない</td><td rowspan="2">□ 品質関係の測定方法又は測定値が不適切であったため監督職員が文書で改善指示を行った。</td><td rowspan="2">□ 契約書第１７条に基づき、監督職員が改造請求を行った。</td></tr>
<tr><td colspan="3">●評価対象項目
□ 製作着手前に、品質や性能の確保に係る技術検討を実施している。
□ 材料、部品の品質照合の結果が、品質保証書等（現物照合を含む）で確認でき、設計図書の仕様を満足していることが確認できる。
□ 機器の品質、機能及び性能が、設計図書を満足し、成績書にまとめている。
□ 操作スイッチや表示灯が承諾図書のとおり配置され、正常に作動することが確認できる。
□ ケーブル及び配管の接続などの作業が施工計画書に記載された手順に沿って行われ、不具合が無い。
□ 設備の機能及び性能が設計図書の仕様を満足していることが確認できる。
□ 操作制御関係の機能及び性能が、仕様を満足していることが確認できるとともに、必要な安全装置及び保護装置の作動が確認できる。
□ 設備の総合性能が、設計図書の仕様を満足していることが確認できる。
□ 現場条件によって機器(製品)の機能及び性能が確認できない場合において、工場試験などで確認している。
□ 設備全体についての取扱説明書を適切に作成（修繕（改造・更新含む）の場合は、修正又は更新）している。
□ 完成図書で定期的な点検や交換を要する部品及び箇所を明示している。
□ 設備の構造について、点検や消耗品の取替え作業が容易にできる。
□ 障害、災害発生を想定した代替機能、迂回などのフェールセーフ機能を現地試験等で確認している。
□ 設備の耐震設計について、受注者自らが確認、精査したことが確認できる。
□ その他（理由：　　　　　　　　）

●判断基準
評価値が80%以上・・・・・・・・・・a
評価値が60%以上80%未満・・・・・b
評価値が60%未満・・・・・・・・・・c

① 当該「評価対象項目」のうち、対象としない項目は削除する。
② 削除項目のある場合は削除後の評価項目数を母数として計算した比率(%)計算の値で評価する。
③ 評価値（　　%）＝該当項目数（　　）／評価対象項目数（　　）
④ なお、削除後の評価対象項目数が２項目以下の場合はｃ評価とする。</td></tr>
<tr><td rowspan="2">維持・修繕工事

※上記欄によらず、当該欄で評価</td><td>a
適切である</td><td>b
ほぼ適切である</td><td>c
他の評価に該当しない</td><td rowspan="2">d
□ 品質関係の測定方法又は測定値が不適切であったため、監督職員が文書で改善指示を行った。</td><td rowspan="2">e
□ 契約書第１７条に基づき、監督職員が改造請求を行った。</td></tr>
<tr><td colspan="3">●評価対象項目
□ 常に緊急的な作業に対応できる体制を整えている。
□ 緊急的な作業に対し、迅速に対応している。
□ 監督職員の指示事項に対し、現地状況を勘案し、施工方法や構造について提案を行うなど、積極的に取り組んでいる。
□ 施工後のメンテナンスに対する提言や修繕サイクル等を勘案した提案等を行っている。
□ 理由：
□ 理由：
□ 理由：
□ 理由：

●判断基準
※該当項目が６項目以上・・・a
※該当項目が４項目以上・・・b
※該当項目が３項目以下・・・c

注　記載の４項目を必須の評価対象項目とし、この他に適宜項目を追加して評価するものとする。
ただし、評価対象項目は最大８項目とする。</td></tr>
</table>

別紙－１⑧

考査項目別運用表

（主任技術評価官）

考査項目	細別	工夫事項
５．創意工夫	１．創意工夫	（下記）

【施工】

- □ 施工に伴う器具、工具、装置等に関する工夫又は設備据付後の試運転調整に関する工夫。
- □ コンクリート二次製品などの代替材の利用に関する工夫。
- □ 土工、地盤改良、橋梁架設、舗装、コンクリート打設等の施工に関する工夫。
- □ 部材並びに機材等の運搬及び吊り方式などの施工方法に関する工夫。
- □ 設備工事における加工や組立等又は電気工事における配線や配管等に関する工夫。
- □ 給排水工事や衛生設備工事等における配管又はポンプ類の凍結防止、配管のつなぎ等に関する工夫。
- □ 照明などの視界の確保に関する工夫。
- □ 仮排水、仮道路、迂回路等の計画的な施工に関する工夫。
- □ 運搬車両、施工機械等に関する工夫。
- □ 支保工、型枠工、足場工、仮桟橋、覆工板、山留め等の仮設工に関する工夫。
- □ 盛土の締固度、杭の施工高さ等の管理に関する工夫。
- □ 施工計画書の作成、写真の管理等に関する工夫。
- □ 出来形又は品質の計測、集計、管理図等に関する工夫。
- □ 施工管理ソフト、土量管理システム等の活用に関する工夫。
- □ ICT 活用工事加点として起工測量から電子納品までの何れかの段階で ICT を活用した工事（電子納品のみは除く）
  ※本項目は１点の加点とする。
- □ 加点として起工測量から電子納品までの全ての段階で ICT を活用した工事。**※本項目は２点の加点とする。**
  ※ICT 活用による加点は最大２点の加点とする
- □ 特殊な工法や材料を用いた工事。
- □ 優れた技術力又は能力として評価する技術を用いた工事

【新技術活用】

「新技術活用」においては、以下の５項目により、複数の技術の評価を可能とするが、**最大３点の加点とする。**
以下の項目の評価にあたっては、活用効果調査表の提出が不要な場合を除き、発注者及び受注者の双方による全ての活用効果調査表、新技術活用計画書・実施報告書等を確認した上で評価する。ただし、加点対象は受注者側から新技術活用を提案した場合のみとし、発注者が指定し活用した場合は加点措置を行わないものとする。

- □（該当技術数：　）ＮＥＴＩＳ登録技術のうち、事後評価未実施技術または事後評価で「有用とされる技術」と評価された技術を活用し、活用の効果が相当程度確認できた。　**※本項目は３点の加点とする。**
- □（該当技術数：　）ＮＥＴＩＳ登録技術のうち、事後評価未実施技術または事後評価で「有用とされる技術」と評価された技術を活用し、活用の効果が一定程度確認できた。　**※本項目は２点の加点とする。**
- □（該当技術数：　）ＮＥＴＩＳ登録技術のうち、事後評価未実施技術または事後評価で「有用とされる技術」と評価された技術を活用し、活用の効果が従来技術と同程度である。　**※本項目は１点の加点とする。**
- □（該当技術数：　）ＮＥＴＩＳ登録技術のうち事後評価実施済み技術（「有用とされる技術」を除く）を活用し、活用の効果が相当程度確認できた。　**※本項目は２点の加点とする。**
- □（該当技術数：　）ＮＥＴＩＳ登録技術のうち事後評価実施済み技術（「有用とされる技術」を除く）を活用し、活用の効果が一定程度確認できた。　**※本項目は１点の加点とする。**

※ここで「有用とされる技術」とは、「公共工事等における新技術活用システム」実施要領で定める「活用促進技術」、「推奨技術」、「準推奨技術」、「評価促進技術」等をいう。
※複数の技術の評価にあたっては、活用した技術数に応じ複数の評価項目を選択することを可能とするが、最大３点の加点とする。複数の技術が同一の評価項目に該当した場合、該当技術数に対し各項目の加点点数を掛け合わせたものを評価の点数とするが、この場合も最大３点の加点とする。

【品質】

- □ 土工、設備、電気の品質向上に関する工夫。
- □ コンクリートの材料、打設、養生に関する工夫。
- □ 鉄筋、ＰＣケーブル、コンクリート二次製品等の使用材料に関する工夫。
- □ 配筋、溶接作業等に関する工夫。

【安全衛生】

- □ 建設業労働災害防止協会が定める指針等に基づく安全衛生教育を実施している。　**※本項目は２点の加点とする。**
- □ 安全を確保するための仮設備等に関する工夫。（落下物、墜落・転落、挟まれ、看板、立入禁止柵、手摺り、足場等）
- □ 安全教育、技術向上講習会、安全パトロール等に関する工夫。
- □ 現場事務所、労務者宿舎等の空間及び設備等に関する工夫。
- □ 有毒ガス並びに可燃ガスの処理及び粉塵防止並びに作業中の換気等に関する工夫。
- □ 一般車両突入時の被害軽減方策又は一般交通の安全確保に関する工夫。
- □ 厳しい作業環境の改善に関する工夫。
- □ 環境保全に関する工夫。

【働き方改革】

「働き方改革」では、当該工事において、他の模範となるような取組を、以下の項目により、複数評価を可能とするが、最大２点の加点とする。

- □ 若手や女性技術者の登用など、担い手確保に向けた取組が図られている。

【その他】

- □ その他（理由：　　）
- □ その他（理由：　　）
- □ その他（理由：　　）
- □ その他（理由：　　）
- □ その他（理由：　　）
- □ その他（理由：　　）
- □ その他（理由：　　）

記述評価（レマークを付した評価内容を詳細記述）	評点：＿＿＿＿点	【創意工夫の詳細評価】工夫の内容及び具体的内容を記載

※1．特に評価すべき創意工夫事例を加点評価する。　※2．評価は各項目において１つレ点が付されれば１、２、３点で評価し、最大７点の加点評価とする。

※3．該当する数と重みを勘案して評定する。１項目１点を目安とするが、内容によってはそれ以上の点数を与えてもよい。　※4．上記の考査項目の他に評価に値する企業の工夫があれば、その他に具体の内容を記載して加点する。

別紙－２①

考査項目別運用表

（総括技術評価官）

考査項目	細別	a	b	c	d	e
２．施工状況	Ⅱ．工程管理	優れている	やや優れている	他の評価に該当しない	やや劣っている	劣っている

●評価対象項目

- □ 隣接する他の工事などとの工程調整に取り組み、遅れを発生させることなく工事を完成させた。
- □ 地元及び関係機関との調整に取り組み、遅れを発生させることなく工事を完成させた。
- □ 工程管理を適切に行なったことにより、夜間工事の回避等を行い、工事による地域への影響を軽減させた。。
- □ 工程管理に係る積極的な取り組みが見られた。
- □ 施工計画書に定めた休日予定のとおり、休日の確保を行うことに加え、他の模範となるような取組を実施した。
- □ 災害復旧工事など特に工期的な制約がある場合において、余裕をもって工事を完成させた。
- □ 工事施工箇所が広範囲に点在している場合において、工程管理を的確に行い、余裕をもって工事を完成させた。
- □ 設備更新等の工事において、機能停止期間の短縮など、工事による利用者への影響を軽減させた。
- □ その他（理由：　　　）

●判断基準

上記該当項目を総合的に判断して、a、b、c、d、e評価を行う。

考査項目	細別	a	b	c	d	e
	Ⅲ．安全対策	優れている	やや優れている	他の評価に該当しない	やや劣っている	劣っている

●評価対象項目

- □ 建設労働災害及び公衆災害の防止に向けた取り組みが顕著であった。
- □ 安全衛生を確保するための管理体制を整備し、組織的に取り組んだ。
- □ 安全衛生を確保するため、他の模範となるような活動に積極的に取り組んだ。
- □ 安全対策に関する技術開発や創意工夫に取り組んだ。
- □ 災害防止協議会等での活動に積極的に取り組んだ。
- □ 安全対策に係る取り組みが地域から評価された。
- □ その他（理由：　　　）

●判断基準

上記該当項目を総合的に判断して、a、b、c、d、e評価を行う。

別紙－２②

考査項目別運用表

（総括技術評価官）

考査項目	細　別	対　応　事　項	【事例】具体的な施工条件等への対応事例
４．工事特性	Ⅰ．施工条件等への対応	Ⅰ構造物の特殊性への対応 □　1.対象構造物の高さ、延長、施工（断）面積、施工深度等の規模が特殊な工事 □　2.対象構造物の形状が複雑であることなどから、施工条件が特に変化する工事 □　3.その他（理由：　　　　） ※上記の対応事項に１つ以上レ点が付けば**４点の加点**とする。	(1.について) 切土の土工量：20 万 m³以上、盛土の土工量：15 万 m³以上、護岸・築堤の平均高さ：10m 以上 、トンネル(シールド)の直径：8m 以上、ダム用水門の設計水深：25m以上、樋門又は樋管の内空断面積：15m² 以上、揚排水機場の吐出管径：2,000mm 以上、堰又は水門の最大径間長：25m 以上、堰又は水門の径間数：3 径間以上、堰又は水門の扉体面積：50m²/門以上、トンネル(開削工法)の開削深さ：20m 以上、トンネル(NATM)の内空平均面積：100m² 以上、トンネル(沈埋工法)の内空平均面積：300m² 以上、海岸堤防、護岸、突堤又は離岸堤の水深：10m 以上、地滑り防止工：幅 100m以上かつ法長 150m以上、浚渫工の浚渫土量：100 万 m³以上、流路工の計画高水流量：500m³以上、砂防ダムの堤高：15m 以上、ダムの堤高：150m以上、転流トンネルの流下能力：400m³/s 以上、橋梁下部工の高さ：30m 以上、橋梁上部工の最大支間長：100m 以上 (2.について) ・砂防工事などにおいて、現地合わせに基づいて再設計が必要な工事。 ・鉄道に隣接した橋脚の耐震補強工事又は河道内の流水部における橋脚の撤去工事。 ・供用中の道路トンネルの拡幅工事。 (3.について) ・その他、構造物固有の難しさへの対応が特に必要な工事 ・その他、技術固有の難しさへの対応が必要である工事。 ・地山強度が低い又は土被りが薄いため、ＦＥＭ解析などによる検討が必要な工事。
		Ⅱ都市部等の作業環境、社会条件等への対応 □　4.地盤の変形、近接構造物、地中埋設物への影響に配慮する工事 □　5.周辺環境条件により、作業条件、工程等に大きな影響を受ける工事 □　6.周辺住民等に対する騒音・振動を特に配慮する工事 □　7.現道上での交通規制に大きく影響する工事 □　8.事故や災害発生直後等の緊急的な対応が必要な工事 □　9.施工箇所が広範囲にわたる工事 □　10.その他（理由：　　　　） ※上記の対応事項に１つ以上レ点が付けば**６点の加点**とする。	(4.について) ・供用中の鉄道又は道路と交差する橋梁などの工事。 ・市街地等の家屋密集地での、鉄道又は道路をアンダーパスする工事。 ・監視などの結果に基づき、工法の変更を行った工事。 (5.について) ・ガス管、水道管、電話線等の支障物件の移設について、施工工程の管理に特に注意を要した工事。 ・地元調整や環境対策などの制約が特に多い工事。 ・そのほか各種制約があり、施工に特に厳しい制限を受けた工事。 (6.について) ・市街地での夜間工事。 ・ＤＩＤ地区での工事。 (7.について) ・日交通量が概ね１万台以上の道路で片側交互通行の交通規制をした工事。 ・供用している自動車専用道路等の路上工事で、交通規制が必要な工事。 ・工事期間中の大半にわたって、交通開放を行うため規制標識の設置撤去を日々行った工事。 (8.について) ・事故や災害発生直後の緊急的な対応が必要な工事で、２４時間対応の施工等により早期の完成が求められる工事 (9.について) ・作業現場が広範囲に分布している工事。 (10.について) ・施工ヤードの広さや高さに制限があり、機械の使用など施工に制約を受けた工事。 ・その他、周辺環境又は社会条件への対応が特に必要な工事。
		Ⅲ厳しい自然・地盤条件等への対応 □　11.特殊な地盤条件への対応が必要な工事 □　12.雨・雪・風・気温・波浪等の自然条件の影響が大きな工事 □　13.被災箇所の措置や急峻な地形及び土石流危険渓流内での工事 □　14.動植物等の自然環境の保全に特に配慮しなければならない工事 □　15.維持修繕工事等規模に比して地元調整等の手間がかかる工事 □　16.その他（理由：　　　　） ※上記の対応事項に１つ以上レ点が付けば**４点の加点**とする。	(11.について) ・河川内の橋脚工事において地下水位が高く、ウェルポイント工法などによる排水や大規模な山留めなどが必要な工事。 ・支持地盤の形状が複雑なため、深礎杭基礎毎に地質調査を実施するなど支持地盤を確認しながら再設計した工事。 ・施工不可能日が多いことから、施工機械の稼働率や台数などを的確に把握する必要が生じた工事。 (12.について) ・海岸又は河川区域内のため、設計書で計上する以上に波浪等の影響で不稼働日が多く、主に作業船や台船を使用する工事。 ・潜水夫を多用した工事又は波浪や水位変動が大きいため作業構台等を設置した工事。 (13.について) ・被災箇所における二次災害の危険性に対する注意が必要とされる工事 ・急峻な地形のため、作業構台や作業床の設置が制限される工事。もしくは、命綱を使用する必要があった工事（法面工は除く）。 ・斜面上又は急峻な地形直下での工事のため、工事に伴う地滑り防止対策等の安全対策を必要とした工事。 ・土石流危険渓流に指定された区域内における工事 (14.について) ・イヌワシ等の猛禽類などの貴重な動植物への配慮のため、工程や施工方法に制約を受けた工事 (15.について) ・維持修繕工事等規模に比して地元調整等の手間がかかる工事 (16.について) ・その他、自然条件又は地盤条件への対応が必要であった工事。 ・その他、災害等における臨機の措置のうち特に評価すべき事項が認められる工事
		Ⅳ長期工事における安全確保への対応 □　16. 12ヶ月を超える工期で、事故がなく完成した工事（全面一時中止期間は除く） ※但し、文書注意に至らない事故は除く。 □　17.その他（　　　　） ※上記の対応事項に１つ以上レ点が付けば**６点の加点**とする。	
	評　価	評　点：＿＿＿＿点	

※１．工事特性は、最大２０点の加点評価とする。
※２．評価にあたっては、主任監督職員等の意見も参考に評価する。
別紙－２③

考査項目別運用表

（総括技術評価官）

<table>
<tr><th>考査項目</th><th>細別</th><th>a</th><th>a'</th><th>b</th><th>b'</th><th>c</th></tr>
<tr><td rowspan="2">６．社会性等</td><td rowspan="2">１．地域への貢献等</td><td>優れている</td><td>bより優れている</td><td>やや優れている</td><td>cより優れている</td><td>他の評価に該当しない</td></tr>
<tr><td colspan="5">●評価対象項目
□　周辺環境への配慮に積極的に取り組んだ。
□　現場事務所や作業現場の環境を周辺地域との景観に合わせるなど、積極的に周辺地域との調和を図った。
□　定期的に広報紙の配布や現場見学会等を実施して、積極的に地域とのコミュニケーションを図った。
□　道路清掃などを積極的に実施し、地域に貢献した。
□　地域が主催するイベントへ積極的に参加し、地域とのコミュニケーションを図った。
□　災害時などにおいて、地域への支援又は行政などによる救援活動への積極的な協力を行った。
□　その他（　理由：　）

●判断基準
※上記該当項目を総合的に判断して、a、a'、b、b'、c評価を行う。</td></tr>
</table>

別紙－２④

考査項目別運用表

（総括技術評価官）

考査項目	法令遵守等の該当項目一覧表
7．法令遵守等	

	措置内容	点数
□	1.指名停止３ヶ月以上	－ 20点
□	2.指名停止２ヶ月以上３ヶ月未満	－ 15点
□	3.指名停止１ヶ月以上２ヶ月未満	－ 13点
□	4.指名停止２週間以上１ヶ月未満	－ 10点
□	5.文書注意	－ 8点
□	6.口頭注意	－ 5点
□	7．工事関係者事故又は公衆災害が発生したが、当該事故に係る安全管理の措置の不適切な程度が軽微なため、口頭注意以上の処分が行われなかった場合	－ 3点
□	8.その他（理由：　）	－ 点
□	9.項目該当なし	

① 本考査項目（７.法令遵守等）で評価する事例は、施工にあたって工事関係者が下記の適応事例で上表の措置があった場合に適用する。
② 「施工」とは、請負契約書の記載内容（工事名、工期、施工場所等）を履行することに限定する。
③ 「工事関係者」とは、当該工事現場に従事する現場代理人、監理技術者、監理技術者補佐、主任技術者、品質証明員、請負会社の現場従事職員及び当該工事にあたって下請負人として契約し、それを履行するために当該工事現場に従事する者に限定する。
④ 総合評価落札方式における技術提案が、受注者の責により履行されなかった場合は、８．その他の項目で減ずる措置を行う。

【上記で評価する場合の適応事例】

1.入札前に提出した調査資料などにおいて、虚偽の事実が判明した。
2.承諾なしに権利又は義務を第三者に譲渡又は承継した。
3.使用人に関する労働条件に問題があり送検された。
4.産業廃棄物処理法に違反する不法投棄、砂利採取法に違反する無許可採取等の関係法令に違反する事実が判明した。
5.当該工事関係者が贈収賄などにより逮捕又は公訴された。
6．一括下請や技術者の専任違反等の建設業法に違反する事実が判明した。
7.入国管理法に違反する外国人の不法就労者が判明し、送検された。
8.労働基準法に違反する事実が判明し、送検等された。
9.監督又は検査の実施を、不当な圧力をかけるなどにより妨げた。
10.下請代金を期日以内に支払っていない、不当に下請代金の額を減じているなど下請代金支払遅延等防止法第４条に規定する親事業者の遵守事項に違反する行為がある。
11.過積載等の道路交通法違反により、逮捕又は送検された。
12.受注企業の社員に「指定暴力団」又は「指定暴力団の傘下組織（団体）」に所属する構成員、準構成員、企業舎弟等の暴力団関係者がいることが判明した。
13.下請に暴力団関係企業が入っていることが判明した。あるいは、「暴力団員による不当な行為の防止等に関する法律」第９条に記されている砂利、砂、防音シート、軍手等の物品の納入、土木作業員やガードマンの受け入れ、土木作業員用の自動販売機の設置等を行っている事実が判明した。
14.安全管理が不適切であったことから死傷者を生じさせた工事関係者事故又は重大な損害を与えた公衆損害事故を起こした。
15.受注者が社会保険等未加入建設業者の下請負人と契約を締結した。（措置内容については、指名停止等の区分による）

別紙－３①

考査項目別運用表

（技　術　検　査　官）

考査項目	細　別	a	b	c	d	e
２．施工状況	Ⅰ．施工管理	優れている	やや優れている	他の評価に該当しない	やや劣っている	劣っている
		●評価対象項目 □　契約書第１８条第１項第１号～５号に基づく設計図書の照査を行っていることが確認できる。 □　施工計画書が工事着手前又は施工方法が確定した時期に提出され、所定の項目が記載されているとともに、設計図書の内容及び現場条件を反映したものとなっていることが確認できる。 □　工事期間を通じて、施工計画書の記載内容と現場施工方法が一致していることが確認できる。 □　現場条件又は計画内容に重要な変更が生じた場合（工期や数量等の軽微な変更は除く）は、その都度当該工事着手前に変更計画書を提出していることが確認できる。 □　工事材料を品質に影響が無いよう保管していることが確認できる。 □　立会確認の手続きを事前に行っていることが確認できる。 □　建設副産物の再利用等への取り組みを行っていることが確認できる。 □　施工体制台帳及び施工体系図を法令等に沿った内容で適確に整備していることが確認できる。 □　下請に対する引き取り（完成）検査を書面で実施していることが確認できる。 □　品質証明体制が確立され、ISO9001 又は品質証明員による関係書類、出来形、品質等の確認を工事全般にわたって行っていることが確認できる。 □　工事関係書類を事前協議に基づき過不足なく作成していることが確認できる。 □　社内の管理基準の設定、管理方法が工種毎に明確であり、その内容に基づき管理していることが確認できる。 □　電気設備等について、設備更新時の新旧設備の切り替え作業を、作業手順書やチェックリストにより適切に実施していることが確認できる。 □　その他（理由：　　） ●判断基準 評価値が 90%以上・・・・・・・・・・a 評価値が 80%以上 90%未満・・・・・b 評価値が 80%未満・・・・・・・・・c ①　当該「評価対象項目」のうち、評価対象外の項目は削除する。 ②　削除項目のある場合は削除後の評価項目数を母数として計算した比率(%)計算の値で評価する。 ③　評価値（　　%）＝該当項目数（　）／評価対象項目数（　） ④　なお、削除後の評価対象項目数が２項目以下の場合はｃ評価とする。			□　施工管理について、監督職員が文書による改善指示を行った。	□　施工管理について、監督職員からの文書による改善指示に従わなかった。

別紙－３②

考査項目別運用表

（技　術　検　査　官）

考査項目	a	a'	b	b'	c	d	e
３．出来形及び出来ばえ Ⅰ．出来形	□ 出来形の測定が、必要な測定項目について所定の測定基準に基づき行われており、測定値が規格値を満足し、そのばらつきが規格値の概ね５０％以内で、下記の「評定対象項目」の４項目以上が該当する。	□ 出来形の測定が、必要な測定項目について所定の測定基準に基づき行われており、測定値が規格値を満足し、そのばらつきが規格値の概ね５０％以内で、下記の「評定対象項目」の３項目以上が該当する。	□ 出来形の測定が、必要な測定項目について所定の測定基準に基づき行われており、測定値が規格値を満足し、そのばらつきが規格値の概ね８０％以内で、下記の「評定対象項目」の３項目以上が該当する。	□ 出来形の測定が、必要な測定項目について所定の測定基準に基づき行われており、測定値が規格値を満足し、そのばらつきが規格値の概ね８０％以内で、下記の「評定対象項目」の２項目以上が該当する。	□ 出来形の測定が、必要な測定項目について所定の測定基準に基づき行われており、測定値が規格値を満足し、a～b'に該当しない。	□ 出来形の測定方法又は測定値が不適切であったため、監督職員が文書で指示を行い改善された。	□ 出来形の測定方法又は測定値が不適切であったため、検査職員が修補指示を行った。

●評価対象項目

- □ 出来形管理が、出来形管理図及び出来形管理表により確認できる。
- □ 社内の管理基準に基づき管理していることが確認できる。
- □ 不可視部分の出来形が写真（監督職員等が臨場した箇所は除く）で確認できる。
- □ 写真管理基準の管理項目を満足している。
- □ 出来形管理基準が定められていない工種について、監督職員と協議の上で管理していることが確認できる。
- □ その他 （理由：　　　　　　　　）

※　ばらつきの判断は別紙－４参照。

① 出来形は、工事全般を通じて評定するものとする。
② 出来形とは、設計図書に示された工事目的物の形状及び寸法をいう。
③ 出来形管理とは、「土木工事施工管理基準」の測定項目、測定基準及び規格値に基づき所定の出来形を確保する管理体系である。
④ 出来形管理項目を設定していない工事は「c」評価とする。

機械設備工事	a	a'	b	b'	c	d	e
	優れている	bより優れている	やや優れている	cより優れている	他の評価に該当しない	やや劣っている	劣っている
※上記欄によらず、当該欄で評価	（下記「評価対象項目」「判断基準」による）					□ 出来形の測定方法又は測定値が不適切であったため、監督職員が文書で指示を行い改善された。	□ 出来形の測定方法又は測定値が不適切であったため、検査職員が修補指示を行った。

●評価対象項目

- □ 据付に関する出来形管理が、出来形管理図及び出来形管理表により確認できる。
- □ 設備全般にわたり、形状及び寸法の実測値が許容範囲内であり、出来形の確認ができる。
- □ 施工管理基準の撮影記録が撮影基準を満足し、出来形の確認ができる。
- □ 設計図書で定められていない出来形管理項目について、監督職員と協議の上で管理していることが確認できる。
- □ 不可視部分の出来形が写真（監督職員等が臨場した箇所は除く）で確認できる。
- □ 塗装管理基準の塗膜厚管理が適切にまとめられており、出来形の確認ができる。
- □ 溶接管理基準の出来形管理が適切にまとめられており、出来形の確認ができる。
- □ 社内の管理基準に基づき管理していることが確認できる。
- □ 設計図書に定められている予備品に不足が無いことが確認できる。
- □ 分解整備における既設部品等の摩耗、損傷等について、整備前と整備後の老化状況及び回復状況が図表等に記録していることが確認できる。
- □ その他 （理由：　　　　　　　　）

●判断基準

評価値が 90%以上・・・・・・・・・・・・a
評価値が 80%以上 90%未満・・・・・・・・a'
評価値が 70%以上 80%未満・・・・・・・・b
評価値が 60%以上 70%未満・・・・・・・・b'
評価値が 60%未満・・・・・・・・・・・c

① 当該「評価対象項目」のうち、評価対象外の項目は削除する。
② 削除項目のある場合は削除後の評価項目数を母数として計算した比率(%)計算の値で評価する。
③ 評価値（　　%）＝該当項目数（　）／評価対象項目数（　）
④ なお、削除後の評価対象項目数が２項目以下の場合はｃ評価とする。

別紙－3③

考査項目別運用表

（技　術　検　査　官）

<table>
<tr><th>考査項目</th><th>工種</th><th>a</th><th>a'</th><th>b</th><th>b'</th><th>c</th><th>d</th><th>e</th></tr>
<tr><td>3．出来形及び出来ばえ</td><td>電気設備工事</td><td>優れている</td><td>bより優れている</td><td>やや優れている</td><td>cより優れている</td><td>他の評価に該当しない</td><td>やや劣っている</td><td>劣っている</td></tr>
<tr><td>Ⅰ．出来形</td><td>通信設備工事・受変電設備工事

※上記欄によらず、当該欄で評価</td><td colspan="5">●評価対象項目
□　据付に関する出来形管理が、出来形管理図及び出来形管理表により確認できる。
□　機器等の測定（試験）結果が、その都度出来形管理図及び出来形管理表などに記録され、適切に管理していることが確認できる。
□　写真管理基準の管理項目を満足している。
□　不可視部分の出来形が写真（監督職員等が臨場した箇所は除く）で確認できる。
□　設計図書で定められていない出来形管理項目について、監督職員と協議の上で管理していることが確認できる。
□　設備全般にわたり、形状、寸法の実測値が許容範囲内であることが確認できる。
□　設備の据付、固定方法が、設計図書又は承諾図書のとおり施工していることが確認できる。
□　配管及び配線が設計図書又は承諾図書通り敷設していることが確認できる。
□　行先などを表示した名札が、ケーブルなどに分かり易く堅固に取り付けている。
□　配管及び配線の支持間隔や絶縁抵抗等について、設計図書の仕様を満足していることが確認できる。
□　社内の管理基準に基づき管理していることが確認できる。
□　設計図書に定められている予備品等に不足が無いことが確認できる。
□　高温部等の危険個所への二重表示、二重防護など運用における不可抗力を想定した安全対策が確認できる。
□　その他（理由：　　　　　　　　）

●判断基準
評価値が90%以上・・・・・・・・・・・・a
評価値が80%以上90%未満・・・・・・・・a'
評価値が70%以上80%未満・・・・・・・・b
評価値が60%以上70%未満・・・・・・・・b'
評価値が60%未満・・・・・・・・・・・・c

①　当該「評価対象項目」のうち、評価対象外の項目は削除する。
②　削除項目のある場合は削除後の評価項目数を母数として計算した比率(%)計算の値で評価する。
③　評価値（　　%）＝該当項目数（　）／評価対象項目数（　）
④　なお、削除後の評価対象項目数が2項目以下の場合はc評価とする。</td><td>□　出来形の測定方法又は測定値が不適切であったため、監督職員が文書で指示を行い改善された。</td><td>□　出来形の測定方法又は測定値が不適切であったため、検査職員が修補指示を行った。</td></tr>
</table>

別紙－３④

考査項目別運用表

（技　術　検　査　官）

考査項目	工種	a	a'	b	b'	c	d	e
3．出来形及び出来ばえ Ⅱ．品質	コンクリート構造物工事	□ 品質関係の試験結果のばらつきと評価対象項目の履行状況（評価値）から判断する。＜判断基準参照＞ [関連基準、土木工事施工管理基準、その他設計図書に定められた試験] ※　ばらつきの判断は別紙－４参照。					□ 品質関係の測定方法又は測定値が不適切であったため、監督職員が文書で指示を行い改善された。	□ 品質関係の測定方法又は測定値が不適切であったため、検査職員が修補指示を行った。

●評価対象項目

- □ コンクリートの配合試験及び試験練りを行っており、コンクリートの品質(強度・w／c、最大骨材粒径、塩化物総量、単位水量、アルカリ骨材反応抑制等）が確認できる。
- □ コンクリート受け入れ時に必要な試験を実施しており、温度、スランプ、空気量等の測定結果が確認できる。
- □ 圧縮強度試験に使用したコンクリート供試体が、当該現場の供試体であることが確認できる。
- □ 施工条件や気象条件に適した運搬時間、打設時の投入高さ及び締固め方法が、定められた条件を満足していることが確認できる。
  （寒中及び暑中コンクリート等を含む）
- □ コンクリートの圧縮強度を管理し、必要な強度に達した後に型枠及び支保工の取り外しを行っていることが確認できる。
- □ コンクリートの打設前に、打継ぎ目処理を適切に行っていることが確認できる。
- □ 鉄筋の品質が、証明書類で確認できる。
- □ コンクリート打設までにさび、どろ、油等の有害物が鉄筋に付着しないよう管理していることが確認できる。
- □ 鉄筋の組立及び加工が、設計図書の仕様を満足していることが確認できる。
- □ 圧接作業にあたり、作業員の技量確認を行っていることが確認できる。
- □ コンクリートの養生が、設計図書の仕様を満足していることが確認できる。
- □ スペーサーの品質及び個数が、設計図書の仕様を満足していることが確認できる。
- □ 有害なクラックが無い。
- □ その他（理由：　　　　　　）

① 当該「評価対象項目」のうち、評価対象外の項目は削除する。
② 削除項目のある場合は削除後の評価項目数を母数として計算した比率(%)計算の値で評価する。
③ 評価値（　　%）＝該当項目数（　）／評価対象項目数（　）
④ なお、削除後の評価対象項目数が２項目以下の場合はｃ評価とする。

●判断基準

		ばらつきで判断可能			ばらつきで判断不可能
		50%以下	80%以下	80%を超える	
評価値	90%以上	a	a'	b	b
	75%以上90%未満	a'	b	b'	b'
	60%以上75%未満	b	b'	c	c
	60%未満	b'	c	c	c

注　試験結果の打点数等が少なくばらつきの判断ができない場合は評価対象項目（評価値）だけで評価する。

考査項目	工種	a	a'	b	b'	c	d	e
	土工事（切土、盛土、堤防等工事）	□ 品質関係の試験結果のばらつきと評価対象項目の履行状況（評価値）から判断する。＜判断基準参照＞ [関連基準、土木工事施工管理基準、その他設計図書に定められた試験] ※　ばらつきの判断は別紙－４参照。					□ 品質関係の測定方法又は測定値が不適切であったため、監督職員が文書で指示を行い改善された。	□ 品質関係の測定方法又は測定値が不適切であったため、検査職員が修補指示を行った。

●評価対象項目

- □ 雨水による崩壊が起こらないように、排水対策を実施していることが確認できる。
- □ 段切りを設計図書に基づき行っていることが確認できる。
- □ 置換えのための掘削を行うにあたり、掘削面以下を乱さないように施工していることが確認できる。
- □ 締固めが設計図書に定められた条件を満足していることが確認できる。
- □ 一層あたりのまき出し厚を管理していることが確認できる。
- □ 芝付け及び種子吹付を設計図書に定められた条件で行っていることが確認できる。
- □ 構造物周辺の締固めを設計図書に定められた条件で行っていることが確認できる。
- □ 土羽土の土質が設計図書を満足していることが確認できる。
- □ ＣＢＲ試験などの品質管理に必要な試験を行っていることが確認できる。
- □ 法面に有害な亀裂が無い。
- □ 伐開除根作業が設計図書に定められた条件を満足していることが確認できる。
- □ その他（理由：　　　　　　）

① 当該「評価対象項目」のうち、評価対象外の項目は削除する。
② 削除項目のある場合は削除後の評価項目数を母数として計算した比率(%)計算の値で評価する。
③ 評価値（　　%）＝該当項目数（　）／評価対象項目数（　）
④ なお、削除後の評価対象項目数が２項目以下の場合はｃ評価とする。

●判断基準

		ばらつきで判断可能			ばらつきで判断不可能
		50%以下	80%以下	80%を超える	
評価値	90%以上	a	a'	b	b
	75%以上90%未満	a'	b	b'	b'
	60%以上75%未満	b	b'	c	c
	60%未満	b'	c	c	c

注　試験結果の打点数等が少なくばらつきの判断ができない場合は評価対象項目（評価値）だけで評価する。

別紙－3⑤

考査項目別運用表

（技　術　検　査　官）

考査項目	工種	a	a'	b	b'	c	d	e
3．出来形及び出来ばえ II．品質	護岸・根固・水制工事	□ 品質関係の試験結果のばらつきと評価対象項目の履行状況（評価値）から判断する。<判断基準参照> [関連基準、土木工事施工管理基準、その他設計図書に定められた試験] ※　ばらつきの判断は別紙－4参照。					□ 品質関係の測定方法又は測定値が不適切であったため、監督職員が文書で指示を行い改善された。	□ 品質関係の測定方法又は測定値が不適切であったため、検査職員が修補指示を行った。

●評価対象項目
- □ 施工基面を平滑に仕上げていることが確認できる。
- □ 裏込材及び胴込めコンクリートの締固めを、空隙が生じないよう十分に行っていることが確認できる。
- □ 緑化ブロック、石積（張）、法枠、かごマット等における材料のかみ合わせ又は連結が、裏込材の吸出しが無いよう行っていることが確認できる。
- □ 石積（張）工において、大きさ及び重さが設計図書の仕様を満足していることが確認できる。
- □ 護岸工の端部や曲線部の処理が適切であり、必要な強度及び水密性を確保していることが確認できる。
- □ 遮水シートが所定の幅で重ね合わせられ、端部処理が設計図書の仕様を満足していることが確認できる。
- □ 植生工で、植生の種類、品質、配合及び養生が、設計図書の仕様を満足していることが確認できる。
- □ 根固工、水制工、沈床工、捨石工等において、材料の連結及びかみ合わせが設計図書の仕様を満足していることが確認できる。
- □ 指定材料の品質が、証明書類で確認できる。
- □ 基礎工において、掘り過ぎが無く施工していることが確認できる。
- □ コンクリートブロック等を損傷無く設置していることが確認できる。
- □ 施工にあたって、床堀箇所の湧水及び滞水等は、排除して施工していることが確認できる。
- □ 埋戻し材料について、設計図書の仕様を満足していることが確認できる。
- □ 有害なクラックが無い。
- □ その他（理由：　　　）

① 当該「評価対象項目」のうち、評価対象外の項目は削除する。
② 削除項目のある場合は削除後の評価項目数を母数として計算した比率(%)計算の値で評価する。
③ 評価値（　　%）＝該当項目数（　）／評価対象項目数（　）
④ なお、削除後の評価対象項目数が2項目以下の場合はc評価とする。

●判断基準

		ばらつきで判断可能			ばらつきで判断不可能
		50%以下	80%以下	80%を超える	
評価値	90%以上	a	a'	b	b
	75%以上90%未満	a'	b	b'	b'
	60%以上75%未満	b	b'	c	c
	60%未満	b'	c	c	c

注　試験結果の打点数等が少なくばらつきの判断ができない場合は評価対象項目（評価値）だけで評価する。

考査項目	工種	a	a'	b	b'	c	d	e
	鋼橋工事 （RC床版工事はコンクリート構造物に準ずる）	□ 品質関係の試験結果のばらつきと評価対象項目の履行状況（評価値）から判断する。<判断基準参照> [関連基準、土木工事施工管理基準、その他設計図書に定められた試験] ※　ばらつきの判断は別紙－4参照。					□ 品質関係の測定方法又は測定値が不適切であったため、監督職員が文書で指示を行い改善された。	□ 品質関係の測定方法又は測定値が不適切であったため、検査職員が修補指示を行った。

●評価対象項目

【工場製作関係】
- □ 鋼材の種別、品質を適切に管理している。
- □ 溶接作業にあたり、作業員の技量確認を行っていることが確認できる。
- □ 溶接作業にあたり、溶接材料の使用区分が設計図書の仕様を満足していることが確認できる。
- □ 溶接施工に係る施工計画書を提出していることが確認できる。
- □ 孔空けによって生じたまくれが削り取られているなど、きめ細やかに製作していることが確認できる。
- □ 欠陥部の発生が見られないことが確認できる。
- □ 塗装作業にあたり、塗布面を十分に乾燥させて施工していることが確認できる。
- □ 素地調整を行う場合、第1種ケレン後4時間以内に金属前処理塗装を実施していることが確認できる。
- □ 塗料の空缶管理について、写真等で確実に空であることが確認できる。
- □ 塗料の品質が出荷証明書、塗料成績表により、製造年月日、ロット番号、色彩、数量が確認できる。
- □ その他（理由：　　　）

【架設関係】
- □ ボルトの締付確認が実施され、記録を保管していることが確認できる。
- □ ボルトの締付機及び測定機器のキャリブレーションを実施していることが確認できる。
- □ 高力ボルトの締め付けを、中心から外側に向かって行っていることが確認できる。
- □ 高力ボルトの品質が、証明書類で確認できる。
- □ 支承の据付で、コンクリート面のチッピング及び仕上げ面に水切勾配がついていることが確認できる。
- □ 架設にあたって、部材の応力と変形等を十分検討していることが確認できる。
- □ 架設に用いる仮設備及び架設用機材について品質、性能が確保できる規模及び強度を有して確認していることが確認できる。
- □ 現場塗装部のケレン及び膜厚管理を適切に行っていることが確認できる。
- □ 現場塗装において、温度、湿度、風速等の確認を行っていることが確認できる。
- □ その他（理由：　　　）

① 当該「評価対象項目」のうち、対象としない項目は削除する。
② 削除の項目のある場合は、削除後の評価項目数を母数として計算した比率(%)計算の値で評価する。
③ 評価値（　　%）＝該当項目数（　）／評価対象項目数（　）
④ なお、削除後の評価対象項目数が2項目以下の場合はc評価とする。

●判断基準

		ばらつきで判断可能			ばらつきで判断不可能
		50%以下	80%以下	80%を超える	
評価値	90%以上	a	a'	b	b
	75%以上90%未満	a'	b	b'	b'
	60%以上75%未満	b	b'	c	c
	60%未満	b'	c	c	c

注　試験結果の打点数等が少なくばらつきの判断ができない場合は評価対象項目（評価値）だけで評価する。

考査項目別運用表

（技 術 検 査 官）

考 査 項 目	工 種	a	a'	b	b'	c	d	e
3．出来形及び出来ばえ Ⅱ．品質	砂防構造物工事及び地すべり防止工事（集水井工事を含む）	□ 品質関係の試験結果のばらつきと評価対象項目の履行状況（評価値）から判断する。＜判断基準参照＞ [関連基準、土木工事施工管理基準、その他設計図書に定められた試験] ※ ばらつきの判断は別紙－4参照。					□ 品質関係の測定方法又は測定値が不適切であったため、監督職員が文書で指示を行い改善された。	□ 品質関係の測定方法又は測定値が不適切であったため、検査職員が修補指示を行った。

●評価対象項目

【共通】

□ コンクリートの配合試験及び試験練りを行っており、コンクリートの品質(強度・w／c、最大骨材粒径、塩化物総量、単位水量、アルカリ骨材反応抑制等）が確認できる。

□ コンクリート受け入れ時に必要な試験を実施しており、温度、スランプ、空気量等の測定結果が確認できる。

□ 圧縮強度試験に使用したコンクリート供試体が、当該現場の供試体であることが確認できる。

□ 運搬時間、打設時の投入高さ、締固時のバイブレータの機種及び養生方法が、施工条件及び気象条件に適しており、定められた条件を満足していることが確認できる。（寒中及び暑中コンクリート等を含む）

□ コンクリートの圧縮強度を管理しており、必要な強度に達した後に型枠及び支保工の取り外しを行っている。

□ 地山との取り合わせを適切に行っていることが確認できる。

□ 鉄筋及び鋼材の品質を、適切に管理していることを確認できる。

□ 有害なクラックが無い。

□ その他（理由：　　　　）

【砂防構造物工事に適用】

□ コンクリート打設まできび、どろ、油等の有害物が、鉄筋に付着しないよう管理していることが確認できる。

□ 鉄筋の組立及び加工が、設計図書の仕様を満足していることが確認できる。

□ 施工基面を平滑に仕上げていることが確認できる。

□ アンカーの施工が、設計図書の仕様を満足していることが確認できる。

□ ボルトの締付確認が実施され、記録を保管していることが確認できる。

□ ボルトの締付機及び測定機器のキャリブレーションを実施していることが確認できる。

□ その他（理由：　　　　）

【地すべり対策工事（抑止杭・集水井戸工事を含む）】

□ アンカーの施工が、設計図書の仕様を満足していることが確認できる。

□ ライナープレートの組み立てにあたり、偏心と歪みに配慮して施工していることが確認できる。

□ ライナープレートと地山との隙間が少なくなるように施工していることが確認できる。

□ 集・排水ボーリング工の方向及び角度が、適正となるように施工上の配慮をしていることが確認できる。

□ その他（理由：　　　　）

① 当該「評価対象項目」のうち、評価対象外の項目は削除する。
② 削除項目のある場合は削除後の評価項目数を母数として計算した比率(%)計算の値で評価する。
③ 評価値（　　%）＝該当項目数（　）／評価対象項目数（　）
④ なお、削除後の評価対象項目数が2項目以下の場合はc評価とする。

●判断基準

		ばらつきで判断可能			ばらつきで判断不可能
		50%以下	80%以下	80%を超える	
評価値	90%以上	a	a'	b	b
	75%以上90%未満	a'	b	b'	b'
	60%以上75%未満	b	b'	c	c
	60%未満	b'	c	c	c

注 試験結果の打点数等が少なくばらつきの判断ができない場合は評価対象項目（評価値）だけで評価する。

考査項目別運用表

（技 術 検 査 官）

考査項目	工種	a	a'	b	b'	c	d	e
3．出来形及び出来ばえ II．品質	舗装工事	□ 品質関係の試験結果のばらつきと評価対象項目の履行状況（評価値）から判断する。<判断基準参照> [関連基準、土木工事施工管理基準、その他設計図書に定められた試験] ※ ばらつきの判断は別紙－4参照。					□ 品質関係の測定方法又は測定値が不適切であったため、監督職員が文書で指示を行い改善された。	□ 品質関係の測定方法又は測定値が不適切であったため、検査職員が修補指示を行った。

●評価対象項目

【路床・路盤工関係】

- □ 設計図書に定められた試験方法でＣＢＲ値を測定していることが確認できる。
- □ 路床及び路盤工のプルーフローリングを行っていることが確認できる。
- □ 路床及び路盤工の密度管理が、設計図書の仕様を満足していることが確認できる。
- □ 路盤の安定処理は材料が均一になるよう施工していることが確認できる。
- □ 路盤の施工に先立って、路床面、下層路盤面の浮き石及び有害物を除去してから施工していることが確認できる。
- □ 路床盛土において、一層の仕上がり厚を２０ｃｍ以下とし、各層ごとに締固めて施工していることが確認できる。
- □ 路床盛土において、構造物の隣接箇所や狭い箇所における締固めが、タンパ等の小型締固め機械により施工していることが確認できる。
- □ その他（理由：　　　）

【アスファルト舗装工関係】

- □ アスファルト混合物の品質が、配合設計及び試験練りの結果又は事前審査制度の証明書類により確認できる。
- □ 舗装工の施工にあたって、上層路盤面の浮き石などの有害物を除去していることが確認できる。
- □ プラント出荷時、現場到着時、舗設時等において、アスファルト混合物の温度管理を記録していることが確認できる。
- □ 舗設後の交通開放が、定められた条件を満足していることが確認できる。
- □ 各層の継ぎ目の位置が、設計図書に定められた数値以上であることが確認できる。
- □ 縦継目及び横継目の位置、構造物との接合面の処理等が、設計図書の仕様を満足していることが確認できる。
- □ アスファルト混合物の運搬及び舗設にあたって、気象条件を配慮していることが確認できる。
- □ 密度管理が設計図書の仕様を満足していることが確認できる。
- □ その他（理由：　　　）

【コンクリート舗装工関係】

- □ コンクリートの配合試験及び試験練りを行っており、コンクリートの品質(強度・ｗ／ｃ、最大骨材粒径、塩化物総量、単位水量、アルカリ骨材反応抑制等）が確認できる。
- □ 舗装工の施工に先だって、上層路盤面の浮き石等の有害物を除去してから施工していることが確認できる。
- □ コンクリート受け入れ時に必要な試験を実施しており、温度、スランプ、空気量等の測定結果が確認できる。
- □ 圧縮強度試験に使用したコンクリート供試体が当該現場の供試体であることが確認できる。
- □ 運搬時間、打設方法及び養生方法が、施工条件及び気象条件に適しており、設計図書に定められた条件を満足していることが確認できる。
- □ 材料が分離しないようコンクリートを敷均していることが確認できる。
- □ チェアー及びタイバーを損傷などが発生しないよう保管していることが確認できる。
- □ その他（理由：　　　）

① 当該「評価対象項目」のうち、評価対象外の項目は削除する。
② 削除項目のある場合は削除後の評価項目数を母数として計算した比率(%)計算の値で評価する。
③ 評価値（　　%）＝該当項目数（　）／評価対象項目数（　）
④ なお、削除後の評価対象項目数が２項目以下の場合はｃ評価とする。

●判断基準

		ばらつきで判断可能			ばらつきで判断不可能
		50%以下	80%以下	80%を超える	
評価値	90%以上	a	a'	b	b
	75%以上90%未満	a'	b	b'	b'
	60%以上75%未満	b	b'	c	c
	60%未満	b'	c	c	c

注 試験結果の打点数等が少なくばらつきの判断ができない場合は評価対象項目（評価値）だけで評価する。

別紙－３⑧

考査項目別運用表

（技　術　検　査　官）

考査項目	工種	a	a'	b	b'	c	d	e
３．出来形 及び 出来ばえ Ⅱ．品質	法面工事	□　品質関係の試験結果のばらつきと評価対象項目の履行状況（評価値）から判断する。<判断基準参照> [関連基準、土木工事施工管理基準、その他設計図書に定められた試験] ※　ばらつきの判断は別紙－４参照。					□　品質関係の測定方法又は測定値が不適切であったため、監督職員が文書で指示を行い改善された。	□　品質関係の測定方法又は測定値が不適切であったため、検査職員が修補指示を行った。

●評価対象項目

【共　通】

- □　施工基面を平滑に仕上げていることが確認できる。（特に法枠工、コンクリート又はモルタル吹付工関係）
- □　施工に際して、品質に害となる施工面の浮き石やゴミ等を除去してから施工していることが確認できる。
- □　盛土の施工にあたり、法面の崩壊が起こらないよう締固めを十分行っていることが確認できる。
- □　雨水による崩壊が起こらないように、排水対策を実施していることが確認できる。
- □　その他（理由：　　　　）

【種子吹付工、客土吹付工、植生基材吹付工関係】

- □　土壌試験の結果を施工に反映していることが確認できる。
- □　ネットなどの境界に隙間が生じていないことが確認できる。
- □　ネットなどが破損を生じていないことが確認できる。
- □　吹付け厚さが均等であることが確認できる。
- □　使用する材料の種類、品質、配合等が設計図書の仕様を満足していることが確認できる。
- □　施工時期が定められた条件を満足していることが確認できる。
- □　その他（理由：　　　　）

【コンクリート又はモルタル吹付工関係】

- □　使用する材料の種類、品質及び配合が、設計図書の仕様を満足していることが確認できる。
- □　金網の重ね幅が、１０ｃｍ以上確保されていることが確認できる。
- □　金網が破損を生じていないことが確認できる。
- □　吸水性の吹付け面において、事前に吸水させてから施工していることが確認できる。
- □　吹付け厚さが均等であることが確認できる。
- □　吹付け厚さに応じて２層以上に分割して施工していることが確認できる。
- □　圧縮強度試験に使用したコンクリートの供試体が、当該現場の供試体であることが確認できる。
- □　不良箇所が生じないよう跳ね返り材料の処理を行っていることが確認できる。
- □　法肩の吹付けにあたり、地山に沿って巻き込んで施工していることが確認できる。
- □　その他（理由：　　　　）

【現場打法枠工関係（プレキャスト法枠工含む）】

- □　使用する材料の種類、品質及び配合が、設計図書の仕様を満足していることが確認できる。
- □　アンカーを設計図書どおりの長さで施工していることが確認できる。
- □　現場養生が、設計図書の仕様を満足するように実施されていることが確認できる。
- □　強度試験に使用したコンクリート供試体が当該現場の供試体であることが確認できる。
- □　枠内に空隙が無いことが確認できる。
- □　層間にはく離が無いことが確認できる。
- □　不良箇所が生じないよう跳ね返り材料の処理を行っていることが確認できる。
- □　その他（理由：　　　　）

①　当該「評価対象項目」のうち、評価対象外の項目は削除する。
②　削除項目のある場合は削除後の評価項目数を母数として計算した比率(%)計算の値で評価する。
③　評価値（　　　%）＝該当項目数（　　）／評価対象項目数（　　）
④　なお、削除後の評価対象項目数が２項目以下の場合はｃ評価とする。

●判断基準

		ばらつきで判断可能			ばらつきで判断不可能
		50%以下	80%以下	80%を超える	
評価値	90%以上	a	a'	b	b
	75%以上90%未満	a'	b	b'	b'
	60%以上75%未満	b	b'	c	c
	60%未満	b'	c	c	c

注　試験結果の打点数等が少なくばらつきの判断ができない場合は評価対象項目（評価値）だけで評価する。

考査項目別運用表

（技　術　検　査　官）

考査項目	工種	a	a'	b	b'	c	d	e
３．出来形及び出来ばえ Ⅱ．品質	基礎工事及び地盤改良工事	□ 品質関係の試験結果のばらつきと評価対象項目の履行状況（評価値）から判断する。<判断基準参照> [関連基準、土木工事施工管理基準、その他設計図書に定められた試験] ※ ばらつきの判断は別紙－４参照。					□ 品質関係の測定方法又は測定値が不適切であったため、監督職員が文書で指示を行い改善された。	□ 品質関係の測定方法又は測定値が不適切であったため、検査職員が修補指示を行った。
	海岸工事	□ 品質関係の試験結果のばらつきと評価対象項目の履行状況（評価値）から判断する。<判断基準参照> [関連基準、土木工事施工管理基準、その他設計図書に定められた試験] ※ ばらつきの判断は別紙－４参照。					□ 品質関係の測定方法又は測定値が不適切であったため、監督職員が文書で指示を行い改善された。	□ 品質関係の測定方法又は測定値が不適切であったため、検査職員が修補指示を行った。

基礎工事及び地盤改良工事

●評価対象項目

【杭関係（コンクリート・鋼管・鋼管井筒、場所打、深礎等）】

- □ 杭に損傷及び補修痕が無いことが確認できる。
- □ 既製杭の打止め管理の方法及び場所打杭の施工管理の方法が整備されており、その記録を整理していることが確認できる。
- □ 杭頭処理において、杭本体を損傷していないことが確認できる。
- □ 水平度、鉛直度等が、設計図書を満足していることが確認できる。
- □ 溶接の品質管理に関して、設計図書の仕様を満足していることが確認できる。
- □ 支持地盤に達していることが、掘削深さ、掘削土砂等により確認できる。
- □ 場所打杭について、トレミー管をコンクリート内に２ｍ以上挿入して施工していることが確認できる。
- □ 掘削深度、排出土砂、孔内水位の変動及び安定液を用いる場合の孔内の安定液濃度並びに比重等が、設計図書を満足していることが確認できる。
- □ 配筋、スペーサーの配置及びコンクリート打設等が、設計図書の仕様を満足していることが確認できる。
- □ ライナープレートの組み立てにあたり、偏心と歪みに配慮して施工していることが確認できる。
- □ 裏込材注入の圧力などが施工記録により確認できる。
- □ 強度確認、セメントミルクの比重管理などの品質に係わる事項の管理資料を整理していることが確認できる。
- □ その他（　理由：　）

【地盤改良関係】

- □ 改良材のバッチ管理記録が整理され、設計図書の仕様を満足していることが確認できる。
- □ セメントミルクの比重、スラリー噴出量、強度等の管理資料を整理していることが確認できる。
- □ 事前に土質試験を実施し、改良材の選定、必要添加量の設定等を行っていることが確認できる。
- □ 施工箇所が均一に改良されているとともに、十分な強度及び支持力を確保していることが確認できる。
- □ その他（　理由：　）

① 当該「評価対象項目」のうち、評価対象外の項目は削除する。
② 削除項目のある場合は削除後の評価項目数を母数として計算した比率(%)計算の値で評価する。
③ 評価値（　　%）＝該当項目数（　）／評価対象項目数（　）
④ なお、削除後の評価対象項目数が２項目以下の場合はｃ評価とする。

●判断基準

		ばらつきで判断可能			ばらつきで判断不可能
		50%以下	80%以下	80%を超える	
評価値	90%以上	a	a'	b	b
	75%以上90%未満	a'	b	b'	b'
	60%以上75%未満	b	b'	c	c
	60%未満	b'	c	c	c

注　試験結果の打点数等が少なくばらつきの判断ができない場合は評価対象項目（評価値）だけで評価する。

海岸工事

●評価対象項目

- □ コンクリートの圧縮強度を管理し、必要な強度に達した後に型枠及び支保工の取り外しを行っていることが確認できる。
- □ 運搬、打設、締め固めが、気象条件に適しており、設計図書の仕様を満足していることが確認できる。
- □ 圧縮強度試験に使用したコンクリート供試体が当該現場の供試体であることが確認できる。
- □ コンクリートブロックの転置及び仮置にあたって、強度確認を行っている。
- □ 転倒や崩壊等が無いようコンクリートブロックの仮置を行っていることが確認できる。
- □ 捨石基礎の均し面を平坦に仕上げていることが確認できる。
- □ 工事期間中、１日１回は潮位観測を実施して記録していることが確認できる。
- □ 台風などの異常気象に備えて施工前に避難場所の確保及び退避設備の対策を講じていることが確認できる。
- □ その他（　理由：　）

① 当該「評価対象項目」のうち、評価対象外の項目は削除する。
② 削除項目のある場合は削除後の評価項目数を母数として計算した比率(%)計算の値で評価する。
③ 評価値（　　%）＝該当項目数（　）／評価対象項目数（　）
④ なお、削除後の評価対象項目数が２項目以下の場合はｃ評価とする。

●判断基準

		ばらつきで判断可能			ばらつきで判断不可能
		50%以下	80%以下	80%を超える	
評価値	90%以上	a	a'	b	b
	75%以上90%未満	a'	b	b'	b'
	60%以上75%未満	b	b'	c	c
	60%未満	b'	c	c	c

注　試験結果の打点数等が少なくばらつきの判断ができない場合は評価対象項目（評価値）だけで評価する。

考査項目別運用表

（技　術　検　査　官）

考査項目	工種	a	a'	b	b'	c	d	e
３．出来形及び出来ばえ Ⅱ．品質	コンクリート橋上部工事（ＰＣ及びＲＣを対象）	□　品質関係の試験結果のばらつきと評価対象項目の履行状況（評価値）から判断する。<判断基準参照> [関連基準、土木工事施工管理基準、その他設計図書に定められた試験] ※　ばらつきの判断は別紙－４参照。					□　品質関係の測定方法又は測定値が不適切であったため、監督職員が文書で指示を行い改善された。	□　品質関係の測定方法又は測定値が不適切であったため、検査職員が修補指示を行った。

●評価対象項目

□　コンクリートの配合試験及び試験練りを行っており、コンクリートの品質(強度・w／c、最大骨材粒径、塩化物総量、単位水量、アルカリ骨材反応抑制等)が確認できる。
□　コンクリート受け入れ時に必要な試験を実施しており、温度、スランプ、空気量等の測定結果が確認できる。
□　圧縮強度試験に使用したコンクリートの供試体が、当該現場の供試体であることが確認できる。
□　施工条件や気象条件に適した運搬時間､打設時の投入高さ及び締固め方法が、定められた条件を満足していることが確認できる。
　（寒中及び暑中コンクリート等を含む）
□　コンクリートの圧縮強度を管理して、必要な強度に達した後に型枠及び支保工の取り外しを行っていることが確認できる。
□　鉄筋の品質を、適切に管理していることが確認できる。
□　鉄筋の引張強度及び曲げ強度の試験値が、設計図書の仕様を満足していることが確認できる。
□　コンクリート打設までにさび、どろ、油等の有害物が鉄筋に付着しないよう管理していることが確認できる。
□　圧接作業にあたり、作業員の技量確認を行っていることが確認できる。
□　鉄筋の組立及び加工が、設計図書の仕様を満足していることが確認できる。
□　コンクリートの養生が、設計図書の仕様を満足していることが確認できる。
□　スペーサーの品質及び個数が、設計図書に定められた条件を満足していることが確認できる。
□　プレビーム桁のプレフレクション管理が、設計図書の仕様を満足していることが確認できる。
□　使用する装置及び機器のキャリブレーションを事前に実施していることが確認できる。
□　ＰＣ鋼材の緊張及びグラウト注入管理値が、設計図書の仕様を満足していることが確認できる。
□　プレストレッシング時のコンクリート圧縮強度が、設計図書の仕様を満足していることが確認できる。
□　コンクリート圧縮強度の確認は、構造物と同様な養生条件におかれた供試体を用いていることが確認できる。
□　有害なクラックが無い。
□　その他（理由：　　　　　　）

①　当該「評価対象項目」のうち、評価対象外の項目は削除する。
②　削除項目のある場合は削除後の評価項目数を母数として計算した比率(%)計算の値で評価する。
③　評価値（　　%）＝該当項目数（　）／評価対象項目数（　）
④　なお、削除後の評価対象項目数が２項目以下の場合はｃ評価とする。

●判断基準

		ばらつきで判断可能			ばらつきで判断不可能
		50%以下	80%以下	80%を超える	
評価値	90%以上	a	a'	b	b
	75%以上90%未満	a'	b	b'	b'
	60%以上75%未満	b	b'	c	c
	60%未満	b'	c	c	c

注　試験結果の打点数等が少なくばらつきの判断ができない場合は評価対象項目（評価値）だけで評価する。

別紙－3⑪

考査項目別運用表

（技　術　検　査　官）

考査項目	工種	a	a'	b	b'	c	d	e
3．出来形及び出来ばえ Ⅱ．品質	塗装工事	□ 品質関係の試験結果のばらつきと評価対象項目の履行状況（評価値）から判断する。<判断基準参照> [関連基準、土木工事施工管理基準、その他設計図書に定められた試験] ※　ばらつきの判断は別紙－4参照。					□ 品質関係の測定方法又は測定値が不適切であったため、監督職員が文書で指示を行い改善された。	□ 品質関係の測定方法又は測定値が不適切であったため、検査職員が修補指示を行った。

●評価対象項目

- □ 塗装作業にあたり、塗布面を十分に乾燥させて施工していることが確認できる。
- □ ケレンを入念に実施していることが確認できる。
- □ 天候状況の確認、気温及び湿度の測定を行い、塗装作業を行っていることが確認できる。
- □ 塗料を使用前に撹拌し、容器の塗料を均一な状態にしてから使用していることが確認できる。
- □ 鋼材表面及び被塗装面の汚れ、油類等を除去し塗装を行っていることが確認できる。
- □ 塗料の空缶管理について写真等で確実に空であることが確認できる。
- □ 塗り残し、ながれ、しわ等が無く塗装されていることが確認できる。
- □ 溶接部、ボルトの接合部分、構造の複雑な部分について、必要な塗膜厚を確保していることが確認できる。
- □ 塗料の品質が出荷証明書、塗料成績表により、製造年月日、ロット番号、色彩、数量が確認できる。
- □ その他（理由：　）

① 当該「評価対象項目」のうち、評価対象外の項目は削除する。
② 削除項目のある場合は削除後の評価項目数を母数として計算した比率(%)計算の値で評価する。
③ 評価値（　　%）＝該当項目数（　）／評価対象項目数（　）
④ なお、削除後の評価対象項目数が2項目以下の場合はc評価とする。

●判断基準

		ばらつきで判断可能			ばらつきで判断不可能
		50%以下	80%以下	80%を超える	
評価値	90%以上	a	a'	b	b
	75%以上90%未満	a'	b	b'	b'
	60%以上75%未満	b	b'	c	c
	60%未満	b'	c	c	c

注　試験結果の打点数等が少なくばらつきの判断ができない場合は評価対象項目（評価値）だけで評価する。

工種	a	a'	b	b'	c	d	e
トンネル工事	□ 品質関係の試験結果のばらつきと評価対象項目の履行状況（評価値）から判断する。<判断基準参照> [関連基準、土木工事施工管理基準、その他設計図書に定められた試験] ※　ばらつきの判断は別紙－4参照。					□ 品質関係の測定方法又は測定値が不適切であったため、監督職員が文書で指示を行い改善された。	□ 品質関係の測定方法又は測定値が不適切であったため、検査職員が修補指示を行った。

●評価対象項目

- □ コンクリートの配合試験及び試験練りを行っており、コンクリートの品質(強度・w／c、最大骨材粒径、塩化物総量、単位水量、アルカリ骨材反応抑制等）が確認できる。
- □ コンクリート受け入れ時に必要な試験を実施しており、温度、スランプ、空気量等の測定結果が確認できる。
- □ 圧縮強度試験に使用したコンクリートの供試体が、当該現場の供試体であることが確認できる。
- □ 施工条件や気象条件に適した運搬時間、打設方法及び締固め方法が、定められた条件を満足していることが確認できる。
- □ 吹付コンクリートの配合及びロックボルトの種別、規格が、設計図書の仕様を満足していることが確認できる。
- □ 設計図書に定められた岩区分（支保工パターン含む）の境界を確認して施工を行っていることが確認できる。
- □ 坑内観察調査などについて、設計図書の仕様を満足していることが確認できる。
- □ 計測管理を日々行っており、その結果に基づいた施工を行っていることが確認できる。
- □ 金網の継ぎ目を１５ｃｍ以上重ね合わせて施工していることが確認できる。
- □ 吹付コンクリートの施工にあたって、浮石等を除いた後に、吹付コンクリートの一層の厚さが１５ｃｍ以下で地山と密着するよう施工していることが確認できる。
- □ 吹付コンクリートを打継ぎする場合は、吹付完了面を清掃した上、湿潤状態で施工していることが確認できる。
- □ ロックボルトの定着長が、設計図書の仕様を満足していることが確認できる。
- □ 防水工に防水シートを使用する場合は、ロックボルト等の突起物にモルタルや保護マット等で防護対策を行っていることが確認できる。
- □ 逆巻きの場合において、側壁コンクリートとアーチコンクリートの打継目が同一線上で施工していないことが確認できる。
- □ その他（理由：　）

① 当該「評価対象項目」のうち、評価対象外の項目は削除する。
② 削除項目のある場合は削除後の評価項目数を母数として計算した比率(%)計算の値で評価する。
③ 評価値（　　%）＝該当項目数（　）／評価対象項目数（　）
④ なお、削除後の評価対象項目数が2項目以下の場合はc評価とする。

●判断基準

		ばらつきで判断可能			ばらつきで判断不可能
		50%以下	80%以下	80%を超える	
評価値	90%以上	a	a'	b	b
	75%以上90%未満	a'	b	b'	b'
	60%以上75%未満	b	b'	c	c
	60%未満	b'	c	c	c

注　試験結果の打点数等が少なくばらつきの判断ができない場合は評価対象項目（評価値）だけで評価する。

別紙－３⑫

考査項目別運用表

（技　術　検　査　官）

考査項目	工種	a	a'	b	b'	c	d	e
３．出来形及び出来ばえ Ⅱ．品質	植栽工事	□ 品質関係の試験結果のばらつきと評価対象項目の履行状況（評価値）から判断する。＜判断基準参照＞ [関連基準、土木工事施工管理基準、その他設計図書に定められた試験] ※　ばらつきの判断は別紙－４参照。					□ 品質関係の測定方法又は測定値が不適切であったため、監督職員が文書で指示を行い改善された。	□ 品質関係の測定方法又は測定値が不適切であったため、検査職員が修補指示を行った。

●評価対象項目
- □ 活着が促されるよう管理していることが確認できる。
- □ 樹木などに損傷,はちくずれ等が無いよう保護養生を行っていることが確認できる。
- □ 樹木等の生育に害のある害虫等がいないことが確認できる。
- □ 施工完了後、余剰枝の剪定,整形その他必要な手入れを行っていることが確認できる。
- □ 肥料が直接樹木の根に触れないよう均一に施肥していることが確認できる。
- □ 植生する樹木に応じて、余裕のある植穴を堀り植穴底部を耕していることが確認できる。
- □ 添木をぐらつきがないよう設置していることが確認できる。
- □ 樹名板を視認しやすい場所に据付けていることが確認できる。
- □ その他（理由：　　　　　　　　）

① 当該「評価対象項目」のうち、評価対象外の項目は削除する。
② 削除項目のある場合は削除後の評価項目数を母数として計算した比率(%)計算の値で評価する。
③ 評価値（　　%）＝該当項目数（　）／評価対象項目数（　）
④ なお、削除後の評価対象項目数が２項目以下の場合はｃ評価とする。

●判断基準

		ばらつきで判断可能			ばらつきで判断不可能
		50%以下	80%以下	80%を超える	
評価値	90%以上	a	a'	b	b
	75%以上90%未満	a'	b	b'	b'
	60%以上75%未満	b	b'	c	c
	60%未満	b'	c	c	c

注　試験結果の打点数等が少なくばらつきの判断ができない場合は評価対象項目（評価値）だけで評価する。

考査項目	工種	a	a'	b	b'	c	d	e
	防護柵（網）・標識・区画線等設置工事	□ 品質関係の試験結果のばらつきと評価対象項目の履行状況（評価値）から判断する。＜判断基準参照＞ [関連基準、土木工事施工管理基準、その他設計図書に定められた試験] ※　ばらつきの判断は別紙－４参照。					□ 品質関係の測定方法又は測定値が不適切であったため、監督職員が文書で指示を行い改善された。	□ 品質関係の測定方法又は測定値が不適切であったため、検査職員が修補指示を行った。

●評価対象項目
- □ 防護柵設置要綱,視線誘導標設置基準,道路標識ハンドブック等の規定を満足していることが確認できる。
- □ 防護柵等の床堀りの仕上がり面において、地山の乱れや不陸が生じないように施工していることが確認できる。
- □ 防護柵等の基礎工の施工にあたって、無筋及び鉄筋コンクリートの規定を満足していることが確認できる。
- □ 防護柵等の支柱の施工にあたって、既設舗装面へ影響が無いよう施工していることが確認できる。
- □ 基礎設置箇所について地盤の地耐力を把握して、施工していることが確認できる。
- □ 防護柵の支柱の根入長が、設計図書の仕様を満足していることが確認できる。
- □ ガードケーブルを支柱に取付ける場合、設計図書に定められた所定の張力を与えているのが確認できる。
- □ ガードケーブルの端末支柱を土中に設置する場合、打設したコンクリートが設計図書に定められた強度以上であることが確認できる。
- □ ペイント式(常温式)区画線に使用するｼﾝﾅｰの使用量が、１０%以下であることが確認できる。
- □ 区画線の厚さが見本等で設計図書の仕様を満足していることが確認できる。
- □ 区画線施工後の昼間及び夜間の視認性が、設計図書の仕様を満足していることが確認できる。
- □ 区画線の施工にあたって 設置路面の水分、泥、砂じん及びほこりを取り除いて行っていることが確認できる。
- □ 区画線を消去の場合、表示材（塗料）のみの除去となっており、路面への影響が最小限となっていることが確認できる。
- □ プライマーの施工にあたって、路面に均等に塗布していることが確認できる。
- □ 区画線の材料が、設計図書の仕様を満足していることが確認できる。
- □ その他（理由：　　　　　　　　）

① 当該「評価対象項目」のうち、評価対象外の項目は削除する。
② 削除項目のある場合は削除後の評価項目数を母数として計算した比率(%)計算の値で評価する。
③ 評価値（　　%）＝該当項目数（　）／評価対象項目数（　）
④ なお、削除後の評価対象項目数が２項目以下の場合はｃ評価とする。

●判断基準

		ばらつきで判断可能			ばらつきで判断不可能
		50%以下	80%以下	80%を超える	
評価値	90%以上	a	a'	b	b
	75%以上90%未満	a'	b	b'	b'
	60%以上75%未満	b	b'	c	c
	60%未満	b'	c	c	c

注　試験結果の打点数等が少なくばらつきの判断ができない場合は評価対象項目（評価値）だけで評価する。

考査項目別運用表

（技　術　検　査　官）

考査項目	工種	a	a'	b	b'	c	d	e
3．出来形 及び 出来ばえ II．品質	電線共同溝工事	□ 品質関係の試験結果のばらつきと評価対象項目の履行状況（評価値）から判断する。<判断基準参照> [関連基準、土木工事施工管理基準、その他設計図書に定められた試験] ※ ばらつきの判断は別紙－4参照。					□ 品質関係の測定方法又は測定値が不適切であったため、監督職員が文書で指示を行い改善された。	□ 品質関係の測定方法又は測定値が不適切であったため、検査職員が修補指示を行った。

●評価対象項目

□ 指定材料の規格が、品質を証明する書類で確認できる。
□ 管路の通過試験を行っており、試験結果から全箇所が導通していることが確認できる。
□ プラント出荷時、現場到着時、舗設時等において、アスファルト混合物の温度管理が記録していることが確認できる。
□ 特殊部の施工基面の支持力が、均等となるようにかつ不陸が無いように仕上げていることが確認できる。
□ 特殊部等の施工において、隣接する各ブロックに目違いによる段差及び蛇行等が無いよう敷設していることが確認できる。
□ 埋戻しにおいて、設計図書の仕様を満足していることが確認できる。
□ 舗装の復旧等が適時行われ、路面の沈下や不陸が無く平坦性を確保していることが確認できる。
□ 管枕及び埋設シートの設置及び土被りが、設計図書の仕様を満足していることが確認できる。
□ 管設置において、それぞれの管の最小曲げ半径を満足していることが確認できる。
□ その他（理由：　　　　）

① 当該「評価対象項目」のうち、評価対象外の項目は削除する。
② 削除項目のある場合は削除後の評価項目数を母数として計算した比率(%)計算の値で評価する。
③ 評価値（　　%）＝該当項目数（　　）／評価対象項目数（　　）
④ なお、削除後の評価対象項目数が２項目以下の場合はｃ評価とする。

●判断基準

		ばらつきで判断可能			ばらつきで判断不可能
		50%以下	80%以下	80%を超える	
評価値	90%以上	a	a'	b	b
	75%以上90%未満	a'	b	b'	b'
	60%以上75%未満	b	b'	c	c
	60%未満	b'	c	c	c

注　試験結果の打点数等が少なくばらつきの判断ができない場合は評価対象項目（評価値）だけで評価する。

別紙－3⑭

考査項目別運用表

（技　術　検　査　官）

<table>
<tr><th>考査項目</th><th>工　種</th><th>a</th><th>a'</th><th>b</th><th>b'</th><th>c</th><th>d</th><th>e</th></tr>
<tr><td rowspan="3">3．出来形
及び
出来ばえ

Ⅱ．品質</td><td>維持工事
（清掃工、除草工、付属物工、除雪、応急処理等）</td><td colspan="5">●評価対象項目
□　使用する材料の品質・形状等が適切であり、かつ現場において材料確認を適宜・的確に行っていることが確認できる。
□　構造物の劣化状況をよく把握して、適切な対策を施していることが確認できる。
□　監督職員の指示事項に対して、現地状況を勘案し、施工方法や構造についての提案を行うなど積極的に取り組んでいることが確認できる。
□　緊急的な作業において、迅速かつ適切に対応していることが確認できる。
□　理由：
□　理由：
□　理由：
□　理由：

●判断基準
※　該当項目が6項目以上・・・・・・・a
※　該当項目が5項目・・・・・・・・・a'
※　該当項目が4項目・・・・・・・・・b
※　該当項目が3項目・・・・・・・・・b'
※　該当項目が2項目以下　・・・・・・c

注　記載の4項目を必須の評価対象項目とし、この他に適宜項目を追加して評価するものとする。
ただし、評価対象項目は最大8項目とする。</td><td>□　品質関係の測定方法又は測定値が不適切であったため、監督職員が文書で指示を行い改善された。</td><td>□　品質関係の測定方法又は測定値が不適切であったため、検査職員が修補指示を行った。</td></tr>
<tr><td rowspan="2">修繕工事
（橋脚補強、耐震補強、落橋防止等）</td><td>a</td><td>a'</td><td>b</td><td>b'</td><td>c</td><td>d</td><td>e</td></tr>
<tr><td colspan="5">●評価対象項目
□　使用する材料の品質・形状等が適切であり、かつ現場において材料確認を適宜・的確に行っていることが確認できる。
□　構造物の劣化状況をよく把握して、適切な対策を施していることが確認できる。
□　監督職員の指示事項に対して、現地状況を勘案し、施工方法や構造についての提案を行うなど積極的に取り組んでいることが確認できる。
□　施工後のメンテナンスに対する提言や修繕サイクル等を勘案した提案等を行っていることが確認できる。
□　理由：
□　理由：
□　理由：
□　理由：

●判断基準
※　該当項目が6項目以上・・・・・・・a
※　該当項目が5項目・・・・・・・・・a'
※　該当項目が4項目・・・・・・・・・b
※　該当項目が3項目・・・・・・・・・b'
※　該当項目が2項目以下　・・・・・・c

注　記載の4項目を必須の評価対象項目とし、この他に適宜項目を追加して評価するものとする。
ただし、評価対象項目は最大8項目とする。</td><td>□　品質関係の測定方法又は測定値が不適切であったため、監督職員が文書で指示を行い改善された。</td><td>□　品質関係の測定方法又は測定値が不適切であったため、検査職員が修補指示を行った。</td></tr>
</table>

考査項目別運用表

（技 術 検 査 官）

考 査 項 目	工 種	a	a'	b	b'	c	d	e
3．出来形 及び 出来ばえ Ⅱ．品質	機械設備工事	優れている	bより優れている	やや優れている	cより優れている	他の評価に該当しない	□ 品質関係の測定方法又は測定値が不適切であったため、監督職員が文書で指示を行い改善された。	□ 品質関係の測定方法又は測定値が不適切であったため、検査職員が修補指示を行った。
		●評価対象項目 □ 材料、部品の品質照合の書類（現物照合）を整理し品質の確認ができる。 □ 設備の機能及び性能が、承諾図書のとおり確保され、品質の確認ができる。 □ 設計図書の仕様を踏まえた詳細設計を行い、承諾図書として提出していることが確認できる。 □ 機器の機能及び性能に係わる成績書が整理され、品質の確認ができる。 □ 溶接管理基準の品質管理項目について、品質管理書類を整理し品質の確認ができる。 □ 塗装管理基準の品質管理項目について、品質管理書類を整理し品質の確認ができる。 □ 操作制御設備について、操作スイッチや表示灯が承諾図書のとおり配置され、正常に作動することが確認できる。 □ 操作制御設備の安全装置及び保護装置の機能・性能確認試験について、試験書類を整理し品質の確認ができる。 □ 小配管、電気配線、配管が承諾図書のとおり敷設していることが確認できる。 □ 設備の取扱説明書を適切に作成していることが確認できる。 □ 完成図書（取扱説明書）に部品等の点検及び交換方法について、まとめていることが確認できる。 □ 機器の配置について、点検しやすいことが確認できる。 □ 設備の構造や機器の配置について、交換頻度の高い部品等の交換作業が容易にできることが確認できる。 □ 二次コンクリートの配合試験及び試験練りを実施し、試験成績表にまとめていることが確認できる。 □ バルブ類の平時の状態を示すラベルなどが見やすい状態で表示していることが確認できる。 □ 計器類に運転時の適用範囲を見やすく表示していることが確認できる。 □ 回転部や高温部等の危険箇所に表示又は防護をしていることが確認できる。 □ 構造物の劣化状況をよく把握して、適切な対策を施していることが確認できる。 □ 現地状況を勘案し、施工方法等についての提案を行うなど積極的に取り組んでいることが確認できる。 □ その他〔 理由： 〕 ●判断基準 ※ 評価値が90%以上・・・・・・・・・・a ※ 評価値が80%以上90%未満・・・・・a' ※ 評価値が70%以上80%未満・・・・・b ※ 評価値が60%以上70%未満・・・・・b' ※ 評価値が60%未満・・・・・・・・・・c ① 当該「評価対象項目」のうち、評価対象外の項目は削除する。 ② 削除項目のある場合は削除後の評価項目数を母数として計算した比率(%)計算の値で評価する。 ③ 評価値（　　%）＝該当項目数（　）／評価対象項目数（　） ④ なお、削除後の評価対象項目数が2項目以下の場合はc評価とする。						
	電気設備工事	a	a'	b	b'	c	d	e
		優れている	bより優れている	やや優れている	cより優れている	他の評価に該当しない	□ 品質関係の測定方法又は測定値が不適切であったため、監督職員が文書で指示を行い改善された。	□ 品質関係の測定方法又は測定値が不適切であったため、検査職員が修補指示を行った。
		●評価対象項目 □ 製作着手前に、品質や性能の確保に係る技術検討が実施していることが確認できる。 □ 材料・部品の品質照合の結果が品質保証書等（現物照合を含む）で確認でき、設計図書の仕様を満足していることが確認できる。 □ 機器の品質、機能及び性能が設計図書を満足して、成績書にまとめられていることが確認できる。 □ 操作スイッチや表示灯が承諾図書のとおり配置され、操作性に優れていることが確認できる。 □ ケーブル及び配管の接続などの作業が、施工計画書に記載された手順に沿って行われ、不具合が無いことが確認できる。 □ 設備の機能及び性能が、設計図書の仕様を満足していることが確認できる。 □ 操作制御関係の機能及び性能が、設計図書の仕様を満足しているとともに、必要な安全装置及び保護装置の作動が確認できる。 □ 設備の総合性能が、設計図書の仕様を満足していることが確認できる。 □ 現場条件によって機器(製品)の機能及び性能が確認できない場合において、工場試験などで確認していることが確認できる。 □ 設備全体についての取扱説明書を適切に作成（修繕（改造・更新含む）の場合は、修正又は更新）していることが確認できる。 □ 完成図書で定期的な点検や交換を要する部品及び箇所を明示していることが確認できる。 □ 設備の構造について、点検や消耗品の取替え作業が容易にできることが確認できる。 □ 障害、災害発生を想定した代替機能、迂回などのフェールセーフ機能を現地試験等で確認していることが確認できる。 □ 設備の耐震設計について、受注者自らが確認、精査したことが確認できる。 □ その他〔 理由： 〕 ●判断基準 ※ 評価値が90%以上・・・・・・・・・・a ※ 評価値が80%以上90%未満・・・・・a' ※ 評価値が70%以上80%未満・・・・・b ※ 評価値が60%以上70%未満・・・・・b' ※ 評価値が60%未満・・・・・・・・・・c ① 当該「評価対象項目」のうち、評価対象外の項目は削除する。 ② 削除項目のある場合は削除後の評価項目数を母数として計算した比率(%)計算の値で評価する。 ③ 評価値（　　%）＝該当項目数（　）／評価対象項目数（　） ④ なお、削除後の評価対象項目数が2項目以下の場合はc評価とする。						

考査項目別運用表

（技　術　検　査　官）

考査項目	工種	a	a'	b	b'	c	d	e
3．出来形及び出来ばえ Ⅱ．品質	通信設備工事・受変電設備工事	優れている	bより優れている	やや優れている	cより優れている	他の評価に該当しない	□ 品質関係の測定方法又は測定値が不適切であったため、監督職員が文書で指示を行い改善された。	□ 品質関係の測定方法又は測定値が不適切であったため、検査職員が修補指示を行った。
	上記以外の工事（情報ボックス、浚渫工等）又は合併工事	優れている	bより優れている	やや優れている	cより優れている	他の評価に該当しない	□ 品質関係の測定方法又は測定値が不適切であったため、監督職員が文書で指示を行い改善された。	□ 品質関係の測定方法又は測定値が不適切であったため、検査職員が修補指示を行った。

通信設備工事・受変電設備工事

●評価対象項目

電気

□ 設計図書に定められている品質管理を実施していることが確認できる。
□ 材料及び構成部品の品質及び形状について、設計図書等と適合が確認できる証明書等を整備していることが確認できる。
□ 材料の品質照合の結果が、品質保証書等（現物照合を含む）で確認でき、設計図書の仕様を満足していることが確認できる。
□ 設備、機器の品質、機能及び性能が、成績等で確認でき、設計図書の仕様を満足していることが確認できる。
□ ケーブル及び配管の接続などの作業が、施工計画書に記載された手順に沿って行われ、不具合が無いことが確認できる。
□ 設備全体としての運転性能が所定の能力を満足していることが確認できる。
□ 完成図書において、設備の機能並びに性能及び操作方法が容易に判別できる資料を整備していることが確認できる。
□ 完成図書において、単体品の製造年月日及び製造者が判別できる資料を整備していることが確認できる。
□ 設備全体及び各機器において、設計図書に規定した品質及び性能を工場試験記録により確認できる。
□ 設備全体についての取扱説明書を適切に作成していることが確認できる。
□ 完成図書で定期的な点検や交換を要する部品及び箇所を明示していることが確認できる。
□ 設備の構造について、点検や消耗品の取替え作業が容易にできることが確認できる。
□ 障害、災害発生を想定した代替機能、迂回などのフェールセーフ機能を現地試験等で確認していることが確認できる。
□ 設備の耐震設計について、受注者自らが確認、精査したことが確認できる。
□ その他（理由：　　　　）

●判断基準

※ 評価値が90%以上・・・・・・・・・・a
※ 評価値が80%以上90%未満・・・・・a'
※ 評価値が70%以上80%未満・・・・・b
※ 評価値が60%以上70%未満・・・・・b'
※ 評価値が60%未満・・・・・・・・・・c

① 当該「評価対象項目」のうち、評価対象外の項目は削除する。
② 削除項目のある場合は削除後の評価項目数を母数として計算した比率(%)計算の値で評価する。
③ 評価値（　　%）＝該当項目数（　）／評価対象項目数（　）
④ なお、削除後の評価対象項目数が2項目以下の場合はc評価とする。

上記以外の工事（情報ボックス、浚渫工等）又は合併工事

<A> a：優れている　a'：bより優れている　b：やや優れている　b'：cより優れている　c：他の評価に該当しない

<B> □ 品質関係の試験結果のばらつきと評価対象項目の履行状況（評価値）から判断する。<判断基準参照>
[関連基準、土木工事施工管理基準、その他設計図書に定められた試験]
※ ばらつきの判断は別紙－4参照。

●評価対象項目

□ 理由：
□ 理由：
□ 理由：
□ 理由：
□ 理由：
□ 理由：
□ 理由：

●判断基準

<A> 対象工事がばらつきによる評価が不適切な工事
ex）浚渫工、取壊し工等

※ 該当項目が90%以上・・・・・・・・・・a
※ 該当項目が80%以上90%未満・・・・・a'
※ 該当項目が70%以上80%未満・・・・・b
※ 該当項目が60%以上70%未満・・・・・b'
※ 該当項目が60%未満・・・・・・・・・・c
なお、削除後の評価対象項目数が2項目以下の場合はc評価とする。

<B> 対象工事がばらつきによる評価が適切な工事

① 削除項目のある場合は削除後の評価項目数を母数として計算した比率(%)計算の値で評価する。
② 評価値（　　%）＝該当項目数（　）／評価対象項目数（　）
③ 評価対象項目数が2項目以下の場合はc評価とする。

		ばらつきで判断可能		
		50%以下	80%以下	80%を超える
評価値	90%以上	a	a'	b
	75%以上90%未満	a'	b	b'
	60%以上75%未満	b	b'	c
	60%未満	b'	c	c

別紙－3⑰

考査項目別運用表

（技　術　検　査　官）

考 査 項 目	工　種	a 優れている	b やや優れている	c 他の評価に該当しない	d 劣っている
3．出来形 及び 出来ばえ Ⅲ．出来ばえ	コンクリート構造物工事 砂防構造物工事 海岸工事 トンネル工事	●評価対象項目 □　コンクリート構造物の表面状態が良い。 □　コンクリート構造物の通りが良い。 □　天端仕上げ、端部仕上げ等が良い。 □　クラックが無い。 □　漏水が無い。 □　全体的な美観が良い。	●判断基準 該当５項目以上・・・a 該当４項目・・・・・b 該当３項目・・・・・c 該当２項目以下・・・d		
	土工事 （盛土・築堤工事等）	●評価対象項目 □　仕上げが良い。 □　通りが良い。 □　天端及び端部の仕上げが良い。 □　構造物へのすりつけなどが良い。 □　全体的な美観が良い。	●判断基準 該当４項目以上・・・a 該当３項目・・・・・b 該当２項目・・・・・c 該当１項目以下・・・d		
	切土工事	●評価対象項目 □　規定された勾配が確保されている。 □　切土法面の施工にあたって、法面の浮き石が除去されているなど、適切に施工されている。 □　法面勾配の変化部について、干渉部を設けるなど適切に施工されている。 □　滞水などによる施工面の損傷が発生しないよう処理が行われている。 □　関係構造物等との取り合いが設計図書を満足するよう施工されている。 □　全体的な美観が良い。	●判断基準 該当５項目以上・・・a 該当４項目・・・・・b 該当３項目・・・・・c 該当２項目以下・・・d		
	護岸・根固・水制工事	●評価対象項目 □　通りが良い。 □　材料のかみ合わせがよく、クラックが無い。 □　天端及び端部の仕上げが良い。 □　既設構造物とのすりつけが良い。 □　全体的な美観が良い。	●判断基準 該当４項目以上・・・a 該当３項目・・・・・b 該当２項目・・・・・c 該当１項目以下・・・d		
	鋼橋工事	●評価対象項目 □　表面に補修箇所が無い。 □　部材表面に傷及び錆が無い。 □　溶接に均一性がある。 □　塗装に均一性がある。 □　全体的な美観が良い。	●判断基準 該当４項目以上・・・a 該当３項目・・・・・b 該当２項目・・・・・c 該当１項目以下・・・d		
	地すべり防止工事	●評価対象項目 □　地山との取り合いが良い。 □　天端、端部の仕上げが良い。 □　施工管理記録などから不可視部分の出来ばえの良さが伺える。 □　全体的な美観が良い。	●判断基準 該当３項目以上・・・a 該当２項目・・・・・b 該当１項目・・・・・c 該当項目なし・・・・d		
	舗装工事	●評価対象項目 □　舗装の平坦性が良い。 □　構造物の通りが良い。 □　端部処理が良い。 □　構造物へのすりつけ等が良い。 □　雨水処理が良い。 □　全体的な美観が良い。	●判断基準 該当５項目以上・・・a 該当４項目・・・・・b 該当３項目・・・・・c 該当２項目以下・・・d		
	法面工事	●評価対象項目 □　通りが良い。 □　植生、吹付等の状態が均一である。 □　端部処理が良い。 □　全体的な美観が良い。	●判断基準 該当３項目以上・・・a 該当２項目・・・・・b 該当１項目・・・・・c 該当項目なし・・・・d		

別紙－3⑱

考査項目別運用表

（技　術　検　査　官）

考 査 項 目	工　種	a	b	c	d
		優れている	やや優れている	他の評価に該当し又は	劣っている
3．出来形 及び 出来ばえ Ⅲ．出来ばえ	基礎工事 (地盤改良等を含む)	●評価対象項目 □　土工関係の仕上げが良い。 □　通りが良い。 □　端部及び天端の仕上げが良い。 □　施工管理記録などから不可視部分の出来ばえの良さが伺える。 ※地盤改良はｂ評価以下とする。		●判断基準 該当３項目以上・・・a 該当２項目・・・・・b 該当１項目・・・・・c 該当項目なし・・・・d	※不可視部は「施工管理記録などから不可視部分の良さが伺える」、可視部は「土工関係の仕上げが良い」において施工管理記録などから出来ばえの良さが確認できた場合に評価することとし、地盤改良においては最大２項目の評価とする。
	コンクリート橋上部工事	●評価対象項目 □　コンクリート構造物の表面状態が良い。 □　コンクリート構造物の通りが良い。 □　天端及び端部の仕上げが良い。 □　支承部の仕上げが良い。 □　クラックが無い。 □　全体的な美観が良い。		●判断基準 該当５項目以上・・・a 該当４項目・・・・・b 該当３項目・・・・・c 該当２項目以下・・・d	
	塗装工事 （工場塗装を除く）	●評価対象項目 □　塗装の均一性が良い。 □　細部まできめ細かな施工がされている。 □　補修箇所が無い。 □　ケレンの施工状況が良好である。 □　全体的な美観が良い。		●判断基準 該当４項目以上・・・a 該当３項目・・・・・b 該当２項目・・・・・c 該当１項目以下・・・d	
	植栽工事	●評価対象項目 □　樹木の活着状況が良い。 □　支柱の取り付けがきめ細かく施工されている。 □　支柱の取り付けが堅固である。 □　全体的な美観が良い。		●判断基準 該当３項目以上・・・a 該当２項目・・・・・b 該当１項目・・・・・c 該当項目なし・・・・d	
	防護柵（網）工事	●評価対象項目 □　通りが良い。 □　端部処理が良い。 □　部材表面に傷及び錆が無い。 □　既設構造物等とのすりつけが良い。 □　きめ細やかに施工されている。 □　全体的な美観が良い。		●判断基準 該当５項目以上・・・a 該当４項目・・・・・b 該当３項目・・・・・c 該当２項目以下・・・d	
	標識工事	●評価対象項目 □　設置位置に配慮がある。 □　標識板の向き並びに角度及びその支柱の通りが良い。 □　標識板の支柱に変色が無い。 □　支柱基礎が入念に埋め戻されている。 □　全体的な美観が良い。		●判断基準 該当４項目以上・・・a 該当３項目・・・・・b 該当２項目・・・・・c 該当１項目以下・・・d	
	区画線工事	●評価対象項目 □　塗料の塗布が均一である。 □　視認性が良い。 □　接着状態が良い。 □　施工前の清掃が入念に実施されている。 □　全体的な美観が良い。		●判断基準 該当４項目以上・・・a 該当３項目・・・・・b 該当２項目・・・・・c 該当１項目以下・・・d	

別紙－３⑲

考査項目別運用表

（技　術　検　査　官）

考査項目	工種	a 優れている	b やや優れている	c 他の評価に該当しない	d 劣っている
3．出来形及び出来ばえ Ⅲ．出来ばえ	機械設備工事	●評価対象項目 □　主設備、関連設備及び操作制御設備が全体的に統制されており、運転操作性が良い。 □　きめ細かな施工がなされている。 □　土木構造物、既設設備等とのすりつけが良い。 □　溶接、塗装、組立等にあたって、細部に渡る配慮がなされている。 □　全体的な美観が良い。	●判断基準 該当４項目以上・・・a 該当３項目・・・・・b 該当２項目・・・・・c 該当１項目以下・・・d		
	電気設備工事	●評価対象項目 □　きめ細やかな施工がなされている。 □　公共物として、安全性の確保、環境及び維持管理等への配慮がなされている。 □　動作状態において、電気的及び機械的な異常が無く、総合的な機能及び運用性が良い。 □　ケーブル等の接続方法及び収納状況が適切である。 □　操作、保守点検等の容易さを確保するための配慮がなされている。 □　全体的な美観が良い。	●判断基準 該当５項目以上・・・a 該当４項目・・・・・b 該当３項目・・・・・c 該当２項目以下・・・d		
	維持修繕工事	●評価対象項目 □　小構造物等にも注意が払われている。 □　きめ細かな施工がなされている。 □　既設構造物とのすりつけが良い。 □　全体的な美観が良い。	●判断基準 該当３項目以上・・・a 該当２項目・・・・・b 該当１項目・・・・・c 該当項目なし・・・・d		
	電線共同溝工事	●評価対象項目 □　歩道及び車道の舗装(含､仮復旧舗装)の勾配が適切で、有害な段差が無く平坦性が確保されている。 □　ﾌﾟﾚｷｬｽﾄｺﾝｸﾘｰﾄﾌﾞﾛｯｸの蓋に、がたつきや不要な隙間が生じていない。 □　施工管理記録などから、不可視部分の出来映えの良さが伺える。 □　全体的な美観が良い。	●判断基準 該当３項目以上・・・a 該当２項目・・・・・b 該当１項目・・・・・c 該当項目なし・・・・d		
	通信設備工事 受変電設備工事	●評価対象項目 □　主設備、関連設備等にきめ細かな施工がされている。 □　公共物として、安全性の確保、環境及び維持管理等への配慮がなされている。 □　動作状態において、電気的及び機械的な異常が無く、総合的な機能や運用性が良い。 □　当該設備及び関連設備が全体的に協調及び統制され、総合的な性能向上への配慮がなされている。 □　操作、保守点検等の容易さを確保するための配慮がなされている。 □　全体的な美観が良い。	●判断基準 該当５項目以上・・・a 該当４項目・・・・・b 該当３項目・・・・・c 該当２項目以下・・・d		
	上記以外の工事 又は 合併工事	●評価対象項目 □　理由： □　理由： □　理由： □　理由： □　理由： ※　該当工種からの評価対象項目で評価を行う。ただし、評価対象項目は最大５項目とする。	●判断基準 該当４項目以上・・・a 該当３項目・・・・・b 該当２項目・・・・・c 該当１項目以下・・・d		

別紙－4

出来形及び品質のばらつきの考え方

［管理図の場合］

（上・下限値がある場合）

①ばらつきが50%以下と判断できる例

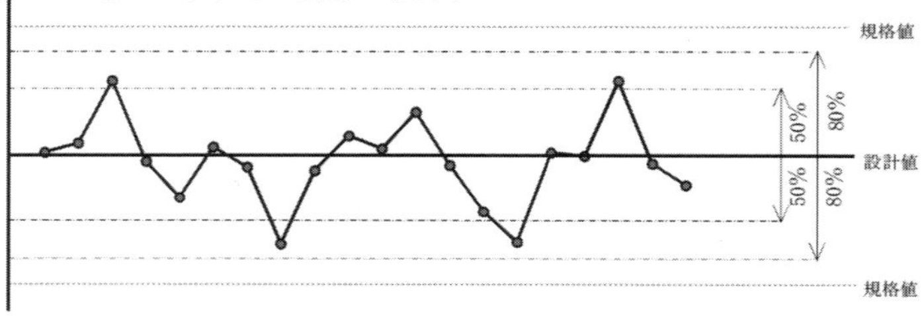

②ばらつきが80%以下と判断できる例

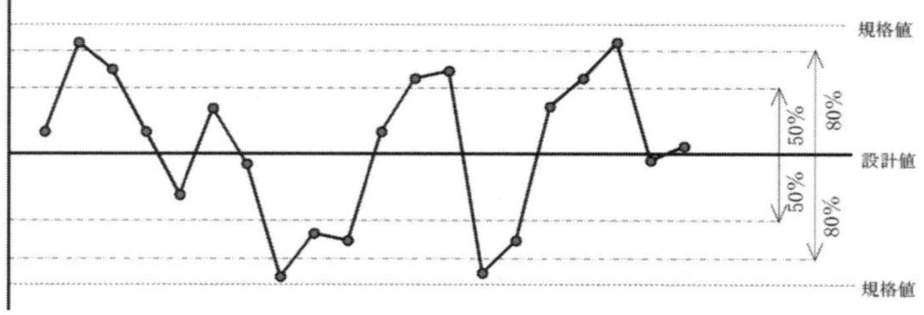

（下限値のみの場合）

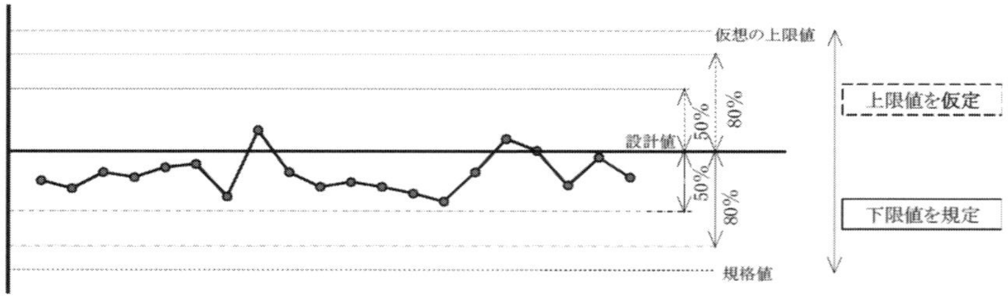

③ICT活用工事の例

出来形合否判定総括表の分布図や計測点の個数によりばらつきを判断
ばらつきが50%以下と判断できる例

天端のばらつき	規格値の±80%以内のデータ数	1000
	規格値の±50%以内のデータ数	997
法面のばらつき	規格値の±80%以内のデータ数	1700
	規格値の±50%以内のデータ数	1360

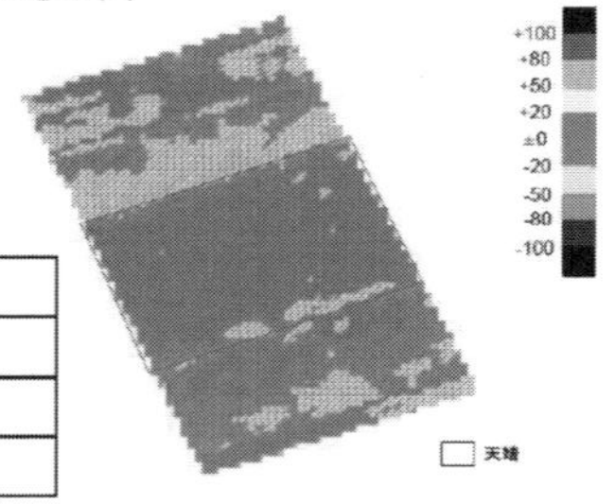

［度数表またはヒストグラムの場合］

ばらつきが小さい

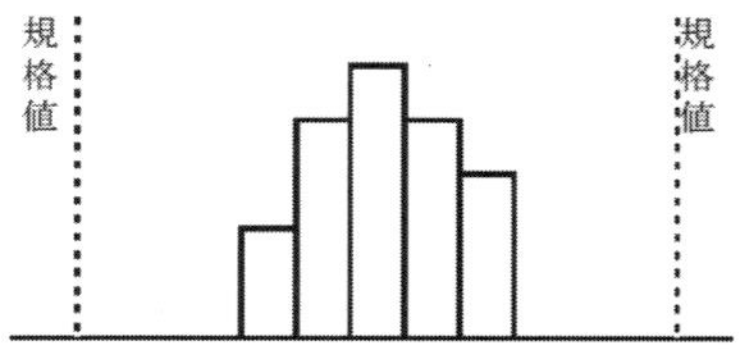

ばらついている

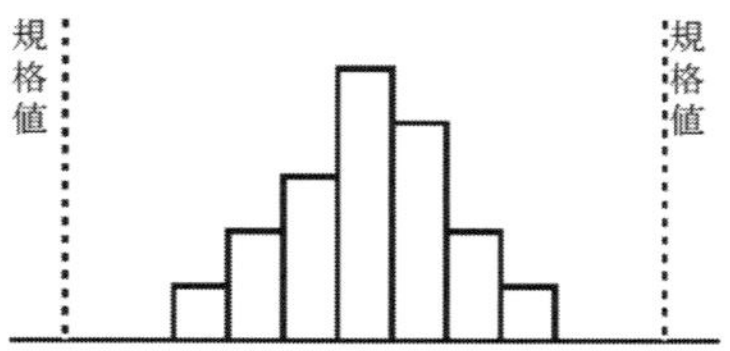

ばらつきが大きい

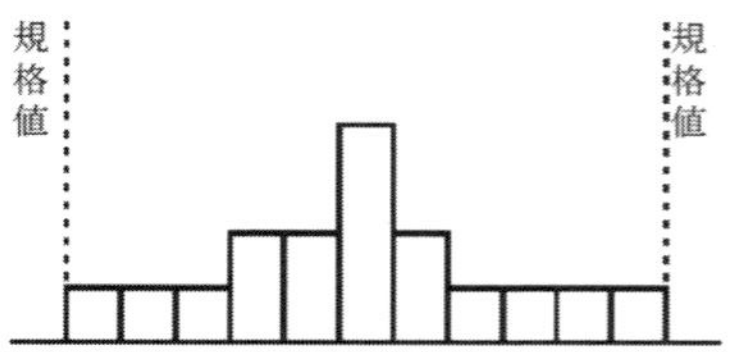

別紙－５①

「施工プロセス」のチェックリスト（案）

１．工 事 名　　　　　　　　　　　　　　　　　工　事

２．工　　期　令和　　年　　月　　日～令和　　年　　月　　日

３．施工業者

地方整備局

事 務 所 名 ：

主任監督員名：

①「施工プロセス」チェックリスト（案）は、共通仕様書、契約書等に基づき、施工に必要なプロセスが適切に施工されているかを監督職員等が確認する。
②チェック欄では、書類もしくは現場等で確認した月日、及びその内容がＯＫであれば□にレマークを記入し、ＯＫでなければ、備考欄に改善通知、改善指示及びその是正状況等を記入する。
③用語の定義については、契約後：当初契約後、変更後：工期内に行う契約変更後とする。

考査項目	細別	確認項目	チェックリスト一覧表（チェックの目安）	チェック時期														備考
				着手前	施工中												完成時	
１ 施工体制	Ⅰ 施工体制一般	○契約工程表	・契約締結の 14 日以内に、契約工程表が提出された。（契約後、変更後）	(／) □	(／) □	(／) □	(／) □	(／) □	(／) □	(／) □	(／) □	(／) □	(／) □	(／) □	(／) □	(／) □		
		○工事カルテ	・事前に監督職員の確認を受け、契約締結後等の 10 日以内に登録機関に申請した。（契約後、変更後、完成時）	(／) □	(／) □	(／) □	(／) □	(／) □	(／) □	(／) □	(／) □	(／) □	(／) □	(／) □	(／) □	(／) □	(／) □	
		○品質証明	・品質証明員の資格（身分及び経歴）が適正である。また、品質証明員に関する資料を書面で提出した。（契約後、変更後）	(／) □	(／) □	(／) □	(／) □	(／) □	(／) □	(／) □	(／) □	(／) □	(／) □	(／) □	(／) □	(／) □		
			・工事途中及び検査時の事前に品質確認を行い、その結果を所定の様式により提出した。（検査の前等）		(／) □	(／) □	(／) □	(／) □	(／) □	(／) □	(／) □	(／) □	(／) □	(／) □	(／) □	(／) □	(／) □	
			・品質証明は、出来高、品質及び写真管理等、工事全般にわたり適切（数量も含む）に実施した。（品質証明実施時）		(／) □	(／) □	(／) □	(／) □	(／) □	(／) □	(／) □	(／) □	(／) □	(／) □	(／) □	(／) □	(／) □	
		○建設業退職金共済制度等	・掛金収納書の写しを契約締結後１ヶ月以内に提出した。（契約後、増額変更後）	(／) □	(／) □	(／) □	(／) □	(／) □	(／) □	(／) □	(／) □	(／) □	(／) □	(／) □	(／) □	(／) □		
			・「建設業退職金共済制度適用事業主工事現場」の標識が現場に掲示している。（施工時１回程度）		(／) □	(／) □	(／) □	(／) □	(／) □	(／) □	(／) □	(／) □	(／) □	(／) □	(／) □	(／) □		
			・労災保険関係の項目が現場の見やすい場所に掲示している。（施工時１回程度）		(／) □	(／) □	(／) □	(／) □	(／) □	(／) □	(／) □	(／) □	(／) □	(／) □	(／) □	(／) □		
			・建設業退職金共済証紙の配布を受け払い簿等により適切に管理している。（施工時適宜）		(／) □	(／) □	(／) □	(／) □	(／) □	(／) □	(／) □	(／) □	(／) □	(／) □	(／) □	(／) □		
			・制度の履行について、掛金充当実績総括表により適切に整理している。（検査の前等）		(／) □	(／) □	(／) □	(／) □	(／) □	(／) □	(／) □	(／) □	(／) □	(／) □	(／) □	(／) □	(／) □	※ R4.4.1 以降に公告の工事に適用
		○請負代金内訳書	・契約締結後 14 日以内に、所定の様式で提出した。（契約後、変更後）	(／) □	(／) □	(／) □	(／) □	(／) □	(／) □	(／) □	(／) □	(／) □	(／) □	(／) □	(／) □	(／) □		
		○施工体制台帳、施工体系図	・施工体制台帳を現場に備え付け、かつ、同一のものを工事着手までに提出した。（施工時の当初、変更時）		(／) □	(／) □	(／) □	(／) □	(／) □	(／) □	(／) □	(／) □	(／) □	(／) □	(／) □	(／) □		
			・施工体制台帳に下請負契約書（写）及び再下請負通知書を添付している。（施工時の当初、変更時）		(／) □	(／) □	(／) □	(／) □	(／) □	(／) □	(／) □	(／) □	(／) □	(／) □	(／) □	(／) □		

「施工プロセス」のチェックリスト（案）

考査項目	細別	確認項目	チェックリスト一覧表（チェックの目安）	チェック時期 着手前	施工中												完成時	備考
１ 施工体制	Ⅰ 施工体制一般	○施工体制台帳、施工体系図（続き）	・施工体制台帳及び添付書類の「健康保険等加入状況」に、加入又は適用除外であることを記載している。（施工時の当初、台帳提出の都度）		(／)□	(／)□	(／)□	(／)□	(／)□	(／)□	(／)□	(／)□	(／)□	(／)□	(／)□	(／)□		
			・施工体系図を現場の工事関係者及び公衆の見やすい場所に掲げている。（施工時の当初、変更時）		(／)□	(／)□	(／)□	(／)□	(／)□	(／)□	(／)□	(／)□	(／)□	(／)□	(／)□	(／)□	(／)□	
			作業員名簿を作成・提出している。（施工時の当初、変更時）		(／)□	(／)□	(／)□	(／)□	(／)□	(／)□	(／)□	(／)□	(／)□	(／)□	(／)□	(／)□	(／)□	
			・施工体系図に記載のない業者が作業していない。（施工時　１回／月程度）		(／)□	(／)□	(／)□	(／)□	(／)□	(／)□	(／)□	(／)□	(／)□	(／)□	(／)□	(／)□		
			・施工体系図に記載されている主任技術者及び施工計画書に記載されている技術者が本人である。（施工時の当初、変更時）		(／)□	(／)□	(／)□	(／)□	(／)□	(／)□	(／)□	(／)□	(／)□	(／)□	(／)□	(／)□		
			・元請負人がその下請工事の施工に実質的に関与している。（施工時の当初、変更時）		(／)□	(／)□	(／)□	(／)□	(／)□	(／)□	(／)□	(／)□	(／)□	(／)□	(／)□	(／)□		
		○建設業許可標識	・建設業許可を受けたことを示す標識を公衆の見やすい場所に設置し、監理技術者を正しく記載している。（施工時１回程度）		(／)□	(／)□	(／)□	(／)□	(／)□	(／)□	(／)□	(／)□	(／)□	(／)□	(／)□	(／)□		
	Ⅱ 配置技術者／現場代理人・監理技術者・主任技術者	○現場代理人	・現場代理人は、現場に常駐している。（施工時　１回／月程度）		(／)□	(／)□	(／)□	(／)□	(／)□	(／)□	(／)□	(／)□	(／)□	(／)□	(／)□	(／)□		
			・現場代理人は、監督職員との連絡調整及び対応を書面で行っている。（施工時適宜）		(／)□	(／)□	(／)□	(／)□	(／)□	(／)□	(／)□	(／)□	(／)□	(／)□	(／)□	(／)□		
		○専門技術者の配置	・専門技術者を専任し、配置している。（施工計画時、施工時適宜）	(／)□	(／)□	(／)□	(／)□	(／)□	(／)□	(／)□	(／)□	(／)□	(／)□	(／)□	(／)□	(／)□		
		○作業主任者の選任	・作業主任者を選任し、配置している。（施工計画時、施工時適宜）	(／)□	(／)□	(／)□	(／)□	(／)□	(／)□	(／)□	(／)□	(／)□	(／)□	(／)□	(／)□	(／)□		
		○監理技術者（主任技術者）（監理技術者補佐）の専任制 ※当確認項目の４チェック目、５チェック目については、特例監理技術者の指導により、監理技術者補佐が適正に実施した場合も評価するものとする	・資格者証の内容を確認した。（着手前）	(／)□														
			・配置予定技術者、通知による監理技術者施工体制台帳に記載された監理技術者と監理技術者証に記載された技術者及び本人が同一であった。（監理技術者補佐を配置する場合は、監理技術者補佐についても同様の確認をする）（着手前）	(／)□														
			・監理技術者（監理技術者補佐を配置する場合は監理技術者補佐）が現場に常駐していた。不在の場合は適切な施工ができる体制を確保していた。（施工時　１回／月程度）		(／)□	(／)□	(／)□	(／)□	(／)□	(／)□	(／)□	(／)□	(／)□	(／)□	(／)□	(／)□	(／)□	
			・施工計画や工事に係る工程、技術的事項を把握し、主体的に係わっていた。（施工時、打合せ時）		(／)□	(／)□	(／)□	(／)□	(／)□	(／)□	(／)□	(／)□	(／)□	(／)□	(／)□	(／)□		
			・施工に先立ち、創意工夫又は提案をもって工事を進めている。（施工時適宜）		(／)□	(／)□	(／)□	(／)□	(／)□	(／)□	(／)□	(／)□	(／)□	(／)□	(／)□	(／)□		
		○現場技術員	・現場技術員との対応が適切である。（施工時適宜）		(／)□	(／)□	(／)□	(／)□	(／)□	(／)□	(／)□	(／)□	(／)□	(／)□	(／)□	(／)□		

別紙－５③

「施工プロセス」のチェックリスト（案）

考査項目	細別	確認項目	チェックリスト一覧表	チェック時期														備考
				着手前	施工中												完成時	
1 続き	II 続き	○下請負人の把握	・下請負人が国土交通省の工事指名競争参加資格者である場合には、指名停止期間中でない。（施工時適宜）		(／) □	(／) □	(／) □	(／) □	(／) □	(／) □	(／) □	(／) □	(／) □	(／) □	(／) □	(／) □		
2 施工状況	I 施工管理	○設計図書の照査等	・契約書第18条第1項第1号から第5号に係わる設計図書の照査を行っている。（着手前、施工時適宜）	(／) □	(／) □	(／) □	(／) □	(／) □	(／) □	(／) □	(／) □	(／) □	(／) □	(／) □	(／) □	(／) □		
			・現場との相違事実がある場合、その事実が確認できる資料を書面により提出して確認を受けた。（着手前、施工時適宜）	(／) □	(／) □	(／) □	(／) □	(／) □	(／) □	(／) □	(／) □	(／) □	(／) □	(／) □	(／) □	(／) □		
		○施工計画書	・施工（変更を含む）に先立ち、提出し、所定の項目が記載されている。（着手前、変更時）	(／) □	(／) □	(／) □	(／) □	(／) □	(／) □	(／) □	(／) □	(／) □	(／) □	(／) □	(／) □	(／) □		
			・記載内容と現場施工方法と一致している。（施工時適宜）		(／) □	(／) □	(／) □	(／) □	(／) □	(／) □	(／) □	(／) □	(／) □	(／) □	(／) □	(／) □		
			・記載内容と現場施工体制が一致している。（施工時適宜）		(／) □	(／) □	(／) □	(／) □	(／) □	(／) □	(／) □	(／) □	(／) □	(／) □	(／) □	(／) □		
			・記載内容が、設計図書・現場条件等を反映している。（着手前、変更時）	(／) □	(／) □	(／) □	(／) □	(／) □	(／) □	(／) □	(／) □	(／) □	(／) □	(／) □	(／) □	(／) □		
		○施工管理 ・工事材料管理	・工事材料の資料の整理及び確認がされ、管理している。（施工時適宜）		(／) □	(／) □	(／) □	(／) □	(／) □	(／) □	(／) □	(／) □	(／) □	(／) □	(／) □	(／) □		
		・出来形、品質管理	・品質管理確保のための対策など施工に関する工夫を書面で確認できる。（施工時適宜）		(／) □	(／) □	(／) □	(／) □	(／) □	(／) □	(／) □	(／) □	(／) □	(／) □	(／) □	(／) □		
			・日常の出来形、品質管理が書面にて確認できる。（施工時適宜）		(／) □	(／) □	(／) □	(／) □	(／) □	(／) □	(／) □	(／) □	(／) □	(／) □	(／) □	(／) □		
		・現場環境改善等	・特記仕様書等に定められた事項や独自の取り組み又、地域等より評価されるものがある。（施工時適宜）		(／) □	(／) □	(／) □	(／) □	(／) □	(／) □	(／) □	(／) □	(／) □	(／) □	(／) □	(／) □		
		○検査（確認を含む）及び立会い等の調整	・監督員の立会いにあたって、あらかじめ立合願を提出している。（施工時適宜）		(／) □	(／) □	(／) □	(／) □	(／) □	(／) □	(／) □	(／) □	(／) □	(／) □	(／) □	(／) □		
			・段階確認の確認時期が、適切である。（施工時適宜）		(／) □	(／) □	(／) □	(／) □	(／) □	(／) □	(／) □	(／) □	(／) □	(／) □	(／) □	(／) □		
		○工事の着手	・工事着手を確認した（特記仕様書に工事に着手すべき期日について定めがある場合は、その期日までに工事着手したことを確認した）。（着手時）	(／) □														
		○支給材料及び貸与品	・受注者は、支給材料及び貸与品の受払状況を記録した帳簿を備え付け、常にその残高を明らかにしている。（施工時適宜）		(／) □	(／) □	(／) □	(／) □	(／) □	(／) □	(／) □	(／) □	(／) □	(／) □	(／) □	(／) □		
		○建設副産物及び建設廃棄物	・請負者は、産業廃棄物管理票（マニュフェスト）により適正に処理されていることを確認し、監督職員に提示した。（施工時適宜）		(／) □	(／) □	(／) □	(／) □	(／) □	(／) □	(／) □	(／) □	(／) □	(／) □	(／) □	(／) □		
			・再生資源利用計画書及び再生資源利用促進計画書を所定の様式に基づき作成し、施工計画書に含め提出した。（施工時適宜）	(／) □	(／) □	(／) □	(／) □	(／) □	(／) □	(／) □	(／) □	(／) □	(／) □	(／) □	(／) □	(／) □		

別紙－５④

「施工プロセス」のチェックリスト（案）

考査項目	細別	確認項目	チェックリスト一覧表（チェックの目安）	チェック時期 着手前	施工中												完成時	備考
２続き	Ｉ続き	○指定建設機械類の確認	・指定建設機械（排出ガス対策型・低騒音型・低振動型建設機械）を使用している。（施工時　１回程度）		(／) □	(／) □	(／) □	(／) □	(／) □	(／) □	(／) □	(／) □	(／) □	(／) □	(／) □	(／) □		
２施工状況	II工程管理	○工程管理	・フォローアップ等を実施し、工程の管理を行っている。（施工時適宜）		(／) □	(／) □	(／) □	(／) □	(／) □	(／) □	(／) □	(／) □	(／) □	(／) □	(／) □	(／) □		
			・現場条件変更への対応、地元調整を積極的に行い、その結果を書類で提出した。（施工時適宜）		(／) □	(／) □	(／) □	(／) □	(／) □	(／) □	(／) □	(／) □	(／) □	(／) □	(／) □	(／) □		
			・施工計画書に定めた休日予定のとおり、休日の確保を行った記録が整理されている。（施工時適宜）		(／) □	(／) □	(／) □	(／) □	(／) □	(／) □	(／) □	(／) □	(／) □	(／) □	(／) □	(／) □	(／) □	週休２日の達成状況を確認。
	III安全対策	○安全活動	・災害防止協議会等を設置し、活動記録がある。（施工時適宜）		(／) □	(／) □	(／) □	(／) □	(／) □	(／) □	(／) □	(／) □	(／) □	(／) □	(／) □	(／) □		
			・店社パトロールを実施し、記録がある。（施工時　１回／月程度）		(／) □	(／) □	(／) □	(／) □	(／) □	(／) □	(／) □	(／) □	(／) □	(／) □	(／) □	(／) □		
			・安全・訓練等を実施し、記録がある。（施工時適宜）		(／) □	(／) □	(／) □	(／) □	(／) □	(／) □	(／) □	(／) □	(／) □	(／) □	(／) □	(／) □		
			・安全巡視、TBM、KY 等を実施し、記録がある。（施工時適宜）		(／) □	(／) □	(／) □	(／) □	(／) □	(／) □	(／) □	(／) □	(／) □	(／) □	(／) □	(／) □		
			・新規入場者教育を実施し、記録がある。（施工時適宜）		(／) □	(／) □	(／) □	(／) □	(／) □	(／) □	(／) □	(／) □	(／) □	(／) □	(／) □	(／) □		
			・過積載防止に取り組んでいる記録がある。（施工時適宜）		(／) □	(／) □	(／) □	(／) □	(／) □	(／) □	(／) □	(／) □	(／) □	(／) □	(／) □	(／) □		
			・使用機械、車輌等の点検整備等が管理され、記録がある。（施工時　１回／月程度）		(／) □	(／) □	(／) □	(／) □	(／) □	(／) □	(／) □	(／) □	(／) □	(／) □	(／) □	(／) □		
			・重機操作で、誘導員配置や重機と人との行動範囲の分離措置がなされた点検記録等がある。（施工時適宜）		(／) □	(／) □	(／) □	(／) □	(／) □	(／) □	(／) □	(／) □	(／) □	(／) □	(／) □	(／) □		
			・山留め、仮締切等の設置後の点検及び管理の記録がある。（施工時適宜）		(／) □	(／) □	(／) □	(／) □	(／) □	(／) □	(／) □	(／) □	(／) □	(／) □	(／) □	(／) □		
			・足場や支保工の組立完了時や使用中の点検及び管理がチェックリスト等により実施され、記録がある。（施工時適宜）		(／) □	(／) □	(／) □	(／) □	(／) □	(／) □	(／) □	(／) □	(／) □	(／) □	(／) □	(／) □		
			・保安施設等の整理・設置・管理が的確であり、記録がある。（施工時適宜）		(／) □	(／) □	(／) □	(／) □	(／) □	(／) □	(／) □	(／) □	(／) □	(／) □	(／) □	(／) □		
		○安全パトロールの指摘事項の処理	・各種安全パトロールでの指摘事項や是正事項について、速やかに改善を図り、かつ関係者に是正報告した記録がある。（施工時適宜）		(／) □	(／) □	(／) □	(／) □	(／) □	(／) □	(／) □	(／) □	(／) □	(／) □	(／) □	(／) □		
	IV対外関係	○関係機関等	・関係官公庁等の関係機関との折衝及び調整をした記録がある。（施工時適宜）	(／) □	(／) □	(／) □	(／) □	(／) □	(／) □	(／) □	(／) □	(／) □	(／) □	(／) □	(／) □	(／) □		
			・地元住民等との施工条件必要な交渉、工事の施工に関しての苦情対応を適切に行い、記録がある。（施工時適宜）	(／) □	(／) □	(／) □	(／) □	(／) □	(／) □	(／) □	(／) □	(／) □	(／) □	(／) □	(／) □	(／) □		
			・隣接工事又は施工上密接に関連する工事の請負業者と相互に協力を行っている記録がある。（施工時適宜）	(／) □	(／) □	(／) □	(／) □	(／) □	(／) □	(／) □	(／) □	(／) □	(／) □	(／) □	(／) □	(／) □		

別紙－6

工事関係書類一覧表

作成時期	種別		No.	書類名称	書類作成の根拠	工事関係書類の標準様式(案)(様式No)	書類作成者 発注者	書類作成者 受注者	提出 監督職員	提出 契約担当課	提出 発注担当課	提示 受注者保管	その他 監督職員へ連絡	その他 監督職員へ納品	電子納品の対象	備考
工事着手前	契約図書	契約書	1	工事請負契約書	—	—	○	○								
		設計図書	2	共通仕様書	—	—	○									
			3	特記仕様書	—	—	○									
			4	契約図面	—	—	○									
			5	現場説明書	—	—	○									
			6	質問回答書	—	—	○									
			7	工事数量総括表	—	—	○									
	契約関係書類		8	現場代理人等通知書	工事請負契約書第10条1項	様式－1		○		○						
			9	請負代金内訳書	工事請負契約書第3条1項 共通仕様書3-1-1-1	様式－2		○		○						契約書を作成する全ての工事
			10	工事工程表	工事請負契約書第3条1項 共通仕様書3-1-1-2	様式－3		○		○						
			11	掛金収納書(電子申請方式)	建設業退職金共済制度の適正履行の確保について (R3.3.30付建設業課発第41号) 共通仕様書1-1-1-41-6	様式－4		○		○						電子申請を使用しない場合は、「掛金収納書提出用台紙」に掛金収納書を張り付けたうえ、提出する。なお、スキャン、撮影によるデータ化も可とする。
			12	建退共証紙受払簿	建設業退職金共済制度の適正履行の確保について (R3.3.30付建設業課発第41号)	—		○				○				
			13	掛金充当書	建設業退職金共済制度の適正履行の確保について (R3.3.30付建設業課発第41号)	—		○				○				
			14	請求書(前払金)	工事請負契約書第35条1項	様式－5		○		○						
			15	VE提案書(契約後VE時)	工事請負契約書第19条2項 特記仕様書	様式－6		○			○					契約締結後にVE提案を行う場合に提出する。
	その他		16	品質証明員通知書	共通仕様書3-1-1-6-(5)	様式－7		○	○						○	契約図書で規定された場合に提出する。 打合せ簿で提出した場合は電子納品の対象
			17	再生資源利用計画書 -建設資材搬入工事用-	共通仕様書1-1-1-19-4	—		○	○						○	該当する建設資材を搬入する予定がある場合、建設副産物情報交換システムにより作成し、施工計画書へ含めて提出する。
			18	再生資源利用促進計画書 －建設副産物搬出工事用－	共通仕様書1-1-1-19-5	—		○	○						○	該当する建設副産物を搬出する予定がある場合、建設副産物情報交換システムにより作成し、施工計画書へ含めて提出する。
	工事書類 1 施工計画	① 施工計画	19	施工計画書	共通仕様書1-1-1-4	—		○	○						○	重要な変更が生じた場合(工期や数量等の軽微な変更以外)には、その都度当該工事に着手する前に、変更施工計画書を監督職員に提出する。
			20	ISO9001品質計画書	H16.9.1付国官技第117号	—		○	○						○	
			21	設計図書の照査確認資料 (契約書18条に該当する事実があった場合)	共通仕様書1-1-1-3-2	—		○	○						○	
			22	工事測量成果表(仮BM及び多角点の設置)	共通仕様書1-1-1-38	—		○	○						○	
			23	工事測量結果(設計図書との照合) (設計図書と差異有り)	共通仕様書1-1-1-38	—		○	○						○	設計図書と差異があった場合にのみ監督職員に提出する。
	2 施工体制	② 施工体制	24	施工体制台帳	共通仕様書1-1-1-10-1	-		○	○						○	・「『施工体制台帳に係る書類の提出について』の一部改正について」(令和3年3月5日付け国官技第319号、国営整第16号)に基づき作成する。 ・建設業及び一次下請人の警備業以外は不要 ・打合せ簿で提出した場合は電子納品の対象
			25	施工体系図	共通仕様書1-1-1-10-2	-		○	○						○	
			26	作業員名簿	「『施工体制台帳に係る書類の提出について』の一部改正について」(令和3年3月5日付け国官技第319号、国営整第16号) 共通仕様書1-1-1-10-1	-		○	○						○	
施工中	3 施工状況	③ 施工管理	27	工事打合せ簿(指示)	共通仕様書1-1-1-2-15	様式－9	○								○	
			28	工事打合せ簿(協議)	共通仕様書1-1-1-2-17	様式－9		○	○						○	協議の根拠となる諸基準類のコピーは添付不要。
			29	工事打合せ簿(承諾)	共通仕様書1-1-1-2-16	様式－9		○	○						○	
			30	工事打合せ簿(提出)	共通仕様書1-1-1-2-18	様式－9		○	○						○	
			31	工事打合せ簿(報告)	共通仕様書1-1-1-2-20	様式－9		○	○						○	
			32	工事打合せ簿(通知)	共通仕様書1-1-1-2-21	様式－9		○	○						○	
			33	関係機関協議資料 (許可後の資料)	共通仕様書1-1-1-36-2	—		○				○			○	許可後の資料については、提示とする。 ただし、監督職員から提出の請求があった場合は提出する。打合せ簿で提出した場合は電子納品の対象
			34	近隣協議資料	共通仕様書1-1-1-36	—		○				○			○	監督職員から提出の請求があった場合は提出する。 打合せ簿で提出した場合は電子納品の対象
			35	材料確認書	共通仕様書2-1-2-4	様式－10		○	○						○	設計図書に記載しているもの以外は材料確認願の提出は不要
			36	材料納入伝票	共通仕様書2-1-2-1	—		○				○			○	設計図書で指定した材料や監督職員から請求があった場合は提出する。打合せ簿で提出した場合は電子納品の対象
			37	段階確認書	共通仕様書3-1-1-4-6-(3)	様式－11		○	○						○	・契約図書で規定された場合のみ対象 ・段階確認書に添付する資料は、受注者が作成する出来形管理資料に、確認した実測値を手書きで記入することとし、新たに作成する必要はない。 ・監督職員又は現場技術員が臨場した場合の状況写真等 は不要。 ・監督職員又は現場技術員が臨場して段階確認した箇所は、出来形管理写真の撮影を省略できる。
			38	確認・立会依頼書	共通仕様書3-1-1-4-1	様式－12		○	○						○	・確認・立会依頼書添付する資料を新たに作成する必要はない。(受注者が作成する出来形管理資料に、確認した実測値を手書きで記入する) ・監督職員又は現場技術員が臨場した場合の状況写真等は不要。 ・監督職員又は現場技術員が臨場して段階確認した箇所は、出来形管理写真の撮影を省略できる。
			39	休日・夜間作業届	共通仕様書1-1-1-37-2	—		○					○			口頭、ファクシミリ、週間工程会議や電子メールなどにより連絡する。 ただし、現道上の工事については「提出」とする。
		④ 安全管理	40	安全教育訓練実施資料	共通仕様書1-1-1-27-13	—		○				○				監督職員へ実施内容の提示のみで提出不要。
			41	工事事故速報	共通仕様書1-1-1-30	様式－13		○	○				○		○	事故が発生した場合、直ちに連絡するとともに、事故の概要を書面により速やかに報告する。 打合せ簿で提出した場合は電子納品の対象
			42	工事事故報告書	共通仕様書1-1-1-30	—		○	○						○	事故報告書はSAS(建設工事事故データベースシステム)により作成して提出するほか、監督職員から請求があった資料を提出する。 打合せ簿で提出した場合は電子納品の対象
		⑤ 工程管理	43	工事履行報告書	工事請負契約書第11条 共通仕様書1-1-1-25	様式－14		○	○						○	工程の進捗状況を把握するため、実施工程表の提示を求めることがある。根拠資料の添付不要。
		⑥ 品質管理	44	品質規格証明資料	共通仕様書2-1-2-1	—		○	○						○	指定材料のみ提出(設計図書で指定した材料を含む)。

別紙－6

工事関係書類一覧表

作成時期	種別			No.	書類名称	書類作成の根拠	工事関係書類の標準様式(案)(様式No)	書類作成者		受注者書類作成の位置付け						電子納品の対象	備考
								発注者	受注者	提出			提示	その他			
										監督職員	契約担当課	発注担当課	受注者保管	監督職員へ連絡	監督職員へ納品		
工事着手前	契約図書	契約書		1	工事請負契約書	—	—	○	○								
		設計図書		2	共通仕様書	—	—	○									
				3	特記仕様書	—	—	○									
				4	契約図面	—	—	○									
				5	現場説明書	—	—	○									
				6	質問回答書	—	—	○									
				7	工事数量総括表	—	—	○									
	契約関係書類			8	現場代理人等通知書	工事請負契約書第10条1項	様式－1		○		○						
				9	請負代金内訳書	工事請負契約書第3条1項 共通仕様書3-1-1-1	様式－2		○		○						契約書を作成する全ての工事
				10	工事工程表	工事請負契約書第3条1項 共通仕様書3-1-1-2	様式－3		○		○						
				11	掛金収納書(電子申請方式)	建設業退職金共済制度の適正履行の確保について (R3.3.30付建設業課発第41号) 共通仕様書1-1-1-41-6	様式－4		○		○						電子申請を使用しない場合は、「掛金収納書提出用台紙」に掛金収納書を張り付けたうえ、提出する。なお、スキャン、撮影によるデータ化も可とする。
				12	建退共証紙受払簿	建設業退職金共済制度の適正履行の確保について (R3.3.30付建設業課発第41号)	—		○				○				
				13	掛金充当書	建設業退職金共済制度の適正履行の確保について (R3.3.30付建設業課発第41号)	—		○				○				
				14	請求書(前払金)	工事請負契約書第35条1項	様式－5		○		○						
				15	VE提案書(契約後VE時)	工事請負契約書第19条2項 特記仕様書	様式－6		○			○					契約締結後にVE提案を行う場合に提出する。
	その他			16	品質証明員通知書	共通仕様書3-1-1-6-(5)	様式－7		○	○						○	契約図書で規定された場合に提出する。 打合せ簿で提出した場合は電子納品の対象
				17	再生資源利用計画書 -建設資材搬入工事用-	共通仕様書1-1-1-19-4	—		○	○						○	該当する建設資材を搬入する予定がある場合、建設副産物情報交換システムにより作成し、施工計画書へ含めて提出する。
				18	再生資源利用促進計画書 －建設副産物搬出工事用－	共通仕様書1-1-1-19-5	—		○	○						○	該当する建設副産物を搬出する予定がある場合、建設副産物情報交換システムにより作成し、施工計画書へ含めて提出する。
	工事書類	1施工計画	①施工計画	19	施工計画書	共通仕様書1-1-1-4	—		○	○						○	重要な変更が生じた場合(工期や数量等の軽微な変更以外)には、その都度当該工事に着手する前に、変更施工計画書を監督職員に提出する。
				20	ISO9001品質計画書	H16.9.1付国官技第117号	—		○	○						○	
				21	設計図書の照査確認資料 (契約書18条に該当する事実があった場合)	共通仕様書1-1-1-3-2	—		○	○						○	
				22	工事測量成果表(仮BM及び多角点の設置)	共通仕様書1-1-1-38	—		○	○						○	
				23	工事測量結果(設計図書との照合) (設計図書と差異有り)		—		○	○						○	設計図書と差異があった場合にのみ監督職員に提出する。
		2施工体制	②施工体制	24	施工体制台帳	共通仕様書1-1-1-10-1	-		○	○						○	・『施工体制台帳に係る書類の提出について』の一部改正について」(令和3年3月5日付け国官技第319号、国営整第16号)に基づき作成する。 ・建設業及び一次下請人の警備業以外は不要 ・打合せ簿で提出した場合は電子納品の対象
				25	施工体系図	共通仕様書1-1-1-10-2	-		○	○						○	
				26	作業員名簿	「『施工体制台帳に係る書類の提出について』の一部改正について」(令和3年3月5日付け国官技第319号、国営整第16号) 共通仕様書1-1-1-10-1	-		○	○						○	
施工中		3施工状況	③施工管理	27	工事打合せ簿(指示)	共通仕様書1-1-1-2-15	様式－9	○								○	
				28	工事打合せ簿(協議)	共通仕様書1-1-1-2-17	様式－9		○	○						○	協議の根拠となる諸基準類のコピーは添付不要。
				29	工事打合せ簿(承諾)	共通仕様書1-1-1-2-16	様式－9		○	○						○	
				30	工事打合せ簿(提出)	共通仕様書1-1-1-2-18	様式－9		○	○						○	
				31	工事打合せ簿(報告)	共通仕様書1-1-1-2-20	様式－9		○	○						○	
				32	工事打合せ簿(通知)	共通仕様書1-1-1-2-21	様式－9		○	○						○	
				33	関係機関協議資料 (許可後の資料)	共通仕様書1-1-1-36-2	—		○				○			○	許可後の資料については、提示とする。 ただし、監督職員から提出の請求があった場合は提出する。打合せ簿で提出した場合は電子納品の対象
				34	近隣協議資料	共通仕様書1-1-1-36	—		○				○			○	監督職員から提出の請求があった場合は提出する。 打合せ簿で提出した場合は電子納品の対象
				35	材料確認書	共通仕様書2-1-2-4	様式－10		○	○						○	設計図書に記載しているもの以外は材料確認願の提出は不要
				36	材料納入伝票	共通仕様書2-1-2-1	—		○				○			○	設計図書で指定した材料や監督職員から請求があった場合は提出する。打合せ簿で提出した場合は電子納品の対象
				37	段階確認書	共通仕様書3-1-1-4-6-(3)	様式－11		○	○						○	・契約図書で規定された場合のみ対象 ・段階確認書に添付する資料は、受注者が作成する出来形管理資料に、確認した実測値を手書きで記入することとし、新たに作成する必要はない。 ・監督職員又は現場技術員が臨場した場合の状況写真等 は不要。 ・監督職員又は現場技術員が臨場して段階確認した箇所は、出来形管理写真の撮影を省略できる。
				38	確認・立会依頼書	共通仕様書3-1-1-4-1	様式－12		○	○						○	・確認・立会依頼書添付する資料を新たに作成する必要はない。(受注者が作成する出来形管理資料に、確認した実測値を手書きで記入する) ・監督職員又は現場技術員が臨場した場合の状況写真等は不要。 ・監督職員又は現場技術員が臨場して段階確認した箇所は、出来形管理写真の撮影を省略できる。
				39	休日・夜間作業届	共通仕様書1-1-1-37-2	—		○					○			口頭、ファクシミリ、週間工程会議や電子メールなどにより連絡する。 ただし、現道上の工事については「提出」とする。
			④安全管理	40	安全教育訓練実施資料	共通仕様書1-1-1-27-13	—		○				○				監督職員へ実施内容の提示のみで提出不要。
				41	工事事故速報	共通仕様書1-1-1-30	様式－13		○	○				○		○	事故が発生した場合、直ちに連絡するとともに、事故の概要を書面により速やかに報告する。 打合せ簿で提出した場合は電子納品の対象
				42	工事事故報告書	共通仕様書1-1-1-30	—		○	○						○	事故報告書はSAS(建設工事事故データベースシステム)により作成して提出するほか、監督職員から請求があった資料を提出する。 打合せ簿で提出した場合は電子納品の対象
			⑤工程管理	43	工事履行報告書	工事請負契約書第11条 共通仕様書1-1-1-25	様式－14		○	○						○	工程の進捗状況を把握するため、実施工程表の提示を求めることがある。根拠資料の添付不要。
			⑥品質管理	44	品質規格証明資料	共通仕様書2-1-2-1	—		○	○						○	指定材料のみ提出(設計図書で指定した材料を含む)。

別添２

地方整備局工事技術的難易度評価実施要領

（目的）

第１　本要領は、「請負工事成績評定要領」（平成１３年３月３０日国官技第９２号。以下「評定要領」という。）第３第二号の工事の技術的難易度の評価に関する事項を定めることにより、地方整備局が所掌する請負工事の適正かつ効率的な施工を確保し工事に関する技術水準の向上に資するとともに、請負業者の適正な選定及び指導育成を図ることを目的とする。

（対象工事）

第２　工事の技術的難易度の評価（以下「評価」という。）の対象とする工事は、評定要領第２に規定された対象工事のうち、地方整備局が発注する河川工事、海岸工事、砂防工事、ダム工事、道路工事、公園緑地工事、その他これらに類する工事とする。

（評価の時期）

第３　評価の時期は、工事の完成時とする。

（評価者）

第４　技術的難易度の評価を行う者（以下「評価者」という。）は、総括技術評価官とする。

（評価の方法）

第５　評価は、工事ごとに独立して、主任技術評価官及び技術検査官の意見を踏まえて、総括技術評価官が行うものとする。

２　工事完成時の評価は、工事施工において確認した事項に基づき的確かつ公正に実施し、別記様式第１「工事技術的難易度評価表」に記録するものとする。

３　前項の評価は、別紙－１の方法により行うものとする。

（評価結果の報告）

第６　事務所長は、評価者から工事技術的難易度評価表の提出がなされた後、速やかに地方整備局長（以下「局長」という。）に報告するものとする。

（評価結果の通知）

第７　局長（分任支出負担行為担当官又は分任契約担当官の契約した工事については、当該工事を担当する事務所長）は、別添３「地方整備局工事成績評定通知実施要領」の定めるところにより、当該工事の請負者に通知するものとする。

別記様式第１

工事技術的難易度評価表

平成　　年　　月　　日作成
地方整備局　　　　事務所

入札契約方式			
工事名		契約金額（最終）	
負担行為件名ｺｰﾄﾞ		工期（最終）	～
請負業者名		CORINS登録番号	工事種別ｺｰﾄﾞ

評価項目				評価内容
大項目	評価	小項目	評価	
１．構造物条件		①規模		
		②形状		
		③その他		
２．技術特性		①工法等		
		②その他		
３．自然条件		①湧水・地下水		
		②軟弱地盤		
		③作業用道路・ヤード		
		④気象・海象		
		⑤その他		
４．社会条件		①地中障害物		
		②近接施工		
		③騒音・振動		
		④水質汚濁		
		⑤作業用道路・ヤード		
		⑥現道作業		
		⑦その他		
５．ﾏﾈｼﾞﾒﾝﾄ特性		①他工区調整		
		②住民対応		
		③関係機関対応		
		④工程管理		
		⑤品質管理		
		⑥安全管理		
		⑦その他		
６．特別考慮要因		―		

工事区分			**技術的難易度評価**	
			「易、やや難、難」評価	

※ 評価内容には、規模等具体の状況が数値で記入可能なものについては、極力具体的な記述を行う。

別記様式第２

完了時工事技術的難易度評価表（記入例）

平成22年3月18日作成
〇〇地方整備局　〇〇〇事務所

入札契約方式	一般競争入札方式		
工事名	〇〇川第2砂防ﾀﾞﾑ工事	契約金額（予定ﾗﾝｸ・最終）	425,000,000
負担行為件名ｺｰﾄﾞ	********（整備局ｺｰﾄﾞ＋負担行為ｺｰﾄﾞ6桁）	工期（予定・最終）	H21.5.10　～　H22.3.10
請負業者名	△△建設株式会社	CORINS登録番号	****************** 工事種別ｺｰﾄﾞ **

大項目	評価	小項目	評価	評価内容
1．構造物条件	B	①規模	B	H=25mの砂防ﾀﾞﾑ
		②形状		
		③その他		
2．技術特性	A	①工法等	A	現地土砂とセメント等を混合して砂防ダムを施工
		②その他	B	緊急災害復旧工事であり、重機配置や除石順序など受注者に提案を求めた
3．自然条件	A	①湧水・地下水		
		②軟弱地盤		
		③作業用道路・ヤード	A	最大勾配が40度
		④気象・海象		
		⑤その他	B	周辺に貴重種の〇〇群落がある
4．社会条件	C	①地中障害物		
		②近接施工		
		③騒音・振動		
		④水質汚濁		
		⑤作業用道路・ヤード		
		⑥現道作業		
		⑦その他		
5．ﾏﾈｼﾞﾒﾝﾄ特性	B	①他工区調整		
		②住民対応		
		③関係機関対応		
		④工程管理	B	緊急災害復旧工事であり、除石作業の早期完了が望まれた
		⑤品質管理	C	
		⑥安全管理	C	
		⑦その他		
6．特別考慮要因		－		

工事区分	3010	砂防ﾀﾞﾑ	技術的難易度評価	Ⅳ
			「易、やや難、難」評価	難

※ 評価内容には、規模等具体の状況が数値で記入可能なものについては、極力具体的な記述を行う。

別紙－１

工事技術的難易度評価手順

１． 工事技術的難易度評価表「別記様式第１」の記入は、次の手順により行うものとする。

手順１　工事区分

工事区分は、評価対象工事に含まれる難易度の最も高い工事区分を記入する。

なお、技術的難易度に用いる工事区分は、別紙－２「工事区分表」による。

手順２　小項目の評価

各小項目の評価は、別紙－３「工事技術的難易度評価の小項目別運用表」の評価対象事項欄を基に、各小項目の評価をＡ、Ｂ、Ｃで行い、別記様式第１に記入する。

手順３　大項目の評価

各大項目の評価は、手順２の各小項目ごとの評価結果から表－１の判定基準に基づき、大項目の評価をＡ、Ｂ、Ｃで行い、別記様式第１に記入する。

表－１　大項目判定基準

大項目評価	小　項　目　評　価
A	対象大項目に対する各小項目にＡ判定が１つ以上ある。
B	対象大項目に対応する各小項目評価にＢ判定が１つ以上あり、かつ、 Ａ判定がない。
C	対象大項目に対応する各小項目にＡ、若しくはＢ判定がない。

手順４　工事の技術的難易度判定

工事の技術的難易度判定は、大項目の評価結果から表－２の判定基準に基づき、当該対象工事の「易、やや難、難」の判定を行うものとする。

なお、難易度の判定を行う際に、別記様式第１に示される特別考慮要因が存在する場合には、特別考慮要因のＡ、Ｂの判定も数に含めるものとする。

また、判定にあたっては、大項目の評価にＡ判定が１つあり、かつ、Ｂ判定が３個以下の場合は「やや難」と判定することを標準とするが、Ａ判定項目の工事特性に鑑み、「難」と判定してもよいものとする。

表－２　「易、やや難、難」判定基準

「易、やや難、難」の判定	大　項　目　評　価
難	・大項目の評価にＡ判定が２つ以上ある。 ・大項目の評価にＡ判定が１つあり、かつＢ判定が４個以上ある。 ・大項目の評価にＡ判定が１つあり、かつＢ判定が３個以下の場合にも、工事特性により、「難」と判定してもよい。
やや難	・大項目の評価にＢ判定が１つ以上あり、かつＡ判定がない。 ・大項目の評価にＡ判定が１つあり、かつＢ判定が３個以下である。
易	・大項目の評価にＡ若しくは、Ｂ判定項目がない。

手順５　工事の技術的難易度の評価

工事の技術的難易度の評価は、手順４の判定結果から別紙－４「工事区分別の技術的難易度対応表」の当該対象工事の工事区分に対応する工事難易度「00002160 ～ 00002165」の評価を行い、別記様式第１に記録する。

別紙－２

工事区分表

事業分類	構造物分類	構造形式・工法分類	区分番号
１．河川	1．1河川堤防		1010
	1．2河川護岸		1020
	1．3床止め・床固め		1030
	1．4堰・水門		1040
	1．5樋門・樋管		1050
	1．6水路ﾄﾝﾈﾙ	1．6．1山岳ﾄﾝﾈﾙ工法	1061
		1．6．2ｼｰﾙﾄﾞ工法	1062
		1．6．3推進工法	1063
		1．6．4開削工法	1064
	1．7伏せ越し		1070
	1．8揚排水機場		1080
	1．9河川浚渫		1090
	1．10河川維持管理（補強・改築は含まない）		1100
	1．11その他		1110
２．海岸	2．1海岸堤防		2010
	2．2護岸		2020
	2．3突堤・離岸堤		2030
	2．4養浜		2040
	2．5海岸浚渫		2050
	2．6海岸維持管理（補強・改築は含まない）		2060
	2．7その他		2070
３．砂防・地滑り	3．1砂防ﾀﾞﾑ		3010
	3．2流路工		3020
	3．3斜面対策（地下水排除工、抑止杭工を含む）		3030
	3．4砂防維持管理（補強・改築は含まない）		3040
	3．5その他		3050
４．ﾀﾞﾑ	4．1ﾀﾞﾑ（転流ﾄﾝﾈﾙは、５．道路－5．1ﾄﾝﾈﾙで評価する。）	4．1．1重力式ﾀﾞﾑ工事	4011
		4．1．2ｱｰﾁ式ﾀﾞﾑ工事	4012
		4．1．3ﾛｯｸﾌｨﾙﾀﾞﾑ工事	4013
		4．1．4ｱｰｽﾀﾞﾑ工事	4014
		4．1．5表面遮水壁ﾌｨﾙﾀﾞﾑ	4015
		4．1．6複合ﾀﾞﾑ工事	4016
		4．1．7ﾀﾞﾑ維持管理（補強・改築は含まない）	4017
		4．1．8その他	4018
５．道路	5．1ﾄﾝﾈﾙ	5．1．1山岳ﾄﾝﾈﾙ工法	5011
		5．1．2ｼｰﾙﾄﾞ工法	5012
		5．1．3開削工法	5013
		5．1．4沈埋工法	5014
	5．2共同溝	5．2．1ｼｰﾙﾄﾞ工法	5021
		5．2．2推進工法	5022
		5．2．3開削工法	5023
	5．3橋梁上部	5．3．1RC橋	5031
		5．3．2PC橋	5032
		5．3．3鋼橋	5033
		5．3．4床版工（鋼橋）	5034
	5．4橋梁下部	5．4．1RC橋脚・橋台	5041
		5．4．2鋼製橋脚・橋台	5042
		5．4．3合成構造橋脚・橋台	5043
	5．5舗装	5．5．1ｾﾒﾝﾄｺﾝｸﾘｰﾄ舗装	5051
		5．5．2ｱｽﾌｧﾙﾄ舗装	5052
		5．5．3ﾌﾞﾛｯｸ舗装	5053
	5．6道路付属施設		5060
	5．7切土工		5070
	5．8盛土工		5080
	5．9斜面安定・法面工		5090
	5．10ｶﾙﾊﾞｰﾄ工		5100
	5．11擁壁工		5110
	5．12排水工		5120
	5．13電線共同溝・CAB		5130
	5．14情報BOX		5140
	5．15ｼｪｯﾄﾞ		5150
	5．16道路維持管理（補強・改築は含まない）		5160
	5．17その他		5170
６．公園	6．1基盤整備		6010
	6．2植栽		6020
	6．3施設整備		6030
	6．4ｸﾞﾗﾝﾄﾞ・ｺｰﾄ整備		6040
	6．5自然育成		6050
	6．6公園維持管理（補強・改築は含まない）		6060
	6．7その他		6070
７．その他	7．1その他		7010

別紙－3

工事難易度評価の小項目別運用表

大項目	小項目	評価対象事項(代表的事項等)
1. 構造物条件	①規模	対象構造物の高さ、延長、施工(断)面積、施工深度等の規模
	②形状	対象構造物の形状の複雑さ(土被り厚やトンネル線形等を含む)
	③その他	既設構造物の補強、撤去等特殊な工事対象
2. 技術特性	①工法等	工法、使用機械、使用材料等
	②その他	施工方法に関する技術提案等
3. 自然条件	①湧水・地下水	湧水の発生、掘削作業等に対する地下水位の影響等
	②軟弱地盤	支持地盤の状況
	③作業用道路・ヤード	河川内・海域・急峻な地形条件下等、工事用道路・作業スペース等の制約
	④気象・海象	雨・雪・風・気温・波浪等の影響
	⑤その他	地すべり等の地質条件、急流河川における水流、海域における潮流等の影響、動植物等に対する配慮等
4. 社会条件	①地中障害物	地下埋設物等の地中内の作業障害物
	②近接施工	工事の影響に配慮すべき鉄道営業線・供用中道路・架空線・建築物等の近接物
	③騒音・振動	周辺住民等に対する騒音・振動の配慮
	④水質汚濁	周辺水域環境に対する水質汚濁の配慮
	⑤作業用道路・ヤード	生活道路を利用しての資機材搬入等の工事用道路の制約、路面覆工下・高架下等の作業スペースの制約
	⑥現道作業	現道上での交通規制を伴う作業
	⑦その他	騒音・振動・水質汚濁以外の環境対策、廃棄物処理等
5. マネジメント特性	①他工区調整	隣接工区との工程調整
	②住民対応	近隣住民との対応
	③関係機関対応	関係行政機関・公益事業者等との調整
	④工程管理	工期・工程の制約・変更への対応(工法変更等に伴うものを含む)
	⑤品質管理	品質管理の煩雑さ、複雑さ(高い品質管理精度の要求等を含む)
	⑥安全管理	高所作業、夜間作業、潜水作業等の危険作業
	⑦その他	災害時の応急復旧等

[評価方法]
以下の3ランクの評価を行う。
A: 特に困難な、または、特に高度な技術を要する「条件・状況」
B: 困難な、または、高度な技術を要する「条件・状況」
C: 一般的に生ずる、または、通常の技術で対応可能な「条件・状況」

別紙－４

工事区分別工事難易度対応表

手順４の「易、やや難、難」判定結果から、工事区分に応じ、以下の工事難易度Ⅰ～Ⅵとして評価する。

なお、特に難易度を高める特別な要因がある場合,難易度を高める要因が特に多岐にわたる場合等には、各工事区分の「難」より上位のランクに評価する。

事業分類	工事区分（構造物分類･構造形式･工法分類）	Ⅰ	Ⅱ	Ⅲ	Ⅳ	Ⅴ	Ⅵ
１．河川	河川堤防,河川護岸,床止め･床固め,河川浚渫,維持管理	易	やや難	難			
	樋門･樋管,水路ﾄﾝﾈﾙ(推進工法),伏せ越し,揚排水機場		易	やや難	難		
	堰･水門,水路ﾄﾝﾈﾙ(山岳ﾄﾝﾈﾙ工法,ｼｰﾙﾄﾞ工法,開削工法)			易	やや難	難	
２．海岸	海岸堤防,護岸,養浜,海岸浚渫,維持管理	易	やや難	難			
	突堤･離岸堤		易	やや難	難		
３．砂防･地滑り	流路工,維持管理	易	やや難	難			
	砂防ﾀﾞﾑ,斜面対策		易	やや難	難		
４．ﾀﾞﾑ	維持管理	易	やや難	難			
	転流ﾄﾝﾈﾙ			易	やや難	難	
	堤体工				易	やや難	難
５．道路	舗装,道路付属施設,切土工,盛土工,斜面安定･法面工,ｶﾙﾊﾞｰﾄ工,擁壁工,排水工,情報BOX,ｼｪｯﾄﾞ,維持管理	易	やや難	難			
	共同溝(推進工法,開削工法),橋梁上部工,橋梁下部工,電線共同溝・CAB		易	やや難	難		
	ﾄﾝﾈﾙ(山岳ﾄﾝﾈﾙ工法,ｼｰﾙﾄﾞ工法,開削工法),共同溝(ｼｰﾙﾄﾞ工法)			易	やや難	難	
	ﾄﾝﾈﾙ(沈埋工法)				易	やや難	難
６．公園		易	やや難	難			

※工事区分「その他」については、類似の工事区分との関係等から類推する。

別添3

地方整備局工事成績評定通知実施要領

（目　的）

第1　本要領は、工事成績及び工事の技術的難易度について、「請負工事成績評定要領」（平成13年3月30日付け国官技第92号。以下「評定要領」という。）第8又は第9の通知並びに要領第10及び第11の回答に関する事項を定める。

（対象工事）

第2　工事成績評定の通知の対象とする工事は、評定要領第2に規定された評定の対象工事のうち、地方整備局が発注する河川工事、海岸工事、砂防工事、ダム工事、道路工事、公園緑地工事、その他これらに類する工事とする。

（評定点等の通知）

第3　局長（分任官の契約した工事については、事務所長）は、評定者から評定表等の提出がなされた後、当該工事の請負者に評定点及び工事の技術的難易度評価（以下「評定点等」という。）を速やかに別記様式第1により通知するものとする。

2　また、評定要領第9に基づき評定を修正した場合についても同様とする。

（説明請求）

第4　第3の通知を受けた者は、通知を受けた日から起算して14日以内に書面により、局長（分任官の契約した工事については事務所長）に評定点等について説明を求めることができるものとする。

（説明請求の提出）

第5　第4の書面の提出先は、地方事業評価（又は技術調整）管理官等（分任官の契約した工事については、当該工事を担当する事務所の技官である副所長）とする。

（説明請求に対する回答）

第6　局長（分任官の契約した工事については事務所長）は、評定点等の通知を受けた請負者から評定点等についての説明を求められた場合、速やかに別記様式第2により回答するものとする。

2　局長（分任官の契約した工事については事務所長）は、前項の回答をする場合、工事成績評定評価委員会に意見を求めることができる。

3　前項の工事成績評定評価委員会は、別紙1及び別紙2に定める規則に基づき設置するものとする。

4　局長（分任官の契約した工事については事務所長）は、説明の申立者に回答を行ったときは、申立者の提出した書面及び回答を行った書面を、閲覧による方法により速やかに公表するものとする。

（再説明請求）

第７　第６の通知を受けた者は、通知を受けた日から起算して１４日（「休日」を含む。）以内に書面により、局長に対して、再説明を求めることができるものとする。

（再説明請求の提出）

第８　第７の書面の提出先は、地方事業評価（又は技術調整）管理官等とする。

（再説明請求に対する回答）

第９　局長は、第６の説明に係る回答を受けた請負者から再説明を求められた場合、別記様式第3により回答するものとする。

２　局長は、前項の回答をする場合、地方整備局工事成績評定審査委員会の審議を経てから回答するものとする。

３　前項の地方整備局工事成績評定審査委員会は、別紙3に定める規則に基づき設置するものとする。

４　局長は、再説明の申立者に回答を行ったときは、再説明の申立者の提出した書面及び回答を行った書面を速やかに公表するものとする。

別記様式第１

国○整○○第　　　　号
平成　　年　　月　　日

契約の相手方
　所在地
　　商号又は名称
　　　　代表者氏名　　　　　　　殿

○○地方整備局長
○　○　○　○　　印
又は　○○地方整備局
○○事務所長
○　○　○　○　　印

工 事 成 績 評 定 通 知 書

貴社が受注した工事について、工事成績評定要領に基づき評定した結果を通知します。

なお、評定の結果に疑問があるときは、当職に対してその疑問の旨を付して、この書面の通知を受けた日から起算して１４日（「休日」を含む。）以内に書面により、説明を求めることができます。

疑問の旨に対する説明は、書面により郵送いたします。

なお、説明を求める場合の書面の送付先及び手続き等についての問い合わせ先は下記のとおりです。

記

１　工　事　名　　　　○　○　○　○　工　事

２　工　　　期　　　　平成　○年　○月　○日～平成　○年　○月　○日

３　完成技術検査年月日　　平成　○年　○月　○日

４　成績評定
　① 評定点　　　　　　○　○　点　　項目別評定点は、別表１のとおり
　（① 修正評定点　　　○　○　点　　【評定点が修正された場合のみ】）
　② 技術提案履行確認　　履行 or 不履行
　③ 工事技術的難易度評価　　○　　　項目別評価表は、別表２のとおり

５　送付先
（本官の場合）　〒○○○－○○○○　○○県○○市○○丁目○○番地
　国土交通省○○地方整備局　地方事業評価（又は技術調整）管理官　宛
　ＴＥＬ　○○○－○○○－○○○○（代）　内線○○○○
（分任官の場合）〒○○○－○○○○　○○県○○市○○丁目○○番地
　国土交通省○○地方整備局　○○事務所 技術担当副所長○○○○ 宛
　ＴＥＬ　○○○－○○○－○○○○（代）　内線○○○○

６　手続き等の問い合わせ先
（本官の場合）　〒○○○－○○○○　○○県○○市○○丁目○○番地
　国土交通省○○地方整備局　企画部　技術管理課　検査係
　ＴＥＬ　○○○－○○○－○○○○（代）　内線○○○○
（分任官の場合）〒○○○－○○○○　○○県○○市○○丁目○○番地
　国土交通省○○地方整備局　○○事務所　○○(担当)課○○係
　ＴＥＬ　○○○－○○○－○○○○（代）　内線○○○○

別表１

項　目　別　評　定　点

工事名

評価項目	細　　別	評定点／満点
１．施工体制	Ⅰ．施工体制一般	0.0 ／ 3.3 点
	Ⅱ．配置技術者	0.0 ／ 4.1 点
２．施工状況	Ⅰ．施工管理	0.0 ／ 13.0 点
	Ⅱ．工程管理	0.0 ／ 8.1 点
	Ⅲ．安全対策	0.0 ／ 8.8 点
	Ⅳ．対外関係	0.0 ／ 3.7 点
３．出来形及び出来ばえ	Ⅰ．出来形	0.0 ／ 14.9 点
	Ⅱ．品　質	0.0 ／ 17.4 点
	Ⅲ．出来ばえ	0.0 ／ 8.5 点
４．工事特性（加点のみ）	Ⅰ．施工条件等への対応	0.0 ／ 7.3 点
５．創意工夫（加点のみ）	Ⅰ．創意工夫	0.0 ／ 5.7 点
６．社会性等（加点のみ）	Ⅰ．地域への貢献等	0.0 ／ 5.2 点
７．法令遵守等（減点のみ）	工事事故等による減点	
	総合評価による減点	
評定点合計		00.0 ／ 100.0 点

※評定点合計は、各細別評定点を合計しても四捨五入の関係で合わない場合があります。

別表２

工事技術的難易度項目別評価表

工事名

大項目	評価	小項目	評価
１．構造物条件		①規模	
		②形状	
		③その他	
２．技術特性		①工法等	
		②その他	
３．自然条件		①湧水・地下水	
		②軟弱地盤	
		③作業用道路・ﾔｰﾄﾞ	
		④気象・海象	
		⑤その他	
４．社会条件		①地中障害物	
		②近接施工	
		③騒音・振動	
		④水質汚濁	
		⑤作業用道路・ﾔｰﾄﾞ	
		⑥現道作業	
		⑦その他	
５．ﾏﾈｼﾞﾒﾝﾄ特性		①他工区調整	
		②住民対応	
		③関係機関対応	
		④工程管理	
		⑤品質管理	
		⑥安全管理	
		⑦その他	
工事区分			
「易、やや難、難」評価			
工事難易度評価（Ⅰ～Ⅵ）			

別記様式第２

国○整○○第　　　　号
平成　　年　　月　　日

契約の相手方
所在地
商号又は名称
代表者氏名　　　　　　　殿

○○地方整備局長
○　○　○　○　　印
又は　○○地方整備局
○○事務所長
○　○　○　○　　印

工事成績評定に係る説明書（回答）

平成　年　月　日付けで貴社から説明を求められました評定内容について、下記のとおり回答します。

本説明書に疑問があるときは、当職（注：事務所長からの場合は、「○○地方整備局長」と記載する。）に対してその疑問の旨を付して、この書面の回答を受けた日から起算して１４日（「休日」を含む。）以内に書面により、再説明を求めることができます。

なお、再説明は　○○地方整備局に設けられた工事成績評定審査委員会の審議を経た上で行います。

疑問の旨に対する再説明は、書面により郵送いたします。

また、再説明を求める場合の書面の送付先及び手続き等についての問い合わせ先は下記のとおりです。

記

１　工　事　名　　　　　　○　○　○　○　工　事

２　疑問に対する回答

３　送付先

〒○○○－○○○○
○○県○○市○○丁目○○番地
国土交通省○○地方整備局　地方事業評価（又は技術調整）管理官　宛
ＴＥＬ　○○○－○○○－○○○○（代）　内線○○○○

５　手続き等の問い合わせ先

〒○○○－○○○○　○○県○○市○○丁目○○番地
国土交通省○○地方整備局　企画部　技術管理課　検査係
ＴＥＬ　○○○－○○○－○○○○（代）　内線○○○○

別紙１

○○地方整備局工事成績評定評価委員会規則（案）

（趣　旨）

第１　本規則は、○○地方整備局に設置する工事成績評定評価委員会（以下「委員会」という。）の設置等に関して必要な事項を定めるものである。

（委員会の事務）

第２　委員会は、次の事項について審議するものとする。

（１）地方整備局長が契約した工事で地方整備局工事成績評定通知実施要領に基づき通知された評定点等について、請負者が説明を求めた場合の回答

（２）工事成績評定の通知に係る事項

（３）その他工事成績評定の運用に係る事項

（委員会の委員及び組織）

第３　委員会は、次の者で構成する。

（１）地方事業評価管理官又は技術調整管理官

（２）総括工事検査官

（３）契約課長

（４）技術管理課長

（５）技術調査課長（置かれている場合）

（６）河川工事課長

（７）道路工事課長

（８）当該工事担当課長（必要に応じて）

（９）当該工事担当事務所長（必要に応じて）

（10）当該工事担当技術検査官

２　委員長は、地方事業評価管理官又は技術調整管理官とする。

３　委員長に事故あるときは、あらかじめその指名する委員がその職務を代理する。

（委員会の召集）

第４　委員会は、委員長が必要と認めた場合、委員長が召集する。

（委員会の庶務）

第５　委員会の庶務は、技術管理課検査係が行う。

別紙２

○○事務所工事成績評定評価委員会規則（案）

（趣　旨）

第１　本規則は、○○事務所に設置する工事成績評定評価委員会（以下「委員会」という。）の設置等に関して必要な事項を定めるものである。

（委員会の事務）

第２　委員会は、次の事項について審議するものとする。

（１）事務所長が契約した工事で地方整備局工事成績評定通知実施要領に基づき通知された評定点等について、請負者が説明を求めた場合の回答

（２）工事成績評定の通知に係る事項

（３）その他工事成績評定の運用に係る事項

（委員会の委員及び組織）

第３　委員会は、次の者で構成する。

（１）副所長（技術）

（２）経理課長（経理課が置かれていない事務所にあっては、総務課長）

（３）工務課長

（４）当該工事担当課長

（５）当該工事担当主任監督員（必要に応じて）

（６）当該工事担当技術検査官

２　委員長は、副所長（技術）とする。

３　委員長に事故あるときは、あらかじめその指名する委員がその職務を代理する。

（委員会の召集）

第４　委員会は、委員長が必要と認めた場合、委員長が召集する。

（委員会の庶務）

第５　委員会の庶務は、工務課が行う。

別記様式第３

国○整技管第　　　　号
平成　　年　　月　　日

契約の相手方
　所在地
　　商号又は名称
　　　　代表者氏名　　　　　　　殿

○○地方整備局長
○　○　○　○　　印

工事成績評定に係る再説明書（回答）

平成　年　月　日付けで貴社から再説明を求められた評定内容について、下記のとおり回答します。

記

１　工　事　名　　　　　　　　　○　○　○　○　工　事

２　疑問に対する回答

別紙３

○○地方整備局工事成績評定審査委員会規則（案）

（趣　旨）

第１　本規則は、○○地方整備局に設置する工事成績評定審査委員会（以下「委員会」という。）の設置等に関して必要な事項を定めるものである。

（委員会の事務）

第２　委員会は、地方整備局長の委嘱に基づき、次の事項について審議するものとする。

一　請負工事の成績評定について、地方整備局長（分任官の契約した工事については事務所長）の回答について再説明の申請がなされた場合の、当該工事成績評定に関すること。

二　工事成績評定要領の運用に関すること。

（委員会の委員及び組織）

第３　委員は、公共工事に関する学識経験等を有し、人格、識見等に優れ、公正中立の立場を堅持できる者のうちから、地方整備局長が委嘱する。

２　委員会は、委員○人で組織する。

３　委員の任期は、１年とする。ただし、委員が欠けた場合における補欠の委員の任期は、前任者の残任期間とする。

４　委員は、再任されることができる。

５　委員は、非常勤とする。

６　委員会に委員長を置き、委員の互選によりこれを定める。

７　委員長に事故あるときは、あらかじめその指名する委員がその職務を代理する。

（会議）

第４　第２第一に係る会議は、再説明の申請に応じ、委員長が指名した３名以上の委員で開催することができる。この場合の長は委員長が指名する。

２　第２第二に係る会議は、必要に応じ開催する。

３　会議は、非公開とする。

（再説明審査）

第５　委員会は、第２第一の事項に関し、再説明の申請があったときは再説明審査会議を開催し、審査を行う。

２　委員会は、前項の審査を終えたときは、意見書を作成しその結果を地方整備局長に報告するとともに、必要があると認めるときはこれを公表することができる。

（委員の除斥）

第６　委員は、第２第一の事務に関しては、自己又は３親等以内の親族の利害に関係のある議事に加わることができない。

（意見の具申又は勧告）

第７　委員会は、第２第二の事項に関し、改善すべき点があると認めたときは、必要な範囲で、地方整備局長に対して意見の具申又は勧告を行うことができる。

２　委員会は、前項の意見の具申又は勧告を行った場合に必要があると認めるときは、その内容を公表することができる。

（秘密を守る義務）

第８　委員は、審議事項について知り得た秘密を他に漏らしてはならない。その職を退いた後も、また同様とする。

（委員会の庶務）

第９　委員会の庶務は、企画部技術管理課検査係が行う。

監督・検査・工事成績評定・土木工事共通仕様書関係

1．監督・検査・工事成績評定

(4)．工事成績評定

資料の最新版については、国土交通省ホームページで確認できます。
https://www.mlit.go.jp/tec/tec_tk_000052.html

4—4　請負工事成績評定結果の取扱いについて

（工事成績ランキング）

国官技第 113 号
平成 18 年 7 月 31 日

各地方整備局企画部長
北海道開発局事業振興部長
沖縄総合事務局開発建設部長　あて

国土交通省大臣官房技術調査課長

請負工事成績評定結果の取扱いについて

工事の施工状況の評価については、「請負工事成績評定要領の制定について」（平成 13 年 3 月 30 日付国官技第 92 号）により通知しているところであるが、今般、公共工事の透明性の確保や民間事業者の技術力の向上を一層促進するため、地方整備局等が実施する請負工事成績評定の結果について、下記のとおり取り扱うこととしたので、遺漏なきよう実施されたい。

記

1.　請負工事成績評定結果の公表

公共工事の透明性の一層の確保を図るため、地方整備局等が発注した土木工事における請負工事成績評定の結果について、企業毎の請負工事成績評定の平均点を算出し順位付けを行い、その結果について公表するものとする。

2.　請負工事成績評定結果の活用

民間事業者の技術力の一層の向上を図るため、上記1において算出した各企業の請負工事成績評定の平均点が別紙「請負工事成績評定結果策定基準（案）」に定める一定以上の点数となる企業については、地方整備局等が発注する土木工事において、中間技術検査の実施回数の減免や総合評価落札方式の評価基準として活用するなど措置を講じるものとする。

以上

請負工事成績評定結果の取扱いの運用

国 技 建 管 第 ２ ０ 号
令 和 ４ 年 ３ 月 ２ ５ 日

各地方整備局　技術調整管理官　殿
北海道開発局　技術管理課長　殿
内閣府沖縄総合事務局　技術管理官　殿

国土交通省大臣官房技術調査課
建設システム管理企画室長

「請負工事成績評定結果の取扱の運用」の一部改正について

請負工事成績評定結果の公表については、「請負工事成績評定結果の取扱いについて」（平成 18 年 7 月 31 日付け国官技第 113 号、以下、「課長通知」とする。）及び『「請負工事成績評定結果の取扱いについて」の運用の一部改正について』（平成 20 年６月６日付け国シ企第１号以下、「室長通知」とする。）にて通知したところであるが、室長通知「請負工事成績評定結果策定基準（案）」の一部を改正することとしたので別紙のとおり実施されたい。

（別紙）

請負工事成績評定結果策定基準（案）

１．対象企業

・請負工事成績評定結果の公表の対象となる企業は、下記「２．対象工事」に該当する工事の実績を３件以上有する企業とし、地方整備局等は、企業毎の平均点を算出し順位付けを行い、その結果について公表することとする。

・地方整備局等は、下記「２．対象工事」の工事種別毎に、公表対象となる工事種別の選定基準を定めた場合には、企業毎の平均点を算出し順位付けを行い、その結果について公表することができるものをする。但し、課長通知「２．請負工事成績評定結果の活用」の適用は行わないものとする。

２．対象工事

上記１において、企業毎の請負工事成績評定の平均点を算出する対象となる工事としては、地方整備局等が発注し、過去２カ年度内に完成した土木工事のうち、一般土木工事、アスファルト舗装工事、鋼橋上部工事、セメント・コンクリート舗装工事、プレストレスト・コンクリート工事、法面処理工事、河川しゅんせつ工事、グラウト工事、杭打工事、橋梁補修工事、維持修繕工事とする。

なお、年度とは、当該年４月１日から翌年３月３１日とする。

３．共同企業体の請負工事成績評定の取扱い

共同企業体（特定・経常JV）が受注した工事における請負工事成績評定点は、各構成企業の請負工事成績評定の実績として各々の企業に算入する。

４．公表項目

・請負工事成績評定結果の公表にあたっては、「企業名」、「平均点（小数点第１位を四捨五入)」、の各項目について、平均点の高い企業から順位を付けて公表することとする。なお、必要に応じて、「建設業法許可番号」「本社等所在地」等を併せて公表してもよい。

・各企業の請負工事成績評定の平均点に基づく順位付けを行うにあたり、少数第１位を四捨五入後、同順位の企業が複数存在する場合には、企業の掲載を五十音順で行うこととする。

５．請負工事成績評定結果の活用に関する一定以上の点数等

・請負工事成績評定結果の活用に関する一定以上の点数とは、当面、８０点以上を原則とするが、これによりがたい場合は、平均点が上位の者に相当する点数とするなど各局において決定するものとする。

・但し、下記に該当する場合については、課長通知「２．請負工事成績評定結果の活用」の適用の対象外とする。

①各企業の平均点の算出に用いた工事の請負工事成績評定点において６５点未満の実績を有する場合

②その他地方整備局長若しくは事務所長が不適切と認める場合

6．公表時期

毎年度6月末を目途に公表することとする。

7．その他

地方整備局等における請負工事成績評定結果の策定方法については、原則、上記1から6に従うものとするが、地方整備局等の状況等により、真にやむを得ない場合においては、大臣官房技術調査課建設システム管理企画室と調整の上、当該地方整備局についてのみ、対象企業の工事実績や請負工事成績評定結果の活用に関する一定以上の点数等を変更できることとする。

請負工事成績評定結果取扱細則

事　務　連　絡
令和４年３月２５日

各地方整備局企画部　技術管理課長　殿
北海道開発局事業振興部　技術管理課長補佐　殿
沖縄総合事務局開発建設部　技術管理課長　殿

国土交通省大臣官房技術調査課
工事監視官

請負工事成績評定結果取扱細則の一部改正について

請負工事成績評定結果の公表については、「請負工事成績評定結果の取扱いについて」（平成18年7月31日付大臣官房技術調査課長通知国官技第113 号）、『「請負工事成績評定結果の取扱いについて」の運用の一部改正について』（平成20年6月6日付大臣官房技術調査課建設コスト管理企画室通知国シ企第1号）に基づき、「請負工事成績評定結果取扱細則の一部改正について」（平成19年3月30日付け事務連絡）を通知したところであるが、今般『「請負工事成績評定結果の取扱いについて」の運用の一部改正について』（令和４年3月25日付け国技建管第20号）により「請負工事成績評定結果策定基準（案）が一部改正されたことから、請負工事成績評定結果の取扱に係る細則を別添のとおり一部改正したので通知する。

別添

請負工事成績評定結果取扱細則

本細則は、『「請負工事成績評定結果の取扱いについて」の運用の一部改正について』（令和４年３月25日付大臣官房技術調査課建設システム管理企画室通知国官技建第20号）（以下、「室長通知」とする。）の別紙「請負工事成績評定結果策定基準（案）」（以下、「策定基準」とする。）の５「請負工事成績評定結果の活用に関する一定以上の点数等」を満足する企業への措置等請負工事成績評定結果の取扱に係る細則について定めたものである。

なお、本細則に基づいて実施する工事成績評定優秀企業の認定や当該企業に対する措置等については、通称「ゴールドカード制度」と呼ぶこととする。

１．認定対象企業

１－１．認定優秀企業

・地方整備局等は、策定基準の１、２に該当する企業のうち、策定基準の５「請負工事成績評定結果の活用に関する一定以上の点数等」を満足する企業を「工事成績優秀企業」（以下、「認定優秀企業」とする。）として認定するものとする。

・但し、策定基準の１に基づき、工事種別毎に企業毎の平均点を算出し順位付けを行った場合には、策定基準の５「請負工事成績評定結果の活用に関する一定以上の点数等」を満足する企業であっても「工事成績優秀企業」として認定を行わないものとし、かつ、下記「３．認定優秀企業に対する措置」の適用を行わないものとする。

１－２．不適切事項

室長通知５．「②その他地方整備局長若しくは事務所長が不適切と認める場合」とは、過去２カ年度（認定を行う年度の前年度及び前々年度）、及び、認定を行う年度当初（４月１日）から認定を行う日の間に、原則、下記①～③に該当する事案が発生した場合とする。

①当該地方整備局等発注工事の請負工事成績評定で65点未満となった場合（室長通知の別紙「請負工事成績評定結果策定基準（案）」の２．に規定する11工種の工事に限る）。

②当該地方整備局等発注工事において、工事事故や現場説明書の指導事項への抵触等により文書注意もしくは指名停止の措置を受けた場合。

③その他、法令遵守違反、民事再生法の申請その他不適切な行為により無効とするべきと判断した場合。

※①～③については、認定優秀企業を構成員とする共同企業体に対しても適用する。

２．認定方法

・各地方整備局等は、別添１「工事成績優秀企業認定書」を作成し、認定優秀企業に授与するものとし、認定にあたっては、原則、地方整備局長名で行うものとする。

・認定時期は、「請負工事成績評定結果の取扱いについて」（平成 18 年 7 月 31 日付大臣官房技術調査課長通知 国官技第 113 号）の１．に基づく請負工事成績評定結果の公表後、速やかに行うものとする。

※請負工事成績評定の公表後、企業に対する認定書の授与が速やかに行えない場合においては、認定書の授与とは別に、企業に対し工事成績優秀企業の対象となった旨を通知してもよい。

３．認定優秀企業に対する措置

認定優秀企業については、原則、下記の措置について適用するものとする。

（シール等の使用）

①認定優秀企業は、地方整備局等から授与された「工事成績優秀企業認定シール（ヘルメット用）」「ピンバッジ」を使用することができる。

但し、「工事成績優秀企業認定シール（ヘルメット用）」については、当該地方整備局管内で行う直轄土木工事のみに使用できるものとする。

（認定ロゴマークの使用）

②認定優秀企業は、別添２「工事成績優秀企業認定ロゴマーク」（以下、「認定ロゴマーク」とする。）を「主任（監理）技術者の名札」、「企業の名刺」等に使用（印刷）することができるとともに、「建設現場への標示」に掲示することができる。

但し、「主任（監理）技術者の名札」「建設現場への標示」については、当該地方整備局管内で行う直轄土木工事のみに使用できるものとし、それに要する費用は当該企業が負担するものとする。

なお、「主任（監理）技術者の名札」については、「施工体制台帳に係る書類の提出に関する実施要領の改正に伴う追加措置について」（平成 13 年 3 月 30 日付大臣官房技術調査課建設コスト管理企画室）で通知しているところであるが、認定優秀企業については 、別添３の様式にある名札を作成し、着用することが出来るものとする。

（中間技術検査の減免）

③当該地方整備局及び事務所が発注する土木工事について、原則、中間技術検査の減免を行うものとする。

但し、低入札価格調査制度調査対象となった工事及び監督強化価格対象工事※については中間技術検査減免の適用の対象外とする。

なお、中間技術検査の実施回数等の適用にあたっては、発注者と受注者が協議の上、決定するものとする。

（総合評価落札方式での活用）

④当該地方整備局及び事務所が発注する土木工事（営繕、港湾空港工事は除く）における総合評価落札方式の資格審査の評価項目として活用する。

※「公共工事の品質確保のための重点的な監督業務の実施について」（平成15年7月17日付け国官技第105号大臣官房技術調査課長通知）に基づき重点的な監督業務の実施対象工事のことを指す。

（その他）

・上記③、④の適用については、室長通知の別紙「請負工事成績評定結果策定基準（案）」の2．に規定する下記の11工種による発注工事に限るものとする。

①一般土木工事、②アスファルト舗装工事、③鋼橋上部工事、④セメント・コンクリート舗装工事、⑤プレストレスト・コンクリート工事、⑥法面処理工事、⑦河川しゅんせつ工事、⑧グラウト工事、⑨杭打工事、⑩橋梁補修工事、⑪維持修繕工事

・共同企業体を構成する全ての企業が認定優秀企業の場合、上記3．の①～④について適用出来るものとする。

4．認定優秀企業に対する措置の適用期間

認定優秀企業の認定有効期限は、当該企業を「工事成績優秀企業」として認定した後、1年間（以下、「有効期限」とする。）とし、原則、当該年度8月1日※1から翌年7月31日※1の間とする。

また、上記3．「認定優秀企業に対する措置」の各項目の適用期間は、原則、下記のとおりとする。

・①、②の適用期間は、有効期限内に、工事発注の契約を行った工事について、完成時までの期間において措置を適用できるものとする。

但し、「ピンバッチ」や認定ロゴマークを印刷した「企業の名刺」については、有効期限内においてその使用を認めるものとする。

・③の適用期間は、有効期限内に、工事発注の契約を行った工事について、完成時までの期限内において措置を適用できるものとする。

・④の適用期間は、原則、有効期限内に、工事発注の手続きを行う工事について措置を適用するものとする。

※1　室長通知6「公表時期（毎年度6月末を目途に公表することとする。）」や各地方整備局の局長表彰等の時期を踏まえ、原則、当該年度の8月1日から翌年7月31日とする。

5．認定優秀企業の資格失効

・適用期間内に本細則1の1－2の①～③に該当する事案が発生した場合には、それ以降、工事成績優秀企業としての資格を失効するものとする。

・その際、地方整備局等は、当該企業に対し、速やかに「失効」の旨の通知を行うものとする（併せて、関係部局や事務所に情報提供を行うこと）

別添1（認定書様式例）

令和３年度

工事成績優秀企業認定書

建設業許可番号： ○○第○○○○○○○号
本店所在県：
商号又は名称：

貴社は令和元年度、令和２年度に完成した○○地方整備局発注の土木工事の施工にあたり優秀な成績をおさめたので、ここに令和３年度工事成績優秀企業として認定します。

工事成績評定点(平均点)： ○点
施工実績：○件
有効期限：令和○年 ○月 ○日まで

令和○年 ○月 ○日
国土交通省 ○○地方整備局長
○○ ○○

別添2（工事成績優秀企業認定ロゴマークのデザイン）

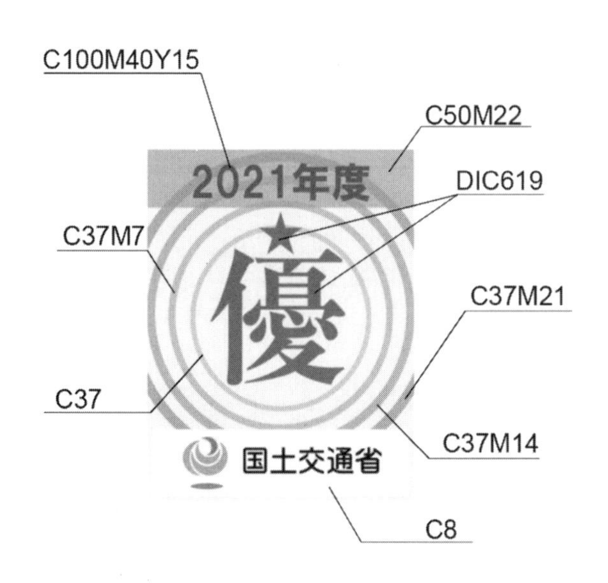

認定ロゴマーク使用色彩

名刺等での使用デザイン

※認定ロゴマークの下部に「工事成績優秀企業」及び認定地方整備局を記入すること

別添3（特記仕様書記載例：名札の様式）

【現場の管理】

工事成績優秀企業に認定され、認定有効期間内に、工事発注の契約を行った工事の監理技術者、主任技術者（工事成績優秀企業に認定された下請負を含む）は、工事成績優秀企業認定マークの使用や金色帯線（黄色もしくは橙色の帯線でも可）を名札上部に印刷することができるものとする。

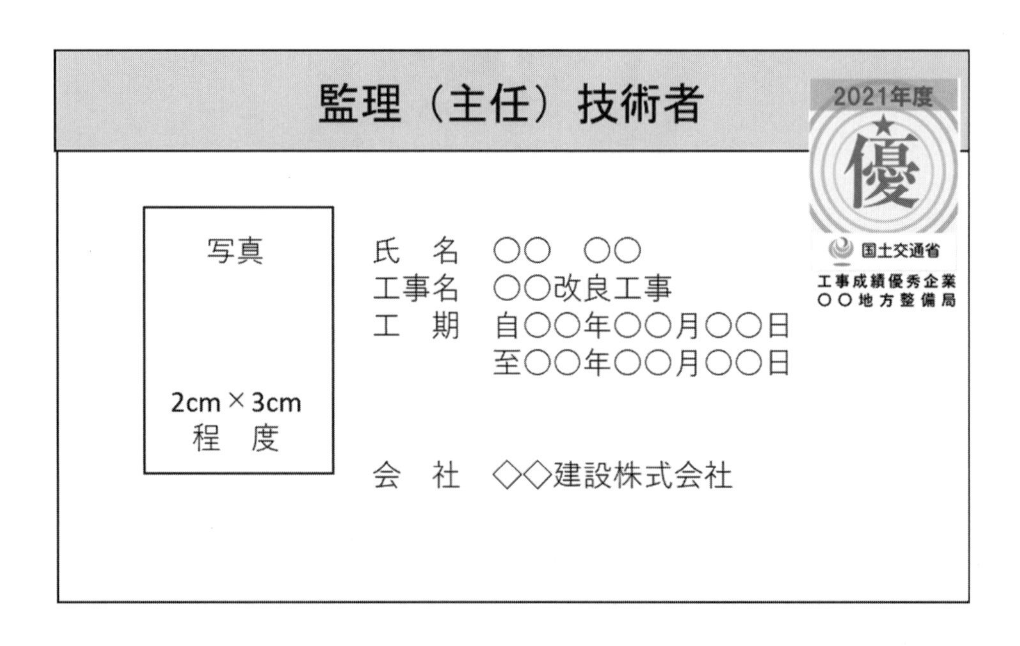

注意１）用紙の大きさは名刺サイズ以上とする

注意２）所属会社の写真とする。

第５編

監督・検査技術向上支援事例集について

5－1　監督・検査技術向上支援事例集

平成27年に落橋防止装置における溶接不良、杭の施工記録データの一部転用・加筆、地盤改良工における不正事案の発覚に端を発し、直轄工事においても、近年、粗雑工事として指名停止等措置に至った事例が見受けられている。

公共工事の品質確保の一層の促進を図るため、工事の監督及び検査の適切な実施体制の整備とともに、公共工事の品質確保の促進に関する法律に定められており、直前の改正においては情報通信技術を用いた監督検査の活用も推進されている。

一連の粗雑工事として指名停止等措置に至った事例を見ると、残念ながら監督・検査の段階で発見できたケースは少なく、ほとんどが、工事完成後の一定期間後に発覚している。

公共工事の品質確保の促進に関する法律の付帯決議の中では、契約不適合(瑕疵)担保期間の延長、契約不適合(瑕疵)担保責任の履行に係る保証の在り方などについて総合的な観点から検討するとされており、契約不適合(瑕疵)における監督・検査の責任の位置付けもさらに深まるものと考えられる。

現場においては、今後も、定められた技術基準に沿って適切に監督・検査を行っていくことは勿論のことであるが、粗雑工事を未然に防ぐためは監督職員等が様々な目線で物事を見て、問題点を見つけていただくことも重要と考える。

そのひとつの手だてとして過去に粗雑工事として指名停止等措置に至った事例集を作成したく関係者にご協力いただき、図面、写真等の資料とともに、現場からの再発防止への提言も可能な限りしていただいた。

今後、監督・検査に携わる皆様が、本資料掲載の事例集を参考として頂き、粗雑工事の防止の観点からも、より充実した監督・検査を行っていただくための一助となれば幸いである。

監督・検査技術向上支援事例一覧表

事例番号	工種 （粗雑概要）	工事完成年次	工事概要	粗雑工事と見なされた内容
1	河川工（コンクリートブロックの未連結）	H18	護岸補修工事	大型連節ブロック A=291 ㎡において、連結不足による変状が確認された。
2	河川工（護岸胴込コンクリートの充填不足）	R3	災害復旧護岸工事	大型ブロック護岸工における胴込コンクリート充填不足による背面空洞の発生，段差や目開きなど、多数の不具合が判明した。
3	河川・道路構造物工（床版高さの規格値超過、及び床版厚の不足）	H18	高架橋上部工工事	床版の出来上がり高さが設計高さの規格値を超えて高く（最大で 84 ㎜）施工され、床版厚の不足（最大 24 ㎜の不足）が確認された。
4	河川・道路構造物工（橋台の位置相違）	H16	橋台工工事	橋台が下流側に 100 ㎜ずれていることが確認された。
5	河川・道路構造物工（橋脚場所打杭の施工不良）	H20	高架橋下部工工事	橋脚の場所打杭 124 本のうち13 本について、鉄筋かごの共上がりや鉄筋かごの下がり及び杭頭部コンクリートの欠落などが確認された。さらに、発注者に提出する工事書類が改ざんされていたことが判明した。
6	河川・道路構造物工（設計と相違したコンクリート配合での施工）	H18	コンクリート堰堤本体工事	特記仕様書（21-5-80）と異なる配合のコンクリート（21-5-25）で施工されていたことが判明した。 監理技術者が納入伝票の改ざんを生コン業者に指示したことが確認された。
7	河川・道路構造物工（落橋防止の箱抜き位置違い、橋梁天端高さ不足）	H18	橋梁下部工工事	落橋防止の箱抜きの位置が全8箇所、最大 128mm ずれていることが確認された。 橋梁天端の高さが平均 60mm 低くなっていることが確認された。
8	河川・道路構造物工（構造物への異物混入）	H26	コンクリート堰堤本体工事	コンクリート最終リフト打設において、コンクリート構造物へ異物（石）の混入が判明した。
9	河川・道路構造物工（アンカーボルト孔の施工不良）	H30	橋梁下部工工事	支承部アンカーボルト孔の鉛直度が規格値を超過している箇所が確認された。
10	海岸工（止水矢板の長さ不足）	H2	護岸災害復旧工事	護岸災害復旧工事において施工した延長 130mの護岸法留工のうち延長 80m間の止水矢板が、設計長さ 3mに対して約 1.5mで施工されていたことが判明した。

事例番号	工種 （粗雑概要）	工事完成年次	工事概要	粗雑工事と見なされた内容
11	海岸工（損傷箇所の補修方法の不備）	H19	有脚式離岸堤据付工	補修についての施工管理が行われておらず監督職員の確認がなされていなかった。また、補修表面に網状のひび割れが生じ、さらに欠損面の処理が適正でないため端部においては充填厚さが極薄となり適切に補修されていないことも確認された。
12	道路改良工（街渠管の位置相違）	H17	排水構造物設置工事	街渠縦断管 1,270mのうち 80mについて設計図書と異なった位置に敷設されていたことが判明した。
13	道路改良工（防護柵支柱の根入れ不足）	H17	防護柵設置工事	防護柵支柱 528 本のうち根入れ不足の支柱が215本あったことが確認された。
14	道路改良工（掘削工）	H19	道路土工	掘削不足により、設計図書の幅員が確保できないことが確認された。
15	道路改良工（ガードレール等の支柱根入れ不足）	H14	防護柵設置工事	ガードレール支柱 152 本のうち、埋め込み不足の支柱が 63 本あったことが確認された。 転落防止柵支柱 16 本のうち、埋め込み不足支柱が 7 本あったことが確認された。
16	道路改良工（壁面変位の基準値超え）	H30	補強土壁工事	補強土壁壁面変位の基準値超えが確認された。
17	PC橋工（横締めシースのずれ）	H18	跨線橋上部工事（プレストレストコンクリート）	主桁の製作において、製作された主桁5本のうち、2本のPC桁床版の一部の横締めシースの配置に最大100mmのずれがある不適切な施工が確認された。
18	橋梁保全工（補修の未施工）	H26	橋梁点検工事	橋梁補修工事において、補修の未施工（添接板未設置、未塗装等）が確認された。
19	舗装工（舗装工の出来形不足）	H17	舗装打換工事	舗装打換工 266 ㎡のうち 12 ㎡の未施工が確認された。
20	舗装工（路盤、路床改良の出来形不足）	H15	舗装工事	路床改良工 3,630 ㎡のうち 65 ㎡、下層路盤工 3,340 ㎡のうち 65 ㎡、上層路盤工 2,930 ㎡のうち 65 ㎡に出来形不足が確認された。
21	舗装工（伸縮装置後打ちコンクリート補強鉄筋の切断）	H17	コンクリート舗装工事	伸縮装置後打ちコンクリート補強鉄筋の切断を誤って行っていたことが確認された。
22	舗装工（車道部舗装にクラックが発生）	H19	アスファルト舗装工事	アスファルト乳剤の散布不良に起因するクラックの発生が確認された。
23	砂防・地すべり等工（アンカー長の不足）	H17	落石雪害防止工事	施工したすべてのアンカー42 本の出来形の確認ができない。さらに、アンカーの検尺や試験の写真で不

事例番号	工種 （粗雑概要）	工事完成年次	工事概要	粗雑工事と見なされた内容
				足するものを補うため、同一箇所で写真のまとめ撮りを行ったことが確認された。
24	電線共同溝工（電線共同溝特殊部の位置相違）	H18	電線共同溝工事	電線共同溝特殊部の位置が 80 箇所のうち 6 箇所が設計図書との相違が確認された。さらに、出来形管理の一部不備や完成図書も現地と相違していたことが判明した。
25	電線共同溝工（管径の断面不足）	H18	電線共同溝工事	管径の異なった管を接続したことにより断面不足を生じさせたことが確認された。また、施工途中で発見した支障物件を回避する際、自己判断で浅い位置に設置し強度不足を生じさせたことが確認された。
26	情報ボックス工（情報管路の位置相違）	H11	管路敷設工事	情報管路 7,650mのうち、377mについて設計図書と異なった位置、仕様で埋設されていたことが判明した。
27	電源設備工（水力発電設備の点検補修後、漏水が発生）	H20	水力発電受変電設備補修工事	施工時において軸封水部（コーンとエンドシール）に段差があったことにより水力発電施設から漏水が発生し発電停止となった。
28	ダム付属設備工(アンカーボルトの不具合)	H24	設備点検工事	ダム設備点検時に、開口部の手摺り施工部におけるアンカーボルトの施工不良（付着不良、切断溶接等）が確認された。

事例１

１．工種（粗雑概要）	河川工（コンクリートブロックの未連結）
２．発覚した時期	H19
３．工事完成年次	H18
４．処分内容	指名停止（２ヶ月）
５．発覚に至った経緯	台風による出水に伴い救急排水施設の排水により大型連節ブロックがめくれ上がる変状が発生した。
６．粗雑工事と見なされた内容	大型連節ブロック A=291m2 おいて、連結不足による変状が確認された。
７．粗雑工事発生となった背景	既設小型連節ブロックと大型連節ブロック間の隙間（場所打ちコンクリート実施箇所）が、5cm 程度しかなかったため、安易に連結不可能と判断し、コの字状に差込んだだけで、鋼線を連結していなかった。
８．発覚後の対応	受注者に当該箇所のブロック連結の修補請求を行ったところ、請求が受諾され受注者により修補工事が実施された。
９．再発防止への提言	監督職員との協議を徹底する。不可視部分の検査を徹底する。

護岸めくり上がりの状況（全景）	天端鋼線結線状況（コの字に差し込んであるだけであった）

事例２

1. 工種（粗雑概要）	河川工（護岸胴込コンクリートの充填不足）
2. 発覚した時期	R2
3. 工事完成年次	R3
4. 処分内容	指名停止（6ヶ月）
5. 発覚に至った経緯	災害復旧工事の施工途中、発注者が護岸工等に不具合を確認し、受注者へ調査・報告を指示したところ、胴込コンクリート充填不足による大型ブロック護岸背面の空洞など、不具合多数を確認した。
6. 粗雑工事と見なされた内容	大型ブロック護岸工における胴込コンクリート充填不足による背面空洞の発生，段差や目開きなど、多数の不具合が判明した。
7. 粗雑工事発生となった背景	河川工事経験の浅い技術者や作業員が配置され、会社からのバックアップ，チェック機能が十分働いていなかった。また、品質管理など、施工計画書に必要な項目の記載がないまま、施工に着手し進めたことが不具合発生の原因となった。
8. 発覚後の対応	監督職員による文書での改善指示がなされた。不具合箇所多数のため、施工済み護岸の全てを再施工とした。また、契約工期内での完成が図られないため有償延期とし、完成及び引き渡しが 39 日間の遅延となった。
9. 再発防止への提言	河川工事経験者を配置するとともに、施工規模に見合った技術者数を確保する。 工事目的物に応じた出来形および品質管理の徹底が必要である。
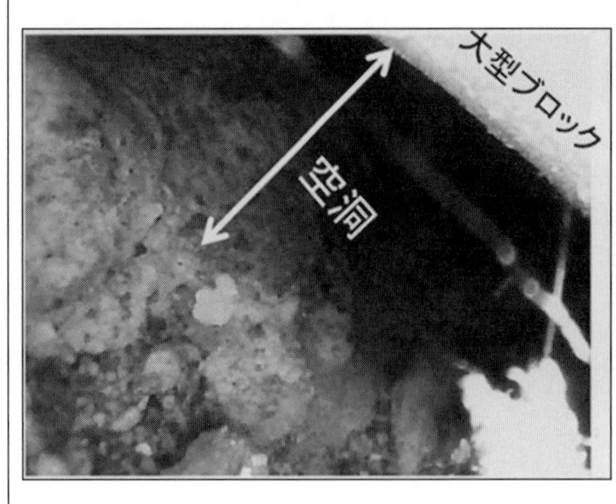 	
胴込コンクリートの充填不足の状況	ブロック目開きの状況

事例３

１．工種(粗雑概要)	河川・道路構造物工(床版高さの規格値超過、及び床版厚の不足)
２．発覚した時期	H19
３．工事完成年次	H18
４．処分内容	指名停止(4ヶ月)
５．発覚に至った経緯	後工事である舗装の為の測量により発覚した。
６．粗雑工事と見なされた内容	床版の出来上がり高さが設計高さの規格値を超えて高く(最大84mm)施工され、床版厚の不足(最大24mmの不足)が確認された。
７．粗雑工事発生となった背景	受注者が主桁架設時の設定高を上フランジトップとすべきところをウエブトップ位置と勘違いし、設計で想定した桁標高よりも上フランジ厚さ分高く設定して施工した。
８．発覚後の対応	A1及びA2橋台から2.5m範囲で規定床版厚さの確保した。 伸縮装置の嵩上げを行った。 一般部のすり付けを行った。 壁高欄高さ不足箇所の嵩上げを行った。
９．再発防止への提言	すべての橋脚と橋台について、桁架設完了時の基準高および床版完成時の基準高を主任監督員が臨場により計測することが望ましい。 受注業者により、製作時にキャンバーや実部材を考慮したFHと沓座の設定高さの整理を詳細に実施されていることを確認することが望ましい。

概要図

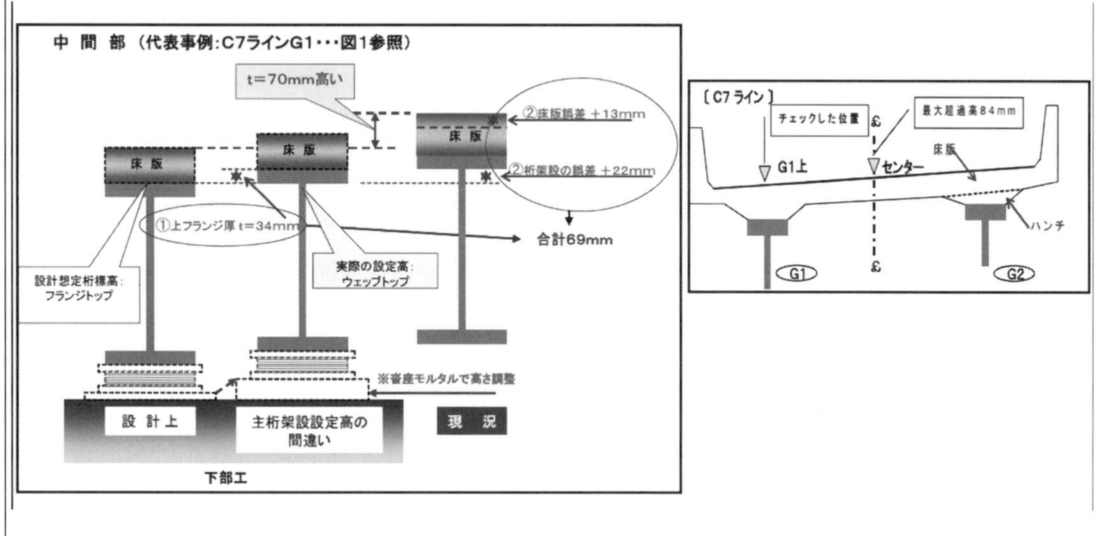

事例４

1. 工種（粗雑概要）	河川・道路構造物工（橋台の位置相違）
2. 発覚した時期	H18
3. 工事完成年次	H16
4. 処分内容	指名停止（1ヶ月）
5. 発覚に至った経緯	本工事完了後、後工事の橋梁上部工施工業者が起工測量を実施したところ発覚した。
6. 粗雑工事と見なされた内容	橋台が下流側に約100mmずれていることが確認された。
7. 粗雑工事発生となった背景	橋台施工前に基準点を設置する際、測量ミスにより間違った位置に基準点を設置してしまい、その後も確認がなされなかった。
8. 発覚後の対応	上部工架設に支障が生じないよう、沓座の位置修正、パラペットやウイングの拡幅を行うことにより対応した。
9. 再発防止への提言	定期的または抜き打ち的に監督職員による現場の施工状況を確認する。

現況の状況写真

橋台が約100mmずれている

事例５

1. 工種（粗雑概要）	河川・道路構造物工（橋脚場所打杭の施工不良）
2. 発覚した時期	H20
3. 工事完成年次	H20
4. 処分内容	指名停止（2．5ヶ月）
5. 発覚に至った経緯	場所打杭の一部において施工不良があると第三者より通報があった。
6. 粗雑工事と見なされた内容	橋脚の場所打杭124本のうち13本について、鉄筋かごの上がりや鉄筋かごの下がり及び杭頭部コンクリートの欠落などが確認された。さらに、発注者に提出する工事書類を改ざんされていたことが判明した。
7. 粗雑工事発生となった背景	鉄筋かごを設置する際に、低い位置に鉄筋かごが設置された。また、コンクリートの流動性不足のため、鉄筋かごの外側のコンクリートの充填不足により、杭頭部のコンクリートが欠落した。
8. 発覚後の対応	増杭等で対応した。
9. 再発防止への提言	定期的または抜き打ち的に監督職員による現場の施工状況を確認する。

事案の発生状況図

鉄筋かご下がり

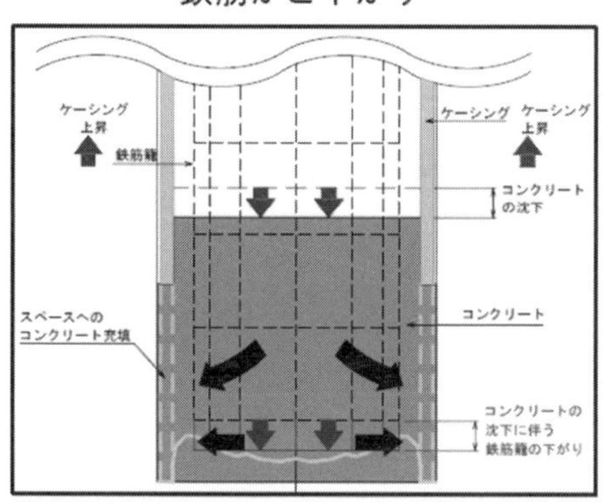

杭頭コンクリート欠け

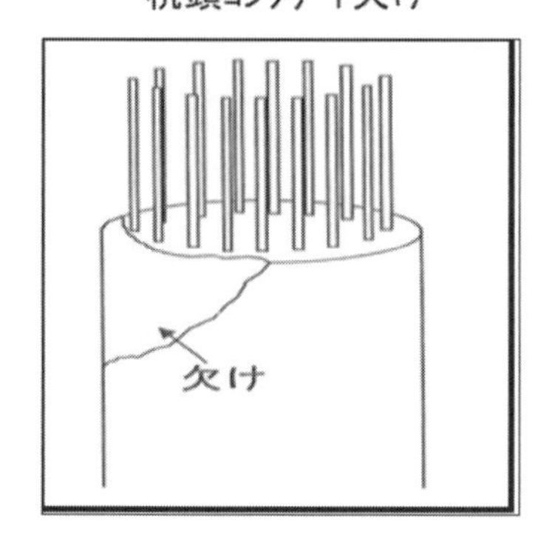

改ざん状況写真

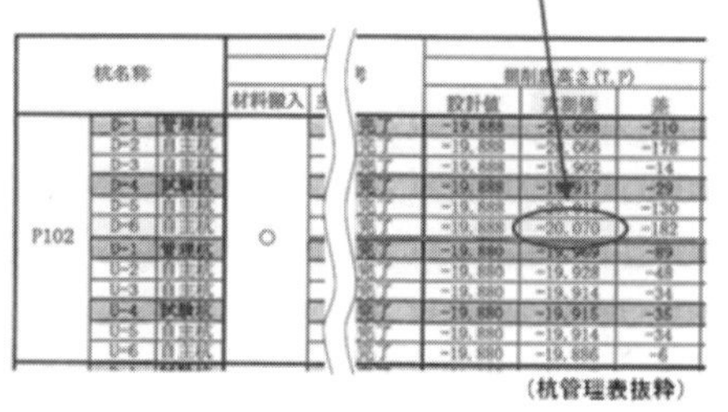

※黒板の数値と表の数値が異なっている

（表の数値は、-19.883でならなければならないが、-20.070と記入されている。）

事例６

1. 工種（粗雑概要）	河川・道路構造物工（設計と相違したコンクリート配合での施工）
2. 発覚した時期	H18
3. 工事完成年次	H18
4. 処分内容	指名停止２ヶ月
5. 発覚に至った経緯	－
6. 粗雑工事と見なされた内容	特記仕様書（21-5-80）と異なる配合のコンクリート（21-8-25）で施工されていたことが判明した。 監理技術者が納入伝票の改ざんを生コン業者に指示したことが確認された。
7. 粗雑工事発生となった背景	監理技術者が設計図書に定めるコンクリート配合の意味合いを十分に認識しておらず、個人の判断で仕上げや均しなどの施工性のみを考えたコンクリート配合を使用した。
8. 発覚後の対応	該当箇所は土石流が繰り返し接触する部位であり、耐摩耗性に関し仕様配合に比較し劣るため、契約書第17条改造請求により取り壊しを実施し、契約数量から除外した。
9. 再発防止への提言	監督職員は「段階確認」以外でも工種毎の段階的施工状況の把握を行い、適切に工事が進捗するよう監督・指導を行う。 現場代理人及び監理技術者は、改めて設計図書に示されているコンクリート配合の意味合いを十分に理解し、適正な品質管理及び現場管理等を行う。

骨材寸法 25mm 打設状況

事例７

１．工種（粗雑概要）	河川・道路構造物工（落橋防止の箱抜き位置違い、橋梁天端高さ不足）
２．発覚した時期	H19
３．工事完成年次	H18
４．処分内容	指名停止（1ヶ月）
５．発覚に至った経緯	上部工の架設に伴う測量時に発覚した。
６．粗雑工事と見なされた内容	落橋防止の箱抜きの位置が全8箇所、最大128mmずれていることが確認された。 橋梁天端の高さが平均60mm低くなっていることが確認された。
７．粗雑工事発生となった背景	測量（墨だし位置）間違いで、橋台が角度を持っていたため、胸壁前面側の値と背面側の値が違っているものを取り違えて位置出しを行った。 仮BMの高さを誤った。
８．発覚後の対応	橋台パラペットを全面取り壊し、箱抜きの位置が所定の位置になるよう再施工した。 台座コンクリートを作成した。
９．再発防止への提言	監督職員による施工状況を確認する。 仮BMを設置してミスがないか確認する。

＜①橋防止箱抜き位置間違い＞

正面からみて右に
128mmずれている

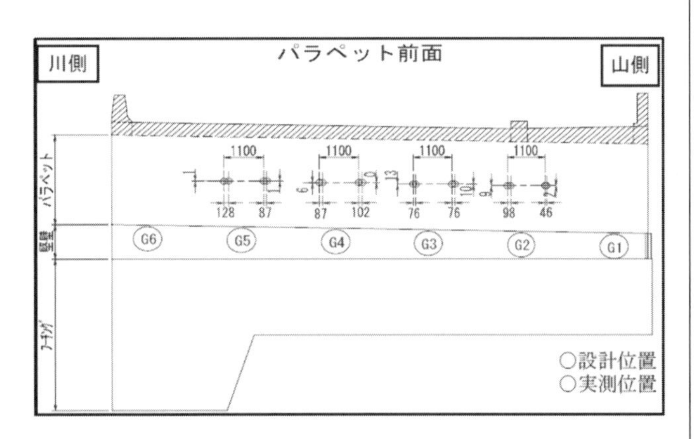

＜②橋脚天端高さ不足＞

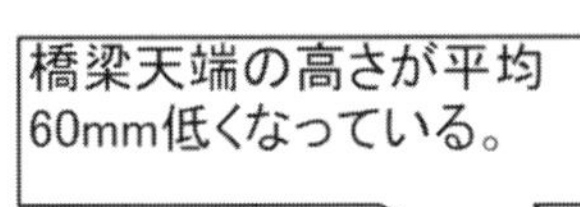

事例８

1. 工種(粗雑概要)	河川・道路構造物工(構造物への異物混入)
2. 発覚した時期	H28
3. 工事完成年次	H26
4. 処分内容	指名停止(6週間)
5. 発覚に至った経緯	当該工事関係者からの通報に基づき、受注者へ確認し発覚した。
6. 粗雑工事と見なされた内容	コンクリート最終リフト打設において、コンクリート構造物への異物(石)混入が判明した。
7. 粗雑工事発生となった背景	コンクリート最終打設リフト(約 45m3)において、コンクリートが不足したため代わりに石を投入し、設計図書と異なる施工をした。
8. 発覚後の対応	「かし修補」請求し、該当ブロックを取り壊して再施工した。また、成績評定点を見直した。
9. 再発防止への提言	監督職員は、「段階確認」項目だけでなく、適宜、施工確認をおこなう。 受注者は、トラブルが発生した場合には現場作業員等から迅速に社内，監督職員へ報告させるとともに、監督職員の指示に基づき対応することなど、現場教育の徹底を図る。

異物(石)混入箇所

事例９

1. 工種(粗雑概要)	河川・道路構造物工(アンカーボルト孔の施工不良)
2. 発覚した時期	H30
3. 工事完成年次	H29
4. 処分内容	指名停止(2ヶ月)
5. 発覚に至った経緯	上部工の受注者測量によって不具合が発覚した。
6. 粗雑工事と見なされた内容	支承部アンカーボルト孔の鉛直度が規格値を超過している箇所が確認された。
7. 粗雑工事発生となった背景	上部工事の受注者が、支承部アンカーボルト孔の鉛直度について事前測量を行ったところ、規格値を超過している箇所が発見されたとの報告があった。その後の調査結果により、当該工事(下部工)1橋脚において32本中8本が規格値を超過していることが判明した。
8. 発覚後の対応	受注者への修補請求により、アンカーボルト孔の鉛直度の規格値を超過している箇所について、削孔(高圧ウォータージェット工法)し、アンカーボルト孔の鉛直度を規格値内に補修した。
9. 再発防止への提言	スパイラル管設置時の固定方法や鉛直度の測定方法についての作業手順を追加し、職員、作業員に対して教育周知を行う。

アンカーボルト孔に対し短い水平器をアンカーボルト孔に沿ってあて、デジタル水平器の機能で1mあたり鉛直変位量を測定していた。

アンカーボルト孔に対し
短い水平器にて測定

事例１０

1. 工種（粗雑概要）	海岸工（止水矢板の長さ不足）
2. 発覚した時期	H19
3. 工事完成年次	H2
4. 処分内容	指名停止（2ヶ月）
5. 発覚に至った経緯	H18災害復旧工事において、増水により損壊した部分の復旧工事で撤去したところ発覚した。
6. 粗雑工事と見なされた内容	護岸災害復旧工事において施工した延長130mの護岸法留工のうち延長80m間の止水矢板が、設計長さ3mに対して約1．5mで施工されていたことが判明した。
7. 粗雑工事発生となった背景	止水矢板打ち込み箇所が玉石混ざりで打ち込みに手間取った。 工程上の焦りから監督職員に協議することなく鋼矢板を切断した。
8. 発覚後の対応	事務所管内の類似護岸 110 箇所を対象に変状等の現地点検を行った。 工事関係書類が存在する 54 箇所について写真等による点検を行った。 補完的調査として類似護岸 110 箇所のうち1割の 11 箇所について磁気探査法により詳細点検を実施した。また、当時の施工業者が施工した類似護岸2箇所についても詳細調査を実施した。 根固め工による修補工事を実施した。
9. 再発防止への提言	監督職員への協議を徹底する。 施工状況の把握として高い頻度で現場臨場していれば大きな抑止力となると思われる。 非破壊試験（例えば磁気探査法等）により出来形管理を行うことが有効と思われる。

概要図

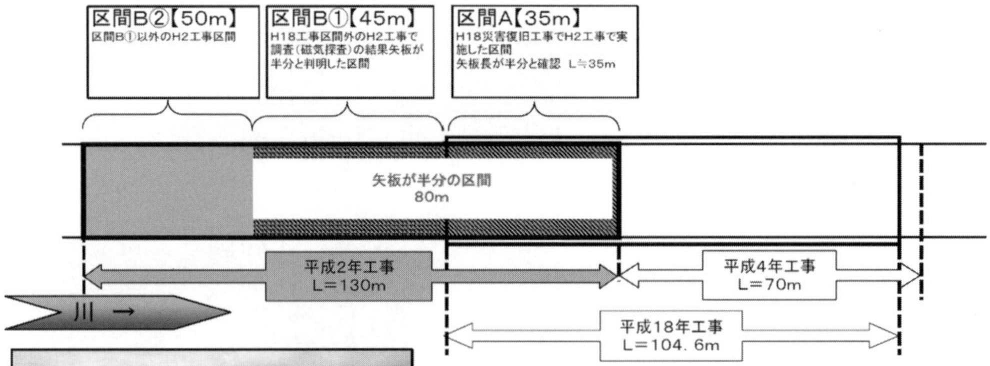

区間B②【50m】
区間B①以外のH2工事区間
区間B①【45m】
H18工事区間外のH2工事で調査（磁気探査）の結果矢板が半分と判明した区間
区間A【35m】
H18災害復旧工事でH2工事で実施した区間
矢板長が半分と確認 L≒35m
矢板が半分の区間
80m
平成2年工事
L=130m
平成4年工事
L=70m
平成18年工事
L=104．6m
川 →
既止水矢板撤去後
L≒1.5m（1.5m付近でバラバラ）N=85枚
L=3.0m N=3枚

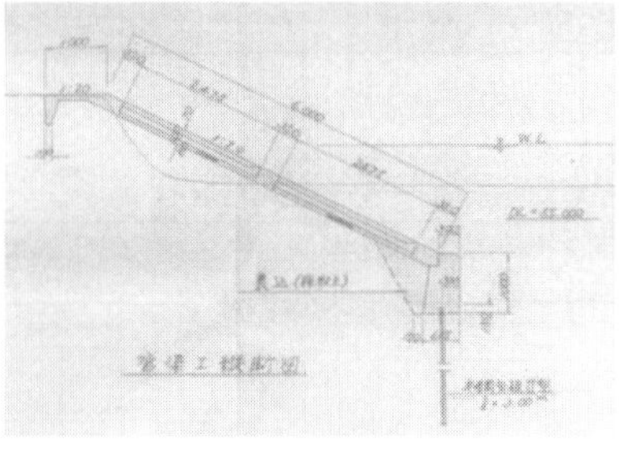

事例１１

1．工種（粗雑概要）	海岸工(損傷箇所の補修方法の不備)
2．発覚した時期	H19
3．工事完成年次	H19
4．処分内容	指名停止（1ヶ月）
5．発覚に至った経緯	完成検査において、上部工据付時の損傷箇所について、一次下請業者の独自の判断で補修が行われていることが発覚した。
6．粗雑工事と見なされた内容	補修についての施工管理が行われておらず監督職員の確認がなされていなかった。また、補修表面に網状のひび割れが生じ、さらに欠損面の処理が適正でないため端部においては充填厚さが極薄となり適切に補修されていないことも確認された。
7．粗雑工事発生となった背景	上部工据付時に、設置済みの上部工への接触を現認したものの、一次下請業者の報告から軽微な損傷と判断し、監督職員への報告を怠り、独断にて損傷箇所の補修を実施した。
8．発覚後の対応	補修箇所の調査を行った結果、新たに発見された未補修箇所2箇所を含めた全6箇所について、既補修部分をはつり、再補修を実施した。
9．再発防止への提言	監督職員による施工状況を確認する。 監督職員との協議を徹底する。

既補修写真

再補修方法

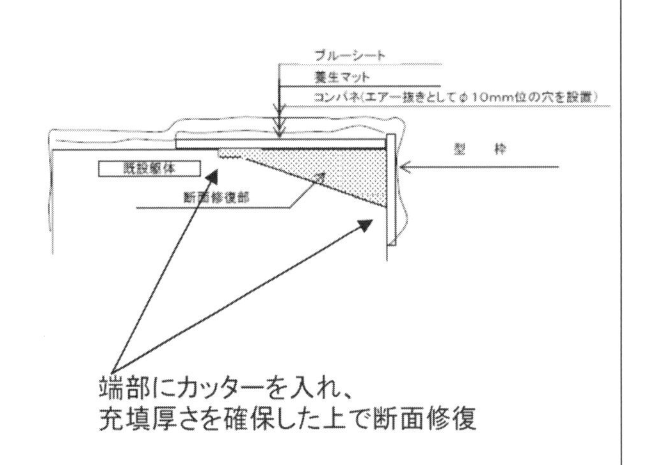

事例１２

1. 工種(粗雑概要)	道路改良工(街渠管の位置相違)
2. 発覚した時期	H18
3. 工事完成年次	H17
4. 処分内容	指名停止(2ヶ月)
5. 発覚に至った経緯	当該工事完了後、後工事の施工業者が現地測量を実施したところ発覚した。
6. 粗雑工事と見なされた内容	街渠縦断管1,270mのうち80mについて設計図書と異なった位置に敷設されていたことが判明した
7. 粗雑工事発生となった背景	街渠縦断管を据え付ける際、測量ミスで間違った位置に設置してしまったが、監督職員に報告せず縁石と縦断管との隙間にモルタルを充填し工事を完成させた。
8. 発覚後の対応	街渠縦断管がずれていた延長約80mを対象とし、設計図書どおり再設置した。
9. 再発防止への提言	定期的または抜き打ち的に監督職員による現場の施工状況を確認する。

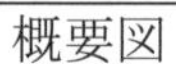
概要図

モルタル充填箇所

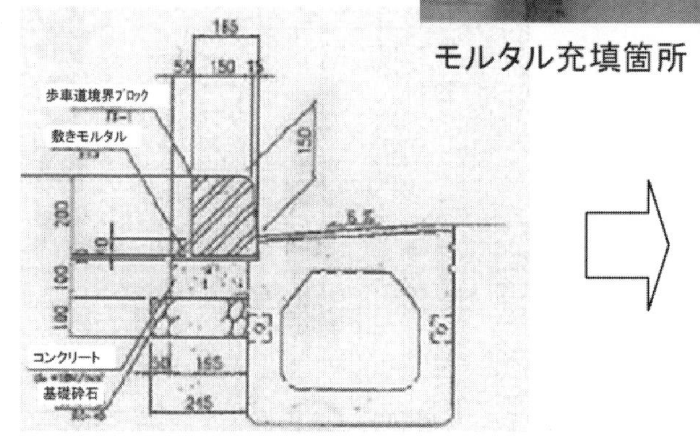

設計断面図

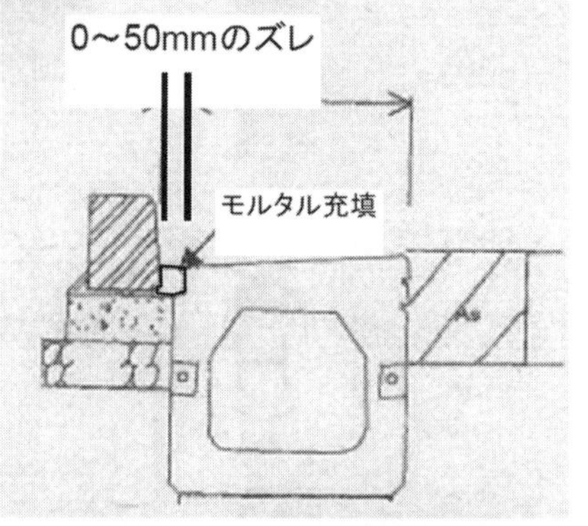

断面図(施工不良箇所)

事例１３

1. 工種(粗雑概要)	道路改良工(防護柵支柱の根入れ不足)
2. 発覚した時期	H19
3. 工事完成年次	H17
4. 処分内容	指名停止(5ヶ月)
5. 発覚に至った経緯	損傷復旧工事に伴う現地確認を行ったところ、車両用防護柵等の支柱528本中215本について、監督職員と協議せずに切断して施工(根入れ長不足)されていることが確認された。その後の調査で、当該工事を除く12件の工事においても同様の切断が確認され、全13工事で施工した車両用防護柵等の支柱2138本中、595本が切断して施工されていた。
6. 粗雑工事と見なされた内容	防護柵支柱528本のうち根入れ不足の支柱が215本あったことが確認された。(関東地方整備局管内では計2,138本のうち595本)
7. 粗雑工事発生となった背景	当該工区の地下占用物の立会時において、占用企業から支柱を既設の長さ以上に打ち込まないよう要請を受けた。これを当該路線の慣例だと思い、監督職員に報告・協議を行うことなく、支柱を切断して施工を行った。
8. 発覚後の対応	粗雑になった支柱の状況に応じ、支柱を引き抜き、基礎ブロックを埋設して支柱を再設置、若しくは、根入れ部に基礎コンクリートを打設し、車両防護柵として必要な強度を確保した。
9. 再発防止への提言	監督職員への協議を徹底する。 打込み時のビデオ撮影を行う。 非破壊試験機による検査を行う。

切断状況写真

事案の発生状況図

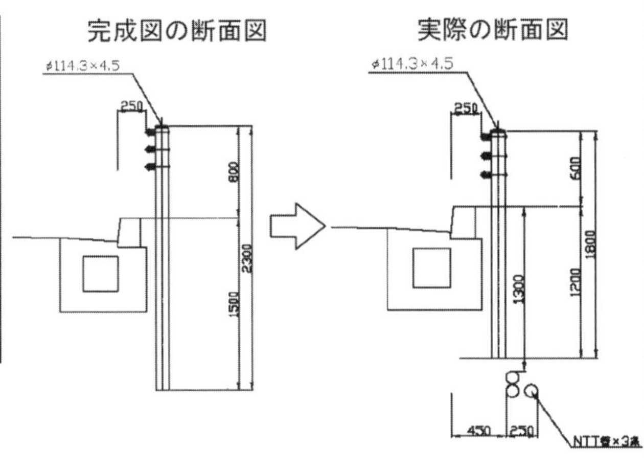

切断された支柱の写真

事例１４

1. 工種(粗雑概要)	道路改良工(掘削工)
2. 発覚した時期	H19
3. 工事完成年次	H19
4. 処分内容	指名停止(1ヶ月)
5. 発覚に至った経緯	後発工事において、起工測量を行ったところ、当工事の町道付替部において設計幅員が確保できないことが判った。このため、現況断面を測量した結果、切土断面が不足していることが判明した。
6. 粗雑工事と見なされた内容	掘削不足により、設計図書の幅員が確保できないことが確認された。
7. 粗雑工事発生となった背景	本工事は、曲線部含んだ線形を要しており、曲線部においては、中心杭や丁張り等を設置し、施工を行ったが、ほぼ直線区間かつ終点のすりつけ区間については、中心杭等の設置、中間断面における丁張の設置などを行わず施工を行った事が大きな原因となっている。
8. 発覚後の対応	掘削工の不足しているものについて全て正規の断面が確保できる施工を実施した。
9. 再発防止への提言	施工前、完了時に道路中心等基本となる点を現地に設置させ、監督職員が確認する。

事例１５

1. 工種(粗雑概要)	道路改良工(ガードレール等支柱根入れ不足)
2. 発覚した時期	H18
3. 工事完成年次	H14
4. 処分内容	指名停止(2ヶ月)
5. 発覚に至った経緯	防護柵の更新工事により、既設防護柵を引き抜いた際、埋め込み不足の防護柵が確認された。
6. 粗雑工事と見なされた内容	ガードレール支柱152本のうち、埋め込み不足の支柱が63本あったことが確認された。 転落防止柵支柱16本のうち、埋め込み不足の支柱が7本あったことが確認された。
7. 粗雑工事発生となった背景	転石により支柱を所定の深さまで打ち込めず、受注者が監督職員と協議せず支柱を切断し、何ら対策を施さず施工した。
8. 発覚後の対応	受注業者が、当該事務所管内において過去10年間に防護柵を設置した工事について点検調査した。
9. 再発防止への提言	監督職員への協議を徹底する。 ビデオによる出来形管理を徹底する。

切断状況写真

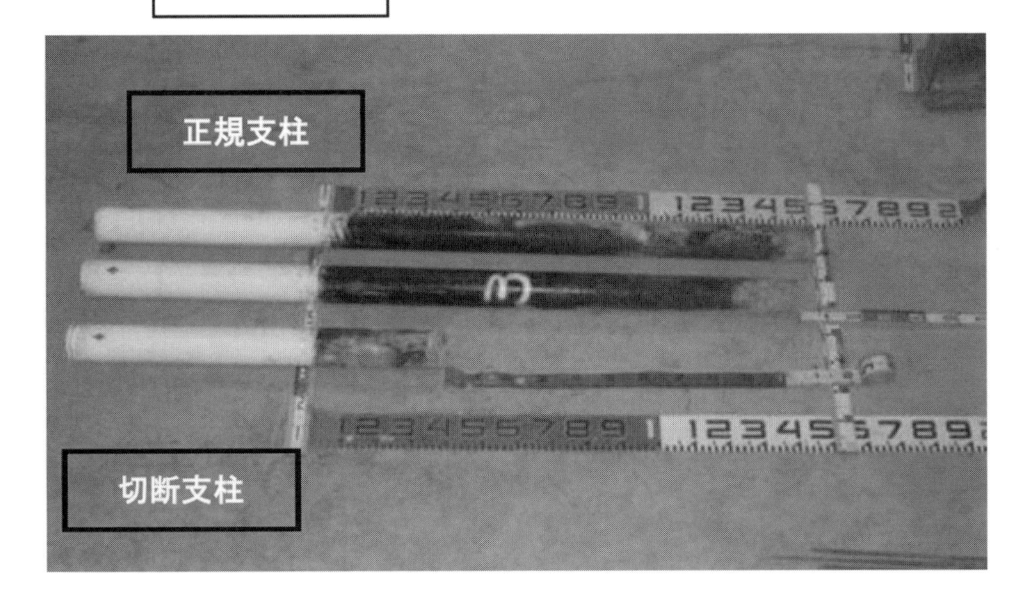

切断長:6～110cm

事例１６

1. 工種(粗雑概要)	道路改良工(壁面変位の基準値超え)
2. 発覚した時期	H30
3. 工事完成年次	H30
4. 処分内容	指名停止(2ヶ月)
5. 発覚に至った経緯	完成検査後の現地確認において補強土壁の壁面に変形を確認した。
6. 粗雑工事と見なされた内容	補強土壁壁面変位の基準値超えが確認された。
7. 粗雑工事発生となった背景	壁面の一部において出来形管理基準値を超える変位が確認された。その後の調査結果において、当該工事補強土壁面の約640㎡の修補が必要である粗雑工事が判明した。
8. 発覚後の対応	受注者への修補請求により修復工事を実施した。
9. 再発防止への提言	盛土工を施工する際は、土質の状態を施工指揮者が常に観察し、変状が見られた時には速やかに作業を中断し、土質の再試験を実施する等、盛土材として適合する材料が供給できるよう行う。

壁面変位状況	修補完了

事例１７

1. 工種(粗雑概要)	PC橋工(横締めシースのずれ)
2. 発覚した時期	H18
3. 工事完成年次	H18
4. 処分内容	指名停止(3ヶ月)
5. 発覚に至った経緯	桁架設を請け負った業者よりT桁の横締めシースの設置位置が桁毎にずれていると監督官へ連絡があった(横締め用シース89本の内32本がずれている)。
6. 粗雑工事と見なされた内容	主桁の製作において、製作された主桁5本のうち、2本のPC桁床版の一部の横締めシースの配置に最大100mmのずれがある不適切な施工が確認された。
7. 粗雑工事発生となった背景	当該橋梁が斜橋であることから、横締めシースを橋軸に対し斜めに配置する際、横締めシースの配置間隔の管理を怠った。
8. 発覚後の対応	調査の結果、ポステンT桁5本の横締め用シース89箇所のうち32箇所が正規な位置からずれていることが判明した。そのため、5本のポステンT桁を新たに製作し直した。
9. 再発防止への提言	横締めシースが、コンクリート打設時に動かないよう確実に固定する。 桁製作時には、出来形管理基準及び品質管理基準が定められていない項目についても、適切に施工管理を行うことが必要である。

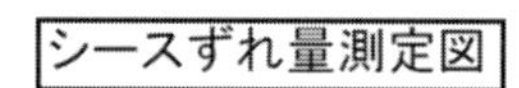

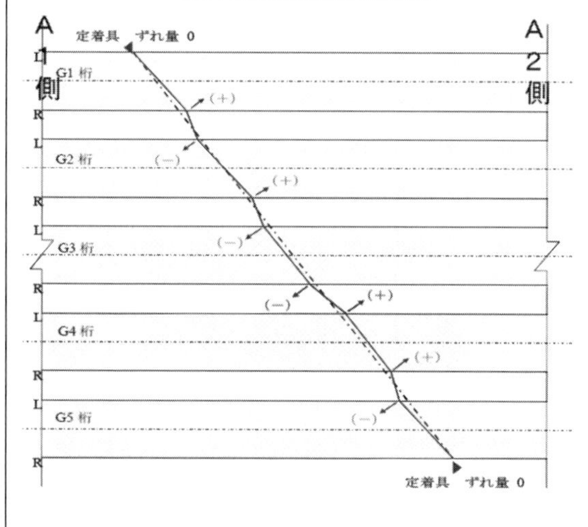

シース配置状況写真

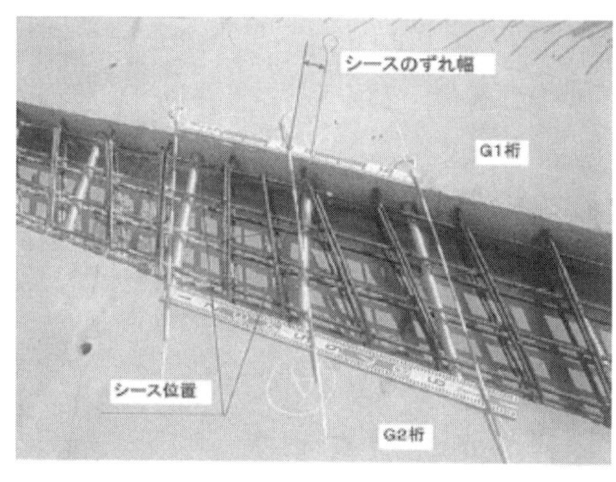

事例１８

1. 工種(粗雑概要)	橋梁保全工(補修の未施工)
2. 発覚した時期	H30
3. 工事完成年次	H26
4. 処分内容	指名停止(2ヶ月)
5. 発覚に至った経緯	点検業務による不具合発見
6. 粗雑工事と見なされた内容	橋梁補修工事において、補修の未施工(添接板未設置、未塗装等)が確認された。
7. 粗雑工事発生となった背景	橋梁点検業務の受注者が1橋梁の点検を行っていたところ、添接板の未設置箇所が確認されたとの報告があった。その後の調査の結果、当該橋梁補修工事の1橋梁で添接補強工の添接板未設置が1箇所、添接板未塗装が7箇所、別の1橋梁で目地設置工のシール材未施工が2箇所ある粗雑工事が判明した。
8. 発覚後の対応	かし修補請求により修復工事を実施した。
9. 再発防止への提言	複数の施工箇所がある場合は進捗に合わせた人員の配置計画に努め各人の作業負担が過多にならないようにする。 竣工検査前の現地確認は、全ての工種を行う。

部材未施行状況	修補完了

事例１９

1. 工種(粗雑概要)	舗装工(舗装工の出来形不足)
2. 発覚した時期	H18
3. 工事完成年次	H17
4. 処分内容	指名停止(1ヶ月)
5. 発覚に至った経緯	当該工事完了後、工事区間内の既設水路が破損していることが確認され、掘削したところ発覚した。
6. 粗雑工事と見なされた内容	舗装打換工266㎡のうち12㎡の未施工が確認された。
7. 粗雑工事発生となった背景	既設水路と一体となっていたコンクリート基礎が支障となり、正規の深さまで打換えを行わなかった。
8. 発覚後の対応	未施工部分については設計図書通りに打換えを行った。
9. 再発防止への提言	定期的または抜き打ち的に監督職員による現場の施工状況を確認する。

横断図

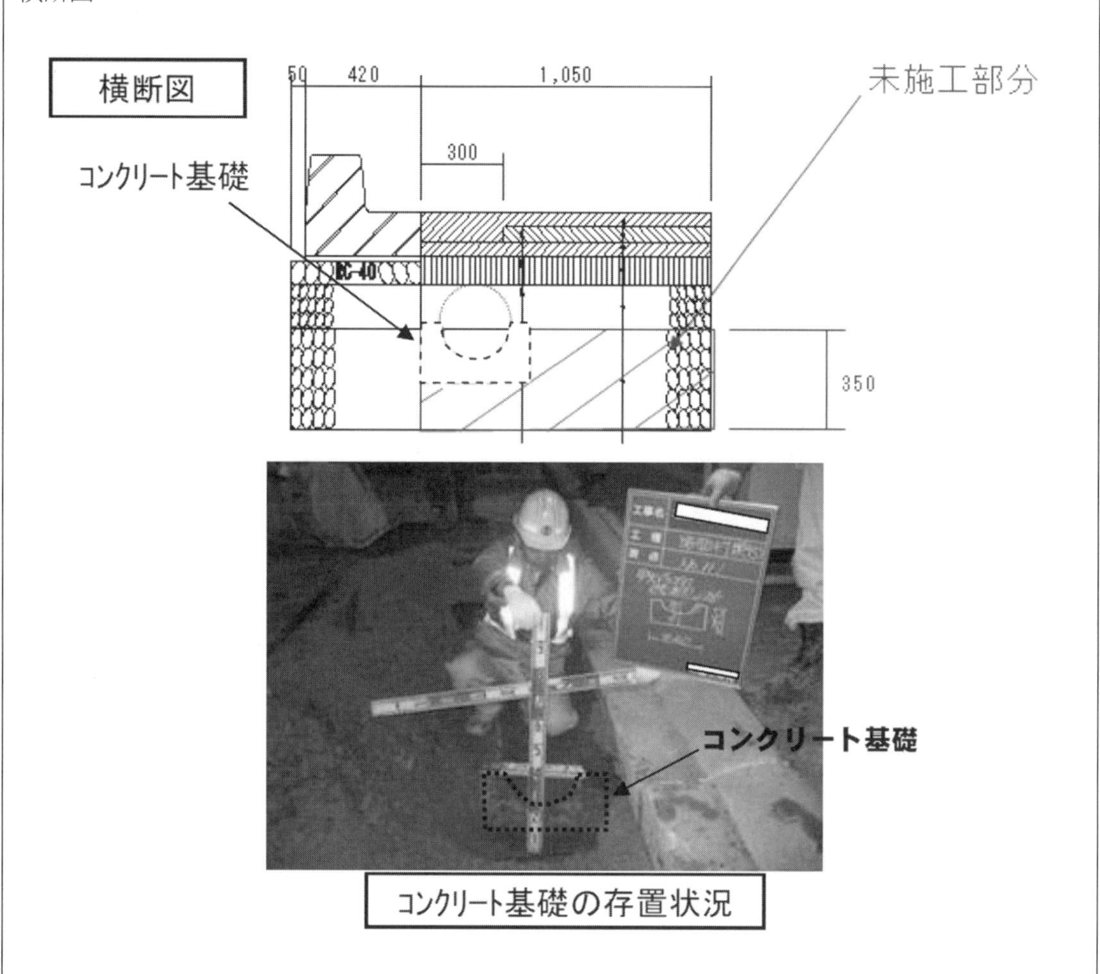

コンクリート基礎の存置状況

事例２０

1. 工種(粗雑概要)	舗装工(路盤、路床改良の出来形不足)
2. 発覚した時期	H20
3. 工事完成年次	H15
4. 処分内容	指名停止(1ヶ月)
5. 発覚に至った経緯	後工事において、施工済みであるべき箇所の路床改良、下層・上層路盤において、一部未施工が確認された。
6. 粗雑工事と見なされた内容	路床改良工3,630m2のうち65m2、下層路盤工3,340m2のうち65m2、上層路盤工2,930m2のうち65m2に出来形不足が確認された。
7. 粗雑工事発生となった背景	当該箇所の施工に関しては、各施工班で施工していたが、施工状況の引継ぎがうまくなされておらず、現場代理人等も当該箇所の施工状況を確認せずに施工済みと思い込み、結果として未施工のまま残ってしまった。
8. 発覚後の対応	出来形不足とされた箇所を正規の路床改良厚、舗装厚に打換えた。
9. 再発防止への提言	定期的または抜き打ち的に監督職員による現場の施工状況を確認する。

出来形不足状況写真

事案の発生状況図

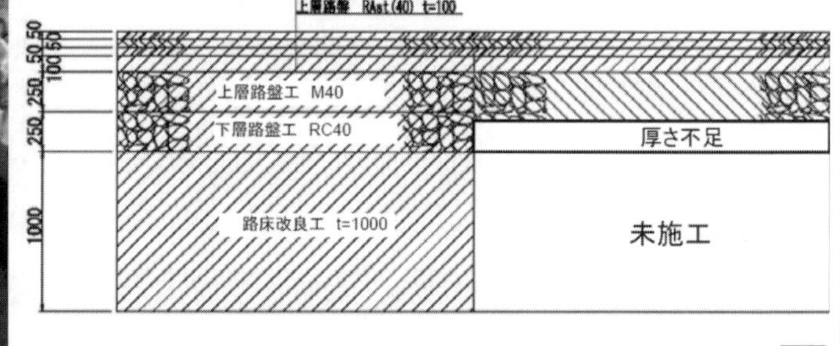

事例２１

1. 工種（粗雑概要）	舗装工（伸縮装置後打ちコンクリート補強鉄筋の切断）
2. 発覚した時期	H18
3. 工事完成年次	H17
4. 処分内容	指名停止（1ヶ月）
5. 発覚に至った経緯	新設バイパスにおいて、伸縮装置後打ちコンクリートにクラックが入ったため、当該部分を取り壊し、鉄筋切断が発覚した。
6. 粗雑工事と見なされた内容	伸縮装置後打ちコンクリート補強鉄筋の切断を謝って行っていたことが確認された。
7. 粗雑工事発生となった背景	橋面舗装舗設後に後打ちコンクリート部分を撤去し後打ちコンクリートを打設することとなっていたが、伸縮装置の前後において後打ちコンクリート幅が異なっており、前後方向の切断位置を誤認した。
8. 発覚後の対応	他の伸縮装置での非破壊試験を実施し鉄筋及びコンクリート強度の確認を行った。 かし修補として、クラック発生箇所の後打ちコンクリート撤去、鉄筋の配置、後打ちコンリート打設を実施した。
9. 再発防止への提言	後打ちコンクリート幅を統一（PC含む）する。

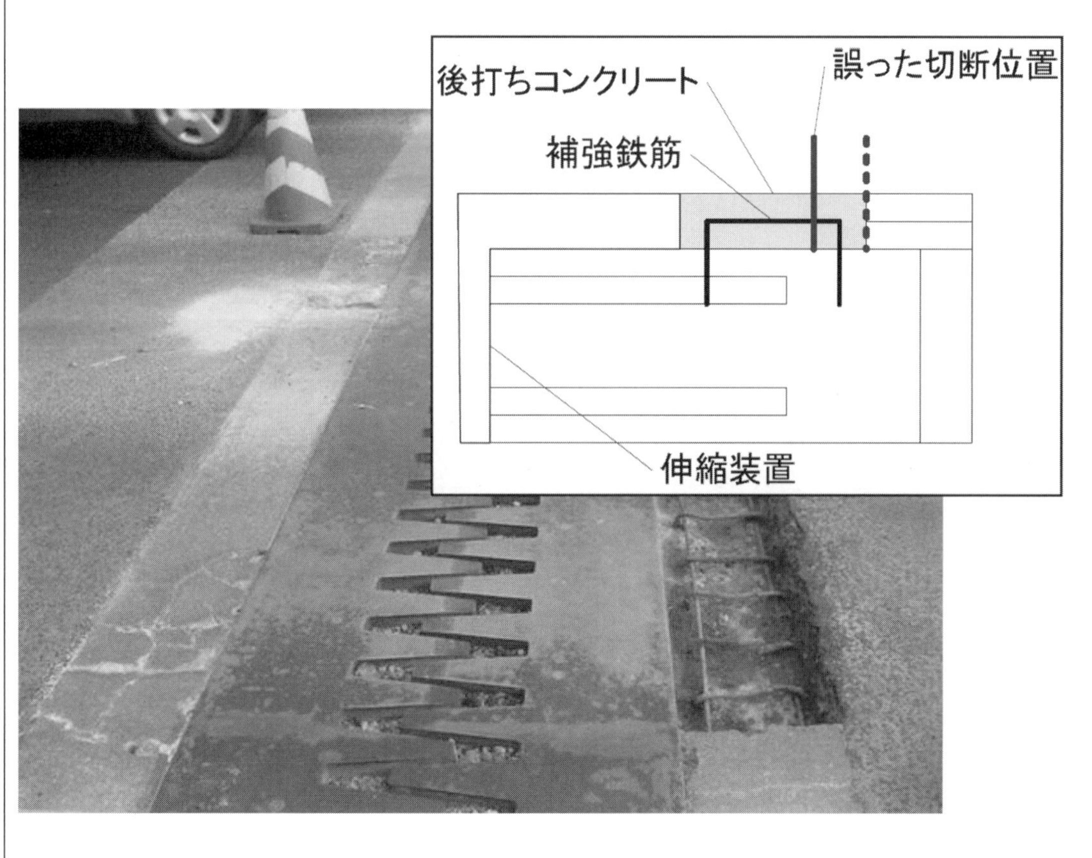

事例２２

1. 工種(粗雑概要)	舗装工(車道部舗装にクラックが発生)
2. 発覚した時期	H20
3. 工事完成年次	H19
4. 処分内容	文書注意
5. 発覚に至った経緯	交差点取付部の車道舗装を、再生材を使用し路盤、基層(5cm)、表層(5cm)を施工し、完成検査終了後、表層にヘアクラック発生していることが確認され、その後、範囲と割れ目が大きくなった(最大で延長3m、幅15cm)。
6. 粗雑工事と見なされた内容	アスファルト乳剤の散布不良に起因するクラックの発生が確認された。
7. 粗雑工事発生となった背景	調査の結果、ハッキリとした原因は分からないが、以下の要因が重なアスファルト乳剤の付着低下を引き起こし、舗装面のクラックの発生を誘発したと考えられる。 表層前日の大雨により、表層面に湿気が残ったまま施工した為、乳剤の粘着力が低下した可能性がある。 乳剤が均一に散布しておらず、散布量がまばらになった為、乳剤の粘着力の低下した可能性がある。
8. 発覚後の対応	発覚時点では、部分的な破損ではあるが、今後広がる可能性があった為、表層舗装を全面やり換えた。
9. 再発防止への提言	アスファルト乳剤の付着低下による舗装面のクラック発生が考えられる為、補修施工は下記の事項に注意し、補修施工を行う。 気象情報(気象台から発表される天気予報、その他気象情報)を収集し施工日を決定する。

クラック発生状況写真

事例２３

1. 工種(粗雑概要)	砂防・地すべり等工(アンカー長の不足)
2. 発覚した時期	H18
3. 工事完成年次	H17
4. 処分内容	指名停止５ヶ月
5. 発覚に至った経緯	ラテラルアンカー1本が引き抜けているのが確認され、補修に先立ちアンカー全体を引き抜いたところ、アンカー長が1.4m不足(設計8.5m→施工7.1m)していることが判明した。
6. 粗雑工事と見なされた内容	施工したすべてのアンカー42本の出来形の確認ができない。さらに、アンカーの検尺や試験の写真で不足するものを補うため、同一箇所で写真のまとめ撮りを行ったことが確認された。
7. 粗雑工事発生となった背景	監理技術者の知識不足と施工管理体制の不備により、作業員が独自の判断でアンカーを切断した。 施工管理写真の改ざん・監督職員への虚偽の報告をした アンカーのロッド検尺の施工管理写真について、虚偽して提出した。 耐荷試験について、メーター読みを改ざんして行っていた。
8. 発覚後の対応	すべてのアンカー(42本)について再施工を行った。
9. 再発防止への提言	受注者の施工管理体制を充実させ、さらに、社内チェックの徹底・体制の確立を図る。 重要な工種で不可視部分となるものについて、場合によっては、ビデオテープの提出などを義務付ける。

写真②
軌道側　既設落石防護柵損傷

落石の痕跡

事例２４

1. 工種（粗雑概要）	電線共同溝工（電線共同溝特殊部の位置相違）
2. 発覚した時期	H18
3. 工事完成年次	H18
4. 処分内容	指名停止（3ヶ月）
5. 発覚に至った経緯	本工事で設置した電線共同溝特殊部上に電力会社が地上機器を設置するため現地確認を行った際に発覚した。
6. 粗雑工事と見なされた内容	電線共同溝特殊部の位置が80箇所のうち6箇所が設計図書との相違が確認された。さらに、出来形管理の一部不備や完成図書も現地と相違していたことが判明した。
7. 粗雑工事発生となった背景	支障物件等があるため、所定の位置に設置出来ない特殊部を、監督職員と協議を行わず独断で位置を変更していた。
8. 発覚後の対応	位置が相違した特殊部は全て設計図書通りの位置に修補した。
9. 再発防止への提言	定期的または抜き打ち的に監督職員による現場の施工状況を確認する。

特殊部位置が相違している状況

地上機器（参考）

事例２５

1. 工種（粗雑概要）	電線共同溝工（管径の断面不足）
2. 発覚した時期	H19
3. 工事完成年次	H18
4. 処分内容	指名停止３ヶ月
5. 発覚に至った経緯	H19.7.16に発生した中越沖地震の被災調査を実施したところ、当該箇所において管路接続に不具合があることが発覚した。
6. 粗雑工事と見なされた内容	管径の異なった管を接続したことにより断面不足を生じさせたことが確認された。また、施工途中で発見した支障物件を回避する際、自己判断で浅い位置に敷設し強度不足を生じさせたことが確認された。
7. 粗雑工事発生となった背景	受注者は誤った管径の材料を購入したことに気づいた後も、監督職員と協議することなく誤った管径の材料を敷設することを下請負業者に指示し、さらに適正な試験方法で管路導通試験を行っていないにもかかわらず、その結果が良好なものとして虚偽の報告を行った。
8. 発覚後の対応	地中埋設管路接続部の交換と管路断面不足の修補を行った。 浅埋箇所の修補を行った。
9. 再発防止への提言	照査設計を徹底し、図面不一致点について監督職員と書面にて協議する。 社内検査の充実を図る。

埋設管路の様子

事例２６

1. 工種(粗雑概要)	情報ボックス工(情報管路の位置相違)
2. 発覚した時期	H17
3. 工事完成年次	H11
4. 処分内容	指名停止(1ヶ月)
5. 発覚に至った経緯	当該工事完了後、後工事の施工業者が当該箇所で試掘調査を行ったところ、一部の情報管路について計画と異なった位置、仕様で埋設されていたことが判明した。
6. 粗雑工事と見なされた内容	情報管路7,650mのうち、377mについて設計図書と異なった位置、仕様で埋設されていたことが判明した。
7. 粗雑工事発生となった背景	発注者との施工協議と異なった位置、仕様で情報管路を車道部の標準埋設深さを満たさず埋設した。
8. 発覚後の対応	防護鉄板及び防護モルタルを打設し、情報管路の保護を行った。
9. 再発防止への提言	定期的または抜き打ち的に監督職員による現場の施工状況を確認する。

事案の発生状況図

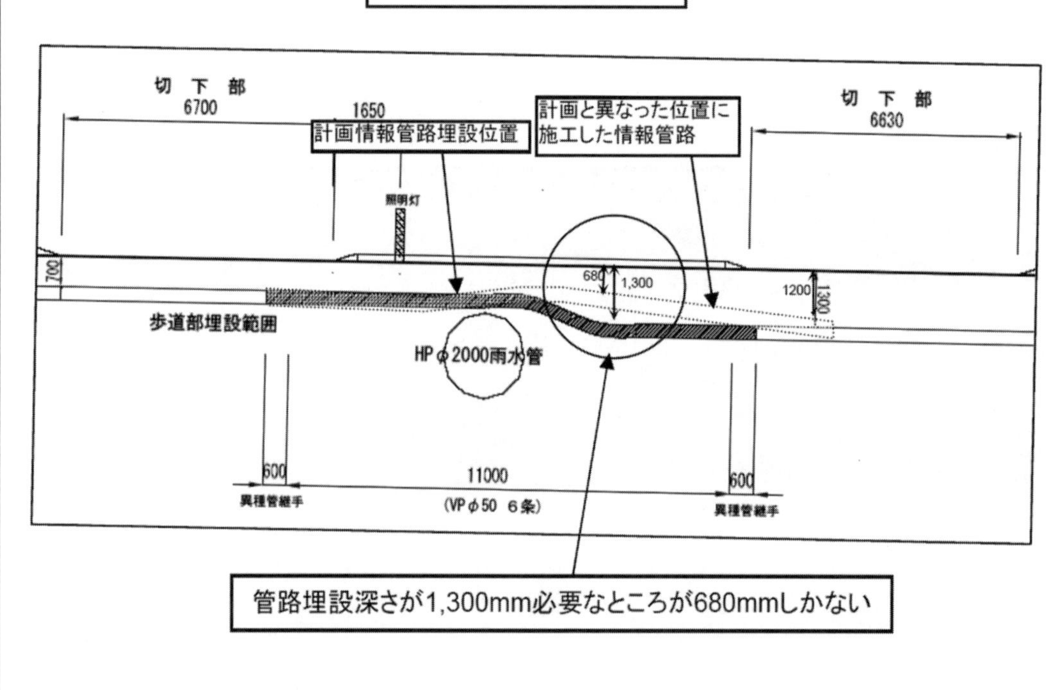

事例２７

1. 工種(粗雑概要)	電源設備工(水力発電設備の点検補修後、漏水が発生)
2. 発覚した時期	H20
3. 工事完成年次	H20
4. 処分内容	文書注意
5. 発覚に至った経緯	完成検査合格後、約1ヶ月後にダム管理支援業務の週点検で軸風水部から漏水を確認したため水力発電を停止した。
6. 粗雑工事と見なされた内容	施工時において軸封水部(コーンとエンドシール)に段差があったことにより水力発電施設から漏水が発生し発電停止となった。
7. 粗雑工事発生となった背景	当該箇所は狭あい部で組立作業は作業員の触覚で行うが、軸封水部(コーンとエンドシール)に微小段差があり、それを確認できないまま組立てたことでエンドシールが削られ漏水に至った。
8. 発覚後の対応	当該箇所は狭あい部で組立作業は作業員の触覚で行うが、軸封水部(コーンとエンドシール)に微小段差があり、それを確認できないまま組立てたことでエンドシールが削られ漏水に至った。
9. 再発防止への提言	今回の漏水原因である軸封水部(コーンとエンドシール)の組立て時の段差について従来のやり方(目視、触指)では検知出来ないコーンの合わせ目の微小な段差を残さないよう今後は組立て精度を上げるためオイルストーン(油砥石)で仕上げを行う。また、各作業段階での確認作業を複数の関係者で行う。

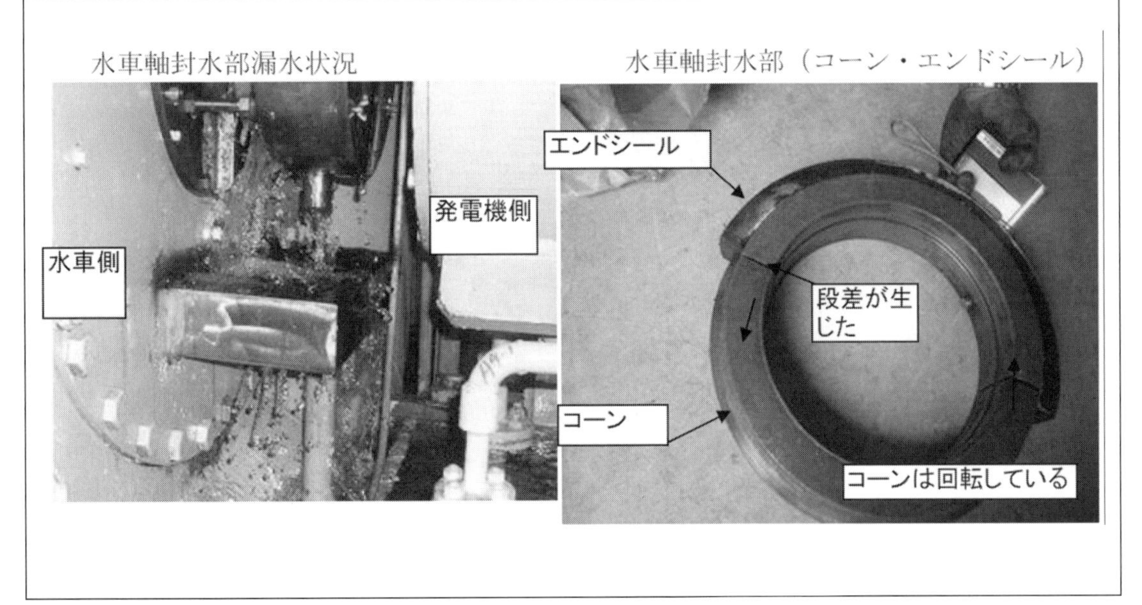

事例２８

1. 工種（粗雑概要）	ダム付属設備工（アンカーボルトの不具合）
2. 発覚した時期	H30
3. 工事完成年次	H24
4. 処分内容	指名停止（6 週間）
5. 発覚に至った経緯	設備点検による不具合が発覚した。
6. 粗雑工事と見なされた内容	ダム設備点検時に、開口部の手摺り施工部におけるアンカーボルトの施工不良（付着不良、切断溶接等）が確認された。
7. 粗雑工事発生となった背景	ダム放流設備点検業者が手摺りアンカーボルトの不具合を発見、その調査によって開口部の手摺り施工において、工事①では 56 本中、切断溶接 2 本・付着不良 1 本、工事②では 112 本中、切断溶接 5 本・切断 2 本・付着不良 5 本の施工不良の事実が判明した。
8. 発覚後の対応	受注者への修補請求により施工不良箇所の補修がなされた。
9. 再発防止への提言	社員への教育・指導を徹底する。 「報・連・相」を徹底する。 打設前の削孔内清掃を徹底する。

アンカーボルトの施工不良状況（付着不良）	アンカーボルトの施工不良状況（切断溶接）

第６編

その他

6－1　労災事故と設計・監督

1. 発注者と施工者の責任関係

(1) 契約書類上の規定

発注者と受注者との間の請負契約にあたっては、契約当事者の「権利義務を規定する約款」と「技術的な仕様等を規定する設計図書」の2種類の契約書類が存在する。

①　　約款の総則第1条3項は、

『仮設、施工方法その他工事目的物を完成するために必要な一切の手段(以下「施工方法等」という。)については、この約款及び設計図書に特別の定めがある場合を除き、受注者がその責任において定める。』としており、受注者の自主施工の原則を明文したものであり、発注者は工事の特殊性、安全確保等のために必要がある場合には、設計図書において施工方法等を指定することができるが、設計図書に施工方法等の指定をしていない場合は、受注者は自己の責任において施工方法等を選択するものとし、発注者が施工方法等の選択に注文をつけることは許されない。

②　　上記の原則とは別に、

仮設・施工方法等を指定し、設計図書に特別に定める場合を『指定仮設』としている。

(2) 民法上の規定

請負契約においては、発注者は、工程の管理、品質の管理のための試験、検査について必要な指示をすることができるにすぎず、施工方法等の選択については、関与しないことが原則であり、この場合、発注者には原則として責任はない。しかし、民法716条のただし書き条項「・・・・・ただし、注文又は指図についてその注文者に過失があったときは、この限りでない。」と定めており、発注者が注文、指示について過失があった場合は損害賠償責任が問われるとしている。

(3) 労働安全衛生法の規定

労働者の安全衛生面を守る義務があるのは原則として事業者(事業を行う者で、労働者を使用するものをいう)であり、重層の請負的構造からすれば元請け、下請け、孫請けのそれぞれの事業者が責任を負うものである。

2. 監督に関する事項

(1) 監督に関する規定

・会計法29条の11「契約履行の確保」

・予決令101条の3「監督の方法」

・契約事務取扱規則18条「監督職員の一般的職務」

・契約約款9条「監督員」

これらの諸規定に基づく監督の方法を定めたものが、「監督技術基準」である。

監督技術基準では、以下の内容が定められている。

1)契約の履行の確保

① 施工計画書の受理

② 契約書、設計図書に基づく「指示」「承諾」「協議」「受理」等

2)施工状況の確認等

① 指定材料の品質確認 品質の確認

② 段階確認 品質、出来形の確認が主体

③ 施工状況把握 施工状況の適否の把握

(ex. トンネルでは「施工状況の適否」)

3)臨機の措置

① 災害防止等の臨機の措置

(2) 監督方法について

監督にあたり、「施工プロセス」のチェックリスト(案)を活用しているが、以下の点について特に留意するものとする。

① 施工計画書の受理

施工計画書の内容の審査、同計画書と施工方法が合致しているかの把握において、次に留意する。

→ ・必要事項や内容についてチェックリストにより、監督員がチェックする

・品質証明制度の工事では、品質証明員のチェックと証明を義務付ける。

→ ・不足事項、間違いは「補足」させる。

この際、方法は示さないが、不足事項、間違いの内容を示すものとする

ex. 土止め矢板の応力計算は間違いがないか再度チェックすること。

ex. 転落防止措置は関係規則が遵守されているか再度チェックすること。

→ ・計画と実行の違いがあれば指示する。

この際、方法は示さないが内容を示し、文書で行う。

ex. 手摺りがなくて転落の危険があるが、関係規定を遵守しているか。

(文書指示、転落の危険性に対して再度チェックすること)

② 契約書、設計図書に基づく指示等

共通仕様書の規定どおり施工されているかの確認、指示等に当たっては以下に留意する。

→ ・規定された指示等は、適切に文書で行うことを徹底する。

→ ・日頃から、設計図書の内容、技術的内容の把握に努めておく。

→ ・共通仕様書等の内容で解釈上の疑問や実施上の疑問があるような場合は事前に検討しておく。

③ 災害防止等の臨機の措置

臨機の措置をとる必要がある場合で、受注者が気付かないとき又は判断に誤りがあるときには臨機の措置を求める。

具体の方法の指示ではなく、必要な措置の内容を指示する。

ex.　降雨が激しいので崩壊の危険があるのではないか。状況をみて判断すること。

(3) 安全パトロール等

①　安全管理のヒアリング

「施工計画書の受理」と同じく行う。

②　安全パトロール時の指導

→ 監督行為とは別で、施工者、発注者、労働基準局、警察等の協議会団体としての行為であり、積極的に指摘・指導する。

3. 指定仮設について

①　指定仮設は必要なもののみを指定する。

入札時の見積り書作成のために添付している「参考図書」は「設計図書」とは明確に区別する。

→ 「参考図書」は現説の終了後、別途に積算上の参考として説明する。

指定仮設とする項目
イ. 河川堤防と同等の機能を有する仮締切の場合 ロ. 仮設構造物を一般交通に供する場合 ハ. 特許工法又は特殊工法を採用する場合 ニ. 関係官公署等との協議等により制約条件のある場合 ホ. その他、第三者に特に配慮する必要がある場合 ヘ. 他工事等に使用するため、工事完成後も存置される必要のある仮設

②　指定仮設は十分な審査を行う。

局河川部、道路部、各事務所の設計審査会、施工条件検討会の審査を徹底する。

→ 業務委託の途上で、コンサルタントも同席させて実施する。

→ 特殊技術等の場合は、有識者等の活用を検討する。

→ 審査の対象については、「事務所長が必要と認める工事」の適用を適切に実施する。

③　監督検査についても留意する。

→ 指定仮設に該当する項目は、重点監督として実施し、検査においても重点的に行う。

6－2 参考通達・関連図書

参考となる通達・図書関係

1．監理技術者制度の運用等について

令和4年12月19日、港湾局管理課長、建設課長

2．主任技術者又は監理技術者の専任を要しない期間の明確化について

平成21年6月30日、国土交通省総合政策局建設業課長

3．工事現場における適正な施工体制の確保等について

令和4年12月13日、大臣官房会計課長、大臣官房技術調査課長、大臣官房官庁営繕部計画課長、港湾局総務課長、港湾局技術企画課長、北海道局予算課長

4．工事現場等における施工体制の点検要領の運用について

平成13年3月30日、大臣官房地方課長、大臣官房技術調査課長、大臣官房官庁営繕部営繕計画課長

5．施工体制の適正化及び一括下請負の禁止の徹底等について

平成13年3月30日、国土交通省総合政策局長

6．施工体制台帳の作成等について

令和4年12月28日、国府建第466～467号、国土交通省不動産・建設経済局建設業課長）

7．施工体制台帳に係る書類の提出について

令和3年3月5日、大臣官房技術調査課長、大臣官房官庁営繕部整備課長

8．過積載防止対策としての現場総点検について

平成12年3月1日、建設大臣官房建設コスト管理企画室長

9．現場代理人の常駐義務緩和に関する適切な運用について

平成23年11月14日、国土交通省土地・建設産業局建設業課長

１０．施工体系図及び標識の掲示におけるデジタルサイネージ等の活用について

令和4年1月27日、国土交通省不動産・建設経済局建設業課長

１１．建設現場の遠隔臨場の実施について

令和4年3月29日、国土交通省大臣官房　技術調査課長

1．監理技術者制度の運用等について

国地契第１６号
国官技第７５号
国営計第４６号
平成１６年７月１５日

監理技術者制度の運用等について

平成16年9月16日国港管第502号、国港建第96号
最終改正　令和4年12月19日国港総第512号、国港技第80号
港湾局管理課長、建設課長から各地方整備局総務部総括調整官、港湾空港部長あて

標記については、別添のとおり平成１６年３月１日付で「監理技術者制度運用マニュアルについて」が国土交通省総合政策局建設業課長から発出されているところであるが、同マニュアル（以下単に「マニュアル」という。）を踏まえ、公共工事の発注に当たっての監理技術者制度の運用等については、特に下記事項に留意されたく通知する。

記

１　監理技術者等の途中交代について（マニュアル二－二(4)）

監理技術者、特例監理技術者、監理技術者補佐又は主任技術者（以下「監理技術者等」という。）の工期途中での交代が認められる場合には、監理技術者等の死亡、傷病、出産、育児、介護、退職等の場合のほか、次の①から③に掲げる場合があること。なお、次の①から③に掲げるいずれの場合にあっても、工事の継続性、品質確保等に支障を生じさせない観点から、交代前後における監理技術者等の技術力が同等以上に確保されるようにするほか、交代の時期は工程上一定の区切りと認められる時点とすること、工事の規模、難易度等に応じ一定期間重複して工事現場に設置すること等の措置が講じられるようにすること。

また、工事請負代金額が４，０００万円（建築一式工事にあっては８，０００万円）以上の工事において工期途中での監理技術者等の交代を認めたときは、工事実績情報サービス（ＣＯＲＩＮＳ）に変更登録をするよう徹底すること。

① 受注者の責によらない理由により、工事中止又は工事内容の大幅な変更が発生し、工期を延長した場合
② 橋梁、ポンプ、ゲート、エレベーター、発電機・配電盤等の電機品等、沈埋函、鋼製ケーソン等の工場製作を含む工事であって、工場から現地へ工事の現場が移行する時点
③ 一つの契約工期が多年に及ぶ場合

なお、同一の者による監理技術者から特例監理技術者への変更あるいは特例監理技術者から監理技術者への変更は、途中交代には該当しないことに留意すること。

2 監理技術者の雇用関係の確認等について（マニュアル二－四）

監理技術者等は、所属建設業者と「直接的かつ恒常的な雇用関係」にあることが必要とされ、このうち発注者から直接請け負う建設業者の専任の監理技術者等に係る「恒常的な雇用関係」については、所属建設業者から入札の申込みのあった日以前に３ヶ月以上の雇用関係にあることが必要であり、また、その際、監理技術者資格者証の交付年月日若しくは変更履歴又は健康保険被保険者証の交付年月日等により確認できることが必要であるとされていること（マニュアル二－四(3)に定める「緊急の必要その他やむを得ない事情がある場合」については、この限りではない。）。このため、入札等に当たっての監理技術者の雇用関係の確認等については、以下のとおり取り扱うこと。

ただし、合併、営業譲渡又は会社分割等の組織変更に伴う所属建設業者の変更があった場合には、変更後に所属する建設業者との間にも恒常的な雇用関係にあるものとみなす。また、雇用期間が限定されている継続雇用制度(再雇用制度、勤務延長制度)の適用を受けている者については、その雇用期間にかかわらず、恒常的な雇用関係にあるものとみなすこと。

（1）入札参加希望者等に対する確認手続

監理技術者又は特例監理技術者については、一般競争入札に係る競争参加資格確認資料の提出及び工事希望型競争入札に係る技術資料の提出に際しては、入札参加希望者等（一般競争入札の参加希望者及び工事希望型競争入札における技術資料を提出した者をいう。以下同じ。）に対し、配置予定の監理技術者又は特例監理技術者の監理技術者資格者証の写しを添付するよう求めること。この場合において、当該写しに記載されている所属建設業者の商号又は名称と入札参加希望者の商号又は名称が異なるとき等上記「直接的かつ恒常的な雇用関係」に疑義があると認められる場合には、当該入札参加希望者等に対し、健康保険被保険者証の写し等上記「直接的かつ恒常的な雇用関係」を明示することができる資料を求めること。工事希望型競争入札以外の指名競争入札にあっては、落札者の決定後、配置予定の監理技術者又は特例監理技術者の監理技術者資格者証の写しを添付するよう求めること。な

お、主任技術者については、健康保険被保険者証の写し等を添付するよう求めること。監理技術者補佐については、落札者の決定後に健康保険被保険者証の写し等を添付するよう求めること。

（２）在籍出向の要件に係る確認手続

入札参加希望者等が在籍出向者を監理技術者等として設置しようとする場合、次のとおり監理技術者等の在籍出向の要件を確認すること。なお、工事希望型競争入札以外の指名競争入札にあっては、落札者の決定後に確認すること。

① 「建設業者の営業譲渡又は会社分割に係る主任技術者又は監理技術者の直接的かつ恒常的な雇用関係の確認の事務取扱いについて」（平成１３年５月３０日付け国総建第１５５号)について

イ　監理技術者資格者証等により、出向社員と出向元企業との間に「直接的かつ恒常的な雇用関係」があることを確認する。

ロ　出出向元企業の建設業の廃業届書の写し、当該建設業の許可の取消通知書の写し又は当該許可の取消しを行った旨の掲載された官報若しくは公報を提出するよう求め、出向元企業が当該建設工事の種類に係る建設業の許可を廃止したことを確認する。

ハ　営業譲渡契約書等の出向元企業と出向先企業の営業譲渡又は会社分割についての関係を示す書類により、営業譲渡の契約上定められている譲渡の日又は出向先企業が会社分割の登記をした日から３年以内であることを確認する。

② 「官公需適格組合における組合員からの在籍出向者たる監理技術者又は主任技術者の直接的かつ恒常的な雇用関係の取扱い等について(試行)」（平成２８年３月２４日付け国土建第４８３号)記２.について

１）開札前における確認手続

イ　監理技術者資格者証等により、在籍出向者と出向元の組合員との間に「直接的かつ恒常的な雇用関係」があることを確認する。

ロ　別途国土交通省不動産・建設経済局建設業課長が交付する在籍出向可能範囲通知書(以下「通知書」という。)の写しを提出するよう求め、出向元の組合員が、通知書に記載された「(２)①集団を構成する組合員」に該当することを確認する。

２）契約締結後における確認手続

監督職員(契約事務取扱規則(昭和３７年大蔵省令第５２号)第１８条に定める者をいう。以下同じ。)は、受注者から提出された施工体制台帳により、在籍出向者を監理技術者等として設置する建設工事の下請負人に、通知書に記載された「(２)組合員」(「②集団に含まれない組合員」を含む。)が含まれていないことを確認する。なお、下請負人に「(２)組合員」が含まれていることが確認された場合、その事実を契約担当課に報告する。

③「親会社及びその連結子会社の間の出向社員に係る主任技術者又は監理技術者の直接的かつ恒常的な雇用関係の取扱い等について(改正)」(平成２８年5月３１日付け国土建第１１９号)２.について

１）開札前における確認手続

イ　健康保険被保険者証等により、出向社員と出向元の会社との間に「直接的かつ恒常的な雇用関係」があることを確認する。

ロ　出向契約書や出向協定書等により、出向先の会社との間に雇用関係があることを確認する。

ハ　別途国土交通省不動産・建設経済局建設業課長が交付する企業集団確認書(以下「確認書」という。)の写しを提出するよう求め、出向先の会社と出向元の会社との関係が、確認書に記載された「(１)①親会社」と「(１)②連結子会社」に該当することを確認する。

２）契約締結後における確認手続

監督職員は、受注者から提出された施工体制台帳により、出向社員を監理技術者等として設置する建設工事の下請負人に、確認書に記載された「（１）企業集団を構成する会社」又は「（２）非連結子会社」が含まれていないことを確認する。なお、下請負人に「（１）企業集団を構成する会社」又は「（２）非連結子会社」が含まれていることが確認された場合、その事実を契約担当課に報告する。

④「持株会社の子会社が置く主任技術者又は監理技術者の直接的かつ恒常的な雇用関係の取扱いについて(改正)」(平成２８年１２月１９日付け国土建第３５８号)

１）開札前における確認手続

イ　健康保険被保険者証等により、出向社員と出向元の会社との間に「直接的かつ恒常的な雇用関係」があることを確認する。

ロ　「持株会社の子会社に係る経営事項審査の取扱いについて」(平成２０年３月１０日付け国総建第３１９号)別紙２の「企業集団及び企業集団に属する建設業者についての数値認定書」(以下「数値認定書」という。)の写しを提出するよう求め、出向元である親会社と出向先であるその子会社が、数値認定書に記載された「１.企業集団に属する会社」に該当することを確認する。

２）契約締結後における確認手続

監督職員は、受注者から提出された施工体制台帳により、出向者を監理技術者等として設置する建設工事の下請負人に、数値認定書に記載された「１.企業集団に属する会社」が含まれていないことを確認する。なお、下請負人に「１.企業集団に属する会社」が含まれていることが確認された場合、その事実を契約担当課に報告する。

（３）入札参加の取扱い

（１）の確認手続きの結果、当該入札参加希望者等と配置予定の監理技術者との間に、上記「直接的かつ恒常的な雇用関係」が確認できない場合又は（２）①、②１）、③１）若しくは④１）の確認手続の結果、在籍出向の要件に適合することが確認できない場合は、当該入札参加希望者等を入札に参加させないこと。

また、（２）②２）、③２）又は④２）の確認手続の結果、在籍出向の要件に適合しない者を監理技術者等として設置していることが確認された場合は、工事請負標準契約書（「工事請負標準契約書の制定について」（平成８年１月２４日付け港管第１１１号）の別冊をいう。）第４７条第４号に基づき、契約を解除すること。

なお、建設業法（昭和２４年法律第１００号）及びマニュアルの解釈上不明な点があれば、港湾空港整備・補償課又は港湾整備・補償課でとりまとめのうえ、建政部計画・建設産業課（東北地方整備局、中部地方整備局及び九州地方整備局にあっては、建設産業課、関東地方整備局及び近畿地方整備局にあっては建設産業第一課）に照会すること。

（４）入札参加希望者等に対する周知措置

一般競争入札にあっては入札説明書、工事希望型競争入札にあっては送付資料、工事希望型競争入札以外の指名競争入札にあっては指名通知書の監理技術者等関係部分において、次に掲げる事項を記載すること。

① 設置予定の監理技術者等にあっては直接的かつ恒常的な雇用関係が必要であるので、その旨を明示することができる資料を求めることがあり、その明示がなされない場合は入札に参加できない。

② 次に掲げる通達において定められた在籍出向の要件に適合しない場合又は当該要件に適合することを証する資料の提出がなされない場合は入札に参加できない。また、当該要件に適合しない者を監理技術者等として設置していることが確認された場合は契約を解除する。

１）「建設業者の営業譲渡又は会社分割に係る主任技術者又は監理技術者の直接的かつ恒常的な雇用関係の確認の事務取扱いについて」

２）「官公需適格組合における組合員からの在籍出向者たる監理技術者又は主任技術者の直接的かつ恒常的な雇用関係の取扱い等について（試行）」

３）「親会社及びその連結子会社の間の出向社員に係る主任技術者又は監理技術者の直接的かつ恒常的な雇用関係の取扱い等について（改正）」

４）「持株会社の子会社が置く主任技術者又は監理技術者の直接的かつ恒常的な雇用関係の取扱いについて（改正）」

（５）その他

契約締結後において、契約書の規定に従い監理技術者等の通知があった場合において、監理技術者証に記載されている所属建設業者の商号又は名称と入札予定者の商号又は名称が異なるなど（1）の「直接的かつ恒常的な雇用関係」及び（2）の在籍出向の要件に疑義があると認められるときは、公共工事の入札及び契約の適正化の促進に関する法律（平成１２年法律第１２７号）第１１条に規定する通知の必要があるので、「公共工事の入札及び契約の適正化の促進に関する法律第１１条に関する手続について」（平成１３年８月２日国港管第４７５号、国港建第１０６号）に基づき適切に処理すること。

3　監理技術者等の工事現場における専任について（マニュアル三）

監理技術者又は主任技術者は、国が注文者である施設又は工作物に関する建設工事で、工事請負代金額が４０００万円（建築一式工事にあっては８０００万円）以上のものについて、その契約工期において、工事現場ごとに専任の者でなければならないこと。特例監理技術者を設置する場合は、当該工事現場に設置する監理技術者補佐は専任の者でなければならないほか、特例監理技術者が兼務できる工事現場の範囲については、「建設業法第２６条第３項ただし書の規定の適用を受ける監理技術者及び監理技術者補佐の直轄工事における取扱いについて」（令和２年１０月６日付け国港技第５４号）によること。また、特定専門工事において、元請又は上位下請の主任技術者は、直接契約を締結した下請（建設業者である下請に限る。）に主任技術者を置かない場合、適正な施工を確保する観点から、工事現場ごとに専任の者でなければならないこと。

この「専任」とは、他の工事現場に係る職務を兼務せず、常時継続的に当該工事現場に係る職務にのみ従事していることを意味するものであり、必ずしも当該工事現場への常駐（現場施工の稼働中、特別の理由がある場合を除き、常時継続的に当該工事現場に滞在していること）を必要とするものではないことに留意すること。したがって、専任の監理技術者、監理技術者補佐又は主任技術者は、技術研鑽のための研修、講習、試験等への参加、休暇の取得、その他の合理的な理由で短期間工事現場を離れることについては、適切な施工ができる体制を確保する（例えば、必要な資格を有する代理の技術者を配置する、工事の品質確保等に支障の無い範囲において、連絡を取りうる体制及び必要に応じて現場に戻りうる体制を確保する等）とともに、その体制について、元請の監理技術者、監理技術者補佐又は主任技術者の場合は発注者、下請の主任技術者の場合は元請又は上位の下請の了解を得ていることを前提として、差し支えない。なお、適切な施工ができる体制の確保にあたっては、監理技術者又は主任技術者が、建設工事の施工の技術上の管理をつかさどる者であることに変わりはないことに留意し、監理技術者、特例監理技術者又は主任技術者が担う役割に支障が生じないようにすること。また、例えば必要な資格を有する代理の技術者の配置等により適切な施工ができると判断される場合には、現場に戻りうる体制を確保することは必ずしも要しないなど、監理技術者等の研修等への参加や休暇の取得等を不用意に妨げることのないように配慮すること。さらには、建設業におけるワーク・ライフ・バランスの推進や女性の一層の活躍の観点からも、監理技術者等が育児等のために短時間現場を離れることが可能となるような体制を確保する等、監理技術者等の適正な配置等に留意すること。

ただし、次に掲げる場合につき、それぞれ当該各項に定めるところにより取り扱うこと。

（1）「地方整備局（港湾空港関係に限る）が発注する工事における任意着手制度の実施について」（平成２７年3月２４日付け国港総５０３号、国港技１２０号）の制度を適用する工事である場合

余裕期間においては、監理技術者等を設置することを要しないこと。

（2）元の工事が次に掲げる期間にあって、他の工事が監理技術者、監理技術者補佐又は主任技術者の専任を要しない工事である場合

① 契約締結後、現場施工に着手するまで(現場事務所の設置、資機材の搬入、仮設工事等が開始されるまで)の期間

② 工事用地等の確保が未了、自然災害の発生、埋蔵文化財調査等により、工事を全面的に一時中止している期間

③ 橋梁、ポンプ、ゲート、エレベーター、発電機・配電盤、沈埋函、鋼製ケーソン等の工場製作を含む工事全般について、工場製作のみが行われている期間

④ 工事完成後、検査が終了し、事務手続き後、後片付け等のみが残っている期間

元の工事が①から④の期間にある場合は、当該工事現場での監理技術者、監理技術者補佐又は主任技術者の専任は要せず、監理技術者、監理技術者補佐又は主任技術者の専任を要しない他の工事に従事することができること。なお、いずれの期間についても、発注者と建設業者の間で設計図書、打合せ記録等の書面により明確となっていることが必要であること。

（3）元の工事と他の工事が次に掲げる工事に該当する場合

① 工場製作の過程を含む工事

工場製作の過程を含む工事の工場製作過程において、同一工場内で他の同種工事に係る製作と一元的な管理体制のもとで製作を行うことが可能である場合は、同一の監理技術者又は主任技術者がこれらの製作を一括して管理することができること。

② 発注者等が同一の工事

元請の監理技術者、監理技術者補佐又は主任技術者については、（2）②の期間に限って、発注者の承諾があれば、発注者が同一の他の工事(元の工事の専任を要しない期間内に当該工事が完了するものに限る。)の専任の監理技術者、監理技術者補佐又は主任技術者として従事することができること。その際、元の工事の専任を要しない期間における災害等の非常時の対応方法について、発注者の承諾を得る必要があること。

下請の主任技術者については、工事現場への専任を要しない期間(担当する下請

工事が実際に施工されていない期間)に限って、発注者、元請及び上位の下請の全ての承諾があれば、発注者、元請及び上位の下請の全てが同一の他の工事(元の工事の専任を要しない期間内に当該工事が完了するものに限る。)の専任の主任技術者として従事することができること。その際、元の工事の専任を要しない期間における災害等の非常時の対応方法について、発注者、元請及び上位の下請全ての承諾を得る必要があること。

③　密接な関連のある工事

密接な関連のある二以上の工事を同一の建設業者が同一の場所又は近接した場所において施工する場合においては、同一の専任の主任技術者がこれらの工事を管理することができること。これについては、当面の間、以下のとおり取り扱うこと。ただし、この規定は、専任の監理技術者及び監理技術者補佐については適用されないこと。

1）工事の対象となる工作物に一体性若しくは連続性が認められる工事又は施工にあたり相互に調整を要する工事で、かつ、工事現場の相互の間隔が１０ｋｍ程度の近接した場所において同一の建設業者が施工する場合には、同一の専任の主任技術者がこれらの工事を管理することができる。なお、施工にあたり相互に調整を要する工事について、資材の調達を一括で行う場合や工事の相当の部分を同一の下請で施工する場合等も含まれると判断して差し支えない。

2）１)の場合において、一の主任技術者が管理することができる工事の数は、専任が必要な工事を含む場合は、原則２件程度とする。

3）１)及び２)の適用に当たっては、個々の工事の難易度や工事現場相互の距離等の条件を踏まえて、各工事の適正な施工に遺漏なきよう発注者が適切に判断することが必要である。

④　工作物等に一体性が認められる工事

同一あるいは別々の発注者が、同一の建設業者と締結する契約工期の重複する複数の請負契約に係る工事であって、かつ、それぞれの工事の対象となる工作物等に一体性が認められるもの(当初の請負契約以外の請負契約が随意契約により締結される場合に限る。)については、これら複数の工事を一の工事とみなして、同一の監理技術者等が当該複数工事全体を管理することができること。この場合、これら複数工事に係る下請金額の合計を４５００万円(建築一式工事の場合は７０００万円)以上とするときは特定建設業の許可が必要であり、工事現場には監理技術者又は特例監理技術者を設置しなければならないこと。また、これら複数工事に係る請負代金の額の合計が４０００万円(建築一式工事の場合は８０００万円)以上となる場合、監理技術者、監理技術者補佐又は主任技術者はこれらの工事現場に専任の者でなければならないこと。

附 則（令和４年１２月１９日国港総第５１２号、国港技第８０号）
この通知による要領は、令和５年１月１日から適用する。

【参考資料】監理技術者制度運用マニュアルについて

ガイドライン・マニュアル

詳細については、国土交通省のホームページで確認できます。
https://www.mlit.go.jp/totikensangyo/const/sosei_const_tk1_000002.html

２．主任技術者又は監理技術者の専任を要しない期間の明確化について

国総建第７５号
平成２１年6月３０日

公共工事発注担当部局の長あて

国土交通省総合政策局建設業課長

建設業法第２６条に定める工事現場に置く主任技術者又は監理技術者（以下「監理技術者等」という。）は、請負代金の額が２千５百万円（建築一式工事である場合にあっては、５千万円）以上の一定の建設工事については、工事現場ごとに専任の者でなければならないとされているところです。「監理技術者制度運用マニュアルについて」（平成１６年3月１日付け国総建第３１５号。以下単に「運用マニュアル」という。）に基づき、かねてよりその適正な運用をお願いしているところですが、このうち、監理技術者等の専任を要しない期間については、適切な運用が行われていない事例が見受けられるところです。
建設工事の適正な施工を確保しつつ、建設業の生産性の向上を図るためには、専任を要しない期間を適切に設定することが必要であることから、その設定に当たっては下記の事項に特に留意するよう、当職から公共工事発注担当部局の長等の関係者に対し通知しました。貴職におかれましては、監理技術者等の適正な設置が徹底されるよう適切な指導をお願いします。

記

１．　工事現場に設置する監理技術者等については、建設工事の請負契約の締結前においては、その設置が不要であることは当然のことであるが、請負契約の締結後においても、運用マニュアルで定める一定の期間について、発注者と建設業者の間で設計図書若しくは打合せ記録等の書面により明確となっていることを条件に、たとえ契約工期中であっても工事現場への専任は要しないことに留意すること。
特に、運用マニュアル三「（2）監理技術者等の専任期間」で定めている①「請負契約の締結後、現場施工に着手するまでの期間（現場事務所の設置、資機材の搬入または仮設工事等が開始されるまでの間。）」、及び同④「工事完成後、検査が終了し（発注者の都合により検査が遅延した場合を除く。）、事務手続、後片付け等のみが残っている

期間」については、監理技術者等の工事現場への専任を要しない期間とされているものの、専任を要しない期間が設計図書若しくは打合せ記録等の書面により明確となっていないために、必要以上に専任を求められる事例が見受けられる。したがって、以下の記載方法例を参考にして、工事現場への専任を要しない期間を明確にすること。
また、発注者は、工事現場への専任を要しない期間を書面により明確にしている場合には、当該期間に監理技術者等の専任を求めることのないようにすること。
なお、同④「工事完成後、検査が終了し（発注者の都合により検査が遅延した場合を除く。）、事務手続、後片付け等のみが残っている期間」については、発注者の都合により検査が遅延した場合は、その期間も専任を要しないことに留意すること。

＜記載方法例＞
※　設計図書（仕様書又は現場説明書）に以下の事項を記載する。

①　現場施工に着手するまでの期間に関する記載方法例
【現場施工に着手する日が確定している場合】
○　請負契約の締結の日の翌日から平成○○年△△月××日までの期間については、主任技術者又は監理技術者の工事現場への専任を要しない。
【現場施工に着手する日が確定していない場合】
○　請負契約の締結後、現場施工に着手するまでの期間（現場事務所の設置、資機材の搬入又は仮設工事等が開始されるまでの期間）については、主任技術者又は監理技術者の工事現場への専任を要しない。なお、現場施工に着手する日については、請負契約の締結後、監督職員との打合せにおいて定める。

②　検査終了後の期間に関する記載方法例
○　工事完成後、検査が終了し（発注者の都合により検査が遅延した場合を除く。）、事務手続、後片付け等のみが残っている期間については、主任技術者又は監理技術者の工事現場への専任を要しない。なお、検査が終了した日は、発注者が工事の完成を確認した旨、請負者に通知した日（例：「完成検査確認通知書」等における日付）とする。

２．　運用マニュアル三「（２）監理技術者等の専任期間」③中「橋梁、ポンプ、ゲート、エレベーター等の工場製作を含む工事」について、工場製作のみが行われている期間は監理技術者等の工事現場への専任を要しないこととされているが、これは、「橋梁、ポンプ、ゲート、エレベーター」の工場製作を含む工事に限る趣旨ではなく、発電機・配電盤等の電機品などを含め、工場製作を含む工事全般について、工場製作のみが行われている期間における工事現場への専任を要しないとの趣旨であること。

（国総建第７４号　各都道府県主管部局長あて）
（国総建第７６号　地方整備局等建設業担当部長あて）
（国総建第７７号　建設業者団体の長あて）

３．工事現場における適正な施工体制の確保等について

国地契第22号
国官技第68号
国営計第79号
平成13年３月30日
国会公契第30号
国官技第247号
国営計第127号
国港総第506号
国港技第79号
最終改正　令和４年12月13日　国北予第40号

各地方整備局　総務部長
企画部長
営繕部長
港湾空港部長
北海道開発局　事業振興部長
営繕部長
あて

大臣官房　会計課長
技術調査課長
官庁営繕部計画課長
港湾局　総務課長
技術企画課長
北海道局　予算課長

工事現場における適正な施工体制の確保等について

公共工事の入札及び契約の適正化の促進に関する法律（平成12年法律第127号。以下「適正化法」という。）においては、工事現場における適正な施工体制の確保のため、発注者が点検その他の必要な措置を講じることが義務付けられ、また、同法に基づく公共工事の入札及び契約の適正化を図るための措置に関する指針（平成13年３月９日閣議決定。以下「適正化指針」という。）においては、要領の策定等による統一的な監督の実施に努めることとされている。また、維持管理・更新に関する工事の増加に伴い、これらの工事の適正な施工の確保の徹底が求められていること等を背景として、平成26年６月４日に建設業法等の一部を改正する法律（平成26年法律第55号）

が公布され、適正化指針についても同年９月30日に一部改正されたところである。
　ついては、適正化法及び適正化指針の改正の趣旨を踏まえ、発注者が施工体制を適切に把握するための点検その他の必要な措置を統一的に行うため、「工事現場等における施工体制の点検要領」を別添のとおり定めたので通知する。

工事現場等における施工体制の点検要領

１．目的

　公共工事の品質を確保し、目的物の整備が的確に行われるようにするためには、工事の施工段階において契約の履行を確保するための監督及び検査を確実に行うことが重要である。特に、監督業務については、監理技術者の専任制等の把握の徹底を図るほか、現場の施工体制が不適切な事案に対しては統一的な対応を行い、その発生を防止し、適正な施工体制の確保が図られるようにすることが重要である。
　本要領は、国土交通省地方整備局が発注した請負工事の施工体制について、監督業務等において把握すべき点検事項等を定め、もって工事現場の適正な施工体制の確保等に資するものとする。

２．適用対象

　点検のうち監理技術者等の専任に関する点検は、建設業法第26条第３項に該当する工事（請負金額が4,000万円以上のもの。ただし、建築一式工事の場合は、8,000万円以上のもの。）について行うこととする。また、施工体制台帳等に関する点検は、下請契約を締結した工事について行うこととする。

３．点検の基本

１）　点検事項

　適正化法及び適正化指針において、工事現場の適正な施工体制の確保のため、発注者が監督業務等において把握することとされている事項について点検すること。

２）　建設業許可部局への通知

　点検等により、次のいずれかに該当すると疑うに足りる事実を把握したときは、当該建設業者が建設業の許可を受けた国土交通大臣又は都道府県知事及び当該事実に係る営業が行われる区域を管轄する都道府県知事（以下「建設業許可部局」という。）に対し、その事実を通知すること。

　一　建設業法第８条第９号、第10号（同条第９号に係る部分に限る。）、第11号（同条第９号に係る部分に限る。）、第12号（同条第９号に係る部分に限る。）若しくは第13号（これらの規定を同法第17条において準用する場合を含む。）又は第28条第１項第３号、第４号若しくは第６号から第８号までのいずれかに該当すること。

二 適正化法第15条第２項若しくは第３項、同条第１項の規定により読み替えて適用される建設業法第24条の７第１項、第２項若しくは第４項又は同法第26条若しくは第26条の２の規定に違反したこと。

3） 工事成績への反映

入札契約手続における監理技術者の専任制の確認及び現場における施工体制の把握を通じて、受注者である建設業者に不適切な点があった場合は、その内容、改善状況に応じて工事成績評定に適切に反映すること。

４．入札契約手続における監理技術者の専任制の確認等

1） 入札前における確認

２． 前段に定める工事に該当すると見込まれる工事の申込者を対象に、配置予定監理技術者の他の工事の従事状況（工事名、工期など）を、競争参加資格確認申請書又は技術資料（以下「申請書等」という。）の項目として追加し、提出を求めること。ＣＯＲＩＮＳを用いて配置予定の監理技術者が重複しないことを確認すること。申請書等により承知している状況と異なる重複があった場合は、企業情報サービスなどで監理技術者の所属及び資格者証保持の確認をするとともに、相手方に申請書等の内容について電話等で確認すること。

申請書等の内容に問題がある事実が確認できた場合、競争参加資格を認めない、あるいは、非指名の扱いとすること。なお、この場合において申請書等の差し替えは認めないこと。

(注)ＣＯＲＩＮＳ：工事実績情報を提供するサービス

企業情報サービス：監理技術者資格者証情報などを提供するサービス

2） 入札後、契約前における確認

２． 前段に定める工事に該当すると見込まれる工事の落札者を対象に、ＣＯＲＩＮＳを用い配置予定の監理技術者が重複しないことを確認すること。

重複があった場合は、企業情報サービスなどで監理技術者の所属及び資格者証保持の確認をするとともに、相手方に申請書等の内容について電話、面接等で確認すること。

専任制違反となる事実が確認された場合、契約を結ばないこととする。なお、この場合において発注者が承認した場合の外は、申請書等の差し替えは認めないこと。

3） 契約後における確認

２． 前段に定める工事のうち、専任の監理技術者を配置する工事については、当該工事のＣＯＲＩＮＳ登録後、ＪＡＣＩＣ－ＣＥ協議会より監理技術者の重複、所属及び資格者証保持のチェックによる疑義情報が提供される。監理技術者としての専任を要する工事相互において重複、あるいは所属及び資格者証保持に疑義があるとの情報の提供を受けた工事について、他工事の発注者と連絡、情報交換を行うとともに、契約の相手方に疑義情報の内容を電話、面接等で確認すること。

専任制違反の事実が確認された場合、契約を解除することができるものとする。ただし、契約解除が困難な場合においては、当該違反を是正させたうえで、指名停止及び工事成績の減点等を行うものとする。なお、当該工事の監理技術者の交替は発注者が承認した場合の外は認めないこと。

（注）・ＪＡＣＩＣ－ＣＥ協議会：

発注者支援データベース・システムを運営管理し情報提供を行っている協議会（ＪＡＣＩＣとＣＥ財団が協議会の運営管理を行っている）

・発注者支援データベース・システム：

ＣＯＲＩＮＳと企業情報サービスをネットワーク化したサービスで、ＣＯＲＩＮＳと企業情報サービスの他、監理技術者の専任を確認するサービスなどがある。

５．現場における施工体制の把握

１）監理技術者資格者証の点検

工事着手前等に監理技術者資格者証の提示を求め、その者が、工事請負契約書第10条に基づきあらかじめ通知を受けた監理技術者と同一人であり、元請負会社に所属する者であることを確認すること。

このとき、不適切な点があった場合には、工事請負契約書第47条第４号に基づく契約の解除も選択に含めて必要な措置を講じること。

２）配置予定技術者と契約後の通知に基づく監理技術者の同一性の点検

工事請負契約書第10条に基づく通知による監理技術者が、申請書等に記載された配置予定技術者と同一人であり、元請会社に所属する者であること。

このとき、不適切な点があった場合には、配置予定技術者と同一人を監理技術者とすることを求める等必要な措置を講じること。

３）現場の常駐状況の点検

現場での監理技術者の常駐状況について、適切な頻度で点検すること。

このとき、不適切な点があった場合は必要な措置を講じること。

４）施工体制台帳の点検

提出された施工体制台帳及びそれに添付が義務づけられている下請契約書及び再下請負通知書等を工事期間中に点検すること。 このとき、不適切な点があった場合は必要な措置を講じること。

５）施工体系図の点検

施工体系図が工事現場の工事関係者及び公衆が見やすい場所に掲げられていることを点検すること。

このとき、不適切な点があった場合は必要な措置を講じること。

６）施工体制の把握

施工体制が一括下請負に該当していないか、施工体制台帳及び施工体系図が実際の体制と異なるものでないかを点検すること。

このとき、不適切な点があった場合は必要な措置を講じること。

７）施工中の建設業許可を示す標識等の点検

建設業許可を受けたことを示す標識が公衆の見やすい場所に掲示されていること、建設業退職金共済制度適用事業主の工事現場である旨を明示する標識が掲示されていること、労災保険関係の掲示項目が掲示されていること及び工事カルテの登録がされていることを点検すること。

このとき、不適切な点があった場合は必要な措置を講じること。

６．その他

１）工事現場における適正な施工体制の確保は、各発注者間で統一的な取組みを行うことによって効果が発揮できることから、各地方整備局において、工事現場の立入点検の実施や各発注者が保有する情報を相互に交換するなど、発注者相互の連絡、協調体制の一層の強化に努めること。

２）発注者支援データベースシステムによる現場専任制の確認の信頼性向上を図り、発注者の内容確認と受注者の早期登録を確実なものとするため、ＣＯＲＩＮＳ登録の受領書を早期に提出させること。

３）施工体制台帳は、建設工事の適正な施工を確保するために作成されるものであり、粗雑工事の誘発を生ずるおそれがある場合等工事の適正な施工を確保するために必要な場合に、適切に活用するべきものであることに留意すること。

4．工事現場等における施工体制の点検要領の運用について

国官地第２３号
国官技第６９号
国営計第８０号
平成１３年３月３０日

各地方整備局総務部長、企画部長、営繕部長
沖縄総合事務局開発建設部長（参考送付）あて

大臣官房地方課長
大臣官房技術調査課長
大臣官房官庁営繕部営繕計画課長

工事現場等における施工体制の点検要領の運用について

工事現場における施工体制の点検要領については、「工事現場における適正な施工体制の確保等について」（平成１３年３月３０日付け国官地第２２号、国官技第６８号、国営計第７９号）において通知したところであるが、点検要領のうちの「現場における施工体制の把握」については、下記により運用されたい。

記

１．　施工体制の点検項目別の点検内容、実施時期及び対応は、別紙－１「施工体制の把握に関する点検内容と対応方法」及び別紙－２「一括下請負に関する点検要領」によること。

２．施工体制の把握結果の整理は、別紙－３「工事現場における施工体制の把握表」を参考とすること。

３．主任監督員は施工体制の把握結果を、技術検査時に技術検査官に提示すること。

４．　別紙－2による一括下請負の判定は当面、主任監督員、担当副所長、担当課長等の合議により行うこと。

５．　平成13年10月1日以降は、二次下請負以下の契約書についても契約金額を記入することとなっていることの周知を図ること。

施工体制の把握における留意点

1． 監理技術者の常駐の把握

夜間工事、維持工事など監理技術者の常駐が困難な工事にあっては、その専任状況、連絡体制を把握する。

2． 施工体制台帳及び施工体系図に係る記載内容に関する留意点

① 掲示する施工体系図は、「施工体制台帳の作成等について」（平成 13 年 3 月 30 日付け国総建第 84 号）に基づき作成したものを原則とする。

② 提出する施工体制台帳及び施工体系図は、「施工体制台帳に係る書類の提出について」（平成 13 年 3 月 30 日付け国官技第 70 号、国営技第 30 号）により作成したものとする。この場合にあっては、建設工事に関する請負契約及び警備に関する請負契約（一次下請負人となる場合のみ）に関して必要事項を記載するよう求める。

③ 請負契約が単価契約である場合は、その旨を記載するよう求める。

④ 施工体系図の担当工事内容は、できるだけ数量総括表に明示した工種区分との対応がわかるよう記載することを求める（ただし、詳細になりすぎないように留意する。）。

3． 施工体制台帳及び施工体系図の記載漏れ等に関する連絡

施工体制台帳等と実際の施工体制に差異を発見した場合は、是正を求めるとともに、以下の要件に該当する場合は、契約担当官、建設業許可部局に連絡する。なお、再下請負契約において疑義が生じた場合は、元請負人に対する是正を求める前に契約担当官、建設業許可部局に連絡すること。

① 監理技術者、施工計画書に記載された技術者及び主任技術者に係る届出に虚偽があった場合。

② 一次下請負人の記載漏れがあった場合。

③ 二次下請より下位の下請負人にあっては、契約期間が 1 ヶ月以上かつ契約金額が 500 万円以上の下請負人の記載漏れがあった場合。

④ 上記②③については、記載すべき事項が生じてから概ね 1 ヶ月を経過した後に適用する。

4． 施工体系図等の工事現場での掲示

維持工事など工事場所が移動する工事にあっては、監理技術者又は現場代理人が常駐する事務所等に掲示していることを把握。

5． 共同企業体における配置技術者

共同企業体の場合は、全ての構成員で監理技術者又は主任技術者が配置されていることを把握。

（参考：「直轄工事における共同企業体の取扱について」平成９年８月８日付け建設省厚契発第 33 号）

施工体制の把握に関する点検内容と対応方法

別紙－1

目的	背景	点検項目	点検内容	実施時期	対応方法
Ⅰ監理技術者の専任制の徹底	元請負人が適切に業務を行い、工事の品質を適切に確保するために義務づけられている監理技術者の専任を把握。	①監理技術者資格者証の把握	監理技術者本人から携帯している監理技術者資格者証を提示させる。	工事着手前	〈ステップ1〉 疑義がある場合は、監理技術者、元請会社に説明を求めるとともに、監理技術者が直接的かつ恒常的な雇用関係にあることを証明する書類（健康保険証又は住民税特別徴収税額通知書の写し）の提出を求める。 〈ステップ2〉 さらに必要な場合は、監理技術者証発行部局に問い合わせる。 〈ステップ3〉 契約担当官・業許可部局に連絡し、契約解除の選択も含めて必要な措置を講じるための調査を行う。
			監理技術者資格者証の会社名、工種区分、期限、裏書きによる変更などについて把握。	工事着手前	
		②同一性の把握	配置予定技術者※1、通知による監理技術者※2、施工体制台帳に記載された監理技術者及び監理技術者資格者証に記載された技術者名が同一であることを把握。	工事着手前	
			監理技術者資格者証の写真により本人であることを把握。	工事着手前	
		③常駐の把握	監理技術者の常駐を把握。	工事施工中 1（回／月）程度	〈ステップ1〉 疑義がある場合は現場での把握頻度を増やす。また、必要に応じて本人に不在の理由を聞く。 〈ステップ2〉 契約担当官・業許可部局に連絡し、契約解除の選択も含めて必要な措置を講じるための調査を行う。
			打合わせ時等に監理技術者が施工計画や工事に係る工程、技術的事項を把握し主体的に関わっているかを把握。 （把握結果は、別紙－2「一括下請負に関する点検要領」の別紙－3の2に反映する）	工事施工中 打合わせ時	
Ⅱ適切な施工体制の確保	不良・不適格業者を的確に発見・排除し、工事の品質確保、建設業の健全な発展を図るために、現場の施工体制を把握。	④施工体制台帳	施工体制台帳が現場に備え付けられ、かつ同一のものが提出されていることを把握。	工事施工中 当初及び変更時	〈ステップ1〉 施工体制台帳等の不備を発見した場合は改善措置を求める。また、必要な場合は、現場での把握頻度を増やす。技術者本人において疑義がある場合は、技術者が直接的かつ恒常的な雇用関係にあることを証明する書類（健康保険証又は住民税特別徴収税額通知書の写し）の提出を求める。 〈ステップ2〉 契約担当官・業許可部局に連絡し、契約解除の選択も含めて必要な措置を講じるための調査を行う。
			施工体制台帳に下請負契約書（写）及び再下請負通知書が添付されていることを把握。	工事施工中 当初及び変更時	
			下請負金額が記入されていることを把握。	工事施工中 当初及び変更時	
		⑤施工体系図	施工体系図が当該工事現場の工事関係者及び公衆が見やすい場所に掲げられていることを把握。	工事施工中 当初及び変更時	
			施工体系図に記載のない業者が作業していないことを把握。 （例えば、安全訓練等の出席者名簿、日々の作業指示書などで確認）	工事施工中1（回／月）程度	
			施工体系図に記載されている主任技術者及び施工計画書に記載されている技術者が本人であることを把握。	工事施工中 当初及び変更時	
		⑥施工体制の把握	元請負人がその下請工事の施工に実質的に関与していると認められることなどを把握。（別紙－2「一括下請負に関する点検要領」により点検）	工事中1回以上 （工事初期等）	〈ステップ1〉 別紙－3「工事現場における施工体制の把握表（一括下請負）」及び「工事現場における施工体制の把握表（実質関与）」にある

目的	背景	点検項目	点検内容	実施時期	対応方法
					点検項目について把握する。 〈ステップ2〉 一括下請負の疑義がある工事については、建設業許可部局に通知し、建設業許可部局と協同して一括下請負いの禁止に関する調査を実施。
Ⅲその他	その他、元請の適正な施工体制の確保のために必要な事項について把握。	⑦工事カルテの登録	受注時工事カルテは適正に、かつ期限内に登録されているかを把握。	工事着手前	〈ステップ1〉 不適切な場合は是正を求める。
		⑧建設業許可を示す標識	建設業許可を受けたことを示す標識が公衆の見やすい場所に設置してあること、監理技術者が正しく記載されていることを把握。	工事施工中 1回	〈ステップ1〉 不適切な場合は是正を求める。 〈ステップ2〉 契約担当官・業許可部局・労働当局に連絡し、契約解除の選択も含めて必要な措置を講じるための調査を行う。
		⑨建退協制度に関する掲示	建設業退職金共済制度に関する標識が現場に掲示されていることを把握。	工事施工中 1回	
		⑩労災保険に関する掲示	労災保険関係の項目が現場の見やすい場所に掲示されていることを把握。	工事施工中 1回	

※1:競争参加資格確認申請書又は技術資料に記載された配置予定の監理技術者
※2:工事請負契約書第10条に基づき通知された監理技術者

別紙－2

一括下請負に関する点検要領

1. 趣旨

本要領は、工事現場における施工体制の把握において、一括下請負の疑義がある工事を抽出するための要領を定める。

2. 点検の方法

1）通達「一括下請負の禁止の徹底について」（平成 13 年 3 月 30 日付け国総建第 81 号）において一括下請負に該当するとされている要件に合致する工事を一括下請負の疑義がある工事として抽出する。

2）　一括下請負に関する点検は、監理技術者等の専任、施工体制、元請及び下請の担当工事、実質関与等について実施する。

3）　一括下請負に関する点検は、工事中に１回以上行うものとし、順次点検項目を絞り込むなどの工夫をして効率的に実施する。

4）　監理技術者の専任については、専任を必要とする工事全てについて点検する。

5）　施工体制、実質関与等については、以下の要件のいずれかに該当する工事について重点的に実施する。一方、元請負人が主たる部分を自ら施工していることが把握できた場合等、一括下請負に該当しないことが明白になった場合には、以降の点検を省略してよい。

・重点点検対象工事

a．　請負金額が一定額以上でかつ、主たる部分を実施する（最大契約額の）一次下請負人が元請契約額の過半を占めている工事

b．　同業種の同規模（ランク）又は上位規模の会社が一次下請にある工事

c．　工区割された同時期の隣接工事について同一会社が一次下請等に存在している工事

d．　低入札価格調査対象となった工事

e．　その他、監理技術者の専任に疑義がある工事等の点検の必要を認めた工事

6）　重点点検対象工事においては、元請だけでなく、少なくとも三次下請までの自ら施工していないと思われる下請について点検を行う。

7） １回の点検で判定が困難な工事は、点検頻度を増す。

8） 点検の結果、必要な場合には元請負人から意見を聞き、一括下請負の疑義がある工事については、建設業許可部局に通知する。

9） 主任監督員は、点検の結果を、様式に記録し、工事検査時に工事検査官に提示する。

10） 記録様式は、別紙－３の２「工事現場における施工体制の把握表（一括下請負）」及び別紙－３の３「工事現場における施工体制の把握表（実質関与）」を参考とする。

3. 一括下請負の疑義がある工事の判定方法

1） 監理技術者等の専任がないことの事実を把握した場合は、一括下請負の疑義がある工事とする。なお、監理技術者等の専任がない場合は、建設業法第26条違反ともなる。

2） 元請の実質関与に関しては、別紙－3の3を参考に以下の項目等について点検する。

①技術者専任　②発注者との協議　③住民への説明
④官公庁等への届け出等　⑤近隣工事との調整　⑥施工計画
⑦工程管理　⑧出来型品質管理　⑨完成検査
⑩安全管理　⑪下請けの施工調整及び指導監督

3） 別紙－3の3「工事現場における施工体制の把握表（実質関与）」を用いての点検の結果、

・ア. 全項目で○。この場合、「元請負人は総合的な企画・調整等全体を実施」とする。
・イ. ア、ウ以外。この場合、「元請負人は総合的な企画・調整等を部分実施」とする。
・ウ. 全項目で△または×。この場合、「元請負人は総合的な企画調整等を実施していない」とする。

4） 一括下請負の疑義がある工事の判定に当たっては、施工体制にも注意し、別紙－2－1「紛らわしいケースでの判定の目安」を参考に判定する。

5） 別紙－2－1は、判定の目安であるので以下のような場合は、これらの要素も加味して別途、判定する。

・ 当該施工体制についての請負人からの説明に合理性が認められた場合
・ 一括下請負の調査に対して不誠実な行為が明らかとなった場合

等

紛らわしいケースでの判定の目安

別紙－２－１

	ケース１	ケース２	ケース３	ケース４（下請の一括下請負）
ケース内容	主たる部分を行う一次下請負人が主たる部分の直営施工をしておらず（管理業務が主体）二次下請負人以下が実質施工しているケース。	特定の一次下請負人が主たる部分の直営施工をしているが当該一次下請負人が工事全体の大部分を実施しているケース。	工区割りされた同時期の隣接工事について同一会社が一次下請負人（元請と一次下請の場合も同様）として、主たる部分を実施しているケース。	下請負人に直営施工がなく、再下請負人が実質的に施工をしているケース
	元請（管理業務） ★一次下請（主たる部分を請負。**直営施工なし**） 二次下請（**実質施工**） 二次下請 一次下請（従部分）	元請（管理業務） ★一次下請A **工事量：大** 二次下請 二次下請 一次下請B 工事量：小	元請A ★一次下請C 二次下請 二次下請 元請B ★一次下請C 二次下請 二次下請	元請 役割分担不明★ 一次　二次 三次（実質施工） 一次　二次 三次（実質施工）
元請負の実質関与の状況（点検結果）＊				
ア（全体実施） 総合的な企画・調整等全体を実施。	○元請のみ実質関与。 ① × 一次下請の業務が不明確で介在が不適切と判定。 ○一次下請は専門工種部分の施工管理を実施（実質関与）。 ② ○ 専門工種が元発注工事のほとんどを占める場合は、③と同様でないか注意して点検。	① ○ 但し、特定の一次下請が工事の大部分を実施している場合は②でないか注意して点検。	点検結果に関わらず要件に合致すれば・・ **一括下請負の疑義有**	①主任技術者の専任が認められる。 ①－１ ○ 専門工種の管理指導上の必要性が認められ、実質関与をしている。 ①－２ × 専門工種の管理指導上の必要性が認められない、もしくは、実質関与をしていない。 ②主任技術者の専任が認められない。 ② ×
イ（部分実施） 総合的な企画・調整等を部分実施。	③ × 一次下請は元請負の補助もしくは代行業務を実施と判定。	② × 一次下請が直営施工と元請負が行うべき管理業務を実施していると判定。		
ウ（関与していない） 総合的な企画・調整等を実施していない。	**ケースに関わらず一括下請負の疑義有**			

＊元請けの実質関与に関する点検項目（ア、イ、ウの判定要素）

① 技術者専任	② 発注者との協議	③ 住民への説明	④ 官公庁等への届け出等
⑤ 近隣工事との調整	⑥ 施工計画	⑦ 工程管理	⑧ 出来型品質管理
⑨ 完成検査	⑩ 安全管理	⑪ 下請けの施工調整及び指導監督	

別紙－２－１　「紛らわしいケースでの判定の目安」に関する補足

● 全体

＊１）　○印；一括下請負の疑義がない工事

×印；一括下請負の疑義がある工事

＊２）　直営施工；主要機械ｵﾍﾟﾚｰﾀ、労働者を直接に指揮して施工している場合とする。

● ケース１

＊３）　一括下請負の疑義がある工事においては、「判定」に示した請負人だけでなく、派生的に元請負人及び主たる部分を行う一次下請負人の双方が検討対象となる（以下のケースでも同様）。①に該当する場合は、一括下請負の疑義がある工事として建設業許可部局に通知することとする。

＊４）　「専門工種」;「土木工事一式」「建築工事一式」以外の工事など専門技術に基づく施工管理等を必要とする工事の工種。

＊５）　②に関する判断要素；主たる部分を行う一次下請負人の担当工事範囲が広いほど（発注者と元請負人の契約内容と元請負人と下請負人の契約内容の類似性が高いほど、下請金額が大きいほど、下請会社数が少ないほど）②とは考えにくい。

●ケース３

＊６）　「当該一次下請負の請負金額が高い」:

異なる工事の主たる部分を実施する一次下請負人等について、概ね当該一次下請人等の請負金額の合計額が、いずれか一方の元請の請負金額を越える場合とする。

なお、特許を要する特殊な工法等の場合は、別途検討する。

●ケース４

＊７）　ケース１からケース３が元請負人と一次下請負人の関係に着目しているのに対し、ケース４は下請負人と再下請負人の関係に着目している。この際、別紙２－１のケース４に例示した施工体系の場合は、一般に①－２もしくは②に該当すると考えられる。一方、ケース４の①－１に該当する場合としては、例えばケース１の②における一次下請負人が相当する。

＊８）　主任技術者の専任がない場合は、建設業法第２６条違反ともなる。

なお、専任は、請負金額が２，５００万円（建築一式工事では５，０００万円）以上の工事について必要である。

工事現場における施工体制の把握表

1. 工事概要

工事　名				
工期	平成　　年　　月　　日 ～　平成　　年　　月　　日			
請負金額	元　請	千円	一次下請総額	千円
請負会社名				
監理技術者				
主任監督員				

2. 工事着手前の把握　　実施日：平成　　年　　月　　日

把　握　項　目	把握　内　容	把握欄
①監理技術者資格者証の把握		
②同一性の把握		
⑦工事カルテの登録の把握		
所見		

3. 工事施工中［1回］の把握　　実施日：平成　　年　　月　　日

把　握　項　目	把握　内　容	把握欄
⑧建設業許可を示す標識		
⑨建退協制度に関する掲示		
⑩労災保険に関する掲示		
所見		

4. 工事実施中［当初及び変更時］の把握

④施工体制台帳

当初・変更時	把　握　日	把握欄	所　　　見
当　　　初			
(　　　　) 変更時			
(　　　　) 変更時			
(　　　　) 変更時			

○ 工事施工中の把握

③常駐の把握［1（回／月）程度］
⑤施工体系図［1（回／月）程度］
⑥施工体制の把握［工事中1回以上（工事初期等）］

把握日	把握欄			所　　　見
	③	⑤	⑥	

1．把握表の記載は主任監督員が行う。
2．把握欄には、専任状況等について把握した結果を○又は×で記入する。
3．各所見欄は、疑義又は不適切の内容について記載する。
4．施工体制台帳及び施工体系図の把握の変更時とは、体制の変更時であり、設計変更時ではない。
5．本様式は、点検に適した形式に変更してよい。

様式

工事現場における施工体制の把握表（一括下請負－１）　　　　　　別紙－３の２－１

No.	点検項目					
	一般事項	内容	点検日			
1	局名		年月日	年月日	年月日	年月日
2	工事名					
3	元請負会社名					
4	業種／ランク					
5	主たる部分（最大工事費の工種）		内容			
6	請負金額（百万円）					
7	契約年月日					
8	予定工期					
6	一次下請数					
7	一次下請数（警備除）					

No.	点検項目	説明				
	元請負人に着目した点検	主に元請負人の一括下請負についての点検				
	一般事項		内容			
8	監理技術者の専任（①OK、②疑義、③問題）	②は頻度増、重点調査対象、③は通知。番号及び点検日記入				
9	元請の主たる部分の直営施工（①あり、②なし）	元請に直営施工があり、かつ過半を占める時は元請に関する16以下の調査不要（下請に関する調査は必要）				
10	一次下請負契約金額合計（百万円）					
11	元請実施額（元請契約額-下請額計、百万円））					
12	元請実施割合（元請実施額／元請契約額）					
13	主たる部分を実施する（最大契約額の）一次下請会社名					
14	上の請負金額（百万円）					
15	上の金額割合（上の金額/元請契約額）					

No.	施工体系のパターン特性	以下に該当するﾊﾟﾀｰﾝの場合、重点調査対象（少なくとも26まで点検）		
16	a. 請負金額が一定額以上でかつ、主たる部分を実施する（最大契約額の）一次下請負人が元請契約額の過半を実施（①yes、②ｎｏ）	①の場合は会社名		
17	b. 同業種の同規模（ランク）又は上位規模の会社が一次下請にある（①yes、②no）	①の場合は一次下請の会社名		
18	c. 工区割された同時期の隣接工事について同一会社が一次下請等に存在（①yes、②no）	①の場合は会社名及び（当該一次下請の請負金額合計／元請負金額の内少額の一方の請負金額）		
19	d. 低入札価格調査対象工事（①yes、②no）	①の場合は会社名		
20	e. その他、調査の必要性を認めた工事（①yes、②no）	①の場合は会社名		

No.	施工体系のパターン特性で抽出した一次下請会社に関する事項		年月日		年月日	
21	該当一次下請負会社名					
22	上記の請負金額（百万円）					
23	上記の主任技術者の所属及び専任（①OK、②疑義、③問題）	②は継続調査、③は通知				
24	上記の担当工事内容	体系図に記入してある担当工事				
25	上記の主たる部分の直営施工（①あり、②なし）					

No.	元請負人の実質関与	単年度工事の場合、工期中間で１回以上。但し、重点調査対象は頻度を増す。	年月日	年月日	年月日	年月日
26	元請の実質関与（総合的な企画・調整等の業務の実施状況(ｱ.ｲ.ｳ.)）	パターン特性で注目した一次下請負との関係にも着目しつつ、別紙「施工体制の点検表（実質関与）」により点検				
27	元請と主たる部分を施工する一次下請等の役割分担の考え方等についての元請負人の意見	上で、ｲ.又はｳの場合、または、紛らわしいケースの判定の目安で一括下請負の疑義がある工事となる場合等に元請負人の意見を聞く。詳細な内容は別紙に記入。				
28	元請と主たる部分を施工する一次下請等の役割分担の考え方等についての一次下請負人の意見	元請負人の意見を聞いた上で、必要な場合に一次下請負人の意見を聞く。詳細な内容は別紙に記入。				
29	以上の点検結果より一括下請負の疑いがあるとして必要な措置の実施（①実施、②継続調査、③不要）					

注１）直営施工；主要機械ｵﾍﾟﾚｰﾀ、労働者を直接に指揮して施工している場合とする。
注２）本様式は点検に適した形式に変更してよい。

様式

工事現場における施工体制の把握表（一括下請負－２）　　　　　　　　　　別紙－３の２－２

No.	点検項目	内容	点検日			
	一般事項					
1	局名		点検日			
2	工事名		年月日	年月日	年月日	年月日
	下請負人に着目した点検	少なくとも三次下請まで点検	内容			
30	管理業務のみと思われる下請負会社の有無（①あり、②なし）	体制台帳等から抽出した管理業務のみと思われる会社の有無				
31	該当会社の社名					
32	上の下請負次数					
33	上の請負金額（百万円）					
34	上の主任技術者の所属及び専任（①OK、②疑義、③問題）	②は継続調査、③は通知				
35	上記の担当工事内容	体系図に記入してある担当工事				
36	上記の主たる部分の直営施工（①あり、②なし）	該当会社に直営部分がない場合は、再下請負会社の属性を調査（以下の項目）				
37	該当会社からの再下請会社の数					
38	再下請負会社の内、最大契約額の会社の契約額（百万円）	把握できない場合はその旨記入				
39	上の金額割合（下位会社の請負金額/上位会社の請負金額）					
40	上の主任技術者の所属及び専任（①OK、②疑義、③問題）	②は継続調査、③は通知				
41	上記の担当工事内容	体系図に記入してある担当工事				
42	当該下請負人等の役割分担の考え方、元請による指導内容（業法第24条の6）等についての元請負人の意見	上記の調査で、下請負人に一括下請負の疑義がある場合に、元請負人の意見を聞く。詳細な内容は別紙に記入				
43	一括下請負の疑義がある下請負人の意見	元請負人の意見を聞いた上で、必要な場合に当該下請負人の意見を聞く。詳細な内容は別紙に記入				
44	以上の点検結果より一括下請負の疑いがあるとして必要な措置の実施（①実施、②継続調査、③不要）					
	（以下は複数社ある場合に使用）					
31	該当会社の社名					
32	上の下請負次数					
33	上の請負金額（百万円）					
34	上の主任技術者の所属及び専任（①OK、②疑義、③問題）	②は継続調査、③は通知				
35	上記の担当工事内容	体系図に記入してある担当工事				
36	上記の主たる部分の直営施工（①あり、②なし）	該当会社に直営部分がない場合は、再下請負会社の属性を調査（以下の項目）				
37	該当会社からの再下請会社の数					
38	再下請負会社の内、最大契約額の会社の契約額（百万円）	把握できない場合はその旨記入				
39	上の金額割合（下位会社の請負金額/上位会社の請負金額）					
40	上の主任技術者の所属及び専任（①OK、②疑義、③問題）	②は継続調査、③は通知				
41	上記の担当工事内容	体系図に記入してある担当工事				
42	当該下請負人等の役割分担の考え方、元請による指導内容（業法第24条の6）等についての元請負人の意見	上記の調査で、下請負人に一括下請負の疑義がある場合に、元請負人の意見を聞く。詳細な内容は別紙に記入				
43	一括下請負の疑義がある下請負人の意見	元請負人の意見を聞いた上で、必要な場合に当該下請負人の意見を聞く。詳細な内容は別紙に記入				
44	以上の点検結果より一括下請負の疑いがあるとして必要な措置の実施（①実施、②継続調査、③不要）					

注１）直営施工；主要機械ｵﾍﾟﾚｰﾀ、労働者を直接に指揮して施工している場合とする。

注２）本様式は点検に適した形式に変更してよい。

様式

工事現場における施工体制の把握表（実質関与）

				元請負人	主たる部分を行う１次下請人	当該項目に関する実施者（注１）
局名				○：実施してる。 △：一部が欠けている。 ×：ほとんど出来ていない ー：判別不能	○：元請に代わって実施。 △：元請の補助として実施。 □：担当分野を実施（項目7, 8, 10） ×：関与していない ー：判別不能、対象外	○：元 △：元＋一次 ×：一次
工事名						
元請負会社名						
主の一次下請負会社名						
請負金額比	（一次下請；　　）／（元請；　　）＝					
元請負人の実質関与に関する点検事項						
番号	項目	内容	監督・検査での点検事項等			左の判定
1	技術者	・元請負会社に所属している技術者の専任が認められる。	・施工計画書に記載された技術者の所属。・専任状況。		ー	
2	発注者との協議	・請負契約書に基づく協議・報告事項、設計内容の確認や設計変更協議等の打ち合わせを主体的に実施。	・打合わせ。打合わせ簿。等			
3	住民への説明	・工事施工に関する具体的内容の住民説明を行う。 ・住民等からの苦情等について、的確に対応。	・日報。住民からの苦情の内容。等			
4	官公庁等への届出等	・労働安全衛生法、環境法令等に定められた官公庁への届出等を行い、履行。 ・工事施工上必要な道路管理者、交通管理者等への申請、協議を実施。	・申請書等の内容。等			
5	近隣工事との調整	・近隣工事との調整を適切に実施。	・近隣工事と調整がとれた施工。等			
6	施工計画	・契約図書の内容を適切に把握。 ・設計図等の照査を的確に実施。 ・施工計画（工程計画、安全計画、品質計画等）を立案。 ・必要となった修正を適切に実施。	・施工計画書。施工計画打合わせ。等			
7	工程管理	・工事全体を把握し、工事の手順・段取りを適切に調整・指揮。 ・工程変更を余儀なくされた時に適切に対応。 ・災害防止のための臨機の措置を実施。	・施工計画と実際の差等。		（□の場合は、担当分野）（注２）	
8	出来型・品質管理	・品質確保の体制整備。 ・所定の検査・試験を実施。 ・検査・試験結果を適切に保存。 ・不具合等の発生時に適切な対策を実施。	・出来型報告書類。品質記録書類。写真。等		（□の場合は、担当分野）（注２）	
9	完成検査	・下請施工分の完成検査。	・点検時ヒアリング、元請の出来形管理資料。等		ー	
10	安全管理	・安全確保に責任ある体制の保持。 ・設備、機械、安全施設、安全行動等の点検。 ・労働者の安全教育、下請負業者の安全指導。	・施工計画書。仮設物の状況。仮設物の点検記録。日報。安全大会。安全パトロール・教育の実施状況。等		（□の場合は、担当分野）（注２）	
11	下請の施工調整及び指導監督	・施工場所、施工取り合い部分、仮設物の使用等について調整指揮。 ・施工上の留意点、技術的内容について具体的指導。 ・施工体制台帳、体系図の整備。	・現場の施工状況。下請負からの苦情。下請の事故等の処理。施工体制台帳。等			
12	総合判定	○の数				
		△の数				
		×の数				
		判定（注３）				

注１）

元請	下請	実施者	
○	×	○	元請が実施（一次は実施していない）。
×	○、□	×	実質的に一次が実施。
△	△、□	△	元請と一次下請で実施。
○	□	○	7, 8, 10のみ。ケース１，ケース２に該当する場合は、注意して点検。
○	○	○、△	あり得ないケース

注２）　元請が実施すべき業務まで実施している場合は△、専門工種に係る業務のみを実施している場合は□。

注３）　判定
ｱ. 全て○；元請負は実質関与していた。
ｲ. ｱ. ｳ以外；元請と一次下請が共同で元請の行うべき総合的な企画調整等を実施していた。
ｳ. 全項目で△または×；一次下請が元請が行うべきことを実施していた。（元請の一括下請として通知）

注４）本様式は点検に適した形式に変更してよい。

5．施工体制の適正化及び一括下請負の禁止の徹底等について

国総建第81号
平成13年3月30日

主要発注機関の長　あて

国土交通省総合政策局長

施工体制の適正化及び一括下請負の禁止の徹底等について

一括下請負等不正行為の排除については、従来よりその徹底に努めてきたところですが、依然として不適切な事例が多く見られ、公共工事におけるこれら不正行為の排除の徹底と適正な施工の確保がより一層求められています。
このため、先の臨時会(第150回国会)において、「公共工事の入札及び契約の適正化の促進に関する法律」(平成12年11月27日法律第127号）が制定され、同法に基づき、平成13年4月1日から、公共工事について、一括下請負が全面的に禁止されるほか、施工体制台帳の写しの発注者への提出の義務付け措置等が講じられるとともに、「建設業法施行規則の一部を改正する省令」(平成13年3月30日第76号）により、平成13年10月1日から、公共工事に係る施工体制台帳については二次以下の下請契約についても請負代金の額を明示した請負契約書を添付することとされ、施工体制台帳の拡充が図られることとなったところです。
ついては、下記の点に留意し、拡充された施工体制台帳の活用等を通じ、適正な施工の確保と一括下請負等不正行為の排除の徹底等により一層努められるようご協力お願いします。
また、これらの措置に伴い、「一括下請負の禁止について」(平成4年12月17日付け建設省経建発第379号）を別紙のとおり改正することとしたので、的確な対応をお願いします。

(国総建第80号　都道府県知事、政令指定都市の長あて）
(国総建第82号　建設業者団体の長あて）
(国総建第81号　主要発注機関の長あて）

記

1．　「公共工事の入札及び契約の適正化の促進に関する法律」に基づき、建業者から提出される施工体制台帳の活用等により、適切に現場施工体制の点検等に努めること。

2．　一括下請負等建設業法等に違反すると疑うに足りる事実がある場合には、建設業法担当部局に通知する等相互の適切な連携に努めるとともに、厳正に対処すること。

3．　公共工事に係る施工体制台帳の拡充に関する措置は、発注者による施工体制台帳の活用による現場施工体制の点検等を通じ、適正な施工の確保、一括下請負等不正行為の排除の徹底等を図るためのものであり、この趣旨を踏まえ、その適切な活用を図ること。
また、契約書類のうち請負金額等については、一般的には、行政機関の保有する情報の公開に関する法律（平成 11 年法律第 42 号）第 5 条の不開示情報（同条第 2 号イの「競争上の地位を害するおそれのある情報」）として取り扱われるものであるが、入札監視委員会等の第三者機関において施工体制台帳を提示するなど透明性の確保に留意すること。

4．　施工体制台帳の活用による点検等を通じ、元請下請を含めた全体の施工体制を把握し、必要に応じ元請負人に対して適切な指導を行うこと。また、施工体制台帳の活用に当たっては、着工時点で必ずしも全ての下請契約が締結されているものではないこと等効率的施工のための現場実態等にも十分配慮し、元請負人に過度の負担にならないよう留意すること。

5．　発注者支援データベースの活用等により主任技術者又は監理技術者の適正な配置の徹底に努めること。

（国総建第 80 号　都道府県知事、政令指定都市の長あて）
6．　一括下請負の禁止に違反した建設業者に対しては、行為の態様、情状等を勘案し、再発防止を図る観点から、原則として営業停止処分により厳正に対処するとともに、一括下請負を行った建設業者については、当該工事を実質的に行っていると認められないため、経営事項審査における完成工事高から当該工事に係る金額を除外するものとすること。

６．施工体制台帳の作成等について

平成7年6月２０日
建設省経建発第１４７号

最終改正：令和４年１２月２８日
国不建第４６６～４６７号

各地方整備局等建設業担当部長 殿
各都道府県建設業主管部局長 殿

国土交通省不動産・建設経済局建設業課長

施工体制台帳の作成等について（通知）

建設業法の一部を改正する法律（平成６年法律第６３号）により、平成７年6月２９日から特定建設業者に施工体制台帳の作成等が義務付けられ、また、公共工事の入札及び契約の適正化の促進に関する法律（平成１２年法律第１２７号。以下「入札契約適正化法」という。）の適用対象となる公共工事（以下単に「公共工事」という。）は、発注者へその写しの提出等が義務付けられることとなった。さらに、建設業法等の一部を改正する法律（平成２６年法律第５５号）により、平成２７年4月１日から、公共工事については、発注者から直接請け負った公共工事を施工するために下請契約を締結する場合には、当該下請契約の請負代金の額（以下「下請代金額」という。）にかかわらず、施工体制台帳の作成等が義務付けられることとなった。加えて、建設業法施行規則及び施工技術検定規則の一部を改正する省令（令和２年国土交通省令第６９号）により、いわゆる「作業員名簿」を施工体制台帳の一部として作成することとされた。

これらの的確な運用に資するため、施工体制台帳の作成等を行う際の指針を下記のとおり定めたので、貴職におかれては、十分留意の上、事務処理に当たって遺漏のないよう措置されたい。

記

一　作成建設業者の義務

建設業法（昭和２４年法律第１００号。以下「法」という。）第２４条の　８第１項（入札契約適正化法第１５条第１項の規定により読み替えて適用される場合を含む。）の規定により施工体制台帳を作成しなければならない場合における建設業者（以下「作成建設業者」という。）の留意事項は次のとおりである。

（１）施工計画の立案

施工体制台帳の作成等に関する義務は、公共工事においては発注者から直接請け負った公共工事を施工するために下請契約を締結したときに、民間工事（公共工事以外の建設工事をいう。以下同じ。）においては発注者から直接請け負った建設工事を施工するために締結した下請代金額の総額が 4,500 万円（建築一式工事にあっては、7,000 万円）以上となったときに生じるものである。このため、特に民間工事については、監理技術者の設置や施工体制台帳の作成等の要否の判断を的確に行うことができるよう、発注者から直接建設工事を請け負おうとする特定建設業者は、建設工事を請け負う前に下請負人に施工させる範囲と下請代金額に関するおおむねの計画を立案しておくことが望ましい。

（２）下請負人に対する通知

公共工事においては発注者から請け負った建設工事を施工するために下請契約を締結したとき、民間工事においては下請代金額の総額が 4,500 万円（建築一式工事にあっては、7,000 万円）に達するときは、

①　作成建設業者が下請契約を締結した下請負人に対し、

a　作成建設業者の称号又は名称

b　当該下請負人の請け負った建設工事を他の建設業を営む者に請け負わせたときには法第２４条の８第２項の規定による通知（以下「再下請負通知」という。）を行わなければならない旨

c　再下請負通知に係る書類（以下「再下請負通知書」という。）を提出すべき場所

の３点を記載した書面を通知しなければならない。

②　①のa、b及びcに掲げる事項が記載された書面を、工事現場の見やすい場所に掲げなければならない。

上記①及び②の書面の記載例としては、次のようなものが考えられる。

〔①の書面の文例〕

下請負人となった皆様へ

今回、下請負人として貴社に施工を分担していただく建設工事については、建設業法（昭和２４年法律１００号）第２４条の８第１項の規定により、施工体制台帳を作成しなければならないこととなっています。

この建設工事の下請負人（貴社）は、その請け負ったこの建設工事を他の建設業者を営むもの（建設業の許可を受けていないものを含みます。）に請け負わせたときは、

イ　建設業法第２４条の８第２項の規定により、遅滞なく、建設業法施行規則（昭和２４年建設省令第１４号）第１４条の４に規定する再下請負通知書を当社あてに次の場所まで提出しなければなりません。また、一度通知いただいた事項や書類に変更が生じたときも、遅滞なく、変更の年月日を付記して同様の通知書を提出しなければなりません。

ロ　貴社が工事を請け負わせた建設業を営むものに対しても、この書面を複写し通知して、「もしさらに他の者に工事を請け負わせたときは、作成建設業者に対するイの通知書の提出と、その者に対するこの書面の写しの通知が必要である」旨を伝えなければなりません。

作成建設業者の商号 ○○建設（株）

再下請負通知書の提出場所　工事現場内

建設ステーション／△△営業所

〔②の書面の文例〕

この建設工事の下請負人となり、その請け負った建設工事を他の建設業を営む者に請け負わせた方は、遅滞なく、建設業法施行規則（昭和２４年建設省令第１４号）第１４条の４に規定する再下請負通知書を提出してください。一度通知した事項や書類に変更が生じたときも変更の年月日を付記して同様の書類の提出をしてください。

○○建設（株）

また、①の書面による通知に代えて、建設業法施行規則（昭和２４年建設省令第１４号。以下「規則」という。）第１４条の３第５項で定めるところにより、当該下請負人の承諾を得て、①ａ、ｂ及びｃに掲げる事項を電磁的方法により通知することができる。この場合において、当該建設業者は、当該書面による通知をしたものとみなす。

（３）下請負人に対する指導等

施工体制台帳を的確かつ速やかに作成するため、施工に携わる下請負人の把握に努め、これらの下請負人に対し速やかに再下請通知書を提出するよう

指導するとともに、作成建設業者としても自ら施工体制台帳の作成に必要な情報の把握に努めなければならない。

（4）施工体制台帳の作成方法

施工体制台帳は、所定の記載事項と添付書類から成り立っている。その作成は、発注者から請け負った建設工事に関する事実と、施工に携わるそれぞれの下請負人から直接に、若しくは各下請負人の注文者を経由して提出される再下請負通知書により、又は自ら把握した施工に携わる下請負人に関する情報に基づいて行うこととなるが、作成建設業者が自ら記載してもよいし、所定の記載事項が記載された書面や各下請負人から提出された再下請負通知書を束ねるようにしてもよい。ただし、いずれの場合も下請負人ごとに、かつ、施工の分担関係が明らかとなるようにしなければならない。

〔例〕発注者から直接建設工事を請け負った建設業者を A 社とし、A 社が下請契約を締結した建設業を営む者を B 社及び C 社とし、B 社が下請契約を締結した建設業を営む者を Ba 社及び Bb 社とし、Bb 社が下請契約を締結した建設業を営む者を Bba 社及び Bbb 社とし、C 社が下請契約を締結した建設業を営む者を Ca 社、Cb 社、Cc 社とする場合における施工体制台帳の作成は、次の１）から 10）の順で記載又は再下請負通知書の整理を行う。

１）A 社自身に関する事項（規則第１４条の２第１項第１号）及び A 社が請け負った建設工事に関する事項（規則第１４条の２第１項第２号）

２）B 社に関する事項（規則第１４条の２第１項第３号）及び請け負った建設工事に関する事項（規則第１４条の２第１項第４号）

３）Ba 社に関する･･･〔B 社が提出する再下請負通知書等に基づき記載又は添付〕

４）Bb 社に関する･･･〔B 社が提出する 〃 〕

５）Bba 社に関する･･･〔Bb 社が提出する 〃 〕

６）Bbb 社に関する･･･〔Bb 社が提出する 〃 〕

７）C 社に関する事項（規則第１４条の２第１項第３号）及び請け負った建設工事に関する事項（規則第１４条の２第１項第４号）

８）Ca 社に関する･･･〔C 社が提出する再下請負通知書等に基づき記載又は添付〕

９）Cb 社に関する･･･〔C 社が提出する 〃 〕

10）Cc 社に関する･･･ 〔C 社が提出する
〃 〕

また、添付書類についても同様に整理して添付しなければならない。施工体制台帳は、一冊に整理されていることが望ましいが、それぞれの関係を明らかにして、分冊により作成しても差し支えない。

また、規則第１４条の２第１項各号及び同条第２項各号に掲げる事項が、（同条第２項各号に掲げる事項についてはスキャナにより読み取る方法その他これに類する方法により）電子計算機に備えられたファイル又は磁気ディスク等に記録され、必要に応じて当該工事現場において電子計算機その他の機器を用いて明確に紙面に表示されるときは、当該記録をもって施工体制台帳への記載及び添付書類に代えることができる。

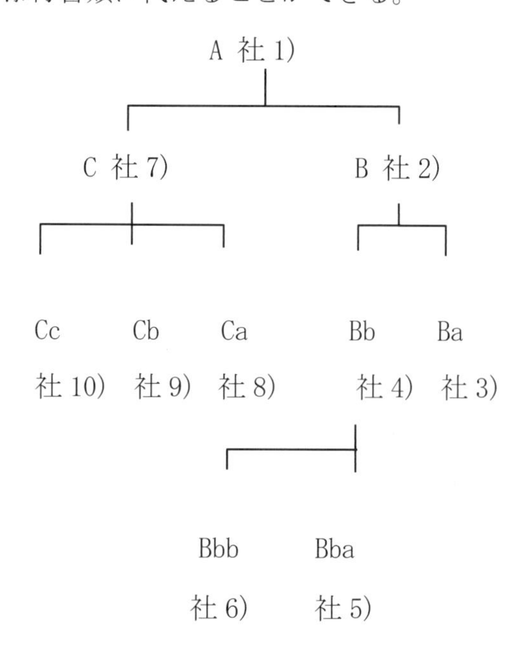

（５）施工体制台帳を作成すべき時期

施工体制台帳の作成は、記載すべき事項又は添付すべき書類に係る事実が生じ、又は明らかとなった時（規則第１４条の２第１項第１号に掲げる事項にあっては、作成建設業者に該当することとなった時）に遅滞なく行わなければならないが（規則第１４条の５第３項）、新たに下請契約を締結し下請代金額の総額が（１）の金額に達したこと等により、この時よりも後に作成建設業者に該当することとなった場合は、作成建設業者に該当することとなった時に上記の記載又は添付をすれば足りる。

また、作成建設業者に該当することとなる前に記載すべき事項又は添付すべき書類に係る事実に変更があった場合も、作成建設業者に該当することとなった時以降の事実に基づいて施工体制台帳を作成すれば足りる。

（6）各記載事項及び添付書類の意義

施工体制台帳の記載に当たっては、次に定めるところによる。

① 記載事項（規則第１４条の２第１項）関係

イ　第１号イの「建設業の種類」は、請け負った建設工事にかかる建設業の種類に関わることなく、特定建設業の許可か一般建設業の許可かの別を明示して、記載すること。この際、規則別記様式第１号記載要領6の表の（）内に示された略号を用いて記載して差し支えない。

ロ　第１号ロの「健康保険等の加入状況」は、健康保険、厚生年金保険及び雇用保険の加入状況についてそれぞれ記載すること。

ハ　第２号イ及びトの建設工事の内容は、その記載から建設工事の具体的な内容が理解されるような工種の名称等を記載すること。

ニ　第２号ロの「営業所」は、作成建設業者の営業所を記載すること。

ホ　第２号ホの「主任技術者資格」は主任技術者が法第７条第２号イに該当する者であるときは「実務経験（指定学科・土木）」のように、同号ロに該当する者であるときは「実務経験（土木）」のように、同号ハに該当し、規則別表（２）に掲げられた資格を有するときは当該資格の名称を、有しないときは「国土交通大臣認定者（土木）」のように記載する。また、「監理技術者資格」は、監理技術者が法第１５条第２号イに該当する者であるときはその有する規則別表（２）に掲げられた資格の名称を、同号ロに該当する者であるときは「指導監督的実務経験（土木）」のように、同号ハに該当する者であるときは「国土交通大臣認定者（土木）」のように記載する。

ヘ　第２号ホの「専任の主任技術者又は監理技術者であるか否かの別」は、実際に置かれている技術者が専任の者であるか専任の者でないかを記載すること。

ト　第２号への「監理技術者補佐資格」は、その者が法第７条第２号イに該当する者であるときは「実務経験（指定学科・土木）」のように、同号ロに該当する者であるときは「実務経験（土木）」のように、同号ハに該当し、規則別表（２）に掲げられた資格を有するときは当該資格の名称を、有しないときは「国土交通大臣認定者（土木）」のように記載し、その者が称する称号を「１級土木施工管理技士補」のように記載する。

　また、その者が法第１５条第２号イに該当する者であるときはその有する規則別表（２）に掲げられた資格の名称を、同号ロに該当する者であるときは「指導監督的実務経験（土木）」のように、同号ハに該当する者であるときは「国土交通大臣認定者（土木）」のように記載する。

チ　第２号トの「主任技術者資格」は、その者が法第７条第２号イに該当する者であるときは「実務経験（指定学科・土木）」のように、同号ロに該当する者であるときは「実務経験（土木）」のように、同号ハに該 当し、規則別表（２）に掲げられた資格を有するときは当該資格の名称 を、有しないときは「国土交通大臣認定者（土木）」のように記載する。

リ　第２号チ及び第４号チの「建設工事に従事する者」は、建設工事に該当しない資材納入や調査業務、運搬業務などに従事する者については、必ずしも記載する必要はない。

また、「中小企業退職金共済法第二条第七項に規定する被共済者に該当する者であるか否かの別」は、建設業退職金共済制度又は中小企業退職金共済制度への加入の有無を記入すること。

また、「安全衛生に関する教育の内容」は、労働安全衛生法（昭和４７年法律第５７号）に規定されている、職長等の職務に新たに就くことになったものが受けることとされている安全又は衛生のための教育や、労働者を雇い入れたときに行うその従事する業務に関する安全又は衛生のための教育についての受講状況等を記載すること（例：雇入時教育、職長教育、建設用リフトの運転の業務に係る特別教育）。

また、「建設工事に係る知識及び技術又は技能に関する資格」は登録基幹技能者資格やその他の施工に係る各種検定について有している資格を記載すること（例：登録○○基幹技能者、○級○○施工管理技士）。なお、本項目については、各技能者の有する技能を記載することで適正な処遇の実現の一助とするものであり、記載を望まない者に対して記載を求める性質のものではないことから、任意の記載項目となっていることに留意すること。

ヌ　第２号リ及び第４号リの「一号特定技能外国人、外国人技能実習生及び外国人建設就労者の従事の状況」は、当該工事現場に従事するこれらの者の有無を記載すること。

ル　第３号ロの「建設業の種類」は、例えば大工工事業の許可を受けているものが大工工事を請け負ったときは「大工工事業」と記載する。この際、規則別記様式第１号記載要領６の表の（）内に示された略号を用いて記載して差し支えない。

② 添付書類（規則第１４条の２第２項）関係

イ　第１号の書類は、作成建設業者が当事者となった下請契約以外の下請契約にあっては、請負代金の額について記載された部分が抹消されているもので差し支えない。

ただし、公共工事については、全ての下請契約について下請代金額は明記されていなければならない。

なお、同号の書類には、法第１９条第１項各号に掲げる事項が網羅されていなければならないので、これらを網羅していない注文伝票等は、ここでいう書類に該当しない。

ロ　第２号の「主任技術者又は監理技術者資格を有することを証する書面」は、作成建設業者が置いた主任技術者又は監理技術者についてのみ添付すればよく、具体的には、規則第３条第２項又は規則第１３条第２項に規定する書面を添付すること。

ハ　第３号の「監理技術者補佐資格を有することを証する書面」は、作成建設業者が置いた建設業法施行令（昭和３１年政令第２７３号）第　２８条第１号又は第２号の要件を満たす者についてのみ添付すればよく、具体的には、規則第３条第２項に規定する書面及び施工技術検定規則（昭和３５年建設省令第１７号）別記様式第６号（イ）による１級技術検定（第一次検定）合格証明書の写し等又は規則第１３条第２項に規定する書面を添付すること。

ニ　第４号の「主任技術者資格を有することを証する書面」は、作成建設業者が置いた規則第１４条の２第１項第２号トに規定する者についてのみ添付すればよく、具体的には、規則第３条第２項に規定する書面を添付すること。

（７）記載事項及び添付書類の変更

一度作成した施工体制台帳の記載事項又は添付書類（法第１９条第１項の規定による書面を含む。）について変更があったときは、遅滞なく、当該変更があった年月日を付記して、既に記載されている事項に加えて変更後の事項を記載し、又は既に添付されている書類に加えて変更後の書類を添付しなければならない。

変更後の事項の記載についても、（４）に掲げたところと同様に、作成建設業者が自ら行ってもよいし、変更後の所定の記載事項が記載された書面や各下請負人から提出された変更に係る再下請負通知書を束ねるようにしてもよい。

（８）施工体系図

施工体系図は、作成された施工体制台帳をもとに、施工体制台帳のいわば要約版として樹状図等により作成の上、工事現場の見やすいところに掲示しなければならないものである。

ただし、公共工事については、工事関係者が見やすい場所及び公衆が見やすい場所に掲示しなければならない。

その作成に当たっては、次の点に留意して行う必要がある。

①　施工体系図には、現にその請け負った建設工事を施工している下請負人に限り表示すれば足りる（規則第１４条の６第３号）。なお、「現にその請け負った建設工事を施工している」か否かは、請負契約で定められた工期を基準として判断する。

② 施工体系図の掲示は、遅くとも上記①により下請負人を表示しなければならなくなったときまでには行う必要がある。また、工期の進行により表示すべき下請負人に変更があったときには、速やかに施工体系図を変更して表示しておかなければならない

③ 施工体系図に表示すべき「建設工事の内容」（規則第１４条の６第２号及び第４号）は、その記載から建設工事の具体的な内容が理解されるような工種の名称等を記載すること。

④ 施工体系図は、その表示が複雑になり見にくくならない限り、労働安全等他の目的で作成される図面を兼ねるものとして作成しても差し支えない。

⑤ 施工体系図又はその写しは、法第４０条の３及び規則第２６条第５項に定めるところにより営業所への保存が義務付けられているが、電子計算機に備えられたファイル又は磁気ディスク等に記録され、必要に応じて当該営業所において電子計算機その他の機器を用いて明確に紙面に表示されるときは、当該記録をもって施工体系図又はその写しに代えることができる。

（９）施工体制台帳の発注者への提出等

作成建設業者は、発注者からの請求があったときは、備え置かれた施工体制台帳をその発注者の閲覧に供しなければならない。

ただし、公共工事については、作成した施工体制台帳の写しを提出しなければならない。

（１０）施工体制台帳の備置き等

施工体制台帳の備置き及び施工体系図の掲示は、発注者から請け負った建設工事目的物を発注者に引き渡すまで行わなければならない。ただし、請負契約に基づく債権債務が消滅した場合（規則第１４条の７。請負契約の目的物の引渡しをする前に契約が解除されたこと等に伴い、請負契約の目的物を完成させる債務とそれに対する報酬を受け取る債権とが消滅した場合を指す。）には、当該債権債務の消滅するまで行えば足りる。

（１１）法第４０条の３の帳簿への添付

施工体制台帳の一部は、上記（１０）の時期を経過した後は、法第４０条の３の帳簿の添付資料として添付しなければならない。すなわち、上記（１０）の時期を経過した後に、施工体制台帳から帳簿に添付しなければならない部分だけを抜粋することとなる。このため、施工体制台帳を作成するときには、あらかじめ、帳簿に添付しなければならない事項を記載した部分と他の事項が記載された部分とを別紙に区分して作成しておけば、施工体制台帳の一部の帳簿への添付を円滑に行うことが出来ると考えられる。

また、規則第２６条第２項第３号に掲げる施工体制台帳の一部が、スキャナにより読み取る方法その他これに類する方法により電子計算機に備えられたファイル又は磁気ディスク等に記録され、必要に応じて当該営業所において電子計算機

その他の機器を用いて明確に紙面に表示されるときは、当該記録をもって同号に掲げる施工体制台帳の一部に代えることができる。

二 下請負人の義務

施工体制台帳の作成等の義務は、作成建設業者に係る義務であるが、施工体制台帳が作成される建設工事の下請負人にも次のような義務がある。

（1）施工体制台帳が作成される建設工事である旨の通知

その請け負った建設工事の注文者から一（2）①の書面の通知を受けた場合や、工事現場に一（2）②の書面が掲示されている場合は、その請け負った建設工事を他の建設業を営む者に請け負わせたときに以下に述べるところにより書類の作成、通知等を行わなければならない。

（2）建設工事を請け負わせた者及び作成建設業者に対する通知

（1）に述べた場合など施工体制台帳が作成される建設工事の下請負人となった場合において、その請け負った建設工事を他の建設業を営む者に請け負わせたときは、遅滞なく、

① 当該他の建設業を営む者に対し、一（2）①の書面を通知しなければならない。なお、書面による通知に代えて、規則第１４条の４第７項で定めるところにより、当該他の建設業を営む者の承諾を得て、一（2）①ａ、ｂ及びｃに掲げる事項を電磁的方法により通知することができる。この場合において、当該下請負人は、書面による通知をしたものとみなす。

② 作成建設業者に対し、（3）に掲げるところにより再下請負通知を行わなければならない。

（3）再下請負通知

① 再下請負通知は、再下請負通知書をもって行わなければならない。再下請負通知書の作成は、再下請負通知人がその請け負った建設工事を請け負わせた建設業を営む者から必要事項を聴取すること等により作成する必要があり、自ら記載をして作成してもよいし、所定の記載事項が記載された書面を束ねるようにしてもよい。ただし、いずれの場合も下請負人ごとに行わなければならない。

② 再下請負通知書の作成及び作成建設業者への通知は、施工体制台帳が作成される建設工事の下請負人となり、その請け負った建設工事を他の建設業を営む者に請け負わせた後、遅滞なく行わなければならない（規則第１　４条の４第２項）。

また、発注者から直接建設工事を請け負った建設業者が新たに下請契約を締結した場合や下請代金額の総額が一（1）の金額に達したこと等により、施工途中で再下請負通知人に該当することとなった場合において、当該該当することとなった時よりも前に記載事項又は添付書類に係る事実に変更があった時も、

再下請負通知人に該当することとなった時以降の事実に基づいて再下請負通知書を作成すれば足りる。

③　　再下請通知書に添付される書類は、請負代金の額について記載された部分が抹消されているもので差し支えない。ただし、公共工事については、当該部分は記載されていなければならない。

④　一度再下請負通知を行った後、再下請負通知書に記載した事項又は添付した書類（法第１９条第１項の規定による書面）について変更があったときは、遅滞なく、当該変更があった年月日を付記して、既に記載されている事項に加えて変更後の事項を記載し、又は既に添付されている書類に加えて変更後の書類を添付しなければならない。

⑤ 作成建設業者に対する再下請負通知書の提出は、注文者から交付される

一（２）①の書面や工事現場の掲示にしたがって、直接に作成建設業者に提出することを原則とするが、やむを得ない場合には、直接に下請契約を締結した注文者に経由を依頼して作成建設業者あてに提出することとしても差し支えない。

⑥　再下請負通知及びその内容の変更の通知は、作成建設業者の承諾を得て、電磁的方法により通知することができる。この場合において、当該下請負　人は、書面による通知をしたものとみなす。

また、規則第１４条の４第３項に規定する書面の写しの記載事項がスキャナにより読み取る方法その他これに類する方法により、電子計算機に備えられたファイル又は磁気ディスク等に記録され、必要に応じ電子計算機その他の機器を用いて明確に表示されるときは、当該記録をもって規則第　１４条の４第３項に規定する添付書類に代えることができる。

三 施工体制台帳の作成等の勧奨について

下請代金額の総額が一（１）の金額を下回る民間工事など法第２４条の８第１項の規定により施工体制台帳の作成等を行わなければならない場合以外の場合であっても、建設工事の適正な施工を確保する観点から、規則第１４条の２から第１４条の７までの規定に準拠して施工体制台帳の作成等を行うことが望ましい。

また、より的確な建設工事の施工及び請負契約の履行を確保する観点から、規則第１４条の２等においては記載することとされていない安全衛生責任者名、雇用管理責任者名、就労予定労働者数、工事代金支払方法、受注者選定理由等の事項についても、できる限り記載することが望ましい。

附　則

この通知は、令和５年１月１日から適用する。

７．施工体制台帳に係る書類の提出について

国官技第７０号
国営技第３０号
平成１３年３月３０日

最終改正：国官技第３１９号
国営建技第１６号令和３年３月５日

各地方整備局　企画部長　殿
営繕部長　殿
北海道開発局　事業振興部長　殿
営繕部長　殿
内閣府沖縄総合事務局　開発建設部長　殿

大臣官房技術調査課長
大臣官房官庁営繕部整備課長

「施工体制台帳に係る書類の提出について」の改正について

工事現場における適正な施工体制の確保等については、「工事現場等における施工体制の点検要領」に基づき、発注者における適切な点検及び必要な措置について統一的に実施してきているところである。

今般、建設業法及び公共工事の入札及び契約の適正化の促進に関する法律の一部を改正する法律（令和元年法律第３０号）、建設業法施行規則及び施工技術検定規則の一部を改正する省令（令和２年国土交通省令第６９号）等により、施工体制台帳の記載事項として、新たに監理技術者補佐の氏名等が追加されるとともに、いわゆる「作業員名簿」を施工体制台帳の一部として作成することとされるなど、所要の改正が行われた。この施工体制台帳については、公共工事の入札及び契約の適正化の促進に関する法律（平成１２年法律第１２７号）第１５条第２項に基づき、公共工事の受注者はその写しを発注者に提出することとされている。

ついては、「施工体制台帳に係る書類の提出について」（平成１３年３月３０日付け国官技第７０号、国営技第３０号）を別紙のとおり改正したので、貴職におかれては、遺漏なきよう措置されたい。

（別紙）

施工体制台帳に係る書類の提出に関する実施要領

１．目的

公共工事の入札及び契約の適正化の促進に関する法律及び建設業法に基づく適正な施工体制の確保等を図るため、発注者から直接建設工事を請け負った建設業者は、施工体制台帳を整備すること等により、的確に建設工事の施工体制を把握するとともに、受注者の施工体制について、発注者が必要と認めた事項について提出させ、発注者においても的確に施工体制を把握することを目的とする。

２．対象工事

工事を施工するために、下請契約を締結した工事。

３．記載すべき内容

（１）建設業法第２４条の８第１項及び建設業法施行規則第１４条の２に掲げる事項

（２）安全衛生責任者名、安全衛生推進者名、雇用管理責任者名

（３）一次下請負人となる警備会社の商号又は名称、現場責任者名、工期

（注１）提出様式は、別添様式例を参考とする。

（注２）施工体制台帳の作成方法等は「施工体制台帳の作成等について（通知）」（平成７年６月２０日付け建設省経建発第１４７号、最終改正令和３年３月２日付け国不建第４０４～４０５号）を参考とする。

４．提出手続き

主任監督員は、受注者に対し、施工体制台帳等を作成後、施工体制台帳等に係る書類を、工事着手までに提出させるものとする。また、施工体制に変更が生じる場合は、そのつど、提出させるものとする。

施工体制台帳等は、原則として、電子データで作成・提出するものとする。

５．提出根拠

・建設業法第２４条の８

・公共工事の入札及び契約の適正化の促進に関する法律第１５条

６．適用

本通知は、令和２年１０月１日以降に契約する工事に適用するものとする。

《参　考》　　　　　　　　　　年月日：

施工体制台帳　様式例-1

施　工　体　制　台　帳

［会社名・事業者ID］

［事業所名・現場ID］

	許可業種	許可番号		許可（更新）年月日
建設業の許可	工事業	大臣 特定 知事 一般	第　　　号	年　月　日
	工事業	大臣 特定 知事 一般	第　　　号	年　月　日

工事名称及び工事内容			
発注者名及び住所	〒		
工　期	自　年　月　日 至　年　月　日	契約日	年　月　日

契約営業所	区分	名　称	住　所
	元請契約		
	下請契約		

健康保険等の加入状況					
保険加入の有無	健康保険		厚生年金保険	雇用保険	
	加入　未加入 適用除外		加入　未加入 適用除外	加入　未加入 適用除外	
事業所整理記号等	区　分	営業所の名称	健康保険	厚生年金保険	雇用保険
	元請契約				
	下請契約				

発注者の監督員名		権限及び意見申出方法	

監督員名		権限及び意見申出方法	
現場代理人名		権限及び意見申出方法	
監理技術者名 主任技術者名	専任 非専任	資格内容	
監理技術者補佐名		資格内容	
専門技術者名		専門技術者名	
資格内容		資格内容	
担当工事内容		担当工事内容	

一号特定技能外国人の従事の状況（有無）	有　無	外国人建設就労者の従事の状況（有無）	有　無	外国人技能実習生の従事の状況（有無）	有　無

（記入要領）

1 上記の記載事項が発注者との請負契約書や下請負契約書に記載ある場合は、その写しを添付することにより記載を省略することができる。

2 監理技術者又は主任技術者の配置状況について「専任・非専任」のいずれかに○印を付けること。

3 専門技術者には、土木・建築一式工事を施工する場合等でその工事に含まれる専門工事を施工するために必要な主任技術者を記載する。（監理技術者が専門技術者としての資格を有する場合は専門技術者を兼ねることができる。）

4 健康保険等の加入状況の記入要領は次の通り。

① 各保険の適用を受ける営業所について、届出を行っている場合には「加入」、行っていない場合（適用を受ける営業所が複数あり、そのうち一部について行っていない場合を含む）は「未加入」に○印を付けること。元請契約又は下請契約に係る全ての営業所で各保険の適用が除外される場合は「適用除外」に○を付けること。

② 元請契約欄には元請契約に係る営業所について、下請契約欄には下請契約に係る営業所について記載すること。なお、元請契約に係る営業所と下請契約に係る営業所が同一の場合には、下請契約の欄に「同上」と記載すること。

③ 健康保険の欄には、事業所整理記号及び事業所番号（健康保険組合にあっては組合名）を記載すること。一括適用の承認に係る営業所の場合は、本店の整理記号及び事業所番号を記載すること。

④ 厚生年金保険の欄には、事業所整理記号及び事業所番号を記載すること。一括適用の承認に係る営業所の場合は、本店の整理記号及び事業所番号を記載すること。

⑤ 雇用保険の欄には、労働保険番号を記載すること。継続事業の一括の認可に係る営業所の場合は、本店の労働保険番号を記載すること。

5 一号特定技能外国人の従事の状況について

一号特定技能外国人（出入国管理及び難民認定法（昭和二十六年政令第三百十九号）別表第一の二の表の特定技能一号の在留資格を決定された者。）が当該建設工事に従事する場合は「有」、従事する予定がない場合は「無」を○で囲むこと。

6 外国人建設就労者の従事の状況について

出入国管理及び難民認定法（昭和二十六年政令第三百十九号）別表第一の五の表の上欄の在留資格を決定された者であって、国土交通大臣が定めるもの（以下「外国人建設就労者」という。）が建設工事に従事する場合は「有」、従事する予定がない場合は「無」に○印を付けること。

7 外国人技能実習生の従事の状況について

出入国管理及び難民認定法（昭和二十六年政令第三百十九号）別表第一の二の表の技能実習の在留資格を決定された者（以下「外国人技能実習生」という。）が当該建設工事に従事する場合は「有」、従事する予定がない場合は「無」に○印を付けること。

《参　考》

施工体制台帳　様式例-2

<<下請負人に関する事項>>

会社名・事業者ID		代表者名	
住　所 電話番号	〒 (TEL　—　—　)		
工事名称及び工事内容			
工　期	自　年　月　日 至　年　月　日	契約日	年　月　日

建設業の許可	施工に必要な許可業種	許可番号		許可（更新）年月日
	工事業	大臣　特定 知事　一般	第　号	年　月　日
	工事業	大臣　特定 知事　一般	第　号	年　月　日

健康保険等の加入状況	保険加入の有無	健康保険		厚生年金保険	雇用保険
		加入　未加入 適用除外		加入　未加入 適用除外	加入　未加入 適用除外
	事業所整理記号等	営業所の名称	健康保険	厚生年金保険	雇用保険

現場代理人名	
権限及び意見申出方法	
※主任技術者名	専　任 非専任
資 格 内 容	

安全衛生責任者名	
安全衛生推進者名	
雇用管理責任者名	
※専門技術者名	
資 格 内 容	
担当工事内容	

一号特定技能外国人の従事の状況（有無）	有　無	外国人建設就労者の従事の状況（有無）	有　無	外国人技能実習生の従事の状況（有無）	有　無

※［主任技術者、専門技術者の記入要領］

1　主任技術者の配置状況について［専任・非専任］のいずれかに○印を付すること。

2　専門技術者には、土木・建築一式工事を施工の場合等でその工事に含まれる専門工事を施工するために必要な主任技術者を記載する。（一式工事の主任技術者が専門工事の主任技術者としての資格を有する場合は専門技術者を兼ねることができる。）
　複数の専門工事を施工するために複数の専門技術者を要する場合は適宜欄を設けて全員を記載する。

3　主任技術者の資格内容（該当するものを選んで記入する）
(1)経験年数による場合
　1)大学卒［指定学科］　3年以上の実務経験
　2)高校卒［指定学科］　5年以上の実務経験
　3)その他　10年以上の実務経験
(2)資格等による場合
　1)建設業法「技術検定」
　2)建築士法「建築士試験」
　3)技術士法「技術士試験」
　4)電気工事士法「電気工事士試験」
　5)電気事業法「電気主任技術者国家試験等」
　6)消防法「消防設備士試験」
　7)職業能力開発促進法「技能検定」

※［健康保険等の加入状況の記入要領］

1　下請契約に係る営業所以外の営業所で再下請契約を行う場合には、事業所整理記号等の欄を「下請契約」と「再下請契約」の区分に分けて、各保険の事業所整理記号等を記載すること。

2　各保険の適用を受ける営業所について、届出を行っている場合には「加入」、行っていない場合（適用を受ける営業所が複数あり、そのうち一部について行っていない場合を含む）は「未加入」に○印を付けること。下請契約又は再下請契約に係る全ての営業所で各保険の適用が除外される場合は「適用除外」に○を付けること。

3　健康保険の欄には、事業所整理記号及び事業所番号（健康保険組合にあっては組合名）を記載すること。一括適用の承認に係る営業所の場合は、本店の整理記号及び事業所番号を記載すること。

4　厚生年金保険の欄には、事業所整理記号及び事業所番号を記載すること。一括適用の承認に係る営業所の場合は、本店の整理記号及び事業所番号を記載すること。

5　雇用保険の欄には、労働保険番号を記載すること。継続事業の一括の認可に係る営業所の場合は、本店の労働保険番号を記載すること。

※［一号特定技能外国人の従事の状況の記入要領］

一号特定技能外国人（出入国管理及び難民認定法（昭和二十六年政令第三百十九号）別表第一の二の表の特定技能一号の在留資格を決定された者。）が当該建設工事に従事する場合は「有」、従事する予定がない場合は「無」を○で囲むこと。

※［外国人建設就労者の従事の状況の記入要領］

出入国管理及び難民認定法（昭和二十六年政令第三百十九号）別表第一の五の表の上欄の在留資格を決定された者であって、国土交通大臣が定めるもの（以下「外国人建設就労者」という。）が建設工事に従事する場合は「有」、従事する予定がない場合は「無」に○印を付けること。

※［外国人技能実習生の従事の状況の記入要領］

出入国管理及び難民認定法（昭和二十六年政令第三百十九号）別表第一の二の表の技能実習の在留資格を決定された者（以下「外国人技能実習生」という。）が当該建設工事に従事する場合は「有」、従事する予定がない場合は「無」に○印を付けること。

《参　考》

施工体制台帳　様式例-3

年月日：

再　下　請　通　知　書

直近上位
注文者名 ＿＿＿＿＿＿＿＿

【報告下請負業者】

住　所 ＿＿＿＿＿＿＿＿

元請名称・事業者ID	

会社名・事業者ID ＿＿＿＿＿＿＿＿

代表者名 ＿＿＿＿＿＿＿＿

<<自社に関する事項>>

工事名称及び工事内容			
工　期	自　　年　月　日 至　　年　月　日	注文者との契約日	年　月　日

建設業の許可	施工に必要な許可業種	許可番号	許可（更新）年月日
	工事業	大臣　特定　知事　一般　第　　号	年　月　日
	工事業	大臣　特定　知事　一般　第　　号	年　月　日

健康保険等の加入状況	保険加入の有無	健康保険		厚生年金保険	雇用保険
		加入　未加入　適用除外		加入　未加入　適用除外	加入　未加入　適用除外
	事業所整理記号等	営業所の名称	健康保険	厚生年金保険	雇用保険

監督員名	
権限及び意見申出方法	
現場代理人名	
権限及び意見申出方法	
※主任技術者名	専任 非専任
資格内容	

安全衛生責任者名	
安全衛生推進者名	
雇用管理責任者名	
※専門技術者名	
資格内容	
担当工事内容	

一号特定技能外国人の従事の状況（有無）	有　無	外国人建設就労者の従事の状況（有無）	有　無	外国人技能実習生の従事の状況（有無）	有　無

※［主任技術者、専門技術者の記入要領］

1　主任技術者の配置状況について［専任・非専任］のいずれかに○印を付すること。

2　専門技術者には、土木・建築一式工事を施工の場合等でその工事に含まれる専門工事を施工するために必要な主任技術者を記載する。（一式工事の主任技術者が専門工事の主任技術者としての資格を有する場合は専門技術者を兼ねることができる。）複数の専門工事を施工するために複数の専門技術者を要する場合は適宜欄を設けて全員を記載する。

3　主任技術者の資格内容（該当するものを選んで記入する）

(1)経験年数による場合
1)大学卒［指定学科］　3年以上の実務経験
2)高校卒［指定学科］　5年以上の実務経験
3)その他　10年以上の実務経験

(2)資格等による場合
1)建設業法「技術検定」
2)建築士法「建築士試験」
3)技術士法「技術士試験」
4)電気工事士法「電気工事士試験」
5)電気事業法「電気主任技術者国家試験等」
6)消防法「消防設備士試験」
7)職業能力開発促進法「技能検定」

※［健康保険等の加入状況の記入要領］

1　下請契約に係る営業所以外の営業所で再下請契約を行う場合には、事業所整理記号等の欄を「下請契約」と「再下請契約」の区分に分けて、各保険の事業所整理記号等を記載すること。

2　各保険の適用を受ける営業所について、届出を行っている場合には「加入」、行っていない場合（適用を受ける営業所が複数あり、そのうち一部について行っていない場合を含む）は「未加入」に○印を付けること。下請契約又は再下請契約に係る全ての営業所で各保険の適用が除外される場合は「適用除外」に○を付けること。

3　健康保険の欄には、事業所整理記号及び事業所番号（健康保険組合にあっては組合名）を記載すること。一括適用の承認に係る営業所の場合は、本店の整理記号及び事業所番号を記載すること。

4　厚生年金保険の欄には、事業所整理記号及び事業所番号を記載すること。一括適用の承認に係る営業所の場合は、本店の整理記号及び事業所番号を記載すること。

5　雇用保険の欄には、労働保険番号を記載すること。継続事業の一括の認可に係る営業所の場合は、本店の労働保険番号を記載すること。

※［一号特定技能外国人の従事の状況の記入要領］

一号特定技能外国人（出入国管理及び難民認定法（昭和二十六年政令第三百十九号）別表第一の二の表の特定技能一号の在留資格を決定された者。）が当該建設工事に従事する場合は「有」、従事する予定がない場合は「無」を○で囲むこと。

※［外国人建設就労者の従事の状況の記入要領］

出入国管理及び難民認定法（昭和二十六年政令第三百十九号）別表第一の五の表の上欄の在留資格を決定された者であって、国土交通大臣が定めるもの（以下「外国人建設就労者」という。）が建設工事に従事する場合は「有」、従事する予定がない場合は「無」に○印を付けること。

※［外国人技能実習生の従事の状況の記入要領］

出入国管理及び難民認定法（昭和二十六年政令第三百十九号）別表第一の二の表の技能実習の在留資格を決定された者（以下「外国人技能実習生」という。）が当該建設工事に従事する場合は「有」、従事する予定がない場合は「無」に○印を付けること。

《参　考》

施工体制台帳　様式例-4

<<再下請負関係>>

再下請業者及び再下請契約関係について次にとおり報告いたします。

会社名・事業者ID		代表者名	
住　所 電話番号	〒 (TEL　　—　　—　　)		
工事名称及び工事内容			
工　期	自　年　月　日 至　年　月　日	契約日	年　月　日

建設業の許可	施工に必要な許可業種	許可番号		許可（更新）年月日
	工事業	大臣　特定 知事　一般	第　　号	年　月　日
	工事業	大臣　特定 知事　一般	第　　号	年　月　日

健康保険等の加入状況	保険加入の有無	健康保険		厚生年金保険		雇用保険
		加入　未加入 適用除外		加入　未加入 適用除外		加入　未加入 適用除外
	事業所整理記号等	営業所の名称	健康保険		厚生年金保険	雇用保険

現場代理人名	
権限及び意見申出方法	
※主任技術者名	専　任 非専任
資 格 内 容	

安全衛生責任者名	
安全衛生推進者名	
雇用管理責任者名	
※専門技術者名	
資 格 内 容	
担当工事内容	

一号特定技能外国人の従事の状況（有無）	有　無	外国人建設就労者の従事の状況（有無）	有　無	外国人技能実習生の従事の状況（有無）	有　無

※［主任技術者、専門技術者の記入要領］

1　主任技術者の配置状況について[専任・非専任]のいずれかに○印を付すること。

2　専門技術者には、土木・建築一式工事を施工の場合等でその工事に含まれる専門工事を施工するために必要な主任技術者を記載する。（一式工事の主任技術者が専門工事の主任技術者としての資格を有する場合は専門技術者を兼ねることができる。）複数の専門工事を施工するために複数の専門技術者を要する場合は適宜欄を設けて全員を記載する。

3　主任技術者の資格内容(該当するものを選んで記入する)

(1)経験年数による場合
1)大学卒[指定学科]　3年以上の実務経験
2)高校卒[指定学科]　5年以上の実務経験
3)その他　10年以上の実務経験

(2)資格等による場合
1)建設業法「技術検定」
2)建築士法「建築士試験」
3)技術士法「技術士試験」
4)電気工事士法「電気工事士試験」
5)電気事業法「電気主任技術者国家試験等」
6)消防法「消防設備士試験」
7)職業能力開発促進法「技能検定」

※［健康保険等の加入状況の記入要領］

1　下請契約に係る営業所以外の営業所で再下請契約を行う場合には、事業所整理記号等の欄を「下請契約」と「再下請契約」の区分に分けて、各保険の事業所整理記号等を記載すること。

2　各保険の適用を受ける営業所について、届出を行っている場合には「加入」、行っていない場合（適用を受ける営業所が複数あり、そのうち一部について行っていない場合を含む）は「未加入」に○印を付けること。下請契約又は再下請契約に係る全ての営業所で各保険の適用が除外される場合は「適用除外」に○を付けること。

3　健康保険の欄には、事業所整理記号及び事業所番号（健康保険組合にあっては組合名）を記載すること。一括適用の承認に係る営業所の場合は、本店の整理記号及び事業所番号を記載すること。

4　厚生年金保険の欄には、事業所整理記号及び事業所番号を記載すること。一括適用の承認に係る営業所の場合は、本店の整理記号及び事業所番号を記載すること。

5　雇用保険の欄には、労働保険番号を記載すること。継続事業の一括の認可に係る営業所の場合は、本店の労働保険番号を記載すること。

※［一号特定技能外国人の従事の状況の記入要領］

一号特定技能外国人（出入国管理及び難民認定法（昭和二十六年政令第三百十九号）別表第一の二の表の特定技能一号の在留資格を決定された者。）が当該建設工事に従事する場合は「有」、従事する予定がない場合は「無」を○で囲むこと。

※［外国人建設就労者の従事の状況の記入要領］

出入国管理及び難民認定法（昭和二十六年政令第三百十九号）別表第一の五の表の上欄の在留資格を決定された者であって、国土交通大臣が定めるもの（以下「外国人建設就労者」という。）が建設工事に従事する場合は「有」、従事する予定がない場合は「無」に○印を付けること。

※［外国人技能実習生の従事の状況の記入要領］

出入国管理及び難民認定法（昭和二十六年政令第三百十九号）別表第一の二の表の技能実習の在留資格を決定された者（以下「外国人技能実習生」という。）が当該建設工事に従事する場合は「有」、従事する予定がない場合は「無」に○印を付けること。

《参　考》

施工体制台帳　様式例-4

<<再下請負関係>>

再下請業者及び再下請契約関係について次にとおり報告いたします。

会社名・事業者ID		代表者名	
住　所 電話番号	〒 (TEL　　—　　—　　)		
工事名称及び工事内容			
工　期	自　　年　月　日 至　　年　月　日	契約日	年　月　日

建設業の許可	施工に必要な許可業種	許可番号	許可（更新）年月日
	工事業	大臣　特定 知事　一般　第　　号	年　月　日
	工事業	大臣　特定 知事　一般　第　　号	年　月　日

健康保険等の加入状況				
保険加入の有無	健康保険	厚生年金保険	雇用保険	
	加入　未加入 適用除外	加入　未加入 適用除外	加入　未加入 適用除外	
事業所整理記号等	営業所の名称	健康保険	厚生年金保険	雇用保険

現場代理人名	
権限及び意見申出方法	
※主任技術者名	専　任 非専任
資　格　内　容	

安全衛生責任者名	
安全衛生推進者名	
雇用管理責任者名	
※専門技術者名	
資　格　内　容	
担当工事内容	

一号特定技能外国人の従事の状況（有無）	有　無	外国人建設就労者の従事の状況（有無）	有　無	外国人技能実習生の従事の状況（有無）	有　無

※［主任技術者、専門技術者の記入要領］

1　主任技術者の配置状況について［専任・非専任］のいずれかに○印を付すること。

2　専門技術者には、土木・建築一式工事を施工の場合等でその工事に含まれる専門工事を施工するために必要な主任技術者を記載する。（一式工事の主任技術者が専門工事の主任技術者としての資格を有する場合は専門技術者を兼ねることができる。）複数の専門工事を施工するために複数の専門技術者を要する場合は適宜欄を設けて全員を記載する。

3　主任技術者の資格内容（該当するものを選んで記入する）

(1)経験年数による場合
1)大学卒［指定学科］　3年以上の実務経験
2)高校卒［指定学科］　5年以上の実務経験
3)その他　10年以上の実務経験

(2)資格等による場合
1)建設業法「技術検定」
2)建築士法「建築士試験」
3)技術士法「技術士試験」
4)電気工事士法「電気工事士試験」
5)電気事業法「電気主任技術者国家試験等」
6)消防法「消防設備士試験」
7)職業能力開発促進法「技能検定」

※［健康保険等の加入状況の記入要領］

1　下請契約に係る営業所以外の営業所で再下請契約を行う場合には、事業所整理記号等の欄を「下請契約」と「再下請契約」の区分に分けて、各保険の事業所整理記号等を記載すること。

2　各保険の適用を受ける営業所について、届出を行っている場合には「加入」、行っていない場合（適用を受ける営業所が複数あり、そのうち一部について行っていない場合を含む）は「未加入」に○印を付けること。下請契約又は再下請契約に係る全ての営業所で各保険の適用が除外される場合は「適用除外」に○を付けること。

3　健康保険の欄には、事業所整理記号及び事業所番号（健康保険組合にあっては組合名）を記載すること。一括適用の承認に係る営業所の場合は、本店の整理記号及び事業所番号を記載すること。

4　厚生年金保険の欄には、事業所整理記号及び事業所番号を記載すること。一括適用の承認に係る営業所の場合は、本店の整理記号及び事業所番号を記載すること。

5　雇用保険の欄には、労働保険番号を記載すること。継続事業の一括の認可に係る営業所の場合は、本店の労働保険番号を記載すること。

※［一号特定技能外国人の従事の状況の記入要領］

一号特定技能外国人（出入国管理及び難民認定法（昭和二十六年政令第三百十九号）別表第一の二の表の特定技能一号の在留資格を決定された者。）が当該建設工事に従事する場合は「有」、従事する予定がない場合は「無」を○で囲むこと。

※［外国人建設就労者の従事の状況の記入要領］

出入国管理及び難民認定法（昭和二十六年政令第三百十九号）別表第一の五の表の上欄の在留資格を決定された者であって、国土交通大臣が定めるもの（以下「外国人建設就労者」という。）が建設工事に従事する場合は「有」、従事する予定がない場合は「無」に○印を付けること。

※［外国人技能実習生の従事の状況の記入要領］

出入国管理及び難民認定法（昭和二十六年政令第三百十九号）別表第一の二の表の技能実習の在留資格を決定された者（以下「外国人技能実習生」という。）が当該建設工事に従事する場合は「有」、従事する予定がない場合は「無」に○印を付けること。

《参　考》

施工体制台帳　様式例-5

工事作業所災害防止協議会兼施工体系図

発注者名	
工事名称	

工期	自	年	月	日
	至	年	月	日

元請名・事業者ID	
監督員名	
監理技術者名 主任技術者名	
監理技術者補佐名	
専門技術者名	
担当工事内容	
専門技術者名	
担当工事内容	

元方安全衛生管理者

会　長	統括安全衛生責任者

書　記

副会長	

(注) 一次下請負人となる警備会社については、商号又は名称、現場責任者名、工期を記入する。

会社名・事業者ID	
工事内容	
代表者名	
許可番号	
一般/特定の別	一般/特定
安全衛生責任者	
主任技術者	
特定専門工事の該当	有・無
専門技術者	
担当工事内容	
工期	年　月　日～　年　月　日

会社名・事業者ID	
工事内容	
代表者名	
許可番号	
一般/特定の別	一般/特定
安全衛生責任者	
主任技術者	
特定専門工事の該当	有・無
専門技術者	
担当工事内容	
工期	年　月　日～　年　月　日

会社名・事業者ID	
工事内容	
代表者名	
許可番号	
一般/特定の別	一般/特定
安全衛生責任者	
主任技術者	
特定専門工事の該当	有・無
専門技術者	
担当工事内容	
工期	年　月　日～　年　月　日

会社名・事業者ID	
工事内容	
代表者名	
許可番号	
一般/特定の別	一般/特定
安全衛生責任者	
主任技術者	
特定専門工事の該当	有・無
専門技術者	
担当工事内容	
工期	年　月　日～　年　月　日

会社名・事業者ID	
工事内容	
代表者名	
許可番号	
一般/特定の別	一般/特定
安全衛生責任者	
主任技術者	
特定専門工事の該当	有・無
専門技術者	
担当工事内容	
工期	年　月　日～　年　月　日

会社名・事業者ID	
工事内容	
代表者名	
許可番号	
一般/特定の別	一般/特定
安全衛生責任者	
主任技術者	
特定専門工事の該当	有・無
専門技術者	
担当工事内容	
工期	年　月　日～　年　月　日

会社名・事業者ID	
工事内容	
代表者名	
許可番号	
一般/特定の別	一般/特定
安全衛生責任者	
主任技術者	
特定専門工事の該当	有・無
専門技術者	
担当工事内容	
工期	年　月　日～　年　月　日

会社名・事業者ID	
工事内容	
代表者名	
許可番号	
一般/特定の別	一般/特定
安全衛生責任者	
主任技術者	
特定専門工事の該当	有・無
専門技術者	
担当工事内容	
工期	年　月　日～　年　月　日

会社名・事業者ID	
工事内容	
代表者名	
許可番号	
一般/特定の別	一般/特定
安全衛生責任者	
主任技術者	
特定専門工事の該当	有・無
専門技術者	
担当工事内容	
工期	年　月　日～　年　月　日

会社名・事業者ID	
工事内容	
代表者名	
許可番号	
一般/特定の別	一般/特定
安全衛生責任者	
主任技術者	
特定専門工事の該当	有・無
専門技術者	
担当工事内容	
工期	年　月　日～　年　月　日

会社名・事業者ID	
工事内容	
代表者名	
許可番号	
一般/特定の別	一般/特定
安全衛生責任者	
主任技術者	
特定専門工事の該当	有・無
専門技術者	
担当工事内容	
工期	年　月　日～　年　月　日

会社名・事業者ID	
工事内容	
代表者名	
許可番号	
一般/特定の別	一般/特定
安全衛生責任者	
主任技術者	
特定専門工事の該当	有・無
専門技術者	
担当工事内容	
工期	年　月　日～　年　月　日

施工体制台帳様式例-6

作　業　員　名　簿

事業所の名称 ＿＿＿＿＿＿＿＿＿＿＿＿　（　　年　　月　　日　　作成　）

所　長　名 ＿＿＿＿＿＿＿＿＿＿＿＿ 殿

本書面に記載した内容は、作業員名簿として、安全衛生管理や労働災害発生時の緊急連絡・対応のために元請負業者に提示することについて、記載者本人は同意しています。

1次 会社名 ＿＿＿＿＿＿＿＿

（　次）会社名 ＿＿＿＿＿＿＿＿

提出日　　年　　月　　日

元請確認欄	

番号	フリガナ / 氏名 / 技能者ID	職種	所属事業者と異なる事業者の元で就業した場合	※	雇入年月日	生年月日	現住所	(TEL)	最近の健康診断日	血液型	特殊健康診断日	健康保険 / 年金保険	建設業退職金共済制度	技能レベル	教育・資格・免許			入場年月日
					経験年数	年齢	家族連絡先	(TEL)	血圧		種類	雇用保険	中小企業退職金共済制度	在留資格	雇入・職長特別教育	技能講習	免許	受入教育実施年月日
					年 月 日	年 月 日		(　)	年 月 日		年 月 日							年 月 日
					年			(　)	～									年 月 日
					年 月 日	年 月 日		(　)	年 月 日		年 月 日							年 月 日
					年			(　)	～									年 月 日
					年 月 日	年 月 日		(　)	年 月 日		年 月 日							年 月 日
					年			(　)	～									年 月 日
					年 月 日	年 月 日		(　)	年 月 日		年 月 日							年 月 日
					年			(　)	～									年 月 日
					年 月 日	年 月 日		(　)	年 月 日		年 月 日							年 月 日
					年			(　)	～									年 月 日
					年 月 日	年 月 日		(　)	年 月 日		年 月 日							年 月 日
					年			(　)	～									年 月 日
					年 月 日	年 月 日		(　)	年 月 日		年 月 日							年 月 日
					年			(　)	～									年 月 日
					年 月 日	年 月 日		(　)	年 月 日		年 月 日							年 月 日
					年			(　)	～									年 月 日
					年 月 日	年 月 日		(　)	年 月 日		年 月 日							年 月 日
					年			(　)	～									年 月 日
					年 月 日	年 月 日		(　)	年 月 日		年 月 日							年 月 日
					年			(　)	～									年 月 日

関係通達等

施工体制台帳の作成等について

資料の最新版については、国土交通省ホームページで確認できます。
https://www.mlit.go.jp/totikensangyo/const/1_6_bt_000180.html

8．過積載防止対策としての現場総点検について

過積載防止対策としての現場総点検について

建設省コ企発第2号
平成12年3月1日
建設大臣官房建設コスト管理企画室長
から
各地方建設局企画部技術調整管理官
北海道開発局局長官房技術調査管理官
沖縄総合事務局開発建設部技術管理官
あて

過積載の防止対策については、現場総点検の実施や現場説明の充実による請負業者への指導の徹底等、各工事現場ごとに取り組まれているところであるが、現場総点検については、下記のとおり実施するので、対応方お願いする。

また、総点検の実施にあたっては、都道府県政令市の他、農林水産省、運輸省、日本道路公団、及び市町村と可能な限り連携して実施すること。

なお、平成12年4月1日より適用するものとし、平成8年1月31日付事務連絡「過積載防止対策としての現場総点検について」は廃止する。

記

１．実施時期：各地建ごとに時期を合わせて、四半期に１回以上実施。
２．対象工事：総点検期間中に施工中の建設省直轄工事全て。
３．報告様式：別紙の通り。（当該様式により四半期毎に報告のこと）
４．過積載車両に対する対応：過積載と疑わしい車両を監督職員が現場において確認した場合は、直ちに当該請負業者に対して、改善の指導を行い、概ね２日以内に主任監督員あてに改善結果を文書で報告させるものとする。
５．報告・問合せ先：大臣官房技術調査室コスト評価係長（内2406）

９．現場代理人の常駐義務緩和に関する適切な運用について

【別紙１】

国土建第１６１号
平成２３年１１月１４日
各公共発注者殿

国土交通省土地・建設産業局建設業課長

現場代理人の常駐義務緩和に関する適切な運用について

昨年７月の公共工事標準請負契約約款（以下「標準約款」という。）の改正により、現場代理人の常駐義務を緩和する旨の規定（標準約款第１０条第３項）が追加されたことを受け、他の工事の現場代理人を兼ねるようになった例もありますが、当該規定の趣旨及び運用上の留意事項は下記のとおりですので、参考にされるとともに、適切な運用に努められますようお願いします。

また、都道府県におかれましては、貴管内の市区町村（指定都市を除く）及び公共発注者への周知徹底をお願いいたします。

記

現場代理人は、請負契約の的確な履行を確保するため、工事現場の運営、取締りのほか、工事の施工及び契約関係事務に関する一切の事項（請負代金額の変更、契約の解除等を除く。）を処理する受注者の代理人であることから、発注者との常時の連絡に支障を来さないよう、工事現場への常駐（当該工事のみを担当し、かつ、作業期間中常に工事現場に滞在していること）が義務づけられている（標準約款第１０条第２項）。

しかしながら、昨今、通信手段の発達により、工事現場から離れていても発注者と直ちに連絡をとることが容易になってきていることから、厳しい経営環境下における施工体制の合理化の要請にも配慮し、一定の要件を満たすと発注者が認めた場合（※）には、例外的に常駐を要しないこととすることができるものとされた（標準約款第１０条第３項）。

（※）工事現場における運営、取締り及び権限の行使に支障がなく、かつ、発注者との連絡体制が確保されると発注者が認めた場合

具体的にどのような場合に常駐義務を緩和するかについては、受注者から現場代理人

に付与された権限の範囲や、工事の規模・内容等に応じた運営、取締り等の難易等を踏まえて発注者が判断すべきものであるが、その基本的な考え方を示せば次のとおりである。

（１）契約締結後、現場事務所の設置、資機材の搬入又は仮設工事等が開始されるまでの期間や、工事の全部の施工を一時中止している期間等、工事現場の作業状況等に応じて、発注者との連絡体制を確保した上で、常駐義務を緩和することが考えられる。

（２）（１）以外にも、次の①及び②をいずれも満たす場合には、常駐義務を緩和することが考えられる。

① 工事の規模・内容について、安全管理、工程管理等の工事現場の運営、取締り等が困難なものでないこと（安全管理、工程管理等の内容にもよるが、例えば、主任技術者又は監理技術者の専任が必要とされない程度の規模・内容であること）

② 発注者又は監督員と常に携帯電話等で連絡をとれること

また、常駐義務の緩和に伴い、他の工事の現場代理人又は技術者等を兼任することも可能となったところであるが、これまでの運用実態も踏まえると、兼任を可能とする典型的な例としては、（２）①及び②並びに次のアからウまでの全てを満たす場合が挙げられる。

ア兼任する工事の件数が少数であること
（工事の規模・内容、兼任する工事間の近接性等にもよるが、例えば２～３件程度）

イ兼任する工事の現場間の距離（移動時間）が一定範囲内であること
（工事の規模・内容、兼任する工事件数等にもよるが、例えば同一市町村内であること）

ウ発注者又は監督員が求めた場合には、工事現場に速やかに向かう等の対応を行うこと

なお、上記によっても、建設業法第２６条第３項に基づく主任技術者又は監理技術者の専任義務が緩和されるものではないことに留意する必要がある。

１０．施工体系図及び標識の掲示におけるデジタルサイネージ等の活用について

国不建第４４４号
令和４年１月２７日

各地方整備局建政部長等　殿

国土交通省不動産・建設経済局建設業課長
（公　印　省　略）

施工体系図及び標識の掲示におけるデジタルサイネージ等の活用について

建設業法（昭和24年法律第100号。以下「法」という。）第24条の８第４項の規定により、発注者から直接建設工事を請け負った特定建設業者は、下請契約の請負代金の額が4,000万円（建築一式工事にあっては6,000万円）以上の場合、施工体系図を作成し、工事現場の見やすい場所に掲げなければならないこととされている。また、公共工事の場合は、公共工事の入札及び契約の適正化の促進に関する法律（平成12年法律第127号。以下「入札契約適正化法」という。）第15条第１項の規定により、発注者から直接建設工事を請け負った建設業者は、下請契約を締結した場合、施工体系図を作成し、工事関係者が見やすい場所及び公衆が見やすい場所に掲げなければならないこととされている。

さらに、法第40条においては、建設業者は、その店舗及び建設工事（発注者から直接建設工事を請け負ったものに限る。）の現場ごとに、公衆の見やすい場所に、許可番号や商号等を記載した標識を掲げなければならないこととされている。

今般、デジタル技術の活用による効率化や、建設業の働き方改革、建設現場の生産性向上の推進の観点から、デジタルサイネージ等を活用した施工体系図及び標識の掲示について、下記のとおりその取扱いを定めたので通知する。

貴職におかれては、十分留意の上、適切な掲示が行われるよう、建設業者に対し適切に指導されたい。

記

１．施工体系図の掲示について

法第24条の８第４項の規定による施工体系図の作成及び掲示は、多様化かつ重

層化した下請構造という建設工事の特性を踏まえ、元請業者が下請業者の情報を含め施工体制を的確に把握し、その監督及び施工管理を行うことができるようにすること、また、元請業者のみならず各下請業者が工事の全容及び役割分担を確認できるようにすることを通じ、建設工事の適正な施工を確保することを目的としている。

こうした趣旨を踏まえると、書面ではなく、デジタルサイネージ等ＩＣＴ機器を活用した掲示についても、以下の（１）～（４）の要件を満たす場合には、書面による掲示と同等の役割を果たしていると考えられ、法第24条の８第４項の規定による施工体系図の掲示義務を果たすものと考えて差し支えない。

（１）　工事関係者が必要なときに施工体系図を確認できるものであること。

（２）　当該デジタルサイネージ等において施工体系図を確認することができる旨の表示が常時わかりやすい形でなされていること（画面の内外は問わない。）。

（３）　施工の分担関係を簡明に確認することが可能な画面サイズ、輝度、文字サイズ及びデザインであること（必要な場合には施工体系図を分割表示しても差し支えない。）。

（４）　一定時間で画面が自動的に切り替わり、画面操作が可能ではない方式（スライドショー方式）のデジタルサイネージ等を使用する場合には、施工体系図の全体を確認するために長時間を要しないものであること。

また、入札契約適正化法第15条第１項は、法第24条の８第４項の規定の趣旨に加え、公共工事が適正な施工体制のもとに行われていることを担保するため、第三者の視点でも現場の施工体制を簡明に確認できるようにすることを目的としている。

こうした趣旨を踏まえると、デジタルサイネージ等を活用し、「工事関係者が見やすい場所」に掲示する施工体系図については上記の（１）～（４）の要件を満たす場合に、「公衆の見やすい場所」に掲示する施工体系図については、上記の（２）～（４）の要件に加え、以下の（５）及び（６）の要件を満たす場合に、それぞれ入札契約適正化法第15条第１項の規定による施工体系図の掲示義務を果たすものと考えて差し支えない。

（５）　公衆が必要なときに施工体系図を確認できるものであること。

（６）　施工時間内のみならず施工時間外においても公衆が施工体系図を確認することができるよう、人感センサーや画面に触れること等により画面表示ができるものであること。なお、工事現場が住宅地に位置する等周辺環境への配慮が必要であり、施工時間外のうち一定の時間画面の消灯が必要な場合においては、デジタルサイネージ等の周囲にインターネット上で施工体系図の閲覧が可能である旨を掲示することを条件に、施工時間外は、当該デジタルサイネージ等による掲示に代わり、インターネット上で施工体系図を閲覧する措置を講じることができることとする。

２．標識の掲示について

法第40条の規定による標識の掲示は、建設工事の施工が建設業法による許可を受けた業者によってなされていることや、安全施工、災害防止等の責任主体を対外的に明らかにすることを目的としている。

こうした趣旨を踏まえると、書面ではなく、デジタルサイネージ等ＩＣＴ機器を活用した掲示についても、以下の（１）～（３）の要件を満たす場合には、書面による掲示と同等の役割を果たしていると考えられ、法第40条の規定による標識の掲示義務を果たすものと考えて差し支えない。なお、標識の様式については、建設業法施行規則（昭和24年建設省令第14号）別記様式第28号（店舗）及び別記様式第29号（工事現場）によることに留意する必要がある。

（１）　公衆が必要なときに標識を確認できるものであること。

（２）　当該デジタルサイネージ等において標識を確認することができる旨の表示が常時わかりやすい形でなされていること（画面の内外は問わない。）。

（３）　施工時間内のみならず施工時間外においても公衆が標識を確認することができるよう、人感センサーや画面に触れること等により画面表示ができるものであること。なお、工事現場が住宅地に位置する等周辺環境への配慮が必要であり、施工時間外のうち一定の時間画面の消灯が必要な場合においては、デジタルサイネージ等の周囲にインターネット上で標識の閲覧が可能である旨を掲示することを条件に、施工時間外は、当該デジタルサイネージ等による掲示に代わり、インターネット上で標識を閲覧する措置を講じることができることとする。

１１．建設現場の遠隔臨場の実施について

国官技第３４７号
令和４年３月２９日

各地方整備局　企画部長　様
北海道開発局　事業振興部長　様
沖縄総合事務局　開発建設部長　様

国土交通省大臣官房　技術調査課長

建設現場の遠隔臨場の実施について

令和３年度までにおける遠隔臨場の試行結果を踏まえ、『建設現場の遠隔臨場に関する実施要領（案)』、及び『建設現場の遠隔臨場に関する監督・検査実施要領（案)』を策定したので通知する。
また、遠隔臨場における工夫した事例を集めた『建設現場における遠隔臨場の事例集』もあわせて作成したので、遠隔臨場の普及拡大の参考とされたい。

詳細については、国土交通省のホームページで確認できます。
https://www.mlit.go.jp/tec/tec_tk_000052.html

【参考情報】

BIM/CIMポータルサイト

■業務・工事発注

■BIM/CIM事業実施

■モデル作成

■照査・検査

■積算

■情報共有システムの活用

■電子納品

■アプリケーションに関する機能要件

■i-Constructionに関する基準・要領等

■その他

詳細については、国土交通省のホームページで確認できます。
http://www.nilim.go.jp/lab/qbg/bimcim/spec_cons_new.html

※いずれも試行段階であり、制度化されるまでは以下 URL を参照

「デジタルデータを活用した鉄筋出来形計測」に関する現場試行

～現場試行要領（案）の策定と現場における試行の取組～

詳細については、国土交通省のホームページで確認できます。
https://www.mlit.go.jp/report/press/kanbo08_hh_000815.html

施工者と契約した第三者による品質証明

ISO9001 活用モデル工事

詳細については、国土交通省のホームページで確認できます。
http://www.mlit.go.jp/tec/tec_tk_000052.html

掲載資料の公開 URL 一覧表

令和5年12月時点

資料名	URL
品確法 22 条に基づく発注関係事務の運用に関する指針（運用指針）の改正について	https://www.mlit.go.jp/tec/tec_reiwaunyoshsishin.html
要領関係等(ICT の全面的な活用について)	https://www.mlit.go.jp/tec/constplan/sosei_constplan_tk_000051.html
監督・検査・工事成績評定・土木工事共通仕様書関係 2. 土木工事共通仕様書・施工管理基準等 (5).非破壊試験	https://www.mlit.go.jp/tec/tec_tk_000052.html
監督・検査・工事成績評定・土木工事共通仕様書関係 1. 監督・検査・工事成績評定 (4).工事成績評定	https://www.mlit.go.jp/tec/tec_tk_000052.html
監理技術者制度運用マニュアルについて ガイドライン・マニュアル	https://www.mlit.go.jp/totikensangyo/const/sosei_const_tk1_000002.html
関係通達等 施工体制台帳の作成等について	https://www.mlit.go.jp/totikensangyo/const/1_6_bt_000180.html
建設現場の遠隔臨場の実施について	https://www.mlit.go.jp/tec/tec_tk_000052.html
BIM/CIM ポータルサイト	https://www.nilim.go.jp/lab/qbg/bimcim/spec_cons_new.html
「デジタルデータを活用した鉄筋出来形計測」に関する現場試行 ～現場試行要領(案)の策定と現場における試行の取組～	https://www.mlit.go.jp/report/press/kanbo08_hh_000815.html
施工者と契約した第三者による品質証明 ISO9001 活用モデル工事:	https://www.mlit.go.jp/tec/tec_tk_000052.html

6－3 地方整備局等自治体支援等窓口

各地方整備局等における「自治体支援、人材育成等のお問合せ窓口」

※監督・検査・成績評定に関して

令和５年１２月時点

機関名	所属・官職等		備考
北海道開発局 TEL:011-709-2311(代表)	事業振興部	工事評価管理官	
	事業振興部工事管理課	技術調整第1係	
	窓口メールアドレス	hinkaku@hkd.mlit.go.jp	
東北地方整備局 TEL:022-225-2171(代表)	企画部	総括技術検査官	
		工事品質調整官	
		技術検査官	
	企画部 技術管理課	技術管理課長	
		技術管理課長補佐	
		検査係長	
	窓口メールアドレス	hinkaku@thr.mlit.go.jp	
関東地方整備局 TEL:048-601-3151(代表)	企画部	総括技術検査官	
		工事品質調整官	
	企画部 技術調査課	技術調査課長	
		技術調査課長補佐	
		技術開発係長	
		建設専門官	
		事業評価係長	
	企画部 技術管理課	技術管理課長補佐	
		検査係長	
	窓口メールアドレス	hinkaku@ktr.mlit.go.jp	
北陸地方整備局 TEL:025-280-8880(代表)	企画部	総括技術検査官	
		工事品質調整官	
		技術検査官	
	企画部 技術管理課	技術管理課長	
		建設専門官	
		検査係長	
	窓口メールアドレス	hinkaku@hrr.mlit.go.jp	
中部地方整備局 TEL:052-953-8131(代表)	企画部	総括技術検査官	
		工事品質調整官	
		技術検査官	
	企画部 技術管理課	技術管理課長	
		技術管理課長補佐	
		検査係長	
		基準第三係長	
	窓口メールアドレス	hinkaku@cbr.mlit.go.jp	
近畿地方整備局 TEL:06-6942-1141(代表)	企画部	総括技術検査官	
		工事品質調整官	
		技術検査官	
	企画部 技術管理課	技術管理課長	
		技術管理課長補佐	
		検査係長	
	窓口メールアドレス	hinkaku@kkr.mlit.go.jp	

機関	部署	役職	
中国地方整備局 TEL:082-221-9231(代表)	企画部	総括技術検査官	
		工事品質調整官	
		技術検査官	
	企画部 技術管理課	技術管理課長補佐	
		専門調査官(令和4年度現在)	
	窓口メールアドレス	hinkaku@cgr.mlit.go.jp	
四国地方整備局 TEL:087-851-8061(代表)	企画部	総括技術検査官	
		工事品質調整官	
	企画部 技術管理課	技術管理課長	
		技術管理課長補佐	
		技術検査官	
		建設監督官	
		検査係長	
	窓口メールアドレス	hinkaku@skr.mlit.go.jp	
九州地方整備局 TEL:087-851-8061(代表)	企画部	総括技術検査官	
		工事品質調整官	
		技術検査官	
	企画部 技術管理課	技術管理課長補佐	
		検査係長	
	窓口メールアドレス	hinkaku@qsr.mlit.go.jp	
内閣府 沖縄総合事務局 TEL:098-866-0031(代表)	開発建設部	主任技術検査官	
	開発建設部 技術管理課	技術管理課長	
		施工管理官	
		品質評価係長	
	窓口メールアドレス	hinkaku@ogb.cao.go.jp	

公共事業の品質確保のための 監督・検査・成績評定の手引き
－実務者のための参考書－
（三訂版）

平成18年６月（初　版）　［平成18年６月初版　編著：国土交通省］
平成25年３月（改訂版）　［平成22年７月改訂　編著：国土交通省］
令和６年２月（三訂版）　［令和５年12月　〃　編著：国土交通省］

発 行：一般社団法人 全日本建設技術協会
〒107-0052 東京都港区赤坂3-21-13
TEL03-3585-4546　FAX03-3586-6640

ISBN978-4-921150-44-0 C3051 ¥2900E
定価（本体2,900円＋税）

〈表紙写真〉令和4年度全建賞授賞事業
「新東名高速道路　伊勢原大山IC ～新秦野ICの開通」
新東名高速道路（伊勢原大山IC～新秦野IC間約13km）の建設。トンネル工事におけるICT技術の積極的な活用や調整池の合理化などによるコスト縮減及び工期短縮が評価されました。